数 学 建 模

——方法导引与案例分析

方道元　韦明俊　编著

ZHEJIANG UNIVERSITY PRESS
浙江大学出版社

内 容 简 介

"数学建模"是随着科技进步越来越受人们重视的课程。本书以物理、生态、环境、医学、经济等领域的一些典型实例阐述了建立数学模型解决实际问题的基本方法和技能。阅读本书有助于拓展视野,增强应用数学思想和方法解决实际问题的能力。

本书可用作普通高校或高职院校的数学建模课程教材,同时也可供高等院校师生及各类科技、工程工作者参考。

图书在版编目(CIP)数据

数学建模:方法导引与案例分析 / 方道元,韦明俊编著. —杭州:浙江大学出版社,2011.2(2011.12重印)
ISBN 978-7-308-08389-8

Ⅰ.①数… Ⅱ.①方… ②韦… Ⅲ.①数学模型
Ⅳ.①O141.4

中国版本图书馆 CIP 数据核字 (2011) 第 013597 号

数学建模——方法导引与案例分析
方道元 韦明俊 编著

责任编辑	王 波
封面设计	刘依群
出版发行	浙江大学出版社
	(杭州天目山路 148 号 邮政编码 310007)
	(网址:http://www.zjupress.com)
排 版	杭州中大图文设计有限公司
印 刷	杭州印校印务有限公司
开 本	787mm×1092mm 1/16
印 张	21
字 数	511 千
版 印 次	2011 年 2 月第 1 版 2011 年 12 月第 2 次印刷
书 号	ISBN 978-7-308-08389-8
定 价	39.00 元

浙江大学出版社发行部邮购电话 (0571)88925591

序　言

　　数学建模课程已经成为理工科院校以及一些高职院校的必修课。这样一门课程能迅速地得以认可,从客观上讲应得益于计算机科学的快速发展。正是由于计算机的发展,人们总希望各项工作能由机器来协助或代替完成,而这样的愿望的实现,就严重地依赖于数学模型的建立。就我国而言,另一个重要的动力来源得归功于数学建模的赛事在全国各高等院校的推开。二十多年前,姜启源、叶其孝和谭永基等教授为这项竞赛的形成、发展付出了大量的心血。但应该说竞赛只是手段,目的是想通过这样的赛事来推动教学改革。

　　浙江省成立数学建模赛区已经是 20 世纪 90 年代中期的事情了,当时我作为浙江大学数学建模课程的主要建设者之一,为这项赛事在浙江的发展做了大量的工作。由于当时的省教委高教处和校教务处的重视,在分管领导的推动下我和杨启帆合写了一本《数学建模》教材,作为省面向 21 世纪教学改革的重点教材于 1999 年 9 月出版发行。该书到 2005 年 3 月就已经印了 17000 册,可见是很受广大读者欢迎的。该教材的重要特色之一就是强调了数学建模的基本思想和技能,并将建模思想和方法作为建模基础单独成篇,这使得新手很容易知道何为建模、如何建模、如何评判等。在本人的再三努力和出版社的支持下,在这里我将数学建模的基础部分单独成书。为适应教学的需求,我们还吸收了统计建模技术等一些内容,以全新的面目与读者见面。

　　为了符合循序渐进的原则,本书分为建模基础、一些理想化问题的模型以及一些典型实例的模型三部分。第一部分除了原有的介绍如何建模,如何分析、评判模型等内容外,新增了基本的统计技术。有了这一部分内容的准备,我们就可以通过对一些常见的基本问题的分析建立相对理想化的模型,这即是本书第二部分的内容。通过这样的基本训练以后,我们相信读者就有能力来建立和评析一些离实际更为贴近和合理的实用模型,这即是本书第三部分的内容。这一部分主要是由韦明俊博士编写的。他多年来都在从事数学建模竞赛的辅导和教学工作,具有丰富的经验。为了使读者有练习和提高的机会,我们还分类给出了相关的练习,特别是在附录中我们提供了一些较典型的数学建模竞赛试题和竞赛获奖论文,相信这是有益的。

　　本书不仅可以作为数学建模课程的教材或参考书,而且也可以作为本科、高职院校理工科学生以及计算机软件爱好者的参考读物。相信本书对于提高他们分析问题和应用知识解决问题的能力将起到积极的作用。通过阅读本书可以知道,只要具备一定的数学知识的人都可以根据不同的需求来建立自己的模型,就像构建自己的人生轨迹的模型一样,只有不断地改进,才能与时俱进。

方道元

2010 年 12 月

目　录

第一篇　建模基础

第二篇　一些理想化问题的模型

第三篇 一些典型实例的模型

附录 竞赛试题、论文选编及评价

第 一 篇

建 模 基 础

第 1 章　什么是数学建模

一、数学建模流程

何谓数学建模？简单地说它是建立数学模型的过程.应该说我们对它并不陌生,早在中学,甚至小学时代就已经用建立数学模型的办法来解决过一些简单的或理想化的实际问题.例如航行问题:甲乙两地相距 750 公里,船从甲到乙顺水航行需 30 小时,从乙到甲逆水航行需 50 小时,问船速、水速若干？

这是一个非常理想化的实际问题.显而易见,此题把航行中船速和水速都设为常数了.求解这个问题当然是设船速、水速分别为 x 和 y,由题意并用匀速运动的距离等于速度乘以时间表达,即

$$(x+y) \cdot 30 = 750, \qquad (x-y) \cdot 50 = 750 \tag{1.1}$$

求解上述二元一次方程组,得

$$x = 20, \qquad y = 5 \tag{1.2}$$

这样我们就知道了船速、水速分别为 20 公里/小时,5 公里/小时.

这个问题固然简单,但其求解经历了以下过程:首先根据问题的所求明确了变量,然后根据"匀速运动的距离＝速度×时间"这一物理规律建立了变量之间的一个明确的数学方程式(称之为数学模型);求解这个数学模型而得数学解.解释验证这个解发现与要求相符,说明我们的模型是正确的.

上述航行问题大致描述了用数学建模方法解决实际问题的途径,一般说来数学建模过程可以用图 1.1 所示的流程框图来说明.

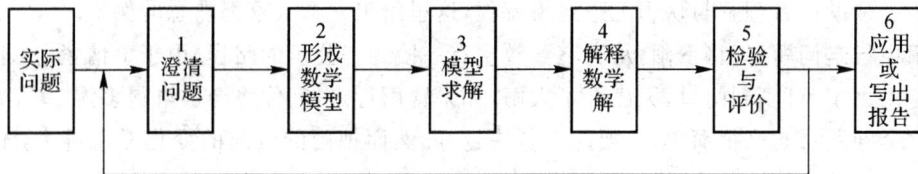

图 1.1　数学建模流程图

从以上框图可以看出,数学建模的过程就是一个执行上述流程框图的多次循环过程.

框 1——澄清问题　现实问题往往是复杂而零乱的,所以有必要认真审题.澄清什么是已知的,什么是要求的,是确定型的还是随机型的问题,等等.根据建模的对象和目的充分发掘解题的信息,如事实、数据等.在澄清问题的同时,要着手对问题进行抽象和简化.要注意的是这一工作往往不是一次能够完成的,有时需要反复几次.

框 2——形成数学模型　首先是寻找最简单的模型,如可能也可以作图说明.可根据建模的对象、目的具体地找出所有的相关因素,抓住主要的方面进行定量研究,即参考因素间

的关系,提取主要因素.确定出诸因素中哪些是变量,哪些是参量,哪些是常量,并采用适当的符号、单位来标识.如有可能或必要可收集尽可能多的数据.然后考察各信息因素的性态,以及它们之间的关系,使用数学技能或应用某种"规律"建立变量、参量间的明确的数学关系,如比例关系、线性、非线性关系,指数关系,输入、输出关系,牛顿第二定律,能量守恒,差分、微分方程,矩阵,概率统计等.然后,可根据问题的要求对模型进行必要的修改.

框 3——模型的求解 选择适当的数学方法求得数学模型的解.可以用代数方法、数值方法和分析、图论方法等.如有可能,可以使用各种软件包.值得注意的是许多数学模型往往是很复杂、很难的,有时往往要根据实际情况对模型作简化,使得解析或数值求解成为可能.若是数值计算,要注意计算的复杂性问题.

框 4——解释数学解 考察所得的数学解,是否具有应有的性质.同时把数学的表述解释或翻译成与实际问题相适应的通俗易懂的语言.

框 5——模型的检验与评价 建模是否正确还必须验证.常常是用实验或问题提供的信息记录来进行检验:检验解对参数、初始数据的敏感程度;检验你的预测是否已经达到精度的要求,是否已经达到预期的目的等.如果还想更精确地刻画问题的解,是否还需改进你的模型,如果是,则返回到框 1;否则进入框 6.一个成功的模型往往是一个多次循环的过程.

框 6——建模报告 有关模型报告的写作参见 2.8 节.

此外,尚有几点说明:

(1)若对模型进行了简化,实质上是改变了原问题,简化后的模型只能说是原问题的一种近似,要做到正确的近似不仅需要很强的分析问题的能力,而且需要有很强的洞察力.

(2)任何一个模型(包括物理模型)都能定义为现实系统的某些方面的简化表示.一个数学模型就是用数学概念、函数、方程等建立起来的模型.

(3)上面的流程图仅供初学者作参考,给初学者有一个基本的建模概念,在实际操作时未必严格按照这一流程进行.

二、举例

为了帮助读者理解与认识上述建模流程,这里给出一个大家都熟悉的例子.

雨中行走问题:天将下雨,从寝室到教室有一段约一公里的路程.由于事情紧急,不拿雨具就跑出去了.可刚到门口,天已下了大雨.如果冒雨行走,问你将会被淋得多湿?

这个问题看起来很简单,只要跑得越快越好.然而把雨的方向的变化考虑进去,不见得如此.

1.澄清问题

给定一个特定的降雨条件,能否设计一个方案使你被雨淋得最少?这个模型是确定的,因为它完全依赖于降雨速度、风向、路程与奔跑速度.我们需要给出一个依赖于这些因素的确定淋雨量的公式.通过调查可以知道一组比较典型的数据:雨速 $=4$ 米/秒;走速 $=2$ 米/秒;跑速 $=6$ 米/秒;路程 $=1000$ 米;降雨量 $=2$ 厘米/小时.

与此问题有关的因素:

因素	符号	单位
淋雨时间	t	秒

雨速	r	米/秒
雨的角度(由于有风)	θ	度
走速	v	米/秒
人的高度	h	米
人的宽度	w	米
人的厚度	d	米
淋雨量	C	升
雨的强度	I	
行走的距离	D	米

2. 形成模型

首先我们建一个尽可能简单的模型. 假设人所走的路线是直线, 将人体视为长方体, 设雨速为常数, 不考虑雨向. 若在整个一公里路程中你的跑速均为 6 米/秒, 则

$$淋雨时间 = \frac{1000\ 米}{6\ 米/秒} \approx 167\ 秒 = 2\ 分\ 47\ 秒$$

若降雨量为每小时 2 厘米, 则 2 分 47 秒中的降雨量为 $2 \times 167 \times 0.01 \div 3600$ 米. 此时, 若取人高为 1.5 米、宽为 0.5 米、厚为 0.2 米, 则前后的表面积为 1.5 平方米, 侧面积为 0.6 平方米, 顶部面积为 0.1 平方米. 这样总面积为 2.2 平方米. 设这些表面积都淋雨, 则

$$淋雨量 = \frac{2 \times 167 \times 0.01 \times 2.2}{3600} \approx 2.041 (升)$$

这样约有相当两瓶啤酒的雨量淋在你的身上.

通常, 我们去掉雨是垂直而下的假设. 在前面所列的因素中, 并不都是变量, 事实上, r、θ、v、t 和 C 是变量而其他量在这个特殊情形不是变量. 另外雨速和降雨量是有区别的. 如果雨是像河流一样的连续水流, 则雨速就能确定我们在地域上的降雨量. 显然, 这是不现实的, 因为雨是离散雨点的流. 以上为描述雨量的大小而引入了雨的强度概念.

从上面给出的数据知道雨速为 4 米/秒 $= 1.44 \times 10^6$ 厘米/小时, 而降雨量为 2 厘米/小时. 雨速与降雨量的比为 7.2×10^5, 定义雨的强度 $I = 1/(7.2 \times 10^5)$. 这样雨的强度反映了雨的大小, 如果 $I = 0$, 就说明没有雨. 当强度 $I = 1$ 时是暴雨, 雨水就像屋檐水一样的连续流.

由于速度已取作常数, 则淋雨时间 $t = D/v (秒)$. 为考虑被淋湿的程度, 必须考虑关于行走方向与雨的方向的关系, 如图 1.2 所示.

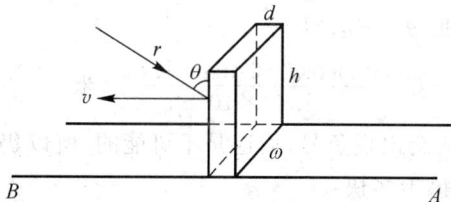

图 1.2

由于雨是呈一个角度降下来的, 能看到在任何情形下受雨面仅为人顶部和前部. 故而淋

在人身上的雨量可分以下两种情况来计算：

（1）考虑人的顶部

顶部的表面积＝wd 米^2，雨速的分量为＝$r\cos\theta$ 米/秒．因为淋雨率＝强度×面积×雨速＝$Iwdr\cos\theta$ 米^3/秒（单位时间内的淋雨量），这样在时间 D/v 中的

$$淋雨量＝\frac{DIwdr\cos\theta}{v}（米^3）\tag{1.3}$$

（2）考虑人的前部

前部的面积＝wh（米^2），雨的分量＝$r\sin\theta＋v$（米/秒）．因此，淋雨率为 $Iwh(r\sin\theta＋v)$（米^3/秒），在时间 D/v 中的

$$淋雨量＝\frac{IwhD(r\sin\theta＋v)}{v}（米^3）\tag{1.4}$$

从式（1.3）和式（1.4）知总淋雨量为

$$C＝\frac{IwD}{v}\left[rd\cos\theta＋h(r\sin\theta＋v)\right]（米^3）\tag{1.5}$$

从前面给出的数据知 $h＝1.5, w＝0.5, d＝0.2, r＝4, D＝1000, I＝1/7.2\times10^5$．于是

$$C＝\frac{0.8\cos\theta＋6\sin\theta＋1.5v}{1.44\times10^3v}（米^3）\tag{1.6}$$

这样所求的数学模型为给定 θ 选取怎样的 v 使得式（1.6）中的 C 最小？

3. 模型求解

分几种情形讨论这个模型：首先，如果 $I＝0$，则有 $C＝0$；其次，将根据是朝着雨还是背着雨．考虑几个特殊情形：

（1）$\theta＝0°$

这时雨是直下的，从式（1.6）知，当 v 最大时，C 最小．即当 $v＝6$ 米/秒时

$$C＝\frac{9.8}{1.44\times10^3\times6}\approx1.13（升）$$

（2）$\theta＝30°$

雨朝你而下，这时

$$C＝\frac{0.4\sqrt{3}＋3＋1.5v}{1.44\times10^3v}（米^3）$$

在这种情形是 v 最大时，C 最小：

$$C_{\min}＝\frac{0.4\sqrt{3}＋3＋9}{1.44\times6}＝1.47（升）$$

（3）负角

这时雨来自你的后面，取 $\theta＝-\alpha$，得

$$C＝\frac{0.8\cos\alpha-6\sin\alpha＋1.5v}{1.44\times10^3v}（米^3）$$

对于充分大的 α，这个表达式会出现负号，而这是不可能的．所以仍回到式（1.3）去分析这种情形．分两种情形来决定你该走多快：

（a）若 $v<r\sin\alpha$，则你背后的淋雨量为 $IwDh(r\sin\alpha-v)/v$．总淋雨量

$$C＝\frac{IwD}{v}\left[rd\cos\alpha＋h(r\sin\alpha-v)\right]$$

把数据代入得

$$C=\frac{0.8\cos\alpha+1.5(4\sin\alpha-v)}{1.44\times10^3 v}（\text{米}^3）$$

这时如果你以速度 $4\sin\alpha$ 行走，这个表达式可改写为

$$C=\frac{0.8\cos\alpha}{1.44\times10^3\times4\sin\alpha}$$

即为淋在头顶的雨量.这样如果雨以 $30°$ 的倾角从后面下来，你就应该以 2 米/秒（$4\sin30°$）的速度行走，淋雨量仅为 0.24 升.

（b）$v>r\sin\alpha$

这时式（1.3）为 $IwhD(v-r\sin\alpha)/v$，于是

$$C=\frac{IwD}{v}[rd\cos\alpha+h(v-r\sin\alpha)]（\text{米}^3）$$

把数据代入得

$$C=\frac{0.8\cos\alpha+1.5v-6\sin\alpha}{1.44\times10^3 v}（\text{米}^3）$$

于是，在 θ 为负角的情况下，当 $0.8\cos\alpha-6\sin\alpha<0$，即 $\tan\alpha>\dfrac{2}{15}$ 时，$v_{\min}=r\sin\alpha$，则 C 最小；当 $0.8\cos\alpha-6\sin\alpha>0$，即 $0<\tan\alpha\leqslant\dfrac{2}{15}$ 时，v 越大则 C 越小.

4.数学解的解释

上述结果似乎与实际有些相符，它告诉我们：如果你是逆风行走，则越快越好；如果是顺风，则当雨的倾角大于约 $8°$ 时，你应该保持与水平雨速一致的速度；而当雨基本上是垂直而下时（倾角小于约 $8°$），还是越快越好.

数学模型在自然科学、工程领域中的重要性已广为人知了.在学习这门课程的一开始就应认识到它与其他的数学课程不同，它没有理论的学习，仅有一些纲要的引导，这并不意味着它是一门容易学的课程，困难并不在于学习或理解所要用的数学，而在于何处、何时用之.要学好这门课程，不仅要注意培养自己理解实际问题的能力、抽象分析问题的能力，而且还要训练自己应用各种知识、特别是数学知识、数学技能的能力.

数学模型可以按照不同的方式分类，如按照变量的关系分，可以分为几何模型、微分方程模型、代数模型、概率统计模型、逻辑模型等；按变量的性质可分为确定性模型、随机性模型和模糊性模型，或分成连续性模型和离散性模型.

第2章　数学建模的基本技能与方法

2.1　建模的基本技能

一、列出相关因素、作出合理假设

面对一个问题如何下手往往是最困难的事,特别是对初学者更是如此.建模的一个基本原则是认真分析所给的问题,找出所有相关的因素.这里的因素可以是定量的,即可以由数量来描述,也可以是定性的,如有可能还可以找出各因素间的一些简单关系式.定量的因素可以分为变量、参量、常量(比如光速).参量是这样一些量,它对于一个特定的问题可以认为是常量,但对不同的问题这个常量也就不同.变量可分离散的与连续的,也可以分确定的与随机的.在一个实际问题中,往往会有很多因素与之有关.所以在收集好这些相关因素之后,先考虑一些主要的因素,丢弃一些与问题关系不太大的次要的因素,并且区分出哪些因素是输入变量(自变量)——可以影响模型,但其性状不是该模型所要研究的那些因素,哪些是输出变量(因变量)——其性状是这个模型打算研究的那些因素,并给出适当的符号与单位.要做到这一点有时是很困难的,这不仅有赖于对问题的深刻认识而且还有赖于建模的经验.对于有些因素虽然并非认为是无足轻重的,但还是把它略掉了,原因在于建模者不能处理它们,只能寄希望于略去之后不会使结果有太大的影响.

为使建模得以进行,我们必须作一些合理的假设.假设的目的在于给出变量的取舍,即选出主要因素,忽略次要因素,使问题简化以便进行数学描述,又抓住了问题的本质.如果我们把它比作"建房",各个因素就是建房的砖块,而假设就像水泥把各个因素构在一起.一个模型是否成功很大程度上依赖于假设的合理性,这当然主要取决于建模工作者的经验.

一般来说,假设可以分为两类:一类是为简化问题的需要而作的;而另一类是为了沿用某种数学方法之需要而作的.这是由数学建模本身所决定的.数学建模就是采用或建立某种数学方法来解决具体问题,而每种理论的应用都必须满足一定的条件,因此能否应用所需的数学方法的关键在于所研究的对象是否大体满足相应的条件.但必须指出:一个假设是否合理,最重要的是它是否符合所考虑的实际问题,而不是为了解决问题的方便而扭曲了原问题.

在初次建模时,要选择假设使模型尽可能简单,把所有的假设清楚地写下来,使得你自己知道,而且也能使别人确切地知道是在怎样的假设下完成模型的.不同的假设就可能得到不同的模型,所以描述一种情况的最佳模型通常不止一个.在一个模型中不可能同时使普遍性、现实性、精确性都很佳.所以在建模时可根据不同情况作出合理的取舍.

一旦建好了第一个模型,就要着手考虑问题中的其他因素的影响,对模型进行修正.一个良好的模型不但要刻画出问题的本质,而且还要使得模型不至于太复杂而导致实际上无法求解.这就要看你能否处理好简单与复杂、精确与普适之间的矛盾.

注意,在作假设时千万不要图处理问题的方便而忽视了与所给问题的相符性.其实与所给问题的相符性才是最重要的假设准则.

例 2.1　洗菜盘　我们知道在饭店里有很多菜盘要洗,为了洗涤的方便,通常是把盘子放在盛有热水的池中进行,当然水温不能太高以免烫手,但也不能太低使得脏东西洗不掉.问题是随着洗涤的进行,水温也在慢慢的冷却直到不能方便地洗掉脏物,又重新换一池水.你能否建立一个数学模型说明一池热水可洗多少盘子?

与此问题有关的显然有盘、水、池和空气等,如果我们忽略池的因素,其他因素可以罗列如下:

与水有关的因素有水量、初始温度、最后温度、表面积、水流、热容量以及热交换系数等;与盘子有关的因素有数量、大小、初始温度、最后温度、热容量等;与空气有关的因素有气温、对流等.

为建模的简单,假设:

(1)设水池不参与任何热交换.

(2)我们洗盘时一次洗一个,洗涤的过程是先把盘子放入水中,在水中洗涤 ΔT 的时间后取出去冲洗.

(3)在洗涤过程中池中的水量为一常数.

(4)设初始盘温与空气温度一样.

(5)设 ΔT 有足够长的时间使盘在水中达到与水温相同以及使得盘子能洗净.

(6)设 ΔT 对所有的盘子都是一样长的.事实上这样的假设不尽合理,因为随着水温的下降,浸泡的时间也要随之增长,但在模型精度要求不高的情况下,还是可以认为是合理的.

(7)设水温的损失主要是由于通过水的表层散热和对流、水与盘的热传导,在溶解盘中脏物时的热量传导.

在这样的假设下,可找出其主要因素并列示如下:

描述	变量类型	符号	单位
盘子数	变量	n	整数
盘的质量	变量	M	千克
空气温度	参数	T_a	开耳芬温标
水温	变量	T_w	开耳芬温标
初始水温	参数	$T_w(0)$	开耳芬温标
最终水温	参数	T_f	开耳芬温标
水的质量	参数	M_w	千克
水的表面积	参数	A	米^2
从水到空气的热交换系数	参数	h	瓦特/米^2 开耳芬温标
盘子的热容量	参数	C_p	焦耳/米^3 开耳芬温标
水的热容量	参数	C_w	焦耳/米^3 开耳芬温标

作为参考给出一些具体的数据如下:$C_p=600$ 焦耳/米^3 开耳芬温标(陶瓷),$C_w=4200$ 焦耳/米^3 开耳芬温标,$M_p=0.5$ 千克,$M_w=15$ 千克,$T_a=20$℃,$T_w(0)=60$℃,$A=0.1$ 米^2,

$T_f = 40℃, h = 100$ 瓦特/米² 开耳芬温标.

建立此模型的主要思想是用热能的守恒,这里从略.

例 2.2 最优捕鱼策略 为了保持人类赖以生存的自然环境,可再生资源(如渔业、林业资源)的开发必须适度.一种合理、简化的策略是,在实际可持续捕获的前提下,追求最大产量或最佳效益.

考虑对某种鱼(鱼)的最优捕捞策略:假设这种鱼分 4 个年龄组:称 1 龄鱼,…,4 龄鱼.各年龄组每条鱼的平均重量分别为 5.07,11.55,17.86,22.99(克);各年龄组鱼的自然死亡均为 0.8(1/年);这种鱼为季节性集中产卵繁殖,平均每条 4 龄鱼的产卵量为 1.109×10^5 (个),3 龄鱼的产卵量为这个数的一半,2 龄鱼和 1 龄鱼不产卵,产卵和孵化期为每年的最后 4 个月;卵孵化并成活为 1 龄鱼,成活率(1 龄鱼条数与产卵总量 n 之比)为 $1.22 \times 10^{11}/(1.22 \times 10^{11} + n)$.

渔业管理部门规定,每年只允许在产卵孵化期前的 8 个月内进行捕捞作业.如果每年投入的捕捞能力(如渔船数、下网次数等)固定不变,这时单位时间捕捞量将与各年龄组鱼群条数成正比,比例系数不妨称捕捞强度系数.通常使用 13mm 网眼的拉网,这种网只能捕捞 3 龄鱼和 4 龄鱼,其两个捕捞强度系数之比为 0.4∶1.渔业上称这种方式为固定努力量捕捞.

要建该问题的数学模型,必须澄清两个问题:一是如何实现可持续捕获(即每年开始捕捞时渔场中各年龄鱼群条数不变),并且在此前提下得到最高的年收获量(捕捞总重量);二是该渔业公司承包这种鱼的捕捞业务 5 年,合同要求 5 年后鱼群的生产能力不能受到太大破坏.已知承包时各年龄组鱼群的数量分别为 122、29.7、10.1、3.29($\times 10^9$ 条),如果仍用固定努力量的捕捞方式,该公司应采取怎样的策略才能使收获量最高.

分析题意不难看出与问题相关的因素有鱼池的环境、鱼的生长、繁殖、死亡等情况,以及捕捞方式、强度等.为了使问题简化,可以作如下的假设:

(1)只考虑一种鱼的繁殖和捕捞,鱼群增长过程中不考虑鱼的迁入与迁出.

(2)各年龄组的鱼在一年内的任何时间都会发生自然死亡.

(3)所有的鱼都在每年最后的四个月内(后 1/3 年)完成产卵和孵化的过程.孵化成活的幼鱼在下一年初成一龄的鱼进入一龄鱼组.

(4)产卵发生于后四个月之初,产卵期鱼的自然死亡发生于产卵之后.

(5)相邻两个年龄组的鱼群在相邻两年之间的变化是连续的,也就说,第 k 年底第 i 年龄组的鱼的条数等于第 $k+1$ 年初第 $i+1$ 年龄组鱼的条数.

(6)四龄以上的鱼全部死亡.

(7)采用固定努力量捕捞的速度正比于捕捞时各年龄鱼群中鱼的条数.比例系数为捕捞强度系数.

在以上的假设下与问题相关的主要因素可以罗列如下:

时间 t;t 时刻 i 年龄组的鱼群数量 $x_i(t)$;鱼的平均死亡率 r;i 年龄组鱼的产卵率 f_i;i 年龄组鱼的平均重量 w_i;i 年龄组的捕捞强度系数 q_i;产卵时间 $\bar{t} = 2/3$;捕捞努力量 E;i 年龄组的年捕捞数量 Y_i;年捕捞量 Y 等.

二、数据的作用与收集

数据意指在考察现实问题中所收集的一些量化材料,是通过测量或观察得到的,虽然有

一定的不精确性、片面性,但它们在某些方面能反映出客观实际,在建模中有以下几个方面的作用(将在下面几节中分别加以讨论):

(1)能帮助我们形成建模的思想;

(2)能确定所建模型中的参数的值,即能辨识参数;

(3)更重要的是能检验我们的模型.

在建模时有些数据可以是给出的,也有些数据要靠你自己去收集,在数据的收集与分析中要注意以下几个方面:

(1)要弄清什么数据是你所需的.在动手建模之前要分清哪些数据与你的问题是相关的,哪些又是多余的,同时要考虑是否欠缺某些数据.

(2)收集你所需的数据.收集的办法有两个:一是向给你问题的人去要,有些可能可以现成取到,还有的可能可以通过实验等手段获得;另一方面是通过查资料索取.

(3)处理数据.如何处理所给资料,如果所给数据有一大堆,你就得先把它们处理成你所需要的形式,方法可以通过统计、平均等.要建好一个模型关键往往还体现在对数据的处理上,特别是对一些不规则数据的处理更能体现你的建模能力和创造性思维.因此,数据处理的好坏也是能否建立一个创造性模型的关键.

三、误差与精度

我们的数据常常来自经验观察、测量,这并不能避免误差.数据的误差常常会引起模型的误差.误差的来源大约有以下三个方面:建模假设、近似方法求解、数据.

由于有了误差,模型的预测并不是 100% 可信的.所以,有必要去估计其最大误差,我们可以说:"我们所得的模型是在可能有最大误差为 Y 的情况下得到预测的 X."误差的描述方式有绝对误差和相对误差两种.

绝对误差 = 真实值 - 近似值.例如,用 $27/7$ 来近似 π,其绝对误差为 $\pi - 22/7 \approx 0.0012645$.

相对误差 = 绝对误差/测量值,常常用百分比来表示.例如,用 $22/7$ 来近似 π 的相对误差为 $0.0012645/\pi \approx 0.000405$ 或 0.04%.

下面再来考察一下这些误差源以达到降低误差的目的.

(1)要给出由假设引起的误差的影响程度一般是不可能的,因为通常不知道所要估计的精确值.必要时可以通过改变假设来研究其误差的影响程度.

(2)使用近似方法的原因或是由于模型的精确数学解是不可能得到的,或是由于为了使用计算机来加快速度.这些数值方法所包含的误差部分是由于数据、部分是所用计算方法引起的.有时,可以使用简化模型的手段来克服它.

(3)有些误差是由于计算机的容量所引起的,这些误差在进行大量的运算时常常会聚集成可观的数量.

(4)理想情况,在数据中的估计最大误差应该是可行的.

如果所有上述误差合在一起则是复杂的,建模时应澄清最严重的误差源且估计最后结果中的最坏的可能性.

2.2 一些简单的数学描述与建模

一、比例关系

在建模过程中常常要把一些语言的表达翻译成适当的数学形式.比如,一个变量与另一变量有正比关系(有时记为 $y \propto x$),与之对应的数学表示式可为 $y = kx$,其中 k 为比例常数.如果对某个特定的 x 知道 y 的值的话,就可以定出 k 的值.

如果 y 既与 x_1 成比例又与 x_2 成比例,则其数学表达式为 $y = kx_1x_2$,注意这个式子意味着当 x_1 或 x_2 是原来的倍数时,y 也是原来的倍数.而下面的形式 $y = k_1x_1 + k_2x_2$ 的含义是当 x_1 增加一个单位时,y 增加 k_1 个,当 x_2 增加一个单位时,y 增加 k_2 个.

另外,"当 x 增加而 y 减少"能解释为线性关系 $y = y_0 - \alpha x$($\alpha > 0$)或反比关系 $y = k/x$.要确定哪一种形式就需要更多的信息.

例 2.3 在夏季商品交易会上,冰淇淋销售者要预测其冰淇淋的销售量,而他认为该量与下列因素有关:

a)与来参加交易会的人数 n 成正比;b)与超过 $15℃$ 的温度成正比;c)反比例于其价格.试建立一个适当的模型.

解 设冰淇淋销售量为 A,温度为 T,并用 p 记价格.利用上述比例关系,可以得到所求的模型为

$$A = kn(T-15)/p$$

例 2.4 冷却问题 将温度为 $T_0 = 150℃$ 的物体放在温度为 $24℃$ 的空气中冷却.经 10 分钟后,物体的温度降为 $T_1 = 100℃$,问 $t = 20$ 分钟,物体的温度是多少?

解 注意到问题涉及的是一种必然的物理现象,这是一个确定型的数学模型.由牛顿冷却定律:物体在空气中的冷却速度与该物体的温度和空气温度之差成正比.

设物体的温度 T 随时间 t 的变化规律为 $T = T(t)$,则所要建的数学模型为

$$\frac{\mathrm{d}T}{\mathrm{d}t} = -k(T-24), \quad T(0) = 150℃$$

其中 $k > 0$ 为比例常数,负号表示温度是下降的.

由于这个模型是一阶线性常微分方程,容易求得其特解为

$$T = 126\mathrm{e}^{-kt} + 24$$

由初始条件 $T(10) = 100$,可定出 $k \approx 0.05$,于是

$$T = 126\mathrm{e}^{-0.05t} + 24$$

令 $t = 20$,就得到

$$T(20) \approx 40℃ + 24℃ = 64℃$$

例 2.5 动物的体型问题 对于四足行走的动物,如何根据它的体长(不包括头尾)估计其体重?

解 我们将动物的身躯(不包括头尾)视为质量为 m 的圆柱体,其几何尺寸如图 2.1 所示,其中 δ 是在自身体重 F 作用下的最大扰率.

为简单起见,我们作如下假设:

(1)动物身躯为一弹性梁,支撑在四肢上.

(2)按照生物学上的实验,对同一种动物 δ/l 为一常数.

由(1)根据弹性力学扰曲度理论,有

$$\delta \propto Fl^3/Ad^2 \quad (A = \pi d^2/4)$$

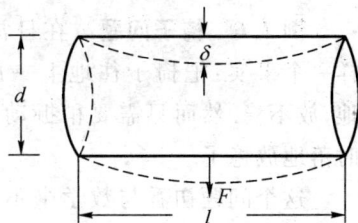

图 2.1

因为 $F \propto m \propto Al$,所以 $\delta \propto l^4/d^2$,即

$$\delta/l \propto l^3/d^2$$

又因为 δ/l 为常数,所以 $l^3 \propto d^2$.注意到体重 F 正比于身躯体积,于是

$$F \propto d^2 l \propto l^4$$

即体重与身躯长度的四次方成正比.

二、函数关系

熟悉一些最常见的函数,如 $y = at - bt^2$,$y = y_0 e^{-at} + b$,$y = y_0 t e^{-bt}$,$y = a\sin wt$,以及 $y = ae^{-bt}\sin wt$ 等的图像、性态往往是重要的.在建模过程中,常常会碰到需要构造一个适当的函数来刻画某个特定的事件.例如,在盛夏的一天销售冰淇淋,当气温最高时需求量最大.要求我们选取适当的函数来描述这一事件.初看起来似乎很难,但仔细分析一下,我们可以认为在一天中的销售总量是已知的,如取为 1000 盒.销售的时间可以认为是从上午的 10 时到下午的 6 时.冰淇淋的销售过程虽然是离散的,但销售量则可以认为是一个连续的过程.销售量从 10 时的零增加到中午的高峰,然后又降到 18 时的零.如果我们用 $I(t)$ 来描述到时刻 t 的销售量,其中 t 用小时来计,即 $t = 10$ 对应于上午的 10 时.我们的问题就转化为:选择怎样的函数 $I'(t)$ 使 $\int_{10}^{18} I'(t)dt = 1000$.如果我们选取 $I'(t) = a\sin wt$,这显然有些不妥,因为对某些 t,$\sin wt$ 将会取负数.所以更好的形式应取为 $I'(t) = a\sin^2 wt$(为什么不取二次曲线的形式?).注意到销售的时间以及在两端的销售量,最后我们取

$$I'(t) = \begin{cases} a\sin^2\left[\dfrac{\pi(t-10)}{8}\right], & 10 < t < 18 \\ 0, & \text{其他时间} \end{cases}$$

其中 a 是待定的参数.为此,我们积分下式:

$$\int_{10}^{18} a\sin^2\left[\frac{\pi(t-10)}{8}\right]dt = 1000$$

得 $a = 250$.

这样,所构造的函数的最后形式为

$$I'(t) = 250\sin^2\left[\frac{\pi(t-10)}{8}\right]$$

这意味着一天中下午 2 时是销售的最高峰,每小时可以销 250 盒,即每分钟 4 盒.

三、几何模拟方法

把一个复杂的问题抽象成各种意义下的几何问题加以解决,这种方法就叫几何模拟法.这种方法的特点是常常在发现问题解答的同时也就论证了解答的正确性.它是数学中的一种重要思维方法.

例2.6　椅子问题　在日常生活中经常会碰到这样一个事实：把椅子往地上一放，通常只有三只脚落地，放不稳．然而只需要稍挪动几次，就可以四只脚同时落地放稳了．

这个问题初看与数学毫不相干，怎样才能把它抽象成一个数学问题，并且将它证实？为此，我们借助于几何．考虑椅子的俯视图2.2，其中 A、B、C、D 代表4条腿．

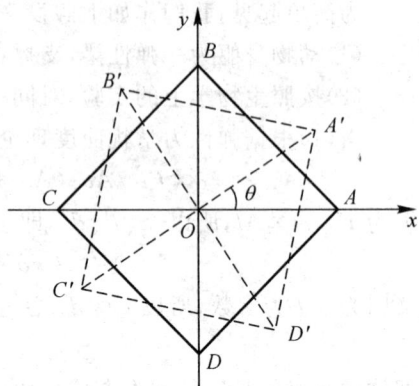

图2.2

今取 O 为坐标原点．OA，OB 分别为 x，y 轴的直角坐标系，并设椅子绕原点 O（中心）逆时针转动时，OA 与 x 轴（初始位置）的夹角为 θ．在这里我们已经假设了椅子的四角连线呈正方形，椅脚与地面的接触可视为一点．为合理地解决这个问题，我们还要假设椅子的四条腿一样长．地面的高度是连续变化的，沿任何方向都不会出现间断．对于椅脚的间距和椅腿的长度而言，地面是相对平坦的．使椅子在任何位置至少有三只脚同时落地．

稍加分析我们就会想到是否可以用椅脚与地面的距离来描述椅子的着地情况，注意到这距离是由位置唯一确定，而正方形是中心对称的，这样椅子的位置可用绕中心旋转角 θ 来唯一确定．所以距离是 θ 的函数．可椅子有四只脚，因而有四个距离，但又因正方形的中心对称性，所以只要设两个距离函数就行了．记 A、C 两脚与地面距离之和为 $f(\theta)$，B、D 两脚与地面距离之和为 $g(\theta)$．显然 $f(\theta)\geq0,g(\theta)\geq0$．由假设 f 和 g 都是连续函数，且对任意的 θ，$f(\theta)g(\theta)=0$．当 $\theta=0$ 时，不妨设 $g(0)=0,f(0)>0$．这样，这个椅子问题就归结为证明如下的数学问题：

已知 f 和 g 是 θ 的连续函数，对任意的 θ、$f(\theta)g(\theta)=0$，且 $g(0)=0,f(0)>0$．则存在 θ_0，使 $f(\theta_0)=g(\theta_0)=0$．

将椅子旋转 $90°$，对角线 AC 与 BD 互换．由 $g(0)=0$ 和 $f(0)>0$ 可知 $g(\pi/2)>0$ 和 $f(\pi/2)=0$．

令 $h(\theta)=f(\theta)-g(\theta)$，则 $h(0)>0$ 和 $h(\pi/2)<0$．由 f 和 g 的连续性知 h 也是连续函数．根据连续函数的基本性质，必存在 $\theta_0(0<\theta_0<\pi/2)$ 使 $h(\theta_0)=0$，即 $f(\theta_0)-g(\theta_0)=0$．

最后，因为 $f(\theta_0)g(\theta_0)=0$，所以 $f(\theta_0)=g(\theta_0)=0$．

就是说，当地面为连续时，只要把椅子绕中心逆时针转动 θ_0 角，椅子的四条腿就同时落地了．

在解决这个问题时，我们充分利用了正方形的中心对称性．那么如果椅子的四脚是呈长方形的，这椅子还可以放平吗？我们把这个问题留给读者．

例2.7　圆盘的冲截　某工厂聘用你给生产车间主任一个建议．该车间在生产过程中有一个工序是从1米×1米的钢板上截取圆盘．目前从这样一块钢板上能冲割出直径0.25米的圆盘16个．问你是否有可能重新安排切割方案使得更节约原料？如果要从同样的板中截出直径为0.1米的圆盘，问怎样安排切割是最省料的？对给定尺寸的钢板、圆盘的半径，是否可以给出一个计算最大个数的公式？

问题的重述:给你某种规格的钢板和要切割的圆盘的尺寸,怎样寻找最有效的切割方式使之能切出最多的圆盘.

通过分析可知,与此相关的因素有

因素	变量	符号	单位
钢板长	输入参数	l	米
钢板宽	输入参数	b	米
圆盘半径	输入参数	r	米
圆盘个数	输出参数	N	整数
废料	输出参数	W	%

假设:

(1)切割器能切出非常精确的圆盘,切割线可以忽略不计.

(2)将考察四点切触和六点切触两种方式.

最简单的安排是四点切触(图 2.3).对题中所给的规格 $l=b=1,r=0.125,N=16$.浪费 $W=1-16\pi0.125^2\approx21.5\%$.如果 $r=0.05$,则 $N=100,W=1-100\pi0.05^2\approx21.5\%$.

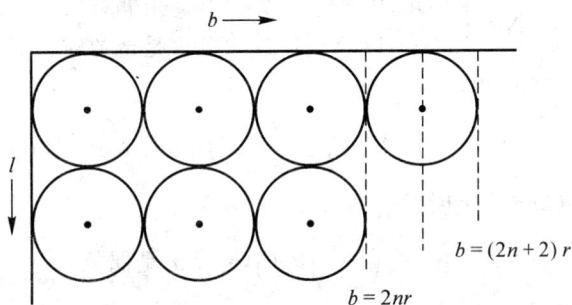

图 2.3

对于一般情形,如果 $b>2nr$ 就有 n 列圆盘可排,如果 b 增加到 $(2n+2)r$ 就可以再增加一列.这就是说 n 是 $b/2r$ 的整数部分,即 $[b/2r]$.同样对可排的行数为 $[l/2r]$.于是圆盘数 $N=[b/2r][l/2r]$.浪费率为

$$W=\frac{lb-[b/2r][l/2r]\pi r^2}{lb}$$

对于六点切触(如图 2.4):

当 b 是 r 的奇数倍 $(2n+1)r$ 时,则每行有 n 个圆盘.如果 b 增加到 $(2n+2)r$ 时,在奇数行能增添一个盘,于是各行以 $n+1,n$ 相间排列.如果 b 进一步增加,到 $(2n+3)r$ 时每一行就可排 $n+1$ 个盘了.

设共可排 x 行,则 x 满足 $2r+(x-1)r\sqrt3<l$.由于 x 必须是整数,故

$$x=[1+1/\sqrt2\,(l/r-2)]$$

当 $(2n+1)r\leqslant b<(2n+2)r$ 时,每一行都可排 n 个盘,可写为 $n=\frac{1}{2}\left(\left[\frac{b}{r}\right]-1\right)$,这样

$$N=\frac{1}{2}\left(\left[\frac{b}{r}\right]-1\right)\left[1+\frac{1}{\sqrt3}\left(\frac{1}{r}-2\right)\right]$$

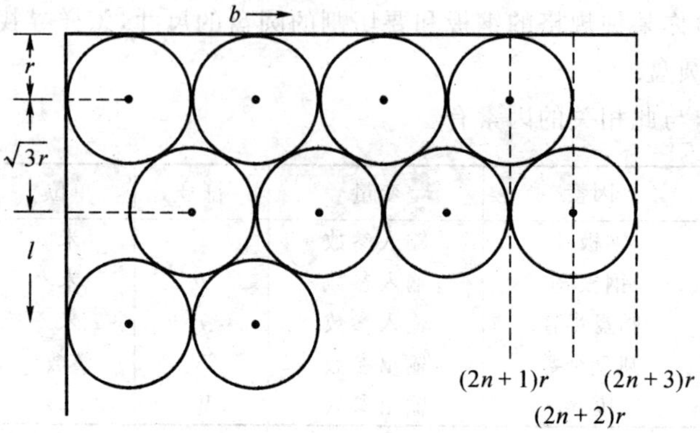

图 2.4

当 $(2n+2)r \leqslant b < (2n+3)r$ 时,各行个数 x 不等. 如果 x 是偶数,$n+1$ 个的行数与 n 个的相同,各为 $x/2$ 行;如果 x 是奇数,则长行数为 $(x+1)/2$ 行,把 n 写为 $n = \frac{1}{2}\left(\left[\frac{b}{r}\right]-2\right)$.
这时,圆盘的总数

$$N = \begin{cases} x(n+1/2), & \text{当 } x \text{ 是偶数时} \\ x(n+1/2)+1/2, & \text{当 } x \text{ 是奇数时} \end{cases} \qquad (2.1)$$

于是,当 $(2n+1)r \leqslant b < (2n+2)r$ 时

$$N = \frac{x}{2}\left(\left[\frac{b}{r}\right]-1\right)$$

当 $(2n+2)r \leqslant b < (2n+3)r$ 时

$$N = \begin{cases} \dfrac{x}{2}\left(\left[\dfrac{b}{r}\right]-1\right), & x \text{ 是偶数} \\ \dfrac{x}{2}\left(\left[\dfrac{b}{r}\right]-1\right)+\dfrac{1}{2}, & x \text{ 是奇数} \end{cases} \qquad (2.2)$$

不论哪种情况

$$x = \left[1 + 1/\sqrt{3}\,(l/r - 2)\right]$$

我们能把 N 看作是参数 l/r 和 b/r 的函数. 为了便于比较我们给出了一些 N 的值.

六点切触:

N						
l/r	$b/r=3$	$b/r=4$	$b/r=5$	$b/r=8$	$b/r=10$	$b/r=14$
4	2	3	4	7	9	13
7	3	5	6	11	14	20
10	5	8	10	18	23	33
15	8	12	16	28	36	52
20	11	17	22	39	50	72

四点切触：

N						
l/r	b/r=3	b/r=4	b/r=5	b/r=8	b/r=10	b/r=14
4	2	4	4	8	10	14
7	3	6	6	12	15	21
10	5	10	10	20	25	35
15	7	14	14	28	35	49
20	10	20	20	40	50	70

我们看到这两种情况没有明显的优劣,取哪一种更有效,依赖于参数的取值.在表中如果参数值为非整数时,N 的值或许仍是相同的,但浪费将不一样.对于问题所要求的情况,即 $l=b=1,r=0.05$,对于六点切触法,我们有

$$x=\left[1+\frac{1}{\sqrt{3}}\left(\frac{1}{0.05}-2\right)\right]=[11.39\cdots]=11$$

$$b/r=20$$

这时,有些行可排 9 个,有些行则可以排 10 个.而总数为

$$N=\frac{11}{2}(20-1)+\frac{1}{2}=105$$

对于四点切触法,可排 100 个(劣于六点法).

对于这个问题进一步可以考虑:(1)105 个是否可以再改进.事实上,如果在每行分别放 $10,9,10,9,10,9,10,9,10,10,10$ 个,则共能放 106 个.所以这两种方法混合的策略应该值得考虑.(2)四点切触法是否可以考虑非紧凑的形式(见图 2.5).(3)是否还可以考虑切割不同半径的情形.

这些都留给读者.

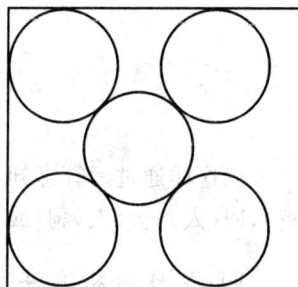

图 2.5

例 2.8　狗、鸡、白菜过河问题　一个人要把所带的一只狗、一只鸡和一颗白菜过河,而船除人外,每次只能带一样东西,问该如何运它们,才能使鸡吃不掉白菜,而狗吃不掉鸡.

这是一个智力游戏问题,每个人都可以通过反复实验而得到答案,问题是如何给出数学上的规律性解答.

这样一个安全渡河问题可以视为一个多步决策过程.每一步,即船由此岸驶向彼岸或从彼岸驶回,都要对船上的东西作出决策,在保证安全的前提下,在有限步内使所运物全部过河.为此,我们把人、狗、鸡和白菜依次用一个四维向量表示.当一物在此岸时,记相应的分量为 1,否则记为 0.如(1,0,1,0)表示人和鸡都在此岸,并称为一个状态.按照题意(1,0,1,0)是一个允许状态,而(0,0,1,1)是一个不允许状态,因为鸡可以吃白菜.我们用 S 来记所有允许状态的集合.这个集合共有 10 个状态,它们分别是

$$
\begin{array}{ll}
(1,1,1,1) & (0,0,0,0) \\
(1,1,1,0) & (0,0,0,1) \\
(1,1,0,1) & (0,0,1,0) \\
(1,0,1,1) & (0,1,0,0) \\
(1,0,1,0) & (0,1,0,1)
\end{array}
$$

如果我们把每次运载情况也用一个四维向量来表示. 例如用 $(1,1,0,0)$ 表示人和狗在船上, 而鸡和白菜不在船上. 这样允许的运载状态 D 有 4 个

$$
\begin{array}{ll}
(1,1,0,0) & (1,0,1,0) \\
(1,0,0,1) & (1,0,0,0)
\end{array}
$$

我们规定 S 和 D 中的元素相加时按二进制法则进行. 这样, 一次渡河就是一个允许状态向量与一个允许运载向量相加. 于是, 制定安全渡河方案归结为: 求决策 $d_k \in D$, 使状态 $s_k \in S$ 按照运算规律, 从状态 $(1,1,1,1)$ 经过多少次才能变成 $(0,0,0,0)$.

一个状态如果是可取的就记 T, 否则就记 F, 虽然可取但已重复就记 R. 于是问题可用穷举法按如下方法进行运算:

$$
(1,1,1,1) + \begin{cases} (1,0,1,0) \\ (1,1,0,0) \\ (1,0,0,1) \\ (1,0,0,0) \end{cases} \longrightarrow \begin{cases} (0,1,0,1)\,T \\ (0,0,1,1)\,F \\ (0,1,1,0)\,F \\ (0,1,1,1)\,F \end{cases}
$$

$$
(0,1,0,1) + \begin{cases} (1,0,1,0) \\ (1,1,0,0) \\ (1,0,0,1) \\ (1,0,0,0) \end{cases} \longrightarrow \begin{cases} (1,1,1,1)\,F \\ (1,0,0,1)\,F \\ (1,1,0,0)\,F \\ (1,1,0,1)\,T \end{cases}
$$

就这样通过运算即知, 经 7 次运载便可安全地完成. 运载的过程可以描述为: 去(人, 鸡), 回(人); 去(人, 狗(或菜)), 回(人, 鸡); 去(人, 菜(或狗)), 回(人); 去(人, 鸡).

四、类比分析方法

类比分析方法是根据两个系统的某些属性或关系的相似, 去猜想两者的其他属性或关系也可能相似的一种方法. 在建模中若发现两个不同的系统, 可以用同一形式的数学模型来描述, 则此两个系统就可以互相类比. 类比方法应用很广, 在此我们仅举例予以说明.

1. 德布罗意公式

为了对实物粒子作定量的描述, 法国物理学家德布罗意在大量的实验研究基础上作了下述类比:

光具有波粒二象性, 并且有方程式

$$
E = hT, \quad \lambda = \frac{h}{p} \tag{2.3}
$$

其中 E、T、p 和 λ 分别表示能量、频率、动量和波长, h 为普朗克常数. 而实物粒子也具有波粒二象性, 于是在 1924 年德布罗意猜想, 实物粒子也可能有方程式

$$
E = hT, \quad \lambda = \frac{h}{mv} \tag{2.4}
$$

其中 $\lambda = \dfrac{h}{mv}$ 就是物理学中著名的德布罗意公式.这个公式于 1927 年被电子散射实验所证实.

2.人体肌肉的类比模型

我们分析一下人体肌肉的运动就会发现,在施加一个外力(如提一重物)时会使其拉伸,此时肌肉呈现弹性机械的特点,肌肉组织的伸缩运动常常伴随着热量的产生和温度的增加,这些效应表明在肌肉组织内有某种类似于摩擦机构的作用,使得肌肉运动时一部分机械能做功,而另一部分则变为热能.可见,可用一个理想的弹簧—阻尼器来类比一束肌肉的物理模型,其中弹簧类比于肌肉的弹性,而阻尼器则类比于肌肉的摩擦现象(图 2.6).

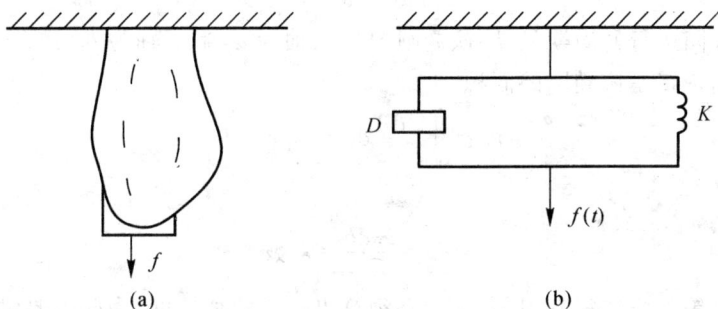

图 2.6

图 2.6(b)可用如下的数学模型来描述:

$$D\frac{\mathrm{d}y}{\mathrm{d}t} + Ky = Dv + K\int v\mathrm{d}t = f(t)$$

五、利用物理规律建模

牛顿发现万有引力定律是科学史上的伟大事件.而导出它的依据是开普勒关于行星运行的三大定律,所用的工具又仅仅是解析几何和微积分.它是从物理现象建立数学模型的一个典范.

为了导出万有引力定律,先回忆一下开普勒的三大定律:

(1)行星绕太阳运行的轨迹是一个椭圆,太阳位于一个焦点上.

(2)从太阳到行星的矢径在相等的时间内所扫过的面积相等.

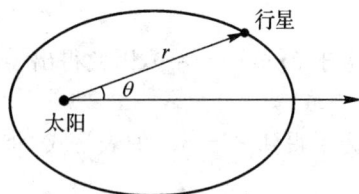

图 2.7

(3)各行星轨道的半长轴立方与周期平方之比为定数.

如图 2.7 以太阳(一个焦点)为极点,该椭圆的长轴为极轴建立极坐标,于是有椭圆方程为:

$$r = \frac{p}{1 - \varepsilon\cos\theta}$$

其中 p 是该椭圆的焦参数,$0 < \varepsilon < 1$ 是该椭圆的扁率.

在极坐标下,矢径所扫过的面积 A 的微分为

$$\mathrm{d}A = \frac{1}{2}r^2\mathrm{d}\theta$$

进而得到"面积速度是常数":

$$\frac{\mathrm{d}A}{\mathrm{d}t} = \frac{1}{2}r^2 w = 常数$$

其中角速度为 $w = \dfrac{\mathrm{d}\theta}{\mathrm{d}t}$.

从 $\dfrac{1}{2}r^2 w = 常数$, 立即得出

$$0 = \frac{\mathrm{d}}{\mathrm{d}t}(r^2 w) = 2r\dot{r}w + r^2\dot{w}$$

即

$$2\dot{r}w + r\dot{w} = 0$$

设行星绕太阳运行的周期是 T, 该椭圆的半长轴为 a, 半短轴为 b. 于是, 矢径在一个周期内所扫过的面积正是该椭圆的面积

$$\pi ab = \int_0^T \frac{\mathrm{d}A}{\mathrm{d}t}\mathrm{d}t = \frac{1}{2}r^2 wT$$

由此得出

$$r^2 w = \frac{2\pi ab}{T} = 常数$$

为了用牛顿第二定律得到引力, 我们必须算出行星的加速度. 为此需要建立两种不同的坐标架. 第一个坐标架是固定的, 以太阳为坐标原点, 沿椭圆长轴方向的单位向量记为 i, 沿短轴方向的单位向量记为 j, 于是

$$\boldsymbol{r} = r\cos\theta \boldsymbol{i} + r\sin\theta \boldsymbol{j}$$

进而有

$$\begin{aligned}
\boldsymbol{a} = \ddot{\boldsymbol{r}} &= \frac{\mathrm{d}^2}{\mathrm{d}t^2}(r\cos\theta)\boldsymbol{i} + \frac{\mathrm{d}^2}{\mathrm{d}t^2}(r\sin\theta)\boldsymbol{j} \\
&= (\ddot{r} - rw^2)(\cos\theta \boldsymbol{i} + \sin\theta \boldsymbol{j}) \\
&\quad + (2\dot{r}w + r\dot{w})(-\sin\theta \boldsymbol{i} + \cos\theta \boldsymbol{j})
\end{aligned} \tag{2.5}$$

以行星为坐标原点建立活动架标, 其两个正交的单位向量分别是

$$\boldsymbol{e}_r = \cos\theta \boldsymbol{i} + \sin\theta \boldsymbol{j}, \quad \boldsymbol{e}_\theta = -\sin\theta \boldsymbol{i} + \cos\theta \boldsymbol{j}$$

由于 $2\dot{r}w + r\dot{w} = 0$, 因此得出

$$\boldsymbol{a} = (\ddot{r} - rw^2)\boldsymbol{e}_r$$

为了得到 $\ddot{r} - rw^2$ 的表达式, 将椭圆方程

$$p = r(1 - \varepsilon\cos\theta)$$

两边微分两次, 得

$$(\ddot{r} - rw^2)\frac{p}{r} + \frac{1}{r^3}(r^2 w)^2 = 0$$

将前面得到的结果 $r^2 w = \dfrac{2\pi ab}{T}$ 和焦参数 $p = \dfrac{b^2}{a}$ 代入, 即得

$$\ddot{r} - rw^2 = -\frac{4\pi^2 a^3}{T^2} \cdot \frac{1}{r^2}$$

也就是说行星的加速度为

$$\boldsymbol{a} = -\frac{4\pi^2 a^3}{T^2}\frac{1}{r^2}\boldsymbol{e}_r$$

由开普勒的第三定律知 a^3/T^2 为常数. 若记 $G=\dfrac{4\pi^2 a^3}{MT^2}=$ 常数，那么就导出著名的万有引力定律：

$$\boldsymbol{F}=-G\frac{Mm}{r^2}\boldsymbol{e}_r$$

其中 M 是太阳的质量，m 为行星的质量，r 为行星到太阳的距离，$-\boldsymbol{e}_r$ 表示引力的方向是行星指向太阳，$G=6.672\times10^{-11}$ 米/(千克·秒^2)，称为万有引力常数.

可以验证，牛顿的万有引力定律统一表达了开普勒关于天体间的行星运动定律和伽利略关于地球上的自由落体定律，揭示了它们的同一性.

后来，人们对当时所知的太阳系最外面的一个(第七颗)行星天王星的轨道进行研究后发现，按万有引力定律计算的轨道与实测的轨道不一致. 英国的亚当斯和法国的勒维列运用万有引力定律正确地预测在天王星外面还有一颗行星，结果于 1846 年找到了海王星.

2.3　用数据直接建模——经验模型

经验模型是一种完全依靠数据而得到的模型. 在这样的模型中，变量之间的关系是通过考察所给数据的变化特点所选取的一种数学形式，它既有在数学表达上的简单性又有一定的精确性. 这样的经验模型的明显特点是所考察的变量之间的关系并不是来自于假设，也不是基于物理的规律或原理，而是基于建模者认为数据的变化与某个数学关系式表示的关系很吻合而选取的. 这样的经验模型常常用在一个复杂模型的子模型中或其一部分.

得到经验模型的第一步是把所给的数据画在一个坐标图上，通过图表来判断其数学形式. 这是关键的一步，选择数学形式的优劣将直接影响到经验模型的精确程度；第二步是决定数学形式中的待定参数. 第三步是求得数学模型后，有时需要将实际测定的数据与用公式求出的理论值进行比较，判定其误差程度. 若不合精度要求，就得对经验模型进行修正. 当然最简单的情形是它们集中于某一条直线附近，要找出这条在某种意义上与这些点最接近的直线，可以通过判断、最小二乘法或"回归分析"等方法. 其实这些都已有标准的软件包.

一、最小二乘法

设有 n 个点(测得的 n 组数据)$(x_1,y_1),(x_2,y_2),\cdots,(x_n,y_n)$，在平面直角坐标系内，作出这个 n 点，称为散点图(图 2.8). 如果发现这些点的分布近似于一条直线 l：

$$y=ax+b \tag{2.6}$$

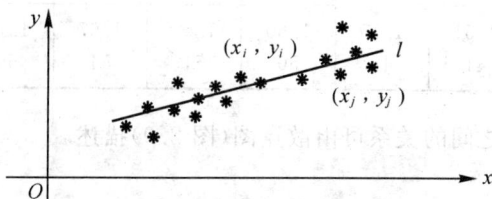

图 2.8

若点 (x_i, y_i) 在 l 上,则应有

$$y_i - ax_i - b = 0$$

若点 (x_j, y_j) 不在 l 上,则

$$y_j - ax_j - b = \varepsilon_j \quad (j = 1, \cdots, n)$$

ε_j 表示用 $y = ax - b$ 来反映 x_j 与 y_j 的关系时所产生的偏差. 我们希望选取适当的 l,即在确定 a 与 b 时应使 ε_j 越小越好. 为此,我们取这些偏差的平方和来刻画,即

$$\varepsilon(a, b) = \sum_{i=1}^{n} \varepsilon_j^2 = \sum_{i=1}^{n} (y_i - ax_i - b)^2$$

则问题变成求使 $\varepsilon(a, b)$ 取最小的 a 及 b. 一旦确定了 a 与 b 也就确定了 l,这就是此问题近似的模型. 这种方法叫做最小二乘法.

根据微积分中求极值的方法,容易求得

$$\begin{cases} b = \bar{y} - a\bar{x} \\ a = \dfrac{\sum_{i=1}^{n} (x_i - \bar{x})(y_i - \bar{y})}{\sum_{i=1}^{n} (x_i - \bar{x})^2} \end{cases} \tag{2.7}$$

其中 $\bar{x} = \dfrac{1}{n} \sum_{i=1}^{n} x_i, \bar{y} = \dfrac{1}{n} \sum_{i=1}^{n} y_i$.

根据实测数据,按公式(2.7)求得的公式(2.6),便称为经验公式. 经验公式能否真的反映问题中变量间的关系,还得靠实践的检验.

如果所给数据反映的不是直线关系,那么就不能再用直线近似,这时就要作一些处理. 如可以作变量变换,把问题分解成若干部分,其主要部分为线性部分. 例如,在彩色显影中,染料的光学密度 y 和析出银的光学密度 x 的散点图就呈指数关系:

$$y = Ae^{-B/x} \quad (A, B > 0)$$

取对数

$$\ln y = \ln A - \frac{B}{x}$$

令 $y^* = \ln y, x^* = 1/x$,则 y^* 与 x^* 便成了线性关系

$$y^* = \ln A - Bx^*$$

这样从数据 (x_i, y_i) 出发,按 $y_i^* = \ln y_i, x_i^* = 1/x_i$,求得数据 (x_i^*, y_i^*),再利用公式(2.7)便可求得 a^*、b^*,最后由 $b^* = \ln A, -B = a^*$ 得到 A、B.

例 2.9 下表给出的是 15 个不同年龄的人的身高与重量:

高 H/m	0.75	0.86	0.95	1.08	1.12	1.26	1.35	
重 W/kg	10	12	15	17	20	27	35	
高 H/m	1.51	1.55	1.60	1.63	1.67	1.71	1.78	1.85
重 W/kg	41	48	50	51	54	59	66	75

重量 W 与身高 H 之间的关系可由散点图(图 2.9)描述.

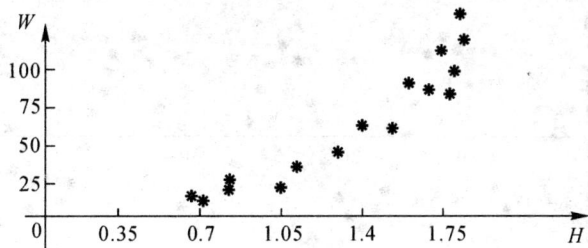

图 2.9

不难看出这散点图似乎接近于某条指数曲线. 注意到点(0,0)是包含在图中的,如果我们令 x $=\ln H, y=\ln W$(这时 $w=0,H=0$ 必须被排除),关于 x,y 的散点图就可以由图 2.10 来描述.

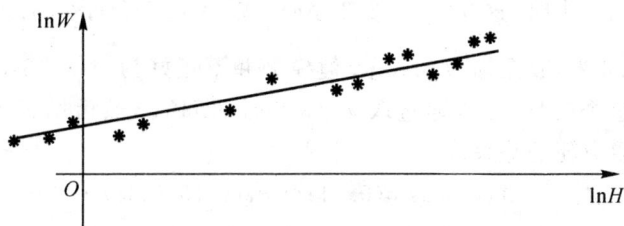

图 2.10

用观察法可以看出合适的直线是

$$y=2.32x+2.84$$

用最小二乘法得

$$y=2.30x+2.82$$

或

$$\ln W=2.30\ln H+2.82$$

这样

$$W=16.78H^{2.3}$$

例 2.10　下面给出的潮水的高度数据是通过 12 月 1,2 日两天的观察得到的,我们是否能通过这些数据来预测 12 月 5 日下午 1 点潮水的高度?

时间	00:00	01:00	02:00	03:00	04:00	05:00	06:00	07:00
12 月 1 日 潮水高度 H(m)	2.4	1.2	−0.1	−1.5	−2.5	−3	−2.7	−1.6
12 月 2 日 潮水高度 H(m)	3.1	2.0	0.6	−0.9	−2.2	−3	−3.2	−2.5

时间	08:00	09:00	10:00	11:00	12:00	13:00	14:00	15:00
12 月 1 日 潮水高度 H(m)	0.2	2.1	3.4	3.6	2.9	1.6	0.2	−1.2
12 月 2 日 潮水高度 H(m)	−0.9	1.1	2.9	3.9	3.6	2.5	1.0	−0.5

时间	16:00	17:00	18:00	19:00	20:00	21:00	22:00	23:00
12 月 1 日 潮水高度 H(m)	−2.4	−3	−3.1	−2.3	−0.7	1.3	2.9	3.6
12 月 2 日 潮水高度 H(m)	−2.0	−3	−3.4	−3.0	−1.7	0.2	2.2	3.5

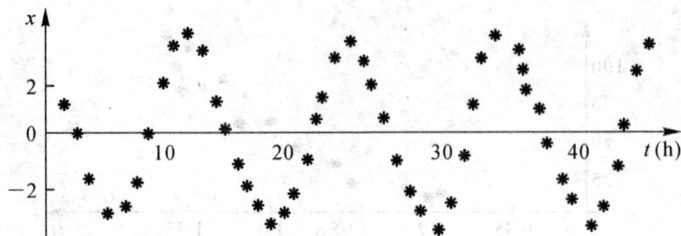

图 2.11

可以看出这个图形(图 2.11)相似于 $x=a\sin bt$ 的形式.

如果能从这些数据中定出参数 a 与 b,就得到了这个问题的模型.为此,首先从图中可以测出周期约为 12.3 小时,这样 $\frac{2\pi}{b}=12.3$ 小时,或 $b=0.511$ 每小时.其次,注意到潮峰与潮谷的差大约是 6.6 米,故振幅为 3.3 米.但模型并不正好为 $x=3.3\sin(0.511t)$(当 $t=0$ 时 $x=0$).为纠正这个模型,可以通过取 $x=0$ 估计时间 t_*,然后用 $x=3.3\sin[0.511(t-t_*)]$ 来描述.或许更方便的是采取令

$$x(t)=a\sin(0.511t)+c\cos(0.511t)$$

其中 $x(0)=c=2.4$,$x(23)=a\sin 11.753+c\cos 11.753=3.6$.这样 $a=-2.7$.因此我们的模型为

$$x(t)=2.4\cos(0.511t)-2.7\sin(0.511t)$$

读者可以用所给的数据验证这个模型.

下面我们用它来预测所求时间的潮水的高度.12 月 5 日下午 1 点对应于 $t=4\times24+13=109$,这样 $bt=0.511\times109=55.7$.减去 2π 的倍数 $8\times2\pi\approx50.27$ 就得

$$x(109)=2.4\cos 5.43-2.7\sin 5.43\approx3.6$$

而观察到的精确值是 4.1,我们的模型相对误差为 0.5/4.1 或 12%.

仔细观察问题的散点图,可以发现潮水的高度随时间的增长似乎稍有增高.能否修改这个模型使之预测得更为准确?这个问题留给读者.

可以说前面的讨论本质上是线性的,且变量 y 与 x 之间线性关系是依据散点图作出的判断.这只是一种直观判断,并不可靠.一旦变量 y 与 x 之间不存在线性关系,则我们所确定的经验方程将毫无意义.因此,在建立了经验方程后,我们必须对变量 y 与 x 之间是否真正存在线性关系进行检验.

变量 y 与 x 之间的线性关系的程度也可以用一个量来刻画.常用的是判定系数法,其定义如下:

$$R^2=\frac{\sum_{i=1}^{n}(\hat{y}_i-\bar{y})^2}{\sum_{i=1}^{n}(y_i-\hat{y}_i)^2}=\frac{[\sum_{i=1}^{n}(x_i-\bar{x})(y_i-\bar{y})]^2}{\sum_{i=1}^{n}(x_i-\bar{x})^2\sum_{i=1}^{n}(y_i-\bar{y})^2}$$

R^2 范围在 0～1 变动,越接近 1,表明变量 y 与 x 之间的线性关系也就越大.

例 2.11 考察 10 个家庭人均收入和人均消费支出的关系,资料见下表:

人均收入和人均消费支出资料　　　　　　　　　　　　单位:元

人均收入(x)	80	100	120	140	160	180	200	220	240	260
人均消费(y)	60	70	84	93	107	120	136	140	165	180

根据上述资料,要求:

(1)作出 x 和 y 的散点图,并观察它们之间是否具有线性关系;

(2)假定 x 和 y 之间存在线性关系,试估计经验公式;

(3)对经验公式进行显著性检验.

解　(1)以变量(x,y)的 10 组独立观测数据$(x_i,y_i)(i=1,2,\cdots,10)$为点的坐标,在平面直角坐标系中作散点图,见图 2.12.

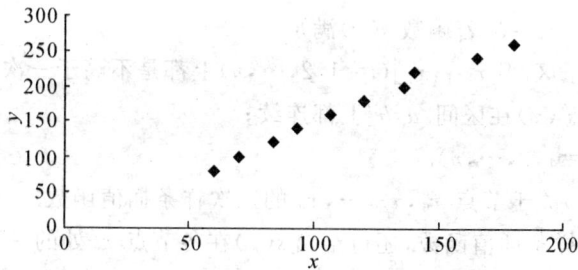

图 2.12

由图可见变量 y 与 x 之间大致呈线性关系.

(2)因此我们可以设

$$y = ax + b$$

其中 a 和 b 为待估计参数.

利用公式(2.7)对参数 a 和 b 进行估计,所求经验公式为

$$\hat{y} = 0.65667x + 3.8667$$

(3)至于经验公式是否真实地反映了变量 y 与 x 之间的统计关系,可以利用判定系数

法.计算 $R^2 = = \dfrac{\sum\limits_{i=1}^{n}(\hat{y}_i - \bar{y})^2}{\sum\limits_{i=1}^{n}(y_i - \hat{y}_i)^2} = \dfrac{\left[\sum\limits_{i=1}^{n}(x_i - \bar{x})(y_i - \bar{y})\right]^2}{\sum\limits_{i=1}^{n}(x_i - \bar{x})^2 \sum\limits_{i=1}^{n}(y_i - \bar{y})^2} = 0.9901$,可以看到非常接近

1.因此,经验公式效用是极显著的,即变量 y 与 x 之间存在着极显著的线性关系(见图 2.13).

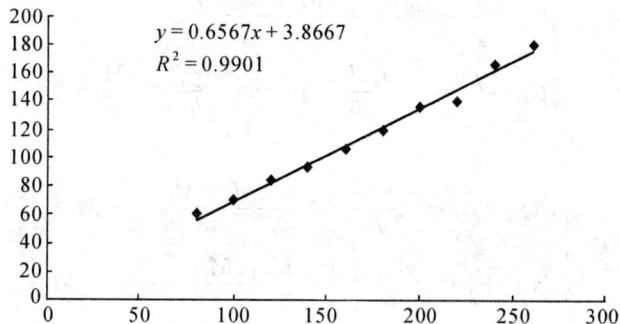

$y = 0.6567x + 3.8667$
$R^2 = 0.9901$

图 2.13

二、三次样条插值法

样条插值方法起始于 20 世纪 60 年代初,当时是由于航空、造船工程设计的需要. 这种方法既保留了分段低次插值的各种优点,又提高了插值函数的光滑性,所以有广泛的应用. 我们将介绍的三次样条插值法的插值函数是分段三次多项式,且曲线的函数值、一阶导数、二阶导数都是连续的,而三阶导数是间断的.

定义 对于给定的函数表

x	$x_0,x_1,\cdots,x_n$
$f(x)$	$y_0,y_1,\cdots,y_n$

这里 $a=x_0<x_1<\cdots<x_n=b$. 若函数 $s(x)$ 满足

(1) $s(x)$ 在每个子区间 $[x_{i-1},x_i](i=1,2,\cdots,n)$ 上都是不高于三次的多项式;

(2) $s(x),s'(x),s''(x)$ 在区间 $[a,b]$ 上都连续;

(3) $s(x_i)=y_i(i=1,2,\cdots,n)$.

则称 $s(x)$ 为函数 $f(x)$ 关于节点 $x_0,x_1,\cdots,x_n$ 的三次样条插值函数.

要确定这个三次样条插值函数,还得给出 $s(x)$ 在各节点 x_i 处的一阶、二阶导数的值,分别设为

$$s'(x_i)=m_i, \quad s''(x_i)=M_i, \quad (i=1,2,\cdots,n) \tag{2.8}$$

由于 $s(x)$ 是分片三次多项式,在每个小区间 $[x_{i-1},x_i]$ 上,$S(x)$ 的二阶导数都是线性函数,记 $h_i=x_i-x_{i-1}$,表示区间长度,于是

$$s''(x)=M_{i-1}\frac{x_i-x}{h_i}+M_i\frac{x-x_{i-1}}{h_i}, \quad (x_{i-1}\leqslant x\leqslant x_i) \tag{2.9}$$

将 (2.9) 式积分一次,得

$$s'(x)=-M_{i-1}\frac{(x_i-x)^2}{2h_i}+M_i\frac{(x-x_{i-1})^2}{2h_i}+C_{1i}, \quad (x_{i-1}\leqslant x\leqslant x_i) \tag{2.10}$$

再将 (2.10) 式积分一次,得

$$s(x)=M_{i-1}\frac{(x_i-x)^3}{6h_i}+M_i\frac{(x-x_{i-1})^3}{6h_i}+C_{1i}(x-x_{i-1})$$
$$+C_{2i}, \quad (x_{i-1}\leqslant x\leqslant x_i) \tag{2.11}$$

用 $s(x_i)=y_i,s(x_{i-1})=y_{i-1}$,代入 (2.11),有

$$\begin{cases} C_{1i}=\dfrac{y_i-y_{i-1}}{h_i}-\dfrac{h_i(M_i-M_{i-1})}{6} \\[2mm] C_{2i}=\left(\dfrac{y_{i-1}}{h_i}-\dfrac{h_iM_{i-1}}{6}\right)x_i+\left(-\dfrac{y_i}{h_i}-\dfrac{h_iM_{i-1}}{6}\right)x_{i-1} \end{cases} \tag{2.12}$$

而由 (2.10) 式,可得

$$\begin{cases} s'(x_i-0)=\dfrac{y_i-y_{i-1}}{h_i}-\dfrac{h_i(M_i-M_{i-1})}{6}+M_i\dfrac{h_i}{2} \\[2mm] s'(x_i+0)=\dfrac{y_{i+1}-y_i}{h_{i+1}}-\dfrac{h_{i+1}(M_{i+1}-M_i)}{6}+M_i\dfrac{h_{i+1}}{2} \end{cases} \tag{2.13}$$

注意到 $s'(x_i-0)=s'(x_i+0)(i=1,2,\cdots,n-1)$,就有下述 $n-1$ 个 $s(x)$ 的 M 连续性方程成立

$$\mu_i M_{i-1} + 2M_i + \lambda M_{i+1} = d_i \qquad (i=1,\cdots,n-1) \qquad (2.14)$$

其中

$$\lambda_i = \frac{h_{i+1}}{h_i + h_{i+1}}, \mu_i = \frac{h_i}{h_i + h_{i+1}} \qquad (2.15)$$

$$d_i = \frac{6}{h_i + h_{i+1}} \left(\frac{y_{i+1} - y_i}{h_{i+1}} - \frac{y_i - y_{i-1}}{h_i} \right) \qquad (i=1,2,\cdots,n-1) \qquad (2.16)$$

由于 (2.14) 式有 $n+1$ 个未知数,仅 $n-1$ 个方程,为了求出插值三次样条函数 $s(x)$ 还差两个条件. 一般的做法是按具体问题的要求在区间的端点给出约束条件,称为边界条件. 边界条件很多,较基本而又常见的有

(1) 给出端点处的一阶导数值

$$s'(x_0) = y'_0, s'(x_n) = y'_n \qquad (2.17)$$

(2) 给出端点处的二阶导数值

$$s''(x_0) = y''_0, s''(x_n) = y''_n \qquad (2.18)$$

作为特例,$s'(x_0) = s''(x_n) = 0$ 称为自然边界条件,这时的 $s(x)$ 就称为自然样条插值函数.

(3) 若 $y = f(x)$ 是以 $b-a$ 为周期的函数时,则 $s(x),s'(x),s''(x)$ 都是以 $b-a$ 为周期的函数,即

$$s'(x_0+0) = s'(x_n-0), s''(x_0+0) = s''(x_n-0)$$

在我们这里要确定的是 M_i,边界条件就应用上述 (1) 的形式给出,由 M 连续性方程和 (2.10) 式,在边界上有关系式

$$\begin{cases} y'_0 = -M_0 \cdot \dfrac{h_1}{2} + C_{11} \\ y'_n = M_n \cdot \dfrac{h_1}{2} + C_{1n} \end{cases} \qquad (2.19)$$

把 C_{1i} 的表示式代入并整理得

$$\begin{cases} 2M_0 + M_1 = \dfrac{6}{h_1} \left(\dfrac{y_1 - y_0}{h_1} - y'_0 \right) \\ M_{n-1} + 2M_n = \dfrac{6}{h_n} \left(y'_n - \dfrac{y_n - y_{n-1}}{h_n} \right) \end{cases} \qquad (2.20)$$

$\lambda_0 = 1, \mu_n = 1, d_0 = \dfrac{6}{h_1} \left(\dfrac{y_1 - y_0}{h_1} - y'_0 \right), d_n = \dfrac{6}{h_n} \left(y'_n - \dfrac{y_n - y_{n-1}}{h_n} \right)$,则由 M 连续性方程 (2.14) 和 (2.20),可得关于 M_i 的方程组

$$\begin{bmatrix} 2 & \lambda_0 & 0 & 0 & \cdots & \cdots & 0 & 0 \\ \mu_1 & 2 & \lambda_1 & 0 & \cdots & \cdots & 0 & 0 \\ 0 & \mu_2 & 2 & \lambda_2 & \cdots & \cdots & 0 & 0 \\ \vdots & \vdots & & & \cdots & & \vdots & \vdots \\ \vdots & \vdots & & & \vdots & & \vdots & \vdots \\ 0 & 0 & \cdots & \cdots & \mu_{n-2} & 2 & \lambda_{n-2} & 0 \\ 0 & 0 & \cdots & \cdots & 0 & \mu_{n-1} & 2 & \lambda_{n-1} \\ 0 & 0 & \cdots & \cdots & 0 & 0 & \mu_n & 2 \end{bmatrix} \begin{bmatrix} M_0 \\ M_1 \\ M_2 \\ \vdots \\ \vdots \\ M_{n-2} \\ M_{n-1} \\ M_n \end{bmatrix} = \begin{bmatrix} d_0 \\ d_1 \\ d_2 \\ \vdots \\ \vdots \\ d_{n-2} \\ d_{n-1} \\ d_n \end{bmatrix} \qquad (2.21)$$

样条插值函数的其他求法在此不再介绍,读者可参考有关样条函数的书籍. 为了了解三

次样条函数的具体求法,我们给出一个例子.

例 2.12 给定函数表

x	0	1	4	5
$f(x)$	0	-2	-8	-4

求满足边界条件 $s'(0)=\dfrac{5}{2},s'(5)=\dfrac{19}{4}$ 的三次样条函数 $s(x)$,并分别计算 $s(x)$ 在 $x=0.5,3$, 4.5 处的值.

解 这是在第一边界条件(已知两端点的斜率)下的插值问题,求解步骤如下:

(1)先根据给定的函数表,边界条件以及(2.16)求出 λ_i,μ_i 和 d_i 的值.注意到 $h_1=1-0=1,h_2=4-1=3,h_3=5-4=1$,就可通过(2.16)算出 $\lambda_1=1/4,\lambda_2=3/4,\mu_1=3/4,\mu_2=1/4$ 和 $d_0=-27,d_1=0,d_2=9,d_3=9/2$.

(2)将数据代入(2.21),即得确定 $M_i(i=0,1,2,3)$ 的线性方程组

$$
\begin{bmatrix}
2 & 1 & 0 & 0 \\
\frac{1}{4} & 2 & \frac{3}{4} & 0 \\
0 & \frac{3}{4} & 2 & \frac{1}{4} \\
0 & 0 & 1 & 2
\end{bmatrix}
\begin{bmatrix}
M_0 \\ M_1 \\ M_2 \\ M_3
\end{bmatrix}
=
\begin{bmatrix}
-27 \\ 0 \\ 9 \\ \frac{9}{2}
\end{bmatrix}
\tag{2.22}
$$

解此方程组得

$$
M_0=-\frac{27}{2},\ M_1=0,\ M_2=\frac{9}{2},\ M_3=0
$$

(3)将 M_i 代入 $s(x)$ 的表达式(2.11)可得

$$
S(x)=
\begin{cases}
\dfrac{9}{4}x^3-\dfrac{27}{4}x^2+\dfrac{5}{2}x, & 0\leqslant x\leqslant 1 \\[2mm]
\dfrac{1}{4}x^3-\dfrac{3}{4}x^2-\dfrac{7}{2}x+2, & 1\leqslant x\leqslant 4 \\[2mm]
-\dfrac{3}{4}x^3+\dfrac{45}{4}x^2-\dfrac{103}{2}x+66, & 4\leqslant x\leqslant 5
\end{cases}
\tag{2.23}
$$

$s(x)$ 的图像如图 2.14 所示.利用 $s(x)$ 的表达式得

$$s(0.5)=s_1(0.5)=-0.15625,$$

$$s(3)=s_2(3)=-8.5,$$

$$s(4.5)=s_3(4.5)=-6.28125$$

为用计算机实现 $s(x)$ 的求解,我们可以用追赶法按下面思路进行:

首先引进中间参数

$$
\begin{cases}
q_i=-\lambda_i/(2+\mu_i l_{i-1}), \\
p_i=(d_i-\mu_i p_{i-1})/(2+\mu_i q_{i-1}), \\
\quad (i=0,1,\cdots,n)
\end{cases}
\tag{2.24}
$$

其中,约定 $q_{-1}=p_{-1}=0$.这样方程组(2.23)的解用逆推法表示就为

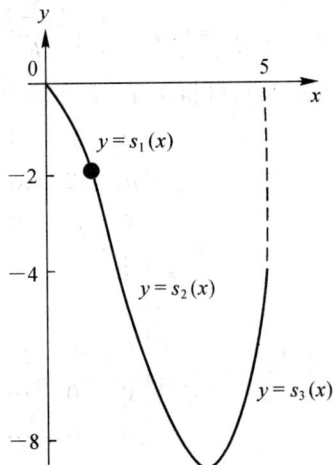

图 2.14

$$\begin{cases} M_n = p_n, \\ M_i = q_i M_{i+1} + p_i, \\ i = n-1, n-2, \cdots, 1, 0 \end{cases} \qquad (2.25)$$

例 2.13　表 2.1 给出了某水塔水管的时间与水流量之间的一些测定数据,要求根据这些数据拟合一条光滑的水流量曲线.

表 2.1　某水塔水管的时间与水流量的测定数据*

时间(小时)	水流量 (加仑/小时)**	时间(小时)	水流量(加仑/小时)	时间(小时)	水流量(加仑/小时)
0	14405	9.9811		19.0375	16653
0.9211	11180	10.9256		19.9594	14496
1.8431	10063	10.9542	19469	20.9392	15648
2.9497	11012	12.0328	20196	22.0150	
3.8714	8797	12.9544	18941	22.9581	15225
4.9781	9992	13.8758	15903	23.8800	15264
5.9000	8124	14.9822	18055	24.9869	13708
7.0064	10160	15.9039	15646	25.9083	9633
7.9286	8488	16.8261	13741		
8.9678	11018	17.9317	14962		

* 这个问题的求解与前例不同的是这里没有给出边界条件,所以为用三次样条函数来拟合曲线,我们先得给出边界条件.

* * 1 加仑＝4.54609 立方分米

根据所给的数据,我们可以作出散点图(如图 2.15 所示).

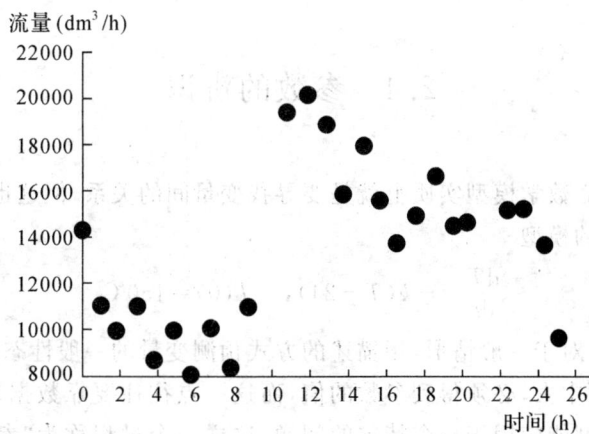

图 2.15

设有三次样条函数 $s(x)$ 通过表 2.1 的数据点,具有端点 $t_0 = 0$ 和 $t_{24} = 25.9083$,设在每一个小区间 $[t_i, t_{i+1}]$ 上,$s(x)$ 是一个三次方程:

$$s_i(x) = a_{0i} + a_{1i}(t - t_i) + a_{2i}(t - t_i)^2 + a_{3i}(t - t_i)^3 \qquad (2.26)$$

在每一个节点 t_i 处,$s_{i-1}(t)$ 与 $s_i(t)$ 的函数值、一阶导数和二阶导数相等.

为确定边界条件,设在端点 t_0 和 t_{24} 处被拟合的曲线的斜率为

$$\begin{cases} y'_0 = \dfrac{-3y_0 + 4y_1 - y_2}{2(t_1 - t_0)} = \dfrac{-43215 + 44720 - 10063}{2(0.9211 - 0)} \approx -4645.53 \\ y_{24} = \dfrac{3y_{24} - 4y_{23} + y_{22}}{2(t_{24} - t_{23})} = \dfrac{28899 - 543832 + 15264}{2(25.9083 - 24.9869)} \approx -5789.56 \end{cases}$$ (2.27)

有了边界条件以后,就可以用上面所说的思路求出 $s(x)$. 求 $s(x)$ 过程中所要的参数以及 $s(x)$ 的系数我们分别在表 2.2～表 2.4 中给出,$s(x)$ 的图像如图 2.16 所示.

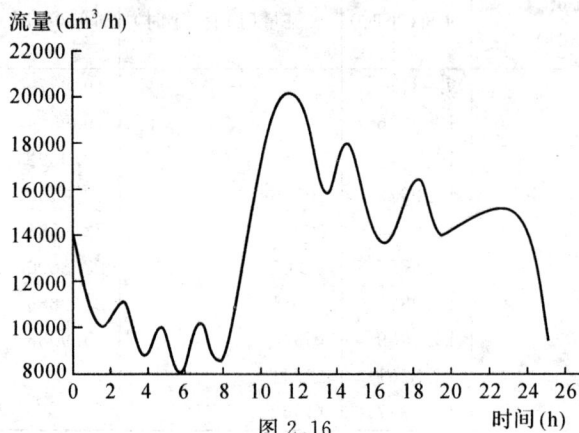

图 2.16

把上面的解法归纳起来,求解 $s(x)$ 的步骤可分为如下三步:
(1)根据具体问题的要求,确定适当的边界条件;
(2)用追赶法解方程组(2.21),求出结点处的二阶导数 M_i;
(3)将 M_i 代回 $s(x)$ 的分段表示式(2.11).

2.4　参数的辨识

由前述可知,建立数学模型实质上就是要寻找变量间的关系.但这也不可避免地要包含参数.例如冷却问题的模型

$$\frac{\mathrm{d}T}{\mathrm{d}t} = -k(T - 24), \quad T(0) = 150℃$$

其中 $k > 0$ 就是参数.对于一般情形,用描述的方式预测变量的一般性态是有些用处的.为把模型用到特定的问题中去,必须得到参数的值,而这一点往往要靠数据来获得.用数据来获得参数的值,使得模型能应用于一个特定的问题,这样一个过程称为"参数的辨识".这样一个问题与前节的经验模型中的"参数辨识"是一样的,所不同的是前者是针对判断中的数学形式来辨识的,而这里是针对所建模型的参量来辨识的,这实际上还有一个是否可辨识的问题.得到参数的通常方法有图示法、统计法或最小二乘估计法、其他数学方法等三种.我们举例来说明.

例 2.14　在前一节,从 15 个人的重量与身高数据获得了一个经验模型 $w = 16.78H^{2.3}$. 如果不从数据出发是否可以建立一个从他或她的高度来预测重量的模型呢?

表 2.2　λ_i，μ_i 和 d_i 的值

i	h_i	λ_i	μ_i	d_i
0		1	0	7 453.78
1	0.921 1	0.500 2	0.499 8	7 454.02
2	0.922 0	0.545 5	0.454 5	6 119.69
3	1.106 6	0.454 4	0.545 6	−9 645.76
4	0.921 7	0.545 6	0.454 4	10 302.58
5	1.106 7	0.454 4	0.545 6	−9 186.75
6	0.921 9	0.545 5	0.454 5	11 437.51
7	1.106 4	0.454 6	0.545 4	−10 805.26
8	0.922 2	0.529 8	0.470 2	12 993.63
9	1.039 2	0.656 5	0.343 5	3 608.92
10	1.986 4	0.351 9	0.648 1	−7 008.96
11	1.078 6	0.460 7	0.539 3	−6 106.69
12	0.921 6	0.499 9	0.500 1	−6 300.49
13	0.921 4	0.545 6	0.454 4	15 511.03
14	1.106 4	0.454 5	0.545 5	−13 496.61
15	0.921 7	0.500 1	0.499 9	1 782.98
16	0.922 2	0.545 2	0.454 8	9 379.89
17	1.105 6	0.500 0	0.500 0	1 152.65
18	1.105 8	0.454 6	0.545 4	−11 448.26
19	0.921 9	0.488 3	0.511 7	8 371.74
20	0.879 8	0.706 6	0.293 4	199.17
21	2.118 9	0.303 2	0.696 8	−453.85
22	0.921 9	0.545 6	0.454 4	−4 282.39
23	1.106 9	0.454 3	0.545 7	−8 924.42
24	0.921 4	0	1	−11 164.92

表 2.3　p_i，q_i 和 M_i 的值

i	q_i	p_i	M_i
0	−0.500 0	3 726.89	2 832.16
1	−0.285 8	3 194.86	1 789.46
2	−0.291 7	2 495.92	4 917.43
3	−0.246 8	−5 901.07	−8 301.38
4	−0.289 0	6 948.20	9 725.71
5	−0.246 7	−6 957.01	−9 610.77
6	−0.289 0	7 812.85	10 757.05
7	−0.246 8	−8 076.74	10 187.53
8	−0.281 2	8 989.61	8 552.68
9	−0.344 9	276.90	1 553.81
10	−0.198 1	−3 840.76	−3 702.27
11	−0.243 4	−2 159.41	−699.11
12	−0.266 2	−2 796.42	−5 999.61
13	−0.290 4	8 983.59	12 033.09
14	−0.246 8	−9 857.11	−10 501.04
15	−0.266 5	3 594.72	2 609.13
16	−0.290 2	4 146.11	3 698.26
17	−0.269 6	−493.46	1 543.23
18	−0.245 3	−5 990.27	−7 554.50
19	−0.260 5	6 126.83	6 376.81
20	−0.367 3	−844.74	−959.62
21	−0.173 9	71.73	312.76
22	−0.284 0	−2 306.31	−1 386.04
23	−0.246 2	−4 108.96	−3 240.37
24	0	−3 527.98	−3 527.98

表 2.4　$s_i(x)$ 的系数 a_{0i}，a_{1i}，a_{2i}，a_{3i} 的值

I	区间 $[t_i, t_{i+1}]$	a_{0i}	a_{1i}	a_{2i}	a_{3i}
0	[0, 0.921 1]	14 405	−4 646	1 416	−189
1	[0.921 1, 1.843 1]	11 180	−2 517	895	565
2	[1.843 1, 2.949 7]	10 063	575	2 459	−1 991
3	[2.949 7, 3.871 4]	11 012	−1 347	−4 151	3 260
4	[3.871 4, 4.978 1]	8 797	−735	4 863	−2 912
5	[4.978 1, 5.900 0]	9 992	−726	−4 805	3 682
6	[5.900 0, 7.006 4]	8 124	−248	5 379	−3 155
7	[7.006 4, 7.928 6]	10 160	4	−5 094	3 387
8	[7.928 6, 8.967 8]	8 488	−797	4 276	−1 122
9	[8.967 8, 10.954 2]	11 018	4 451	777	−441
10	[10.954 2, 12.032 8]	19 469	2 131	−1 851	464
11	[12.032 8, 12.954 4]	20 196	−225	−350	−959
12	[12.954 4, 13.875 8]	18 941	−3 302	−3 000	3 262
13	[13.875 8, 14.982 2]	15 903	−556	6 017	−3.395
14	[14.982 2, 15.903 9]	18 055	212	−5 251	2 371
15	[15.903 9, 16.826 1]	15 646	−3 436	1 305	197
16	[16.826 1, 17.931 7]	13 741	−543	1 849	−325
17	[17.931 7, 19.037 5]	14 962	2 353	772	−1 371
18	[19.037 5, 19.959 4]	16 653	−998	−3 777	2 519
19	[19.959 4, 20.839 2]	14 296	−1 557	3 188	−1 390
20	[20.839 2, 22.958 1]	14 648	840	−480	100
21	[22.958 1, 23.880 0]	15 225	159	156	−307
22	[23.880 0, 24.986 9]	15 264	−297	−693	−279
23	[24.986 9, 25.908 3]	13 708	−2 886	−1 620	−52

解　如果认为人是用同样的形状、同样材料构成的，那么人的大小是因为这种形状按不同大小的复制。由于重量与体积成正比（对于常数密度），体积与高的三次方成正比，最简单的模型是 $W \propto H^3$，即 $W = aH^3$，这里 a 是待定参数。对于男、女 a 取不同的值显然是有意义的。

下面我们要利用所给的参数值来确定出 a 的值。注意到模型中 H^3 和 W 近似呈线性关系。若我们利用图表的方法，则分别取 H^3 和 W 为坐标画出散点图（图 2.17）。

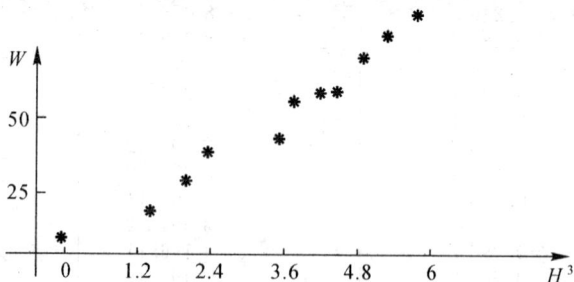

图 2.17

从图表中可以看出这条直线必须通过原点 $(0, 0)$。找出与之相符的最佳直线，测得这条直线的倾角，并计算出这条直线的斜率得 $a \approx 12.3$。

若用统计的方法得到的直线为 $y = 11.1x + 4.19$，这里 $y = W$，$x = H^3$。而这显然是不合题意的，因为高度为零的人不可能就有体重 4.19 千克。若用最小二乘法，我们可以选取较有

意义的模型 $y = ax$. 我们的问题是如何选取 a 使误差的平方和 $S = \sum (y_i - ax_i)^2$ 最小. 为此,令 $\mathrm{d}S/\mathrm{d}a = 0$,有 $\sum (-2a(y_i - ax_i)) = 0$,即 $\sum y_i = a \sum x_i$. 从数据我们有 $\sum y_i = 580, \sum x_i = 46.259$,因此 $a = 12.54$. 容易验证这个 a 是最好的.

例 2.15　在录像机上,有一个四位数的计数器. 如果 180 分钟的录像带在开始时计数为 0000 到结束时 1849. 而实际上走时是 185 分 20 秒. 我们从 0084 观察到 0147 共花了 3 分 21 秒. 现有一盒带子计数在 1428,问是否还可以录下一个长为 60 分钟的片子?

解　我们要构造一个模型给出计数 n 与走时 t 之间的关系. 设:(1)录像带的厚度 w 为常数,绕在一个半径为 r 的圆盘上;(2)带子经过磁头的线速度 v 为常数;(3)读数与带子的转数成比例. 设通过旋转了时间 t 后,带子的绕盘如图 2.18 所示.

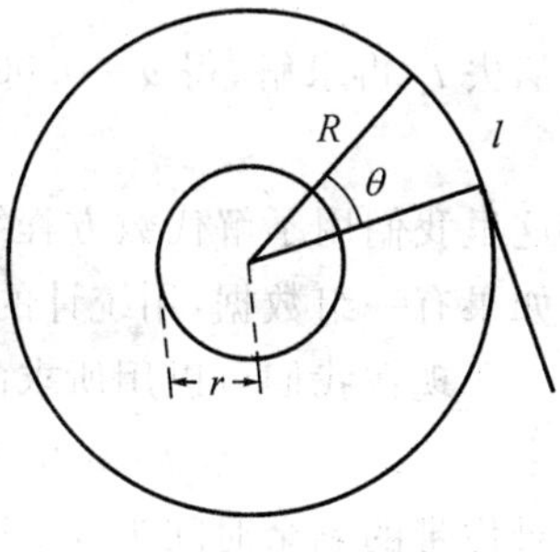

从旁边看到带子的总面积为 $\pi(R^2 - r^2)$,其中 R 为外半径. 带子的长度 l 为 $\pi(R^2 - r^2)/w$. 由假设(2)也等于 vt. 这样

$$R = \left(\frac{wvt}{\pi} + r^2 \right)^{1/2}$$

当转盘转一个小角 $\Delta\theta$、带子就走过 $\Delta l = R\Delta\theta$,并且 $\Delta l = v\Delta t$. 于是

$$\mathrm{d}\theta = \frac{v\mathrm{d}t}{R} = v\left(\frac{wvt}{\pi} + r^2 \right)^{-1/2} \mathrm{d}t$$

图 2.18

这样

$$\int_0^\theta \mathrm{d}\theta = \int_0^t v\left(\frac{wvt}{\pi} + r^2 \right)^{-1/2} \mathrm{d}t$$

$$\theta = \frac{2\pi}{w} \left(\frac{wvt}{\pi} + r^2 \right)^{1/2} \Bigg|_0^t$$

由假设 3,我们有 $n = k\theta$

$$n = \frac{2k\pi}{w} \left[\left(\frac{wvt}{\pi} + r^2 \right)^{1/2} - r \right]$$

这个方程有 3 个待定的参数 w, v, r,我们可以通过令

$$\alpha = 2k\sqrt{\pi v / w}, \qquad \beta = r^2 \pi / wv$$

把方程化为

$$n = \alpha(\sqrt{t + \beta} - \sqrt{\beta})$$

这样参数的个数减为 2. 要确定出这两个参数,根据题意给出的数据知,$n = 0$ 时 $t = 0$ 已经包含在模型中,另外的数组导致

$$1849 = \alpha(\sqrt{185.33 + \beta} - \sqrt{\beta})$$
$$0084 = \alpha(\sqrt{t_1 + \beta} - \sqrt{\beta})$$
$$0147 = \alpha(\sqrt{t_1 + 3.35 + \beta} - \sqrt{\beta})$$

$t/\min$	n
0	0
185.33	1849
t_1(未知)	0084
$t_1 + 3.35$	0147

三个未知数,三个方程. 但这个方程组不太好解. 注意到实际上要求寻找当 n 变化时 t 的关系式. 重写上述的方程式

$$n=\alpha(\sqrt{t+\beta}-\sqrt{\beta})$$

$$\sqrt{t+\beta}=n/\alpha+\sqrt{\beta}$$

即

$$t+\beta=(n/\alpha+\sqrt{\beta})^2$$

或

$$t=an^2+bn$$

其中 a,b 为参数. 代入上述数据有

$$185.33=(1849)^2a+1849b$$

$$t_1=84^2a+84b$$

$$t_1+3.35=147^2a+147b$$

消去 t_1 再求解,得 $a=0.0000291, b=0.04646$. 因此

$$t=0.0000291n^2+0.04646n \qquad (2.28)$$

这里我们用了解代数方程组的数学方法,而没有用统计方法. 这是由于所给数据不够充分. 如果有一组数据,用统计的方法就能给出更可靠的模型系数 a 与 b.

现在我们可以用所求的模型来回答所给的问题. 当 $n=1428$ 时 t 的值为

$$t=0.0000291\times1428^2+0.04646\times1428=125.69 \;(\text{min})$$

录像带的剩余时间为 59.64 分. 这样按照我们的模型要录 60 分钟的片子不是太够.

2.5　模型的简化与量纲分析法

一个模型常常把一大堆变量组合在一起,表达式可能很复杂,因此对这种情形作一些简化是必要的. 并不是说在一个模型中变量越多其结果越精确,即使是这样,你无法求出其精确或近似解也是徒劳的. 如果一个变量在一个模型中的贡献与另外的变量相比所作的贡献很小,为了简化模型往往可以省略. 如果一个表达式或一个方程中包含了许多项,常常有意地去初步计算一下各项的相对大小. 为了简化模型常常丢弃一些贡献不太大、对模型的精确性又没有多大影响的项. 例如,设变量 x 取值于 10 附近,我们用记号 $x\sim O(10)$ 来表示. 这样函数 $y=1/x+x^2$ 是由大小为 $O(10^{-1})$ 与 $O(10^2)$ 的两项给出的. 第一项比第二项小 3 阶,如果我们用 $y=x^2$ 来取代原来的表达式,相对误差应该是 10^{-3}. 若取 $x=8$,则 $1/x+x^2=64.125$,而 $x^2=64$. 相对误差为 $0.125/64=0.002$. 如果一个模型的表达式是

$$y=\sqrt{1/x+x^2}\,\mathrm{e}^{\frac{1}{x}+x^2}$$

我们用 $y=x\mathrm{e}^{x^2}$ 来取代其精确性将不会丢失多少.

在式(2.28)中看上去 n^2 的系数比 n 的系数小得多,如果可以把二次项丢弃,模型就成为 $t=0.04646n$. 但仔细分析一下其数量级, $n\sim O(10^3)$, $0.0000291n^2\sim O(10^6\times10^{-5})\sim O(10)$,而 $0.04646n\sim O(10^3\times10^{-2})\sim O(10)$. 这样这两项相当,不能丢弃.

要注意的是当模型中的参数和变量有量纲(单位)依赖性时,各项在模型中的相对重要性随量纲的变化而变,这可能会导致判断中的误差.

例 2.16　设对某个物理系统的模型方程为

$$\frac{d^2 x}{dt^2} = 10x + x^2$$

其中时间 t 和距离 x 的量纲分别为秒和米. 然而如果我们改变长度单位为公里, 即令 $\bar{x} = x/1000$ 则上述方程就变为

$$\frac{d^2 \bar{x}}{dt^2} = 10\bar{x} + 1000\bar{x}^2$$

这两个方程的线性项和二次项的相对重要性就不同.

为了避免这种可能性, 特别是多变量的情形, 我们有必要设法使方程与量纲无关. 我们把这种方法称为无量纲化方法. 这种方法的基本步骤如下:

(1) 列出模型中的所有变量和参量的量纲;

(2) 对每个量 x_i 形成一个参数的组合 P_i 使之与 x_i 的量纲一致;

(3) 作变换 $\bar{x}_i = x_i/P_i$, 重新形成一个无量纲的模型.

例 2.17　在星球表面以初速度 v 竖直向上发射火箭, 记星球半径为 r, 星球表面重力加速度为 g, 忽略阻力, 讨论发射高度 x 随时间 t 的变化规律.

解　如图 2.19, 设 x 轴竖直向上, 在发射时刻 $t=0$ 火箭高度 $x=0$ (星球表面). 火箭和星球的质量分别记作 m_1 和 m_2, 则由牛顿第二定律和万有引力定律可得

$$m_1 \ddot{x} = -k \frac{m_1 m_2}{(x+r)^2} \qquad (2.29)$$

以 $x=0$ 时 $\ddot{x} = -g$ 代入 (2.29) 式, 并注意到初始条件、抛射问题满足如下方程

$$\begin{cases} \ddot{x} = -\dfrac{r^2 g}{(x+r)^2}, \\ x(0) = 0, \\ \dot{x}(0) = v. \end{cases} \qquad (2.30)$$

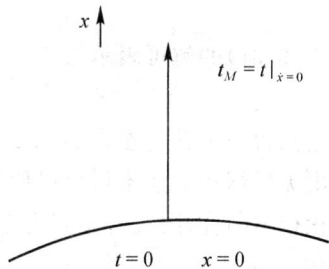

图 2.19

式 (2.30) 的解可以表示为

$$x = x(t, r, v, g)$$

即发射高度 x 是以 r、v、g 为参数的时间 t 的函数. 我们要把它无量纲化, 并且把参数的个数降下来. 为此, 我们先引入量纲的概念.

在物理中的量可以分为两类: 一类是有量纲的量, 即规定测量单位以后才能确定的量; 另一类是不需要单位的量, 称无量纲的量, 如 π. 在诸多有量纲的量中, 有些物理量的量纲是基本的, 另一些物理量的量纲则可以由基本量纲根据定义或某些物理规律推导出来. 例如我们在研究力学问题时常把长度 l、质量 m 和时间 t 的量纲作为基本量纲, 用相应的大写字母 L、M 和 T 来记. 于是速度 v、加速度 a 的量纲可分别用 LT^{-1} 和 LT^{-2} 表示. 通常, 一个物理量 q 的量纲记作 $[q]$, 于是上述各物理量为

$$[l] = L, \quad [m] = M, \quad [t] = T, \quad [v] = LT^{-1}, \quad [a] = LT^{-2}$$

任何一个物理量 a, 若 $\dfrac{a}{l^\alpha m^\beta t^\gamma}$ 为无量纲, 则

$$[a] = L^\alpha M^\beta T^\gamma$$

特别, 对于无量纲的量 a 规定, $[a] = 1$.

有了上面的规定,我们可以定义量纲的运算:

$$[a] = L^{\alpha_1} M^{\beta_1} T^{\gamma_1}, \quad [b] = L^{\alpha_2} M^{\beta_2} T^{\gamma_2}$$

$$[ab] = L^{\alpha_1 + \alpha_2} M^{\beta_1 + \beta_2} T^{\gamma_1 + \gamma_2}$$

$$[a^s] = L^{\alpha s} M^{\beta s} T^{\gamma s}$$

任意三个量 $[a_i] = L^{\beta_i} M^{\alpha_i} T^{\gamma_i}$, $i = 1, 2, 3$.

我们说它们是量纲独立的,如果存在一组不全为零的数 s_1, s_2, s_3 使得 $[a_1^{s_1} a_2^{s_2} a_3^{s_3}] = 1$;否则它们是量纲相关的.显然基本量纲是独立的.若另外三个量是量纲独立的话,可以用它们来代替 l, m, t.例如,速度、力和时间是量纲独立的.而速度、长度和时间是量纲相关的.

在上述问题中,如果我们取 $P_1 = r$, $P_2 = rv^{-1}$,则 $[P_1] = L$, $[P_2] = T$.于是新的变量 $\tilde{x} = x/P_1$, $\tilde{t} = t/P_2$ 是无量纲的.利用求导规则可以算出

$$\dot{x} = v \frac{d\tilde{x}}{d\tilde{t}}, \quad \ddot{x} = \frac{v^2}{r} \frac{d^2 \tilde{x}}{d\tilde{t}^2}$$

这样方程(2.30)就成为

$$\begin{cases} \varepsilon \dfrac{d^2 \tilde{x}}{d\tilde{t}^2} = -\dfrac{1}{(\tilde{x}+1)^2}, \quad \varepsilon = \dfrac{v^2}{rg} \\ \tilde{x}(0) = 0 \\ \dfrac{d\tilde{x}(0)}{d\tilde{t}} = 1 \end{cases} \quad (2.31)$$

式(2.31)的解可表示为

$$\tilde{x} = \tilde{x}(\tilde{t}; \varepsilon)$$

它只含一个独立参数 ε,而 ε 是无量纲的量.这样就简化了原来的结果.从上面的推导可以看出无量纲化方法不仅可以使方程中的变量与量纲无关,而且还可以减少参数的个数,起到简化模型的作用.要注意的是这种无量纲化方法不是唯一的,例如我们也可以令 $P_1 = v^2 g^{-1}$, $P_2 = vg^{-1}$ 等.

下面我们介绍一种用量纲分析建模的方法.所谓量纲分析就是利用量纲齐次化原理,即用数学公式表达一个物理规律时,等号两端的量纲必须保持一致,来寻找物理量之间的关系的一种方法.它虽然不能给出函数的精确形式,但能有效地减少变量的个数,起到简化模型的作用.

例如在诸多物理系统的数学模型中包含周期振荡.一个特别普遍的模型就是基本的弹簧-质量-阻尼系统.这样一个系统的运动规律可以由下列微分方程表示:

$$m \frac{d^2 x}{dt^2} + r \frac{dx}{dt} + kx = 0$$

其中,m 表示质量,r 表示阻尼常数,k 表示弹性系数.

如果考察一下这个方程的量纲,会发现

$$\frac{ML}{T^2} + [r]\frac{L}{T} + [k]L = 0$$

为了量纲的一致,我们看到

$$[r] = MT^{-1}, \quad [k] = MT^{-2}$$

在我们的模型中有两个变量 x 和 t,三个参量 m、r、k.我们可以通过改变量纲来减少参量.

设 $x = aX, t = bT$, 其中 X 和 T 是新的无量纲的变量, a, b 是参数. 显然, a 的量纲是 L, b 的量纲是 T. 取 $a = x(0)$. 问题是如何选择 b?

由变量的定义, 我们有

$$\frac{\mathrm{d}x}{\mathrm{d}t} = \frac{a \, \mathrm{d}X}{b \, \mathrm{d}T}$$

$$\frac{\mathrm{d}^2 x}{\mathrm{d}t^2} = \frac{\mathrm{d}}{\mathrm{d}t}\left(\frac{\mathrm{d}x}{\mathrm{d}t}\right) = \frac{\mathrm{d}}{\mathrm{d}t}\left(\frac{a \, \mathrm{d}X}{b \, \mathrm{d}T}\right) = \frac{a}{b^2} \frac{\mathrm{d}^2 X}{\mathrm{d}T^2}$$

这样方程就可化为

$$\frac{\mathrm{d}^2 X}{\mathrm{d}T^2} + \frac{br}{m} \frac{\mathrm{d}X}{\mathrm{d}T} + \frac{kb^2}{m} X = 0$$

对于 b 有两种选择, 或取 b 使得 $br/m = 1$, 或取 $b^2 k/m = 1$. 例如我们取第二个, 这样 $b = \sqrt{m/k}$, 我们的方程是

$$\frac{\mathrm{d}^2 X}{\mathrm{d}T^2} + \alpha \frac{\mathrm{d}X}{\mathrm{d}T} + X = 0$$

其中, $\alpha = r/\sqrt{mk}$, 为阻尼系数. 新的方程含有两个变量 X 和 T、一个参数 α.

量纲分析的基本理论依据是 Backingham 的 Π 定理.

Π 定理 如果一个无量纲量依赖于一组量, 并表示一个物理规律, 则它实质上只依赖于这一组量的无量纲组合.

这个定理告诉我们, 若有一组物理量 $a, b_1, \cdots, b_s$, 且

$$a = f(b_1, \cdots, b_s)$$

设 $b_1, \cdots, b_l (l \leqslant s)$ 是量纲独立的, 而 $a, b_{l+1}, \cdots, b_s$ 都和 $b_1, \cdots, b_l$ 量纲相关. 作无量纲的量

$$a_1 = \frac{a}{b_1^{a_1} \cdots b_l^{a_l}}$$

$$\Pi_{l+1} = \frac{b_{l+1}}{b_1^{m_l} \cdots b_l^{m_1}}$$

$$\vdots$$

$$\Pi_s = \frac{b_s}{b_1^{n_1} \cdots b_l^{n_l}}$$

则

$$a_1 = \varphi(b_1, \cdots, b_i, \Pi_{l+1}, \cdots, \Pi_s) \tag{2.32}$$

$$= \varphi(\Pi_{l+1}, \cdots, \Pi_s) \tag{2.33}$$

或

$$a = b_1^{a_1} \cdots b_l^{a_l} \varphi(\Pi_{l+1}, \cdots, \Pi_s)$$

在应用 Π 定理时要注意所考察的这组量确实是反映了一个物理规律, 并且要给出所求的物理量 a 所依赖的一切量 $b_1, \cdots, b_s$, 不能遗漏, 否则得不到正确的结果.

例 2.18 理想单摆的周期 传说当伽利略观察到比萨大教堂中的吊灯来回摆动时, 他对运动便开始感兴趣. 单摆的摆动有多快? 摆动的周期如何随单摆的摆长、重量和幅角变化?

解 一个单摆的周期 t 应依赖于摆长 l、摆幅 φ、重力加速度 g 以及单摆的质量 m 诸因素, 于是

$$t = f(l, \varphi, g, m) \qquad (2.34)$$

由于 $t/\sqrt{l/g}$ 是一个无量纲的量,利用 Π 定理,它应只依赖于 l、φ、g 及 m 四个量的无量纲组合. 但 l、g、m 这三个量显然是量纲独立的. 只有 φ 是一无量纲的量. 于是必有

$$t = \sqrt{l/g}\, h(\varphi) \qquad (2.35)$$

这样,为了决定单摆的周期,只需决定此单变数的函数 $h(\varphi)$. 即 Π 定理把四个变量的问题简化为一个变量问题,使问题大大简化.

2.6 随机性模型与模拟方法

一、随机变量

何谓随机变量? 随机变量是一个其值不可预测的变量. 虽然一个随机变量在个别试验中其结果是不确定的,但在大量重复试验中其结果是具有统计规律性的. 正是随机变量的这种规律性使我们可以利用它来建模. 例如我们可以利用下述的数据:

时间 t(秒)	0	1	2	3	4	5	6	7	8	9
变量 X	1	0	2	2	1	2	0	1	0	2

得出一个模型.

X 是一个离散的随机变量并取值于 0,1 和 2. 我们不可能给出 X 与 t 的确定的关系式,但是可以通过数 X 的不同值出现次数来描述这随机型的规律列表如下:

X	0	1	2
频数	3	3	4
频率	0.3	0.3	0.4

这个表给出了随机变量 X 的变化规律,频率告诉某个特定的事件发生的频繁程度. 如果我们需要构造一个包含这个随机变量的模型,可以假设这个规律总是成立的,模型的假设可以基于这几个数据之上. 实际操作时可以把频率分布当做概率函数来处理,但应注意概率是频率的极限值,这两者是有差异的. 在处理一个简单的理论模型时,对概率函数必须作出合适的选择. 例如,假设在上述问题中的随机变量取三个值是等可能的,这样其概率函数为

X	0	1	2
$P(x)$	$\dfrac{1}{3}$	$\dfrac{1}{3}$	$\dfrac{1}{3}$

这个例子说明在处理随机变量的模型时有以下两种选择:

(1)使用一个理论模型. 这在任何一本概率统计的书上都可以找到一些标准的理论模型如二项分布等. 每一个都基于一定的假设之下成立的,所以在选用时要特别注意其假设条件.

（2）使用基于实际数据的频率表，并不去套用标准的理论模型.

使用前者的好处在于能精确地叙述变量的概率，在处理问题时可以充分发挥数理统计的作用.但这一好处把所求模式制约在了处理简单情形.随着复杂性的增加，数学就变得太难.使用后者的好处在于模型是基于观测到的数据而不是基于假设之上.增加复杂性并不成为一大障碍，但我们不再能利用数理统计而得求助于模拟以及模型的统计结果.

在建立随机性模型时，首先要注意，将要处理的是离散的还是连续的随机变量.

1.离散随机变量

离散随机变量的理论模型是由概率函数 $p(x)=P(X=x)$ 来刻画的.这个式子说明随机变量 X 取值 x 时的概率.对于离散型的随机变量下面的三种分布是重要的.

（1）（0-1）分布　设随机变量 X 只可能取 0 与 1 两个值，它的分布规律是

$$P\{X=k\}=p^k(1-p)^{1-k}, \qquad k=0,1(0<p<1)$$

则称 X 服从（0-1）分布.对于一个随机试验，如果它的样本空间只包含两个元素，即 $S=\{e_1,e_2\}$，我们总能在 S 上定义一个服从（0-1）分布的随机变量

$$X=X(e)=\begin{cases}0, & \text{当 } e=e_1 \\ 1, & \text{当 } e=e_2\end{cases}$$

来描述这个随机试验的结果.例如，对新生儿的性别进行登记，检查产品的质量是否合格等都可以用（0-1）分布的随机变量来描述.

（2）二项分布　设试验 E 只有两个可能的结果，将 E 独立地重复地进行 n 次，则称这一串重复的独立试验为 n 重贝努利试验.它是一种很重要的数学模型，有着广泛的应用.若用 X 表示 n 重贝努利试验中事件 A 发生的次数，X 是一个随机变量，它服从如下的二项分布

$$P\{x=k\}=\binom{n}{k}p^k q^{n-k}, \qquad k=0,1,2,\cdots,n$$

特别，当 $n=1$ 时二项分布就是（0-1）分布.

（3）泊松分布　设随机变量 X 所有可能的取值为 0、1、2、$\cdots$，而取各个值的概率为

$$P\{X=k\}=\frac{\lambda^k \mathrm{e}^{-\lambda}}{k!}, \qquad k=0,1,2,\cdots$$

其中，$\lambda>0$ 是常数，则称 X 服从参数为 λ 的泊松分布.可以证明当 p 很小时，以 n、p 为参数的二项分布，当 $n\to\infty$ 时趋于以 λ 为参数的泊松分布，其中 $\lambda=np$.

2.连续的随机变量

理论模型的连续型随机变量可以由概率密度函数（pdf）$f(x)$ 来描述，对所有的 x 存在 $f(x)\geqslant0$，且 $\int_{-\infty}^{\infty}f(x)\mathrm{d}x=1$.随机变量落在区间 $(x_1,x_2]$ 的概率可由 $\int_{x_1}^{x_2}f(x)\mathrm{d}x$ 来给出.在连续型随机变量中下述两种是重要的.

（1）均匀分布　设连续型随机变量 X 具有概率密度

$$f(x)=\begin{cases}\dfrac{1}{b-a}, & a<x<b \\ 0, & \text{其他}\end{cases}$$

则称 X 在区间 (a,b) 上服从均匀分布.

在区间 (a,b) 上服从均匀分布的随机变量 X，具有下述意义的等可能性，即它落在区间 (a,b) 中任意等长度的子区间内的可能性是相同的，或者说它落在子区间内的概率只依赖于

子区间的长度而与子区间的位置无关.

（2）正态分布　设连续型随机变量 X 的概率密度为

$$f(x) = \frac{1}{\sqrt{2\pi}\sigma} e^{-\frac{(x-\mu)^2}{2\sigma^2}}, \qquad -\infty < x < \infty$$

其中 μ、$\sigma(\sigma > 0)$ 为常数,则称 X 服从参数为 μ、σ 的正态分布.

连续型随机变量的值如同离散的一样可以用频率表给出,但不同的是离散的随机变量每个频率对应于随机变量的一个值,而对于连续的随机变量每一个频率对应于随机变量的一个取值范围.

二、蒙特卡罗方法

蒙特卡罗方法是计算机模拟的基础,其名字来源于世界著名的赌城——摩纳哥的蒙特卡罗.其思想来源于著名的蒲丰投针问题.

1777 年法国科学家浦丰提出了下述著名问题:平面上画有等距离 $a(a > 0)$ 的一些平行线,取一根长度为 $l(l < a)$ 的针,随机地向画有平行线的平面上掷去,求针与平行线相交的概率.

我们用几何概型来解决这一问题.设 M 为针落下后的中点,x 表示中点 M 到最近一条平行线的距离,φ 表示针与平行线的交角,如图 2.20 所示.那么基本事件区域

$$\Omega = \{(x, \varphi) \mid 0 \leqslant x \leqslant \frac{a}{2}, 0 \leqslant \varphi \leqslant \pi\}$$

它为平面上的一个矩形,其面积为 $S(\Omega) = \frac{a\pi}{2}$.

为使针与平行线(与 M 最近的一条平行线)相交,其充要条件是

$$A = \begin{cases} 0 \leqslant x \leqslant \frac{l}{2}\sin\varphi \\ 0 \leqslant \varphi \leqslant \pi \end{cases}$$

A 的面积为 $S(A) = \int_0^\pi \frac{1}{2}l\sin\varphi \, \mathrm{d}\varphi = l$,这样针与平行线相交的概率为

$$p = \frac{S(A)}{S(\Omega)} = \frac{2l}{a\pi}$$

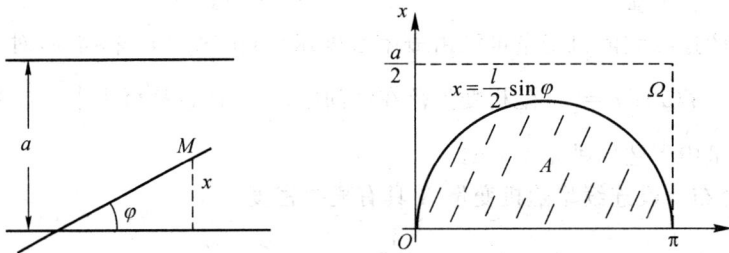

图 2.20

设一共投掷 n 次(n 是一个事先选好的相当大的自然数),观察到针和直线相交的次数为 m.

从上式我们看到,当比值 l/a 不变时,p 值始终不变.取 m/n 为 p 的近似值,我们可以算

出 π 的近似值.可以想象当投掷次数越来越多时计算的结果就越来越准确.下表是这些试验的有关资料(此处把 a 折算为 1):

实验者	年份	针长	投掷次数	相交次数	π 的实验值
Pulf	1850	0.8	5000	2532	3.1596
Smith	1855	0.6	3204	1218.5	3.1554
De Morggan C.	1860	1.0	600	382.5	3.137
Fox	1884	0.75	1030	489	3.1595
Lazzerini	1901	0.83	3408	1808	3.1415926
Reina	1925	0.5419	2520	859	3.1795

由此可以看出蒙特卡罗方法的基本步骤:首先,建立一个概率模型,使它的某个参数等于问题的解.然后按照假设的分布,对随机变量选出具体的值(这一过程又叫做抽样),从而构造出一个确定性的模型,计算出结果.再通过多次抽样试验的结果,得到参数的统计特性,最终算出解的近似值.

蒙特卡罗方法主要用在难以定量分析的概率模型,这种模型一般得不到解析的结果,或虽然有解析结果,但计算代价太大以至不可用.也可以用在算不出解析结果的定性模型中.

用蒙特卡罗方法解题,需要根据随机变量遵循的分布规律选出具体的值,即抽样.随机变量的抽样方法很多,不同的分布采用的方法不尽相同.在计算机上的各种分布的随机数事实上都是按照一定的确定性方法产生的伪随机数.

三、随机数的生成

我们知道对于丢硬币的随机结果可以用下列的离散随机变量的概率函数来描述

x	0	1
$P(x)$	0.5	0.5

如果我们需要模拟随机变量的一个值或一个集合,可以用丢硬币然后记录其结果的方法来得到,然而这具有相当的局限性,这里我们用数学程序来产生拟随机变量,即看上去是随机出现的,但并非真正的随机变量,它们产生于一个递推公式.不过这些拟随机数并没有明显的规律,当给予适当的伸缩之后,它们非常接近于在[0,1]区间上的均匀分布.这种方法的思想是,设计一个把 0 和 M 之间的整数映射到它们自身上的函数 f,然后从 x_0 开始,依次计算 $f(x_0)=x_1,f(x_1)=x_2,\cdots$.例如通过下面的公式可以产生这样的一组随机变量:

$$X_{n+1}=97X_n+3 \quad (\mathrm{mod}1000),R_{n+1}=\frac{X_{n+1}}{1000}$$

给定任意一个初值,如 $X_0=71$,代入公式得 $X_1=890$,然后用 1000 去除得 $R_1=0.890$;同样 $X_1=890$ 代入公式,可以得 $R_2=0.333$,重复这一过程可以得到我们所需的一组随机变量.在程序设计和软件包中通常用 RND 来表示由这样的公式生成的拟随机数,我们用它来表示从[0,1]上的均匀分布所生成的随机变量.

我们可以从它构造出另外的随机变量.例如,可以从 $X=a+(b-a)\mathrm{RND}$ 给出区间$[a,b]$上的连续均匀分布的随机变量.如果我们要生成带参数 λ 的指数分布,可以用 $X=$

$-(1/\lambda)\ln(\text{RND})$. 如果我们要生成平均值为零,标准差为 1 的正态分布,可以用下列公式

$$X_1 = [-2\ln(\text{RND}_1)]^{1/2}\cos(2\pi\text{RND}_2)$$

和

$$X_2 = [-2\ln(\text{RND}_1)]^{1/2}\sin(2\pi\text{RND}_2)$$

来给出 X 的两个值. 令 $X = \sigma X_1 + \mu$ 或 $\sigma X_2 + \mu$ 可以生成 $N(\mu, \sigma)$ 型的正态分布.

为了得到离散的随机变量,我们把 $[0,1]$ 分成若干部分. 例如设一个离散的随机变量有下列的概率函数.

x	0	1	2
$P(x)$	0.3	0.3	0.4

取一个 RND 值:如果 $0 < \text{RND} < 0.3$,则 $X = 0$;如果 $0.3 < \text{RND} < 0.6$,则 $X = 1$;如果 $\text{RND} > 0.6$,则 $X = 2$.

对于连续的随机变量除了取生成的随机变量是每类的中点外,我们可以用同样的思想进行列表分类. 如

X	0—10	10—15	15—20
频率	0.2	0.5	0.3

0.36 的一个 RND 值将平移到 $X = 12.5$. 一个更细致的方法是用线性插值而不是取中点,即

$$\frac{X-10}{5} = \frac{0.36-0.2}{0.5}$$

给出 $X = 11.6$.

从已知的 pdf 模拟一个连续随机变量的理论分布,可以用以下方法:

(1)逆累积分布函数法 如果随机变量的 pdf 是 $f(x)$,则累积分布函数是 $F(x) = \int_{-\infty}^{x} f(t)dt$. 如果把它作为一个随机变量,$F$ 是 $[0,1]$ 上的均匀分布. 从 $[0,1]$ 上的均匀分布取一个 RND 值,解方程 $\text{RND} = F(x)$ 得对应的 $x(=F^{-1}(\text{RND}))$ 的值. 例如,设

$$f(x) = \begin{cases} 0.5\sin x, & 0 < x < \pi \\ 0, & \text{其他} \end{cases}$$

累积分布函数为

$$F(x) = \int_0^x 0.5\sin t\, dt = -0.5\cos t \Big|_0^x = 0.5(1-\cos x)$$

解 $\text{RND} = 0.5(1-\cos X)$ 得 $X = \arccos(1-2\text{RND})$. 这就是我们所要的由这个分布所生成 X 的值.

(2)排除法 对于这种方法我们需要用两个 RND 值来生成一个 X 值. 设 $f(x)$ 的值在区间 $[a,b]$ 外为 0,而 $f(x)$ 的最大值是 c. 我们可以通过如下的步骤生成 X 的值.

a)从 $[0,1]$ 上的均匀分布生成 RND_1 和 RND_2;

b)用 RND_1 计算 $x = a + (b-a)\text{RND}_1$;

c)计算 $f(x)$;

d)用 RND_2 算出 $y = cRND_2$；

e)如果 $y < f(x)$，则接受 x，否则排除 x 回到 a).

对于上面的例子,我们可取 $a = 0, b = \pi, c = 0.5$.

四、模拟

模拟是现象的模型所产生的再现.所谓数学模拟就是用数学模型使现象再现.因此,表示现象的部分或总体的基本方程和表示自然规律的数学模型全是数学模拟.然而,狭义地讲主要指的是数字模拟.它是将复杂现象做出可以用数字计算机表达的数学模型,从数值上进行各种实验.这种方法随着计算机的进步已广泛地应用起来.因此,我们所说的模拟主要是指数字模拟.

例 2.19 一列火车大约在下午 1 点离开 A 站,其规律如下:

离站时间	13：00	13：05	13：10
概率	0.7	0.2	0.1

火车从 A 到 B 途中所需的平均时间为 30 分,有 2 分钟的标准差.如果你要赶的是这趟火车的下一站 B,而你到达 B 站的时间分布为

时间	13：28	13：30	13：32	13：34
概率	0.3	0.4	0.2	0.1

问你能赶上这列火车的概率是多少?

为回答这个问题,我们需要一些随机数.这里我们将采用上面给出的那些随机数,即 $0.890, 0.333, 0.304, 0.491, 0.630, \cdots$ 而我们所要模拟的是

a)火车离站的时间 t_1；

b)火车途中的时间 t_2；

c)你到达车站 B 的时间 t_3.

这样你能赶上火车的条件是 $t_3 < t_1 + t_2$. 为模拟这个问题只需要生成 t_1, t_2 和 t_3 的值,然后检验这条件.但如何得到 t_2 的值是不明显的,因并不知道这个分布.这样,假设一个模型,取平均值为 30,标准差为 2 的正态分布,由所给的条件知 t_1, t_2 为离散的,而 t_3 为连续的随机变量.

以分为时间单位,从 $t = 0$ 的下午一点起算,构造的模型如下:

$$
\left.
\begin{array}{ll}
0 < RND < 0.7, & t_1 = 0 \\
0.7 < RND < 0.9, & t_1 = 5 \\
0.9 < RND < 1.0, & t_1 = 10
\end{array}
\right\}
$$

$$
\left.
\begin{array}{ll}
0 < RND < 0.3, & t_3 = 28 \\
0.3 < RND < 0.7, & t_3 = 30 \\
0.7 < RND < 0.9, & t_3 = 32 \\
0.9 < RND < 1.0, & t_3 = 34
\end{array}
\right\}
$$

$$t_2 = 2X + 30$$

其中 $X=[-2\ln(\text{RND}_1)]^{1/2}\cos(2\pi\text{RND}_2)$.

计算结果为 $t_1=5,t_2=29$ 和 $t_3=30$,这样 $t_1+t_2=34$.在这种场合你比火车提前到达 4 分钟.但需要指出,这并不是说我们已经回答了这个问题,要回答这个问题我们要作多次这样的模拟,记下这些结果,算出能赶上火车的频率.通过足够多次的模拟之后我们就可以看出能赶上火车的概率.

一般在用模拟建模时,一次模拟的成功并不说明什么问题,更不能说我们的主要工作已经完成.你必须多次的进行模拟,然后分析其结果.分析的种类要看模型的对象,而这在建模的一开始就应该清楚.在实验中模拟模型的对象是在变化的,但常常包括以下几种:

a)对系统的长期性态作出统计;

b)比较系统的可选择对象的安排;

c)研究参数变化的影响;

d)研究模型假设的影响;

e)找出系统最优方案.

上面的例子是相当平凡的,根本不能作为用模拟解决问题的例子.下面我们仅举两个简单的例子以理顺模拟模型的思路.

例 2.20 某个理发店中有两名理发员 A 和 B,顾客随机地来该店理发,据统计 60% 的顾客仅要求剪发,花时为 5 分钟;而有 40% 顾客既要剪又要吹风,需花时 8 分.

对任意一个模拟,首先要做的是

a)找出能完全描述任意时刻的系统的状态变量的集合;

b)给出能从时刻 t 的状态变量算出时刻 $t+1$ 的新的状态变量的程序.

这个例子中有三个状态变量:在等待的顾客的人数(离散的非负整数);是否 A 正在工作(是或否);是否 B 正在工作(是或否).

一次模拟是由始于 $t=0$,结束于 $t=\text{END}$ 的状态变量的值的一系列演算组成的.一个事件是时间中的一个点,在这个时刻一个随机变量改变了它的值.在这个例子中的事件有:

一个顾客到达;A 开始服务;A 结束服务;B 开始服务;B 结束服务.

一个元素是一个离散项,或者是系统的长期部分,或者是进入和离开.这里的元素是顾客和两个理发员.

对研究一个模拟模型来说,有两种程序类型:

(1)时间切片 考察状态变量和在时间切片中(通常是等时间的切片)元素的位置.在每个时间切片中状态变量可变可不变.

(2)事件序列 考察在每一事件的系统,并不考虑事件之间的时间.

这两种途径我们有时称为"时间传动"和"事件传动"模型.一般我们用时间传动模型于连续的确定型系统,事件传动模型于离散的概率模型,但这不是绝对的、在这个例子中我们将用"时间传动".

对于时间切片模型,我们必须决定时间切片的大小,我们将取 1 分钟.问题的描述并不包含任何有关顾客到达率的信息.假设在任何一分钟顾客到达的概率是 0.5.实际上有两种不同类型的顾客,取决于是否要吹风.我们通过取服务时间的平均值,即 $0.6\times5+0.4\times8=6.2$ 分,构造一个粗糙的模型.

为了描述一个顾客是否到来这个随机变量,我们用一个硬币将作为一个随机数的生成器,用 T 表示反面,H 表示正面.设扔出的序列是 T、H、T、T、H、T、T、T、H、H、$T\cdots$.用 T 表示一个顾客到达,且取初始状态为无顾客,运行前 10 分钟,就有下表的结果:

时间(分)	到达?	A 正工作?	B 正工作?	排队
0	否	否	否	0
1	是	是	否	0
2	否	是	否	0
3	是	是	是	0
4	是	是	是	0
5	否	是	是	0
6	是	是	是	0
7	是	是	是	0
8	是	是	是	0
9	否	是	是	0
10	否	是	是	0

到这里,人们将要问我们希望知道什么.通常我们感兴趣的是平均队伍的长度,最长的队伍,顾客等待的平均时间以及两个理发员的忙(Q)闲(W)程度等.注意到这里有两种不同的平均,即一个是关于时间,而另一个是关于顾客的平均.为回答上述问题我们设 Q 是在任意时刻的排队的顾客数.顾客和时间的关系通常可由图 2.21 给出.

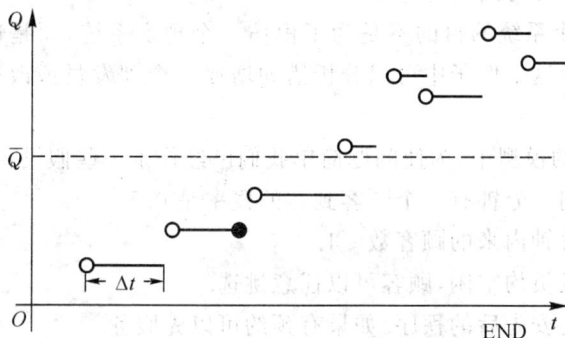

图 2.21

它是一个右连续的阶梯函数是合理的,这是由于只当有新顾客到来或有顾客完成服务后离去,函数值才发生变化.Q 关于时间的平均是 $\overline{Q}$,其中 $\overline{Q} \times \text{END} =$ 图下的面积.设 Δt 表示一个时间区间,在其上 Q 保持常数(这里 Δt 本身是变量).当我们进行模拟时我们累积其和 $\sum (Q\Delta t)$.用 N 记在进行模拟期间到达的顾客数.这样我们所要的两个平均分别为

$$队长平均 \ \overline{Q} = \frac{\sum (Q\Delta t)}{\text{END}}$$

$$等待时间的平均 \ \overline{W} = \frac{\sum (Q\Delta t)}{N}$$

下面是用来说明累积排队时间 $\sum (Q\Delta t)$ 的记录(注意这里仅给出 Q 变化的时间):

时间	Q	Δt	$Q\Delta t$	$\sum(Q\Delta t)$
0	0	0	0	0
11.584	1	0	0	0
12.935	0	1.351	1.351	1.351
17.290	1	4.355	0	1.351
17.935	0	0.645	0.645	1.996
18.676	1	0.741	0	1.996
23.156	0	4.480	4.480	6.476
25.217	1	2.061	0	6.476
25.327	2	0.110	0.110	6.586
25.935	1	0.608	1.216	7.802
27.341	2	1.406	1.406	9.208

这里所执行的总时间 END＝27.341. 在这期间 $N＝10$. 队伍的最大长度 $Q_{max}＝2$. 累计排队时间 $\sum(Q\Delta t)＝9.208$. 队伍的平均长度 $\bar{Q}＝9.208/27.341\approx0.34$. 平均等待时间 $\bar{W}＝9.208/10\approx0.92$ 分.

在我们结束模拟时还有两个顾客,一个是在排的,而另一个是新来的.

A 服务的总时间是 $(5-0)+(13.285-8.285)+(23.156-15.156)+(27.341-23.156)$ 分＝22.185 分. 因此 A 忙碌的概率是 $(22.185/27.341)\times100\%\approx81\%$. B 服务的总时间是 19.406 分或忙碌时间为 71%.

评注 1 模拟一个系统的目的不是为了模仿一个现实系统,而是通过解决问题达到优化系统的目的. 例如在这个例子中可以分析诸如增雇一个理发员或改变服务时间等对系统的影响.

评注 2 在我们的模型中,为使问题简单我们已经作了一些假设:

(1)假设了在任何一分钟有一个顾客到达的概率是 0.5.

(2)默认在同一分钟内来的顾客数≤1.

(3)如果两个理发员均空闲,顾客可以任意挑选.

(4)排队的原则是安先后的秩序. 如果有预约可以先服务.

(5)我们的模型中允许以下情形出现:一个顾客的来到,发现有很多人在等待就走了. 也可能是一个顾客在等了一段时间之后等不及了就离开了. 意味着允许其中的一个理发员有短暂的休息.

例 2.21 倒煤台的操作方案 某煤矿公司有一个大型倒煤台,用于向运煤列车装煤. 该倒煤台的容量是 1.5 列标准列车. 装满一个空的倒煤台需要一个小组 6 个小时的时间,费用是 9000 元/小时. 为提高装煤速度可以以 12000 元/小时的代价动用第二个小组. 铁道部门每天向这个倒煤台发送三列空的标准列车. 这些列车可在上午 5 点到下午 8 点之间的任何时刻到达. 给一列标准列车装满煤要 3 小时,向倒煤台装煤和从倒煤台向列车装煤不能同时进行. 如果列车到达后因等待装煤而停滞,铁道部门将征收每车 15000 元/小时的滞期费. 此外,每星期四上午 11 点到下午 1 点之间还有一列大容量列车到达,其容量为标准列车的 2 倍,滞期费为 25000 元/小时. 请问:

(1)按什么规则操作可使装煤费用最低? 费用为多少?

(2)如果标准列车能在指定的时间到达,什么样的调度安排最经济?

这个问题中列车的到达时间是随机因素,适合于建立概率模型,用计算机模拟加以解决.

首先,模型中需要考虑的费用由两部分组成.一部分是装煤小组向倒煤台装煤的费用,记为 C_L,另一部分是列车等待装煤的滞期费 C_D.因每天要装的煤数量是固定的,C_L 的大小只受是否使用第二小组影响.通过使用第二小组,有可能减少 C_D.模型的主要任务是将总费用 C 降到最低.故

$$C = C_L + C_D \tag{2.36}$$

是模型的目标函数.

其次,由于理论上的困难,很难得到最优方案.考虑到这是一个每天重复发生的问题,重要的是提供一组简单明确的规划,使煤矿公式可以根据规则方便地获得接近最优的解.因此,我们将在方案的优化程度和简明性之间作一个折中.

设:r_A 为装满列车 A 所需的煤量;Q 为倒煤台中剩余煤量;$t \in [0, 24)$ 表示当前时间.其中 r_A 和 Q 均以 1 小时向列车装的煤量为单位.

根据题意写出下面一些应该遵循的规则:

(a)有列车等待时,用两个小组装煤节省的滞期费大于增加的装煤费用,此时应使用第二小组.

(b)当同时有两列或三列标准列车等待装煤时,应将已装煤量最多的车排在前面先装,已装煤量最少的排在最后面.可以证明,这样安排滞期费最少.

(c)当同时有大容量车 A 和标准车 B 等待时,先装 A 后装 B 的滞期费

$$C_{D_1} = 25000 \max\left\{\frac{2}{3}(r_A - Q), 0\right\} + 15000\left[r_A + \max\left\{\frac{2}{3}(r_A + r_B - Q), 0\right\}\right] \tag{2.37}$$

先装 B 时的滞期费为

$$C_{D_2} = 15000 \max\left\{\frac{2}{3}(r_B - Q), 0\right\} + 25000\left[r_B + \max\left\{\frac{2}{3}(r_A + r_B - Q), 0\right\}\right] \tag{2.38}$$

当 $C_{D_1} \leqslant C_{D_2}$ 时,先装 A,否则先装 B.

(d)设当前待装的车为 A,则用两个小组装倒煤台直到 $Q \geqslant r_A$ 或 $Q = 4.5$ 为止,然后装列车.

(e)周四时,装标准列车和大容量列车共需 15 小时.即便倒煤台在周四上午 5 点以前就已提前装满,当天用两个小组装倒煤台仍需 1 小时.合计 22 小时,故最快也要到周五早上 3 点才能完成周四的任务,且此时倒煤台为空.为保证周五正常工作,应马上开始装倒煤台.由以上分析知,周四时间最紧张,就始终用两个小组.

(f)非周四,在时刻 t 无列车等待.设已知下一列车到达时间为 $t + \Delta t$.若 $\frac{3}{4}\Delta t \geqslant 3 - Q$,则时间充足,可以用一个小组装倒煤台至满或下一列车来.否则用两个小组.

(g)非周四,不知道列车的到达时间.设在时刻 t 倒煤台中尚有煤量 Q,没有列车等待,当天还有 i 列标准车未到达.假设列车到达时间服从独立的均匀分布,则存在 $t_i(Q) \in [5, 20]$,当 $t < t_i(Q)$ 时用一个组装煤即可,否则要用两个组.

$t_i(Q)$ 的选择应满足使总费用最小的原则.因其解析解难以求出,故采用计算机模拟的方法.首先任意选取一个 Q 值($Q \in [0, 4.5]$),注意到 $5 \leqslant t_3(Q) \leqslant t_2(Q) \leqslant t_1(Q) \leqslant 20$,在上述约束条件下以一定步长(如 0.1)取 $t_i(Q)(i = 1, 2, 3)$ 的各种组合,分别用计算机模拟求出平均费用,找出使平均费用最小的一组 $t_1(Q)$,$t_2(Q)$ 和 $t_3(Q)$ 值,作为在该给定 Q 下的函数值.

选取一系列不同的 Q 的值重复以上过程,就得到函数 $t_i(Q)$ 在各点上的值.

在以上规则指导下,我们用时间切片法进行模拟,流程图如图 2.22 所示.模拟的结果如下:年滞期费 3570000 元,年度总费用 90899000 元.

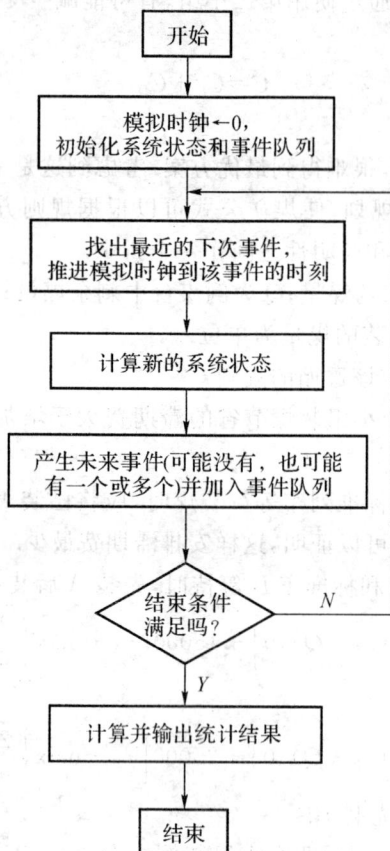

```
                    ┌──────────┐
                    │   开始    │
                    └────┬─────┘
                         │
              ┌──────────────────────┐
              │  模拟时钟←0,          │
              │  初始化系统状态和事件队列 │
              └──────────┬───────────┘
                         │ ←─────────────────┐
              ┌──────────────────────┐        │
              │  找出最近的下次事件,    │        │
              │  推进模拟时钟到该事件的时刻 │      │
              └──────────┬───────────┘        │
                         │                    │
              ┌──────────────────────┐        │
              │    计算新的系统状态      │        │
              └──────────┬───────────┘        │
                         │                    │
              ┌──────────────────────┐        │
              │ 产生未来事件(可能没有,也可能 │     │
              │ 有一个或多个)并加入事件队列  │     │
              └──────────┬───────────┘        │
                         │                    │
                    ╱────────╲         N       │
                   ╱ 结束条件  ╲───────────────┘
                   ╲ 满足吗?   ╱
                    ╲────────╱
                         │ Y
              ┌──────────────────────┐
              │   计算并输出统计结果     │
              └──────────┬───────────┘
                         │
                    ┌──────────┐
                    │   结束    │
                    └──────────┘
```

图 2.22

当标准列车的到达时刻可以确定时,分三种情况考虑(记 t_A, t_B 和 t_C 为三列标准车的到达时间,且 $t_A \leqslant t_B \leqslant t_C$).

(a)非周四、周五 可以推出,滞期费为 0,且不使用第二小组,当且仅当

$$\begin{cases} 5 \leqslant t_A \leqslant t_B - 5 \\ t_B + 7 - \min\{t_B - t_A - 5, 2\} \leqslant t_C \leqslant 20 \end{cases} \tag{2.39}$$

成立.不等式组(2.39)的解不唯一,任取一组即可,如取 $t_A = 5$, $t_B = 10$, $t_C = 17$.

(b)周四 标准列车到达时刻应尽量和大容量列车错开,故取 $t_A = 5$, $t_C = 20$.在此前提下用模拟的方法确定 t_B,得 $t_B = 20$ 时费用最少.

(c)周五 因周四工作量大,将积压到周五(周四的最后一列车最快能在周五早上 4 点装完,最慢要拖到 6 点).为减少等待,发车时间尽量要靠后,故取 $t_A = 8$, $t_B = 15$, $t_C = 20$.

在计算机模拟中事件序列法比较常用,我们不再举例说明,这个方法的流程图可以用图 2.23 来说明.

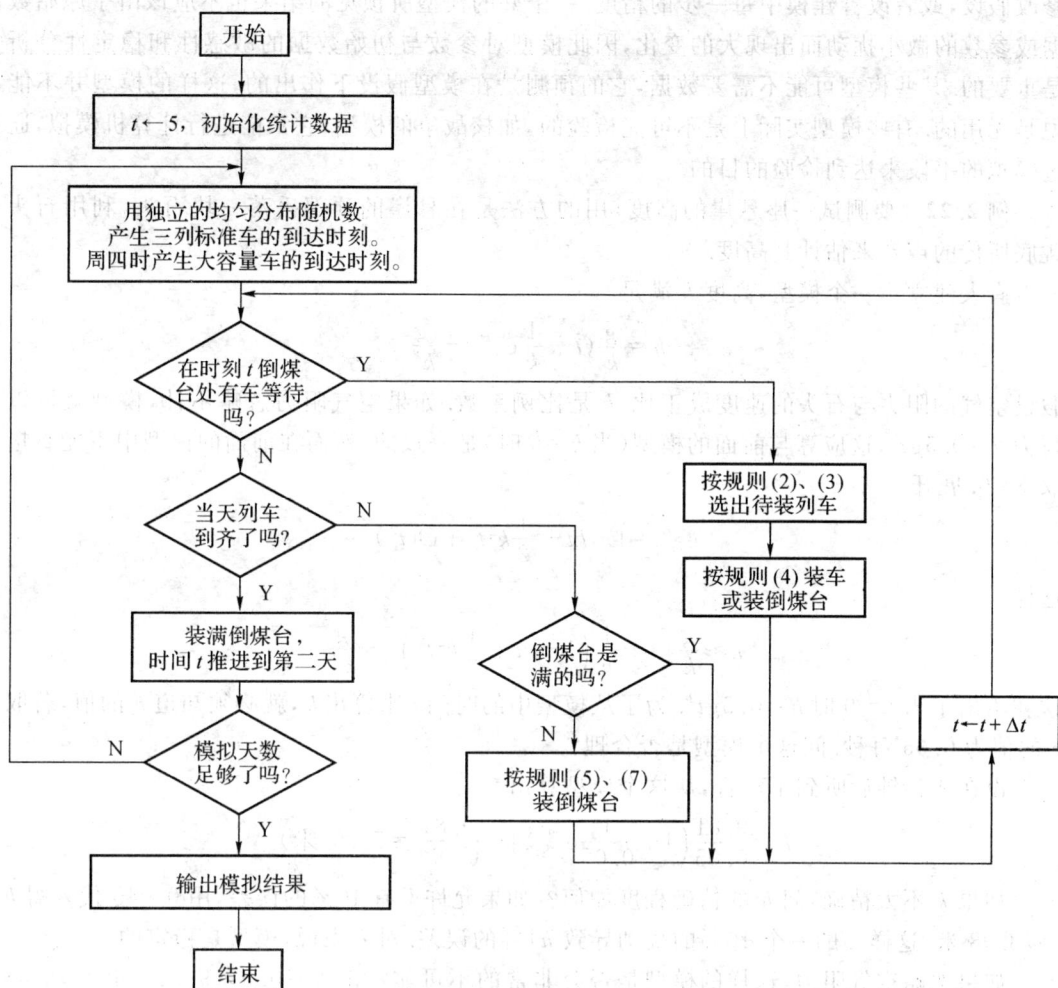

开始

↓

$t \leftarrow 5$，初始化统计数据

↓

用独立的均匀分布随机数
产生三列标准车的到达时刻。
周四时产生大容量车的到达时刻。

↓

在时刻 t 倒煤
台处有车等待
吗？ ── Y ──→

↓ N

当天列车
到齐了吗？ ── N ──→

↓ Y

装满倒煤台，
时间 t 推进到第二天

↓

模拟天数
足够了吗？ ── N ──→

↓ Y

输出模拟结果

↓

结束

按规则 (2)、(3)
选出待装列车

↓

按规则 (4) 装车
或装倒煤台

↓

倒煤台是
满的吗？ ── Y ──→

↓ N

按规则 (5)、(7)
装倒煤台

$t \leftarrow t + \Delta t$

图 2.23

2.7　模型的检验与评价

一个成功的模型应该是能作出经得起数据或常识检验的预测,应该清楚它所预测的事件与现实问题的误差程度.如果同一事件的不同模型可以作出同样的结论,或者结论是从一个比较普遍的模型推出的,那么这结论是可靠的.如果一项预测要在非常特殊的假设下才有效,那么它是脆弱的.

在检验一个模型时并不一定要完全与预测吻合,某种"差错"是必然的,因为我们的模型仅在一些简化了的条件下得到的.我们检验模型时要说明所给的预测是否已精确到所要求的精度,是否已经达到所设计的要求? 只要模型能给出可以直接解决实际问题的结果,那么这个模型就是有用的预测.如果你的模型达不到所需求的精度,就应当修改你的模型,或是修改假设,或者改善建模中每一步的精度.一个好的模型所预见的结果也不应该由于原始数据或参数的微小扰动而出现大的变化,因此模型对参数与初始数据的敏感性和稳定性分析是重要的.某些模型可能不需要数据,它的预测是在模型假设下作出的,这样的模型并不能说是无用的.有些模型实际上是不可能检验的,如核战争的模型,它只能进行计算机模拟,通过模拟的手段来达到检验的目的.

例 2.22 要测试一座悬崖的高度,用的方法是在悬崖的顶部丢落一块石头,利用石头碰底所传的声音来估计其高度.

有人建立了一个模型,高度 h 满足

$$h=\frac{g}{k}(t+\frac{1}{k}\mathrm{e}^{-kt})-\frac{g}{k^2}$$

假设空气的阻力与石头的速度成正比,k 是比例系数.如果空气阻力忽略不计,模型就可以写为 $h=0.5gt^2$,这应算与前面的模型(当 $k=0$ 时)是一致的.然而在前面的模型中不能直接取 $k=0$.展开

$$\mathrm{e}^{-kt}=1-kt+\frac{1}{2}k^2t^2+O(t^3)$$

这样

$$h\approx\frac{g}{k}\left[t+\frac{1}{k}\left(1-kt+\frac{1}{2}k^2t^2\right)\right]-\frac{g}{k^2}$$

这就给出了当 $k=0$ 时 $h=0.5gt^2$.为了从模型中的时间 t 来算出 h,就必须知道 k 的值,若取 k 的值为 0.05 每秒.问这个模型是否合理?

设在 4 秒钟后听到了声音,从这个模型算出

$$h=\frac{9.81}{0.05}\left(4+\frac{1}{0.05}\mathrm{e}^{-0.2}\right)-\frac{9.81}{0.05^2}=73.5\,(\text{米})$$

如果 k 不太精确,问 h 的精确程度如何? 如果允许 k 有 10% 的误差,用 0.045 代入得 h =73.98 米,这样 k 的一个 10% 的扰动导致 h 1% 的误差.对 k 来说,模型是稳定的.

如果忽略空气阻力,这样的模型是否会非常的不可靠? 由 $h=0.5\times9.81\times4^2=78.48$ 米,可以知道有绝对误差 5 米,相对误差 7%,所以这个问题中空气的阻力不能忽略.

在这个模型中我们还有另一假设,即石头碰底的时刻与听到声音的时刻认为是一样的,但是我们知道声速是有限的(大约 330 米/秒)这对模型有否影响? 如果扣除声音的传播时间 $h/330\approx73.5/330\approx0.223$ 秒,把 $t=4-0.223=3.777$ 代入模型算出 $h\approx65.77$ 米.可见,这个模型中的声速因素甚至比空气阻力更为重要.

模型的评价可以包括模型的改进、推广和优缺点分析等三个部分.严格地说,模型的改进应该是在建模的过程中完成的.改进一个模型目的是为了使之更相符于实际问题的要求.至于模型的推广是针对模型的普适性而言的,一个模型是否具有应用价值取决于它的应用范围与应用价值.而模型的优缺点分析是对自己所建的模型的特性和本质更深刻的认识.可以从模型的精确性、实用性以及对各种实际因素的影响等方面来进行评价.

2.8 模型报告的写作

模型报告的写作一般可以分为准备、主要部分和附录三个部分.

首先,报告的第一页应是题目,题目要求清楚、直接,避免有技术性的术语,要尽可能的简单,反映出报告的主题.题目下面是作者、单位、日期等.接下来是摘要.摘要须扼要简明,要反映出整个报告的主要思想、特点、方法以及主要结果.摘要后面最好列一下你所用的变量的符号、单位等的说明,所有的符号要统一.

在报告的主要部分要从问题的重述开始,重述要解释问题的背景,建模的目的、目标要明确.要记住你的目标与所得的结论要相适应.接下来是假设,假设必须细致、清楚、合理.在模型中很可能包含一些数据,数据要清楚地用表格或图表给出,也要给出其来源.如果数据很多,最好把它放在附录中.再下来是建模,即模型的形成、求解以及解的解释等.如果用了什么软件包则要说明,在什么类型的机器上实现的也要提一下,如果有很多的代数运算最好放在附录中.在叙述结论中,如果结论很长,可以把一些次要的放在附录中.不要忘了在检验模型时要指出你的结果的精度,对参数以及假设的敏感性以及模型的局限性等.最后可以谈谈改进、扩展的可能性或进一步的建议等.

在附录中可以放一些在正文中要用到的细节,可以包括图表以及另外一些值得说明的问题等.报告的最后是参考文献.

以上过程不是绝对的,仅供参考.

习　　题

1. 你在十层楼上欲乘电梯下楼,如果你想知道需等待的时间,请问你需要有哪些信息?如果你不愿久等,则需要爬上或爬下几个楼层?

2. 居民的用水来自一个由远处水库供水的水塔,水库的水来自降雨和流入的河流.水库的水可以通过河床的渗透和水面的蒸发流失.如果要你建立一个数学模型来预测任何时刻水塔的水位,你需要哪些信息?

3. 我们知道函数 $shx=[\exp x-\exp(-x)]/2$. 当 x 充分大时 shx 能由 $(\exp x)/2$ 来逼近.如果我们要得到一个精度为 5% 的近似,x 需要多大?

4. 我们设地面是一个球面(直径是 12.72×10^3 公里),显然,如果高层建筑的墙是垂直的,则它们是不平行的.现有一个建筑物高 400 米,地面面积 2500 平方米,问顶层有多大的额外面积?

5. 变量 y 依赖于另两个变量 w 和 z. 下列事实是已知的:①当 w 增时,y 降;②当 z 增时,y 也增;③当 w 和 z 是 0 时,y 也是 0.下列模型中的哪些与上面事实之一相符?

(a) $y=aw+bz$,a 和 b 是大于零的常数.

(b) $y=bz-aw+c$,a,b 和 c 是大于零的常数.

(c) $y=\dfrac{cz}{w}$,c 是大于零的常数.

(d) $y=cwz$,c 是大于零的常数.

(e) $y=az-bw$,a 和 b 是大于零的常数.

6. 用数学模型描述下列事件:

(a) 天突然下了 20 分钟的雨开始比较小,然后慢慢大了起来,到了约 10 分钟时最大.之后又慢慢小了下来直至停止.这场雨的降雨量约为5毫米.

（b）星期六的旧货拍卖,对营业员来说在开门时压力最大.

7. 在同一地区的气温往往是24小时为周期变化的,日平均气温随季节而变,一年一个周期.如果时间 t 以小时来计,是否可以建立一个数学模型来描述时间和气温之间的关系.

8. 设有 n 个车间位于不同地点 $p_i(i=1,2,\cdots,n)$.现拟建一仓库 p,长期向诸车间运送材料和产品,问 p 应建在何处,才能使总运费在一定时期内为最小.

9. 有 3 对夫妻过河,船至多载两人,条件是任一女子不能在其丈夫不在的情况下与其他的男子在一起.问怎样过河?

10. 兔子出生以后两个月就能生小兔,若每次不多不少恰好生一对（一雄一雌）,假如养了初生的小兔一对,试问一年后共有多少对兔子（如果生下的小兔都不死的话）?

11. 市场上有不同包装的洗衣粉,其重量与价格之间的关系如下表:

重量（千克）	0.93	3.10	4.65	6.20
价格（元）	0.91	2.75	3.99	4.99

问这些数据是否集中在某条直线附近? 如果不是,根据这些数据是否可以建立一个经验模型?

12. 试用 $y=a_0+a_1x_1+a_2x_2+a_3x_3$ 来拟合下列数据:

x_1	0	1	2	3	4	5	6	7
x_2	−7	−5	−3	−1	1	3	5	7
x_3	3	0	−2	−3	0	2	−1	7
y	−0.4	9.6	19.0	16.8	8.8	7.1	12.8	−17.5

13. 试用 $y=\beta_0+\beta_1x_1+\beta_2x_2+\beta_3x_1x_2$ 来拟合以下数据:

x_1	3	2	1	0	−1
x_2	−2	−1	0	1	2
y	17.1	16.5	11.5	−7.3	−0.2

14. 用最小二乘法来确定用 $y=\beta_0+\beta_1x+\beta_2x^2$ 来拟合以下数据的各个 β:

x	−3	−2	−1	0	1	2	3	−6.2	−4.2	−2.2	−0.2	1.8	3.8	5.8
y	27.8	16.0	12.1	10.2	11.3	12.5	15.1	19	15	10	9	11	13	20

15. 试用关系式表达以下表中数据的关系:

x	−3	−2	−1	0	1	2	3
y	27.8	16.0	12.1	10.2	11.3	12.5	15.1

16. 对于许多普通物体（如行进中的汽车和自由落体等）,大气阻力大致与 sv^2 成正比,这里 s 是表面积,v 是速度.

（a）如果 v 是落体的末速度,证明:对于类似比例的物体,有 $v\sim m^{1/3}$.

(b)证明:当与地面相撞时必然转换为某种其他能量形式的单位面积动能与 m 成正比.

(c)讨论落在不同大小的动物身上时有什么影响.请记住,较大的动物的骨较粗.

17. 小哺乳动物和小鸟的心跳速度比大哺乳动物和大鸟的快.如果我们假设动物进化为每种动物确定了最佳心跳速度,为什么各种动物的最佳心跳速度不一样呢?有一个模型能导致关于心跳速度的正确规律吗? 由于热血动物的热量通过身体表面散失,所以它们要用大量的能量来维持体温.而冷血动物在休息时只需要极小的能量,所以正在休息的热血动物的主要能量消耗似乎是维持体温.让我们根据这种想法来探索一个模型.

粗略地说,可用的能量与通过肺部这一氧气源的血液流量成正比.假设血液的最少需要量是循环的,那么可用的能量将等于所使用的量.

(a)试建立一个模型,将体重与通过心脏的基础(即休息时的)血液流量联系起来,用下面的数据检验你的模型.

(b)有许多可得到脉搏数据但没有血液流量数据的动物.建立一个模型将体重与基础脉搏联系起来.关于心脏你需要作哪些假设?怎样能检验它们?用下面的数据检验你的模型.

(c)在检验你在(a)和(b)中的模型时会出现不一致,讨论它们.

哺乳动物的数据:

动物名称	重量(公斤)	脉搏(次/分钟)
蝙蝠	0.006	588
小老鼠	0.017	500
仓鼠	0.103	347
大老鼠	0.252	352
天竺鼠	0.437	269
兔	1.34	251
负鼠	2.2～3.2	187
海豹	20～25	100
山羊	33	81
绵羊	50	70～80
猪	100	60～80
马	380～450	34～55
牛	500	46～53
象	2000～3000	25～50

人类的数据:

年龄	5	10	16	25	33	47	60
体重(公斤)	18	31	66	68	70	72	70
脉搏(次/分钟)	96	90	60	65	68	72	80
通过心脏的血液流量(分升/分)	23	33	52	51	43	40	46

某些哺乳动物的数据:

	兔	山羊	狗	狗	狗
体重(公斤)	4.1	24	16	12	6.4
通过心脏的血液流量(分升/分)	5.3	31	22	12	11

小鸟类的数据：

鸟类	体重（克）	脉搏（次/分）
蜂鸟	4	615
鹩	11	450
金丝鹊	16	514
麻雀	28	350
鸽子	130	135

大鸟类的数据：

鸟类	体重（克）	脉搏（次/分）
鸥	388	401
小鸡	1980	312
鹰	8310	199
火鸡	8750	93
鸵鸟	80000	65

18. 在小说《格里佛游记》中，小人国中的人们决定给格里佛相当于一个小人食量 1728 倍的食物. 他们是这样推理的，因格里佛身高是小人的 12 倍，他的体格是小人的 $12^3 = 1728$ 倍. 所以他需要的食物是一个小人食量的 1728 倍. 为什么他们的推理是错误的？正确的答案是什么？

19. 战后 Olympic 运动会女子铅球记录如下：

年份	1984	1952	1956	1960	1964	1968	1972	1976	1980	1984
距离（米）	13.75	15.28	16.59	17.32	18.14	19.61	21.03	21.16	22.41	23.57

你是否可以从这些数据中预测 2000 年的奥运会女子铅球的最佳成绩.

20. 1987 年 8 月 12—20 日钱江潮的高度记录如下：

日期	时间	潮高（米）	时间	潮高（米）
8 月 12 日	10：37	5.7	22：49	7.1
8 月 13 日	11：19	4.8	23：33	6.1
8 月 14 日			12：02	4.1
8 月 15 日	00：18	5.1	12：49	3.1
8 月 16 日	01：07	3.8	13：41	2.1
8 月 17 日	02：05	2.5	14：48	1.5
8 月 18 日	03：22	1.5	16：17	1.2
8 月 19 日	04：59	1.2	17：41	1.8
8 月 20 日	06：17	1.5	18：40	2.5

你能否通过这些数据预测 1987 年 8 月 27 日晚的潮高？（在 20：50 的实际高度是 5.1 米）

21. 简化下列模型，排除所有阶为 10^{-n}、$n > 2$ 的项

(1) $bx^3(1 - b^3x + cx - x^2c^2)$

(2) $\dfrac{b^3 + 2c/x + a^2}{c^3x + b}$

(3) $\sqrt{cx}+c\sin x+b\exp(-x)$

22.简化下列模型,尽可能只含最大项

(1) $\dfrac{x^2+ax}{b+cx+x^2/c}$

(2) $\dfrac{(ax+c\sin^2 x)(b^2 x+a)}{bx+ac}$

(3) $\dfrac{c^2}{x}+\dfrac{10b}{x}+cx$

23.原子弹爆炸时巨大的能量从爆炸点以冲击波形式向四周传播.据分析,在时刻 t 冲击波达到的半径 r 与释放的能量 e、大气密度 ρ、大气压强 p 有关(设 $t=0$ 时 $r=0$).用量纲分析方法证明 $r=\left(\dfrac{et^2}{\rho}\right)^{1/5}\varphi\left(\dfrac{p^5 t^6}{e^3\rho^3}\right)$,$\varphi$ 是未定函数.

24.质量 m 的小球以初速度 v 竖直上抛,阻力与速度成正比,比例系数 k.设初始位置为 $x=0$,x 轴竖直向上,则运动方程为

$$m\ddot{x}+k\dot{x}+mg=0,\ x(0)=0,\dot{x}(0)=v$$

方程的解可表为 $x=x(t;v,g,m,k)$.试选择两种尺度将问题无量纲化,并讨论 k 很小时求近似解的可能性.

25.17 世纪末,法国的 Chevalies Demere 注意到在赌博中一对骰子抛 25 次,把赌注押到"至少出现一次双六"比把赌注押到"完全不出现双六"有利,但他本人找不出原因.后来的法国数学家 Pascal 才解决了这一问题,请你也给出一个解答.

26.设某车间有 200 台车床互相独立地工作,由于经常需要检修、测量、调换刀具、变换位置等种种原因,因此,即使在生产期间,各台车床开动时亦需要停车.若每台车床有 60% 的时间在开动,而每台车床在开动时需要耗电 1 千瓦,问应供给这个车间多少电力才能保证在 8 小时生产中大约有半分钟因电力不足而影响生产?

27.某家有 4 个女孩,她们去洗食具,在打破的 4 个食具中有 3 个是最小的女孩打破的,因此人家说她笨拙.你能否用概率方法为这个小女孩申辩,说这完全可能是碰巧?

28.公共汽车站每隔 5 分钟有一辆公共汽车通过,乘客到汽车站的任一时刻是等可能的,试利用均匀分布概型求乘客候车不超过 3 分钟的概率(假设公共汽车一来,乘客就能上车).

29.已知某项提案有 48% 的选民支持,并假定职工代表确实能反映选民的观点.试问由435 名代表组成的职代会通过这项提案的可能性有多大?

第 3 章　数学建模的统计学习技术

在我们已拥有收集、存储、查询大量数据的技术之后,理解这些数据,从大量数据中发现有用的信息自然成为各行各业的需要,而统计学习起着至关重要的作用.统计学习的本质是以数据为导向,从中获取有用的模式,为人们认识客观事物,并对其发展规律进行预测、决策和控制等提供依据.

统计学习任务有很多,包括关联分析、聚类、预测、时序分析和网络联系等,常见的主要是预测分析.预测是基于历史数据进行分析获得知识,并对新数据做出预测.例如基于人口统计、饮食状况和临床检查预测一个因心脏病发作而住院的病人是否会再次复发.预测建模过程中,必须有一个用"目标"变量表示的结果用来进行预测,统计学里称为因变量或输出,比如一个月后的销售额、未来 12 个月新信用卡用户账户余额、潜在客户是否会购买、入侵者是否已攻破计算机网络、心脏病是否复发等.

目标变量类型的差异产生对预测任务的命名约定,目标变量为数值型变量,比如年龄、温度、销售额、账户余额等,称为回归.而目标变量为类别型变量,比如性别、颜色、是否会购买等,称为分类.判断心脏病是否复发就属于分类问题.而人口统计、饮食状况和临床检查所提供的变量,称为预测变量或输入.也会有不同的度量类型,分为数值型和类别型.类别型变量可以分为两种,无序型和有序型.无序型类别变量,如颜色变量,有红、橙、黄、绿、蓝、靛、紫七个类,值之间无序,单指类别.序型类别变量,如小、中、大三个级别类,值之间有序,但不希望有度量,中和小之间的差不必与大和中之间的差相同.类别型可以用数值型编码描述.最简单的情况是只有两个类别,比如性别"男"或"女"、"是"或"否",常常用单个二进制数字 0和 1 表示,或用-1 和 1 表示.当类多于两个时,可有多种选择.最常用的编码是通过哑变量.对于有序类别性变量,则要酌情考虑.如果样本量足够大的话,也可以进行哑变量化(二进制化),这样可以得到不同级别的差异.但是如果样本量不够大,哑变量化造成变量数目上升,使结果变得不可靠.

本章我们将介绍利用统计学习技术建模,内容主要分两部分,3.1 节将介绍多元回归技术,3.2 节将介绍辨识与分类技术.

3.1　多元回归技术

自然界中许多变量间都存在着某种相互依赖和制约的关系,一般有两类,一类是确定性关系,也称之为函数关系,如 $y=x+1$ 中变量 x 与 y 的关系就是确定性关系.另一类是不确定性关系,也称之为相关关系或统计关系.这种变量间的关系无法表示成精确的函数关系,如人的身高与体重之间、商品的销售量与价格之间、人口数量与时间之间的关系等等均属于这类关系.

设我们要研究变量 y 与 x 之间的统计关系,希望找出 y 的值是如何随 x 的变化而变化的规律,这时称 y 为因变量,x 为自变量.通常 x 被认为是非随机变量,它是可以精确测量或严格控制的;y 是一个随机变量,它是可观测的,但存在测量误差.于是 y 与 x 的关系可表示为

$$y = f(x) + \varepsilon \tag{3.1}$$

其中 ε 是一切随机因素影响的总和,有时也简称为随机误差.通常假设 ε 满足

$$E(\varepsilon) = 0, D(\varepsilon) = \sigma^2$$

由(3.1)式得到

$$E(y) = f(x) \tag{3.2}$$

(3.2)式称为理论回归方程.由于 $f(x)$ 的函数形式未知,或者 $f(x)$ 的函数形式已知,但其中含有未知参数,所以理论回归方程一般无法直接写出.

为了得到理论回归方程的近似表达式,通常先对 $f(x)$ 的函数形式做出假定,然后通过观测得到关于 (x,y) 的 n 组独立的观测数据 $(x_i, y_i)(i = 1, 2, \cdots, n)$.利用这些观测数据来估计出 $f(x)$ 中的未知参数,得到经验回归方程

$$\hat{y} = f(x) \tag{3.3}$$

(3.3)式又称为回归方程,$f(x)$ 称为 y 对 x 的回归函数.当 $f(x)$ 是线性函数时,(3.3)式称为线性回归方程,而获得线性回归方程的方法称为线性回归分析.

若所进行的线性回归分析中自变量是一元的,则称之为一元线性回归分析;若自变量是多元的,则称之为多元线性回归分析.

前面第 2 章 2.3 节经验模型关于一元回归分析已经做了初步介绍,我们这里从多元线性回归开始,做进一步的探讨.

一、多元线性回归分析

多元线性回归分析的自变量由一元扩展到了多元.下面将多元线性回归分析简要地做一个介绍.

1. 模型的建立

假设变量 y 与变量 $x_1, \cdots, x_m$ 之间有如下关系

$$y = \beta_0 + \beta_1 x_1 + \beta_2 x_2 + \cdots + \beta_m x_m + \varepsilon \tag{3.4}$$

其中 y 为随机变量,$x_1, x_2, \cdots, x_m$ 为非随机变量,$\beta_1, \beta_2, \cdots, \beta_m$ 称为回归系数.ε 为随机变量,称为随机误差,它可以理解为 y 中无法用 $x_1, x_2, \cdots, x_m$ 表示的其他各种随机因素造成的误差.我们的问题是要用

$$\beta_0 + \beta_1 x_1 + \beta_2 x_2 + \cdots + \beta_m x_m$$

来估计 y 的均值 $E(y)$,即

$$E(y) = \beta_0 + \beta_1 x_1 + \beta_2 x_2 + \cdots + \beta_m x_m$$

且假定 $\varepsilon \sim N(0, \sigma^2)$,$y \sim N(\beta_0 + \beta_1 x_1 + \beta_2 x_2 + \cdots + \beta_m x_m, \sigma^2)$,$\beta_0, \beta_1, \beta_2, \cdots, \beta_m, \sigma^2$ 是与 $x_1, x_2, \cdots, x_m$ 无关的待定常数.

为了估计 $\beta_i (i = 0, 1, 2, \cdots, m)$,对变量 $(x_1, x_2, \cdots, x_m, y)$ 进行 n 组独立的试验(或观测),得到的 n 组独立的观测数据为

$$(x_{i1}, x_{i2}, \cdots, x_{im}, y_i), i = 1, 2, \cdots, n \tag{3.5}$$

而变量$(x_1,x_2,\cdots,x_m,y)$的n组独立的观测数据$(x_{i1},x_{i2},\cdots,x_{im},y_i)(i=1,2,\cdots,n)$应满足

$$\begin{cases} y_1 = \beta_0 + \beta_1 x_{11} + \beta_2 x_{12} + \cdots + \beta_m x_{1m} + \varepsilon_1, \\ y_2 = \beta_0 + \beta_1 x_{21} + \beta_2 x_{22} + \cdots + \beta_m x_{2m} + \varepsilon_2, \\ \qquad\qquad\cdots\cdots \\ y_n = \beta_0 + \beta_1 x_{n1} + \beta_2 x_{n2} + \cdots + \beta_m x_{nm} + \varepsilon_n. \end{cases} \tag{3.6}$$

其中$\beta_0,\beta_1,\cdots,\beta_m$为待估计参数,$\varepsilon_1,\varepsilon_2,\cdots,\varepsilon_n$为$n$个相互独立且服从同一正态分布$N(0,\sigma^2)$的随机变量,(3.6)式称为多元线性回归的数学模型.

若记

$$X = \begin{bmatrix} 1 & x_{11} & x_{12} & \cdots & x_{1m} \\ 1 & x_{21} & x_{22} & \cdots & x_{2m} \\ \cdots & \cdots & \cdots & \cdots & \cdots \\ 1 & x_{n1} & x_{n2} & \cdots & x_{nm} \end{bmatrix}, Y = \begin{bmatrix} y_1 \\ y_2 \\ \cdots \\ y_n \end{bmatrix}, \beta = \begin{bmatrix} \beta_0 \\ \beta_1 \\ \cdots \\ \beta_m \end{bmatrix}, \varepsilon = \begin{bmatrix} \varepsilon_1 \\ \varepsilon_2 \\ \cdots \\ \varepsilon_n \end{bmatrix}.$$

则(3.6)式的矩阵形式为

$$Y = X\beta + \varepsilon \tag{3.7}$$

2.参数的最小二乘估计

使误差平方和

$$\sum_{i=1}^{n} \varepsilon_i^2$$

最小为原则,对回归方程

$$\hat{y} = \beta_0 + \beta_1 x_1 + \beta_2 x_2 + \cdots + \beta_m x_m \tag{3.8}$$

的参数$\beta_0,\beta_1,\cdots,\beta_m$进行估计.

因为

$$Q(\beta_0,\beta_1,\cdots,\beta_m) = \sum_{i=1}^{n} \varepsilon_i^2 = \sum_{i=1}^{n} (y_i - \beta_0 - \beta_1 x_{i1} - \cdots - \beta_m x_{im})^2,$$

所以$\beta_0,\beta_1,\cdots,\beta_m$的估计值$\hat{\beta}_0,\hat{\beta}_1,\cdots,\hat{\beta}_m$应为方程组

$$\begin{cases} \dfrac{\partial Q(\beta_0,\beta_1,\cdots,\beta_m)}{\partial \beta_0} = 0, \\ \dfrac{\partial Q(\beta_0,\beta_1,\cdots,\beta_m)}{\partial \beta_t} = 0, t=1,2,\cdots,m \end{cases} \tag{3.9}$$

的解.

方程组(3.9)称为正规方程组,其有唯一解.方程组(3.9)的矩阵形式为

$$(X^{\mathrm{T}}X)\beta = X^{\mathrm{T}}Y$$

记回归方程(3.8)中待估计参数$\beta_0,\beta_1,\cdots,\beta_m$的估计值为

$$\hat{\beta} = (\hat{\beta}_0,\hat{\beta}_1,\cdots,\hat{\beta}_m)^{\mathrm{T}}$$

则

$$\hat{\beta} = (X^{\mathrm{T}}X)^{-1}X^{\mathrm{T}}Y \tag{3.10}$$

所求回归方程为

$$\hat{y} = \hat{\beta}_0 + \hat{\beta}_1 x_1 + \hat{\beta}_2 x_2 + \cdots + \hat{\beta}_m x_m \tag{3.11}$$

方程组(3.10)也可以写为

$$\begin{cases} s_{11}\beta_1 + s_{12}\beta_2 + \cdots + s_{1m}\beta_m = s_{1y}, \\ s_{21}\beta_1 + s_{22}\beta_2 + \cdots + s_{2m}\beta_m = s_{2y}, \\ \quad\cdots\cdots \\ s_{m1}\beta_1 + s_{m2}\beta_2 + \cdots + s_{mm}\beta_m = s_{my}. \end{cases} \qquad (3.12)$$

其中 $s_{ij} = \sum_{k=1}^{n}(x_{ki} - \bar{x}_i)(x_{kj} - \bar{x}_j), i,j = 1,2,\cdots,m; \bar{x}_i = \dfrac{1}{n}\sum_{k=1}^{n}x_{ki}, i = 1,2,\cdots,m;$

$$s_{iy} = \sum_{k=1}^{n}(x_{ki} - \bar{x}_i)(y_k - \bar{y}), i = 1,2,\cdots,m; \bar{y} = \dfrac{1}{n}\sum_{k=1}^{n}y_k.$$

若记

$$S = (s_{ij})_{m\times m}, C = (c_{ij})_{m\times m} = S^{-1}, S_y = (s_{1y}, s_{2y}, \cdots, s_{my})^{\mathrm{T}} \qquad (3.13)$$

则

$$(\hat{\beta}_1, \hat{\beta}_2, \cdots, \hat{\beta}_m)^{\mathrm{T}} = S^{-1}S_y = CS_y, \hat{\beta}_0 = \bar{y} - \hat{\beta}_1\bar{x}_1 - \hat{\beta}_2\bar{x}_2 - \cdots - \hat{\beta}_m\bar{x}_m$$

3．回归方程的显著性检验

（1）总离差平方和的分解

$$L_{yy} = \sum_{k=1}^{n}(y_k - \bar{y})^2 = \sum_{k=1}^{n}(y_k - \hat{y}_k)^2 + \sum_{k=1}^{n}(\hat{y}_k - \bar{y})^2$$

其中

$$\hat{y}_k = \hat{\beta}_0 + \hat{\beta}_1 x_{k1} + \hat{\beta}_2 x_{k2} + \cdots + \hat{\beta}_m x_{km} (k = 1,2,\cdots,n)$$

称为理论值，并且其平均值也是 $\bar{y}$.

若记

$$U = \sum_{k=1}^{n}(\hat{y}_k - \bar{y})^2, Q = \sum_{k=1}^{n}(y_k - \hat{y}_k)^2$$

则 U 称为回归平方和，它反映了自变量 $x_1, x_2, \cdots, x_m$ 的变化所引起的 $y_k(k=1,2,\cdots,n)$ 的波动，其自由度为 m（因为自变量的个数为 m）；而 Q 称为剩余平方和（或残差平方和），它反映了其他一切随机因素（包括试验误差）对 $y_k(k=1,2,\cdots,n)$ 波动的影响，其自由度为 L_{yy} 的自由度减去 m，即 $(n-1)-m = n-m-1$.

（2）显著性检验

对回归方程的显著性检验是指检验假设

$$H_0: \beta_1 = \beta_2 = \cdots = \beta_m = 0 \qquad (3.14)$$

可以证明

$$\frac{Q}{\sigma^2} \sim x^2(n-m-1),\text{且 } U \text{ 和 } Q \text{ 相互独立.}$$

当假设 H_0 成立时，可以证明

$$\frac{U}{\sigma^2} \sim x^2(m)$$

因此，由 F 分布的定义知，在 H_0 成立的条件下，

$$F = \frac{U/m}{Q/(n-m-1)} \sim F(m, n-m-1) \qquad (3.15)$$

有了检验统计量 F，在给定的显著性水平 α 下，假设 H_0 的拒绝域为

$$F > F_\alpha(m, n-m-1)$$

若假设 H_0 没有被拒绝,则回归方程(3.15)的回归效果是不显著的,这说明变量 y 与变量 $x_1,x_2,\cdots,x_m$ 之间不存在显著的线性统计关系,回归方程(3.11)没有任何实际意义;若假设 H_0 被拒绝,则回归方程(3.11)的回归效果是显著的,这说明变量 y 与变量 $x_1,x_2,\cdots,x_m$ 之间存在显著的线性统计关系.

4. 回归系数的显著性检验

前面对回归方程的显著性检验,是对回归方程中全部自变量的总体回归效果进行检验.但总体回归效果显著并不说明每个自变量 $x_1,x_2,\cdots,x_m$ 对因变量 y 的影响都是显著的,即可能有某个自变量 x_i 对 y 的影响并不显著,或者能被其他的自变量的作用所代替.因此,对这种自变量我们希望能从回归方程中剔除,从而建立更简单的回归方程.

显然若自变量 x_i 对因变量 y 的影响不显著,则它的回归系数 β_i 就应取值为零.因此,检验每个自变量 x_i 是否对 y 影响显著,就是检验假设

$$H_0: \beta_i = 0, i = 1,2,\cdots,m \tag{3.16}$$

可以证明,在假设 H_0 成立的条件下,统计量

$$F_i = \frac{\hat{\beta}_i^2/c_{ii}}{Q/(n-m-1)} \sim F(1, n-m-1)(i=1,2,\cdots,m) \tag{3.17}$$

其中 c_{ii} 为(3.13)式中矩阵 $C = (c_{ij})_{m \times m} = S^{-1}$ 的主对角线上第 i 个元素.

有了检验统计量 $F_i(i=1,2,\cdots,m)$,在给定的显著性水平 α 下,假设 H_0 的拒绝域为

$$F_i > F_\alpha(1, n-m-1)$$

若假设 H_0 被拒绝,则 x_i 对 y 有显著影响;否则 x_i 对 y 没有显著影响,x_i 应在回归方程中被剔除,并且对变量 y 与变量 $x_1,x_2,\cdots,x_{i-1},x_{i+1},\cdots,x_m$ 之间的线性统计关系需要重新进行线性回归分析,再建立新的回归方程.这个过程只有到了回归方程中所有的自变量对 y 的影响都显著时才能停止.

5. 最优回归方程的选择

利用回归方程对实际问题作预测时,只有真实反映了自变量 $x_1,x_2,\cdots,x_m$ 和 y 之间的关系的回归方程才能得到好的效果.但实际情况是我们并不知道这些自变量中哪些对 y 有影响,如果遗漏了重要的变量或是考虑了过多的自变量,回归方程不是最优的,也不可能得到好的预测效果.

(1)剔除变量或增加变量.对单个变量,可以根据 F 检验和 t 检验的结论,把回归系数不显著的变量剔除,但一般要和偏相关系数结合起来考虑.另外,使用检验剔除变量时,一次只能剔除一个,每次剔除最不显著的变量,重新建立回归方程,然后对新方程的回归系数逐一检验,再剔除最不显著变量,建立回归方程,直至方程中所有变量都显著为止.

用 SSE 表示 p 个变量的多元回归模型

$$y = a + b_1 x_1 + b_2 x_2 + \cdots + b_p x_p + \varepsilon$$

的误差平方和,增加 q 个自变量 $x_{p+1}, x_{p+2}, \cdots, x_{p+q}$ 后的误差平方和,记为 $SSE(p+q)$

$$\frac{(SSE - SSE(p+q))/q}{SSE(p+q-1)} \sim F(q, n-p+1)$$

在显著性水平 α 下检验假设

$$H_0: b_{p+1} = b_{p+2} = \cdots = b_{p+q} = 0$$
$$H_0: b_{p+1}, b_{p+2}, \cdots, b_{p+q} \text{ 不全为 } 0.$$

若 $F > F_a(q, n-p+1)$ 拒绝原假设,说明增加的自变量在统计上是显著的.

(2)选择方程的方法

全部比较法:找出所有对 y 可能有影响的自变量,对自变量的全部组合求回归方程,挑出最优的.这种方法的计算量太大有 p 个自变量,需要计算 2^p-1 个回归方程.

向前回归和向后回归:

向前回归法是对 p 个自变量建立 p 个一元线性回归方程,选回归系数的 F 检验值最大的,不妨设为 x_1,建立回归方程,接下来 x_1 分别与其他 $(p-1)$ 个比变脸自变量组合建立回归方程,选检验值最大的加入回归方程.向前回归法一旦引入变量就不能删除,向后回归时首先建立 p 个变量的回归方程,逐步删除,一般删除,就不能重新加入.

逐步回归法:

逐步回归法结合了向前和向后回归法,引入变量后,立即进行检验,删除不显著的变量,再考虑引入最大的 F 统计对应的变量,直至既不能引入又不能删除.

最优子集回归:

最优子集回归可以获得最佳回归方程.根据判定系数,找出最佳的单变量回归方程、二变量回归方程、三变量回归方程等.在所有其他条件都相同的情况下,一般倾向于使用较少变量的简单模型.

例 3.1　某养猪场估计猪的毛重,测得 14 头猪的体长 x_1(cm),胸围 x_2(cm)与体重 y(kg)的数据见表 3.1.试建立 y 与 x_1, x_2 的回归方程.

表 3.1

序号	1	2	3	4	5	6	7	8	9	10	11	12	13	14
x_1	41	45	51	52	59	62	69	72	78	80	90	92	98	103
x_2	49	58	62	71	62	74	71	74	79	84	85	94	91	95
y	28	39	41	44	43	50	51	57	63	66	70	76	80	84

解　1)以变量 (x_1, x_2, y) 的 14 组独立观测数据 $(x_{1i}, x_{2i}, y_i)(i=1,2,\cdots,14)$ 为点的坐标,在空间直角坐标系中作散点图,见图 3.1.

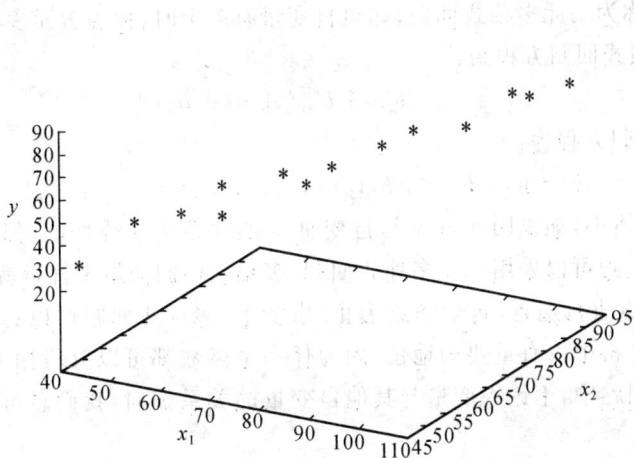

图 3.1　空间散点图

由图 3.1,可见变量 y 与 x_1,x_2 之间大致在一个平面上,呈线性关系.

2)因此,可以假设 y 与 x_1,x_2 之间有如下关系

$$y = \beta_0 + \beta_1 x_1 + \beta_2 x_2 + \varepsilon$$

故所求回归方程为

$$\hat{y} = \beta_0 + \beta_1 x_1 + \beta_2 x_2$$

应用方程组(3.12)进行参数估计.经计算得 $\bar{x}_1 = 70.86$,$\bar{x}_2 = 74.93$,$\bar{y} = 56.57$,$n = 14$,

$s_{11} = 5251.27$,$s_{12} = s_{21} = 3499.9$,$s_{22} = 2550.9$,$s_{1y} = 4401.1$,$s_{2y} = 3036.6$,

$$S = \begin{pmatrix} 5251.27 & 3499.9 \\ 3499.9 & 2550.9 \end{pmatrix}, S_y = \begin{pmatrix} 4401.1 \\ 3036.6 \end{pmatrix}, C = S^{-1} = \begin{pmatrix} 0.002223 & -0.00305 \\ -0.00305 & 0.004577 \end{pmatrix},$$

$$CS_y = \begin{pmatrix} 0.522 \\ 0.475 \end{pmatrix}.$$

故

$$\hat{\beta}_1 = 0.522, \hat{\beta}_2 = 0.475, \hat{\beta}_0 = \bar{y} - \hat{\beta}_1 \bar{x}_1 - \hat{\beta}_2 \bar{x}_2 = -16.011.$$

所求回归方程为

$$\hat{y} = -16.011 + 0.522 x_1 + 0.475 x_2 \tag{3.18}$$

对回归方程进行显著性检验,经计算得 $U = 3739.7$,$Q = 33.7$,$n = 14$,$m = 2$.故

$$F = \frac{U/m}{Q/(n-m-1)} = 610.34404$$

查表知 $F_{0.01}(2,11) = 7.21$,因此,回归方程(3.18)的回归效果极显著.

对回归系数进行显著性检验,经计算得

$$F_1 = \frac{\hat{\beta}_1^2/c_{11}}{Q/(n-m-1)} = 40.01, F_2 = \frac{\hat{\beta}_2^2/c_{22}}{Q/(n-m-1)} = 16.09$$

查表知 $F_{0.01}(1,11) = 9.65$.因此,x_1 和 x_2 对 y 的影响都显著,x_1 和 x_2 都应保留在回归方程(3.18)中.

二、多项式回归分析

研究一个变量与一个或多个自变量间多项式的回归分析方法,称为多项式回归.如果自变量只有一个时,称为一元多项式回归;如果自变量有多个时,称为多元多项式回归.

一元 m 次多项式回归方程为:

$$\hat{y} = b_0 + b_1 x + b_2 x^2 + \cdots + b_m x^m \tag{3.19}$$

二元二次多项式回归方程为:

$$\hat{y} = b_0 + b_1 x_1 + b_2 x_2 + b_3 x_1^2 + b_4 x_2^2 + b_5 x_1 x_2 \tag{3.20}$$

在一元回归分析中,如果因变量 y 与自变量 x 的关系为非线性的,但是又找不到适当的函数曲线来拟合,则可以采用一元多项式回归.多项式回归的最大优点就是可以通过增加 x 的高次项对实测点进行逼近,直至满意为止.事实上,多项式回归可以处理相当一类非线性问题,它在回归分析中占有重要的地位,因为任一个函数都可以分段用多项式来逼近.因此,在通常的实际问题中,不论因变量与其他自变量的关系如何,我们总可以用多项式回归来进行分析.

多项式回归问题可以通过变量转换化为多元线性回归问题来解决.

对于一元 m 次多项式回归方程(3.19)，令 $z_1 = x, z_2 = x^2, \cdots, z_m = x^m$，则(3.19)就转化为 m 元线性回归方程

$$\hat{y} = b_0 + b_1 z_1 + b_2 z_2 + \cdots + b_m z_m$$

因此用本章第一节的方法就可解决多项式回归问题. 需要指出的是，在多项式回归分析中，检验回归系数 b_i 是否显著，实质上就是判断自变量 x 的 i 次方项 x^i 对因变量 y 的影响是否显著.

对于二元二次多项式回归方程(3.20)，令 $z_1 = x_1, z_2 = x_2, z_3 = x_1^2, z_4 = x_2^2, z_5 = x_1 x_2$，则(3.20)就转化为五元线性回归方程

$$\hat{y} = b_0 + b_1 z_1 + b_2 z_2 + b_3 z_3 + b_4 z_4 + b_5 z_5$$

但随着自变量个数的增加，多元多项式回归分析的计算量急剧增加. 多元多项式回归属于多元非线性回归问题，在这里不作介绍.

在多项式回归中较为常用的是一元二次多项式回归和一元三次多项式回归，下面结合一实例对一元二次多项式回归作详细介绍.

例 3.2　给动物口服某种药物 A 1000mg，每间隔 1 小时测定血药浓度(g/ml)，得到表 3.2 的数据(血药浓度为 5 头供试动物的平均值). 试着建立血药浓度(因变量 y)对服药时间(自变量 x)的回归方程.

表 3.2　血药浓度与服药时间测定结果表

服药时间 x(小时)	1	2	3	4	5	6	7	8	9
血药浓度 y(g/ml)	21.89	43.13	61.86	70.78	72.81	66.36	50.34	25.31	3.17
$\hat{y}$	22.7182	46.2563	62.2684	70.7545	71.7146	65.1487	51.0568	28.4389	0.2950
$y - \hat{y}$	−0.8282	0.8737	−0.4084	0.0255	1.0954	1.2113	−0.7168	−4.1298	2.8750

解　1)根据表 3.3 的数据资料绘制 x 与 y 的散点图(见图 3.2).

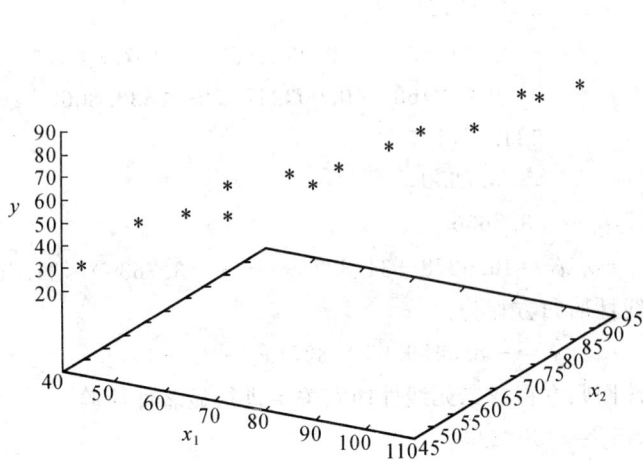

图 3.2　表 3.3 资料的散点图

由散点图我们看到：血药浓度最大值出现在服药后 5 小时，在 5 小时之前血药浓度随时间的增加而增加，在 5 小时之后随着时间的增加而减少，散点图呈抛物线形状.

2)因此我们可以选用一元二次多项式来描述血药浓度与服药时间的关系,即进行一元二次多项式回归或抛物线回归.

设一元二次多项式回归方程为:

$$\hat{y} = b_0 + b_1 x + b_2 x^2$$

令 $x_1 = x, x_2 = x^2$,则得二元线性回归方程

$$\hat{y} = b_0 + b_1 x_1 + b_2 x_2$$

进行二元线性回归分析,先计算得:

$$\sum x_1 = \sum x = 45, \quad \sum x_2 = \sum x^2 = 285, \quad \sum y = 419.65$$

$$\sum x_1^2 = \sum x^2 = 285, \quad \sum x_2^2 = \sum x^4 = 15333, \quad \sum y^2 = 24426.5833$$

$$\sum x_1 x_2 = \sum x^3 = 2025, \quad \sum x_1 y = \sum xy = 1930.45, \quad \sum x^2 y = \sum x^2 y = 10452.11$$

再计算得:

$$SS_1 = 60.0000, \qquad SS_2 = 6308.0000, \qquad SS_y = 4859.2364$$

$$SP_{12} = 600.0000, \qquad SP_{10} = -167.8000, \qquad SP_{20} = -2836.8067$$

$$\bar{x}_1 = 5.0000, \qquad \bar{x}_2 = 31.6667, \qquad \bar{y} = 46.6278$$

于是得到关于 b_1、b_2 的正规方程组为:

$$\begin{cases} 60.0000 b_1 + 600.0000 b_2 = -167.8000 \\ 600.0000 b_1 + 6308.0000 b_2 = -2836.8067 \end{cases}$$

求出上述正规方程组系数矩阵的逆矩阵为:

$$C = \begin{bmatrix} c_{11} & c_{12} \\ c_{21} & c_{22} \end{bmatrix} = \begin{bmatrix} 0.341349 & -0.032468 \\ -0.032468 & 0.003247 \end{bmatrix}$$

关于 b_1、b_2 的解为:

$$\begin{bmatrix} b_1 \\ b_2 \end{bmatrix} = \begin{bmatrix} c_{11} & c_{12} \\ c_{21} & c_{22} \end{bmatrix} \begin{bmatrix} SP_{10} \\ SP_{20} \end{bmatrix}$$

$$= \begin{bmatrix} 0.341349 & -0.032468 \\ -0.032468 & 0.003247 \end{bmatrix} \begin{bmatrix} -167.8000 \\ -2836.8067 \end{bmatrix}$$

$$= \begin{bmatrix} 34.8271 \\ -3.7630 \end{bmatrix}$$

即:$b_1 = 34.8217, b_2 = -3.7630$

而 $b_0 = \bar{y} - b_1 \bar{x}_1 - b_2 \bar{x}_2 = 46.6278 - 34.8271 \times 5 - (-3.7630) \times 31.6667 = -8.3459$

于是得到二元线性回归方程为:

$$\hat{y} = -8.3459 + 34.8271 x_1 - 3.7630 x_2$$

现在对二元线性回归方程或二元线性回归关系进行显著性检验.

$$SS_y = 4859.2364$$

$$SS_R = b_1 SP_{10} + b_2 SP_{20}$$

$$SS_r = SS_y - SS_R = 4859.2364 - 4830.9162 = 28.3202$$

$$df_y = n - 1 = 9 - 1 = 8, df_R = 2, df_r = df_y - df_R = 8 - 2 = 6$$

列出方差分析表,进行 F 检验.

表 3.3　二元线性回归关系方差分析表

变异来源	SS	df	MS	F
回　归	4830.9162	2	2415.4581	511.750 * *
离回归	28.3202	6	4.7200	
总变异	4858.2364	8		

由 $df_1 = 2, df_2 = 6$ 查 F 值表,得 $F_{0.01(2,6)} = 10.92$,因为 $F > F_{0.01(2,6)}$,$P < 0.01$,表明二元线性回归关系是极显著的.

偏回归系数 b_1、b_2 的显著检验,应用 F 检验法:

$$SS_{b_1} = b_1{}^2/c_{11} = 34.8271^2/0.341349 = 3553.3337$$

$$SS_{b_2} = b_2{}^2/c_{22} = (-3.7630)^2/0.003247 = 4361.0006$$

$$F_{b_1} = \frac{MS_{b_1}}{MS_r} = \frac{SS_{b_1}/1}{MS_r} = \frac{3553.3337}{4.7200} = 752.825$$

$$F_{b_2} = \frac{MS_{b_2}}{MS_r} = \frac{SS_{b_2}/1}{MS_r} = \frac{4361.0006}{4.7200} = 923.941$$

由 $df_1 = 1, df_2 = 6$ 查 F 值表,得 $F_{0.01(1,6)} = 13.47$,因为 $F_{b_1} > F_{0.01(1,6)}$、$F_{b_2} > F_{0.01(1,6)}$,表明偏回归系数 b_1 和 b_2 都是极显著的.

建立一元二次多项式回归方程,将 x_1 还原为 x,x_2 还原为 x^2,即得 y 对 x 的一元二次多项式回归方程为:

$$\hat{y} = -8.3459 + 34.8271x - 3.7630x^2$$

计算相关指数 R^2,因为 $\sum(y - \hat{y})^2 = 33.1111$,$\sum(y - \bar{y})^2 = 4859.2364$,相关指数 R^2 为:

$$R^2 = 1 - \frac{\sum(y - \hat{y})^2}{\sum(y - \bar{y})^2} = 0.9932$$

表明 y 对 x 的一元二次多项式回归方程的拟合度是比较高的,或者说该回归方程估测的可靠程度是比较高的.

一般非线性回归分析

对不能线性化的非线性回归问题都比较复杂,很难估计参数,一般可以表示为:

$$y = f(x, \theta) + \varepsilon, \varepsilon \sim N(0, \sigma^2)$$

这里 $x \in \mathbf{R}^n, y \in \mathbf{R}, \theta \in \Theta \subset \mathbf{R}^p$,$p$ 为参数个数. 对现有的观测值 $(x_i, y_i), i = 1, \cdots, m$,最小二乘法就是求 $\hat{\theta} \in \mathbf{R}^p$,使得

$$Q(\hat{\theta}) \leqslant Q(\theta)$$

其中 $Q(\theta) = \sum_{i=1}^{n} [y_i - f(x_i, \theta)]^2$.

在一定的条件下,Jennrich(1969)证明了最小二乘解的存在性,即存在估计 $\hat{\theta}$,满足

$$\| y - f(x, \hat{\theta}) \|^2 = \inf_{\theta \in \Theta} \| y - f(x, \theta) \|^2$$

此时非线性回归就成为一个无约束优化问题,求解方法有直接搜索法、Gauss-Newton 法等,有兴趣的读者,具体可以参见优化理论.

三、多元自适应回归

多元自适应回归是一种非线性、非参数的自适应回归方法,很适合高维问题(即大量的输入),可看成是逐步线性回归的泛化,由统计学家 J. Friedman(1991)提出.多元自适应回归样条最初是受分类和回归树和广义加性模型思想启发建立的,是具有连续导数的连续型模型.由于多元自适应回归样条善于寻找最优的变量交互性和变量变换,因此可以处理隐藏高维数据的复杂数据结构,并且高效地揭示重要的数据模式.

模型的建立:

令 $X=(x_1,x_2,\cdots,x_p)$ 为自变量,$Y=(f_1(X),f_2(X),\cdots,f_q(X))+e$ 为因变量.则建立模型

$$Y=(f_1(X),f_2(X),\cdots,f_q(X))+e$$

其中,e 是 $(1\times q)$ 的误差向量.$f_l(X)$ 的形式未知.回归分析的目标是基于已有的数据集,应用多元自适应样条建立关于 $f(X)$ 的回归函数 $\hat{f}(X)$.

多元自适应回归样条方法是一种局部回归方法,通过样条函数来模拟复杂非线性关系,将整个非线性模型划分为若干个区域,在每个特定区域内由一段线性回归直线来拟合,样条函数的斜率在每个特定区域内是不变的,而在不同区域之间是不同的,使用形如 $(x-t)_+$ 和 $(t-x)_+$ 的分段线性基函数展开式."$+$"表示正部,所以

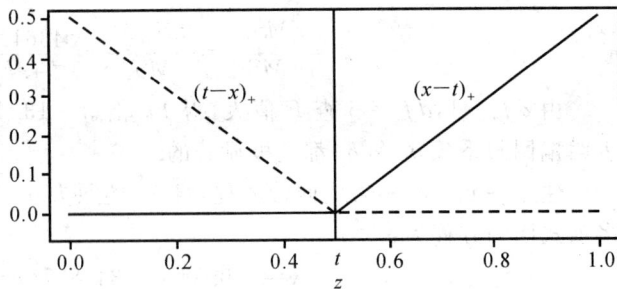

图 3.3 基函数 $(x-t)_+$(实线)和 $(t-x)_+$(虚线)

$$(x-t)_+ = \begin{cases} x-t & \text{如果 } x>t \\ 0 & \text{否则} \end{cases}$$

并且

$$(t-x)_+ = \begin{cases} t-x & \text{如果 } x<t \\ 0 & \text{否则} \end{cases}$$

每个函数是分段线性的,扭结在 t 值上,思想是,对于在输入的每个观测值 x_{ij} 处具有扭结的每个输入 x_j 形成反演对.

多元自适应回归样条模型定义如下:

$$f(X) = \beta_0 + \sum_{m=1}^{M} \beta_m h_m(X)$$

其中,每个 $h_m(X)$ 是样条函数,或是两个或多个样条函数的乘积,M 是模型中含有的样条函数的数目.

多元自适应回归样条模型构建包括以下三步:

(1)函数以加权和的形式引入到多元自适应回归样条模型中.采用前向逐步过程(参见图 3.4),每次选取一对最优样条函数来提高模型准确度.每对样条函数包括由结点位置定义的左侧的和右侧的分割函数.这样最优的样条函数被一对一地添加到模型中,用来提高

对训练数据描述的准确度. 这个算法搜索每个独立变量和每个结点位置, 并且对于最优独立变量和最优结点位置反复进行搜索. 对模型贡献度最大的独立变量将被优先选择. 此外, 算法还将自动检测独立变量产生的交互作用是否会更好地提高模型准确度. 在连续的交互作用中, 基函数以单一的增加成分引入到模型中, 交互作用则表达为两个或多个基函数的交互结果. 多元自适应回归样条模型可以指定交互的基函数数目的最大值(比如指定交互的基函数最大数目为 2, 则交互度均不超过 2). 建模过程不断重复直到达到用户定义的基函数个数的最大值 M. 这样模型通常包含过多的基函数, 产生过度拟合现象.

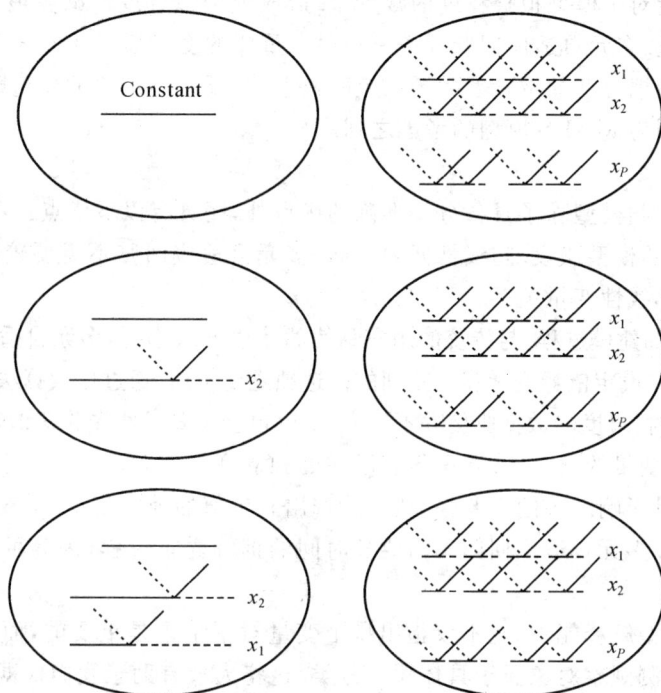

图 3.4　多元自适应回归样条模型前向过程示意图

左侧是当前模型中的基函数; 初始时是常函数 $h(X)=1$. 右侧是在构造模型时需要考虑的全部候选基函数, 如图 3.3 所示的分段线性函数, 扭结 t 在每个预测 X_j 的全部唯一观测值 x_{ij} 上. 在每一步, 考虑候选对与模型中基函数的所有乘积. 并将最大程度降低残差的积添加到当前模型中.

　　(2)剪枝过程, 将造成模型过度拟合的基函数删除. 该过程采用的是后向的删除方法, 每次删除一个对模型贡献最小的基函数. 这一剪枝过程是基于广义交互验证(GCV)标准进行的. GCV 参数是调整的残差平方和(调整 R^2), 这里包括对模型复杂度的惩罚. 设定 GCV 标准是为了避免模型中过多的样条函数.

$$\mathrm{GCV}(\lambda) = \frac{1}{n} \frac{\sum\limits_{i=1}^{n}(y_i - \hat{y}_i)^2}{(1 - M(\lambda)/n)^2}$$

值 $M(\lambda)$ 是模型中有效的参数个数: 它是模型中项的个数, 加上用于选择扭结的最佳位置的参数的个数. 如果模型中有 r 个线性独立的基函数, 并且在前向过程中选择了 K 个扭结, 则该公式是 $M(\lambda)=r+cK$, 其中 $c=3$(当模型被限制为加法模型时, 使用 $c=2$).

　　(3)从模型中选取较小的多元自适应回归样条模型作为最优模型. 在这一步, 通常需要对比不同模型的预测准确度来选择模型.这一选择标准主要是通过交互验证.具有交互验证的最小误差均方根的模型就是最优模型.选择最优模型的思想是:在预测误差符合的基础上,选择出最简单的模型.

变量的选择

当模型建立后,就可以估计解释变量对于模型的重要性.由于每个解释变量可以加入到不同的基函数中,因此变量的重要性可以通过它对模型的拟合程度来评价.对变量重要性的评级利用了广义交互验证(GCV)标准进行计算.每次去掉一个变量,保留其他变量,然后计算这个去掉的变量对于模型拟合程度的减少量.造成模型拟合度的减少最大的那个变量被赋予最重要的权重.多元自适应回归样条方法对最重要的变量赋予 100% 的权重,对其他变量则根据它对模型拟合度的贡献度赋予相应的权重.对模型不重要的变量赋予 0% 的权重,且这些变量将不列为 MARS 模型的考虑之列.

模型的优点

多元自适应回归模型除了具备分类准确的优点外,还具有以下优点:

(1)无需较强的模型假设.与线性回归不同,多元自适应回归不需要较强的模型假设就可以处理复杂的非线性变量关系.

(2)数据驱使的建模过程.与传统的用户驱使的建模方法不同,多元自适应回归是数据驱使的建模过程.它在设定依赖变量和一系列的候选独立变量后,通过搜索算法自动地让数据确定函数的形式.有时,过度的数据驱使并不适合,所以也会需要一些先验知识确定最优模型.

(3)可以确定变量的贡献度.考虑很多潜在的独立变量时,多元自适应回归可以确定独立变量对依赖变量影响结果的重要性,从而筛选出有价值的独立变量.

(4)运算快捷.多元自适应回归不需要长时间的训练样本过程,因此可以节约大量的建模时间.

(5)较好的模型解释能力.它不仅指出哪个变量对于结果是重要的,而且当建模规则令人满意时,可以预测观察对象属于具体哪一分类.这将大大有助于我们根据模型结果做出合理的决策.

例 3.3　基于加州大学欧文分校(UCI)机器学习数据库提供的 1970 年波士顿 506 户人口普查数据集,利用多元自适应回归,研究房价和基本生活条件之间的关系.MV 为目标变量和 13 个预测变量.

表 3.4　变量表

序号	变量名	变量说明	属性
1	MV	业主拥有的住房平均价值	目标变量
2	CRIM	犯罪率	数值型
3	ZN	住宅用地比例	数值型
4	INDUS	非零售业所占比例	数值型
5	CHAS	与 Charles 河接壤(0/1)	二元类别
6	NOX	氮氧化物浓度(pphm)	数值型
7	RM	住房的平均房间数	数值型

序号	变量名	变量说明	属性
8	AGE	1940 年前住房建造百分比	数值型
9	DIS	离工作中心的有利距离	数值型
10	RAD	接近高速公路	数值型
11	TAX	税率	数值型
12	PT	师生比	数值型
13	B	城市的黑人比例	数值型
14	LSTAT	低收入邻居比例	数值型

解   作目标变量(MV)的频率图,可以大致呈现 MV 的分布.

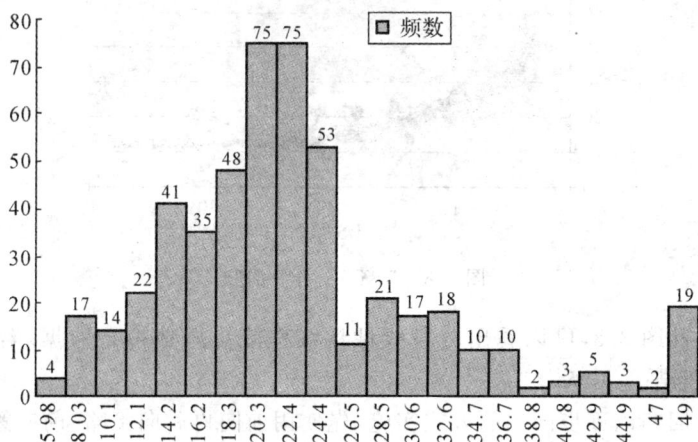

图 3.5   MV 分布图

构造目标变量 MV 和 RM、LSTAT 、DIS、CRIM 的散点图矩阵,可以清晰呈现非线性关系.

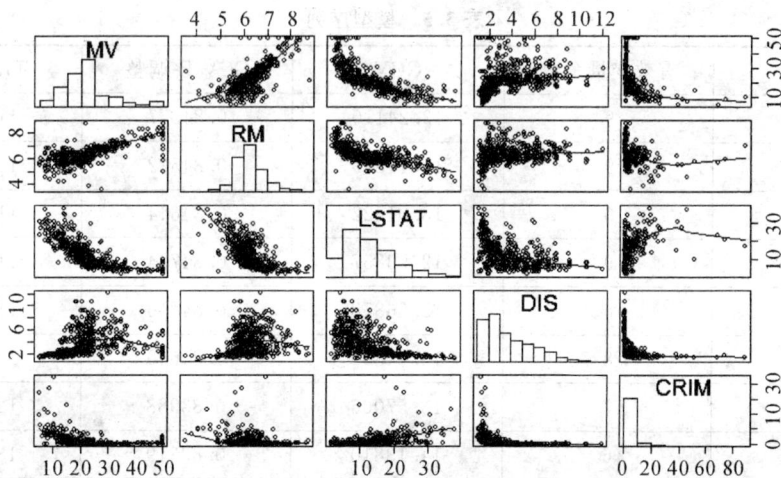

图 3.6   散点图矩阵

单以 LSTAT 为预测变量,MV 为目标变量作线性回归.

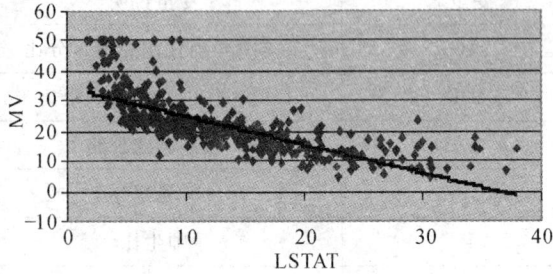

图 3.7　LSTAT 单变量回归

以 LSTAT 为预测变量,MV 为目标变量建立分段线性回归(3 个扭结).

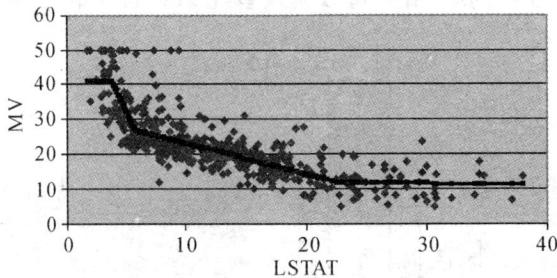

图 3.8　LSTAT 分段回归

比较图 3.7 和图 3.8,可以看出分段线性比线性能更好地拟合数据.若直线是好的拟合,将不需要内扭结.

多元自适应回归以逐步回归的方式实施,先使用前向再后向策略.前向策略导致明显的过度拟合模型,会包含很多扭结和变量,具体可参见表 3.5 和 3.6(从下往上).我们分两种情形考虑:

a)不考虑变量相互作用情形

表 3.5　模型序列

基函数	有效变量个数	GCV	GCV R-调整	Train MSE
15	9	13.24110	0.84377	11.89766
14	9	13.11859	0.84522	11.87348
13	9	13.01522	0.84644	11.86532
12	9	12.93857	0.84734	11.88048
＊＊11	8	12.86878	0.84816	11.90114
10	8	13.01850	0.84640	12.12549
9	7	13.57066	0.83988	12.72946
8	6	14.13810	0.83319	13.35534
7	5	14.53079	0.82855	13.82267

基函数	有效变量个数	GCV	GCV R-调整	Train MSE
6	5	15.47732	0.81739	14.82591
5	4	15.97773	0.81148	15.41162
4	3	13.59500	0.79240	13.08891
3	3	18.89514	0.76526	18.45578
2	2	22.79152	0.73109	22.44070
1	1	38.95724	0.52855	38.61001
0	0	84.75422	0.00000	84.41956

后向过程逐步删除贡献最小的扭结,直到仅剩下常数(见表 3.5,从上往下). 最后评估嵌套的模型序列,找到最佳模型,GCV = 0.84816 达到最小. 低 R-平方,包含较多变量.

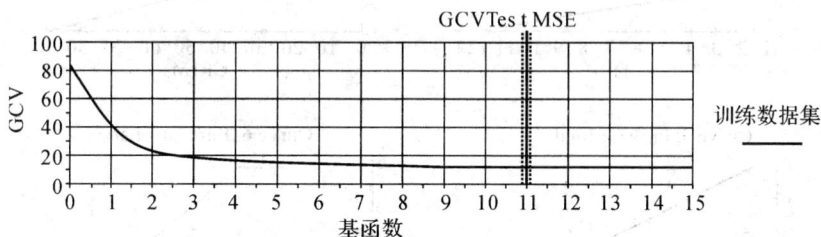

图 3.9　序列 GCV

多元自适应回归最佳模型含 8 个变量,表达式为:

$$MV = 22.6921 - 0.452677\max(0, LSTAT - 6.07) + 2.56607\max(0, 6.07 - LSTAT)$$
$$+ 7.65535\max(0, RM - 6.431) - 0.679501\max(0, DIS - 1.4254)$$
$$+ 59.251\max(0, 1.4254 - DIS) - 0.0895653\max(0, CRIM - 11.1604)$$
$$+ 0.644985\max(0, 11.1604 - CRIM) - 0.826817\max(0, PT - 12.6)$$
$$- 14.9187\max(0, NOX - 0.488) + 0.0304893\max(0, 300 - TAX)$$
$$+ 0.245825\max(0, RAD - 1)$$

变量重要性排名

表 3.6　变量重要性

变量	分　数
LSTAT	100.00
RM	84.70
DIS	74.26
PT	48.78
CRIM	40.94
NOX	30.20
RAD	23.58
TAX	26.40

模型很好地捕捉了变量的线性结构和非线性结构,更直观的可以看如下目标变量和关于变量的偏依赖图,具扭结的折线呈现非线性结构,直线段呈现线性结构.

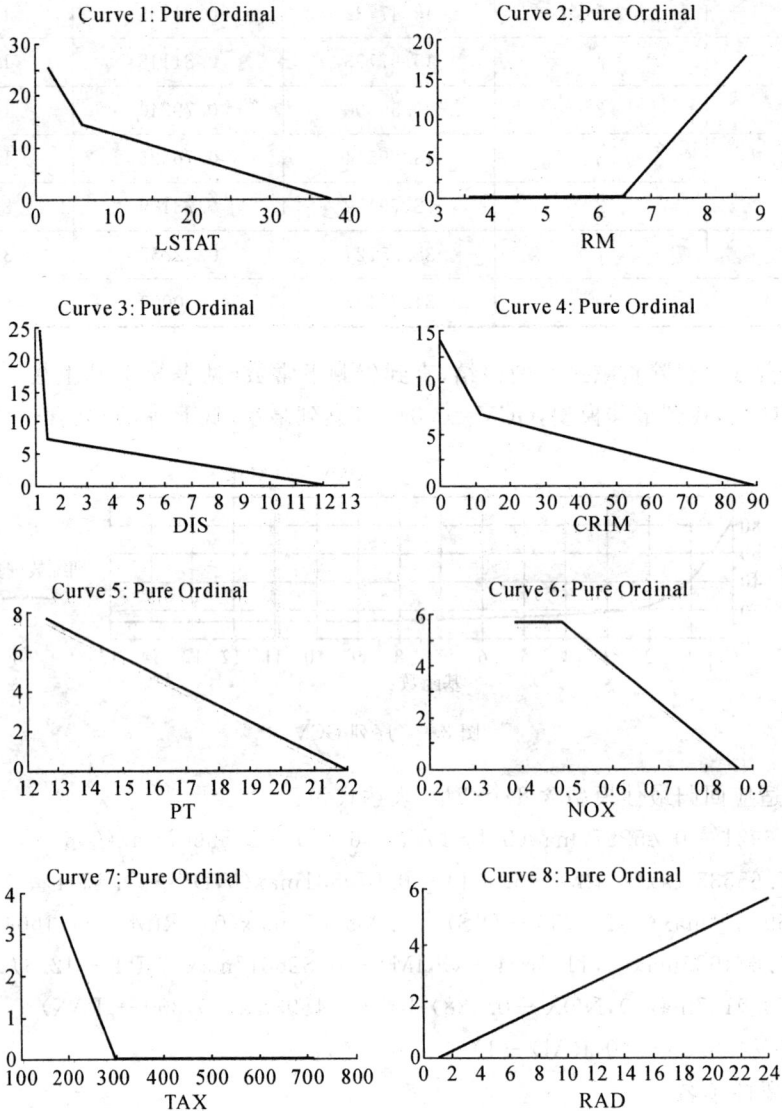

图 3.10　变量偏依赖图

通过分段线性拟合,清晰呈现变量 LSTAT、DIS、CRIM、NOX 非线性结构;对于变量 RM、PT、TAX、RAD 呈线性关系,内节点不考虑.

b)考虑变量相互作用情形

表 3.7　模型序列

基函数数	预测变量个数	GCV	GCV R-调整	训练均方误差
15	7	11.44497	0.86496	10.02397
14	7	11.32659	0.86636	10.01086
13	7	11.21346	0.86769	10.00079
12	7	11.11936	0.86880	10.00627
11	7	11.07556	0.86932	10.05615
＊＊10	7	11.04979	0.86963	10.12206
9	7	11.32534	0.86637	10.46626
8	7	11.72495	0.86166	10.93084
7	7	12.29028	0.85499	11.55801
6	6	13.37089	0.84224	12.68344
5	5	14.98106	0.82324	14.33350
4	4	16.43078	0.80614	15.85544
3	3	18.68362	0.76776	18.15636
2	2	22.86454	0.73023	22.44070
1	1	40.02089	0.52780	38.61001
0	0	84.75422	0.00000	84.41956

后向过程逐步删除贡献最小的扭结,直到仅剩下常数(见表 3.7,从上往下). 最后评估嵌套的模型序列,找到最佳模型,GCV＝0.86963 达到最小.

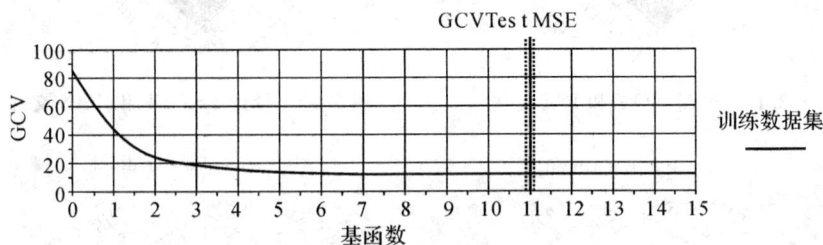

图 3.11　序列 GCV

多元自适应回归最佳模型含 7 个变量,表达式为:

$$MV = 18.3253 - 0.47906\max(0, LSTAT - 6.07) + 11.3508\max(0, RM - 6.431)$$
$$- 199.68\max(0, NOX - 0.647) * \max(0, RM - 6.431)$$
$$+ 0.0159207\max(0, TAX - 296) * \max(0, 6.07 - LSTAT)$$
$$+ 0.0345318\max(0, 296 - TAX) * \max(0, 6.07 - LSTAT)$$
$$- 0.356334\max(0, DIS - 1.4254)$$
$$+ 100.097\max(0, 1.4254 - DIS) + 0.36883\max(0, 19.6091 - CRIM)$$

$$-0.0788062\max(0,PT-19.1)*\max(0,19.6091-CRIM)$$

$$-4.01078\max(0,CRIM-0.00631977)*\max(0,1.4254-DIS)$$

变量重要性排名

表 3.8 变量重要性

变 量	分 数
RM	100.00
LSTAT	75.59
CRIM	43.82
DIS	42.08
NOX	40.99
TAX	38.24
PT	22.50

公式中乘积项捕捉了变量交互作用,更直观的可以看如下目标变量和两变量的偏依赖图,变量之间似乎存在着很强的交互作用.

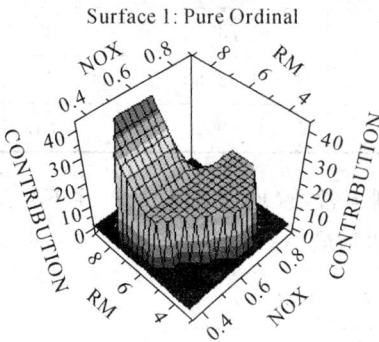

图 3.12 变量 NOV 和 RM 交互

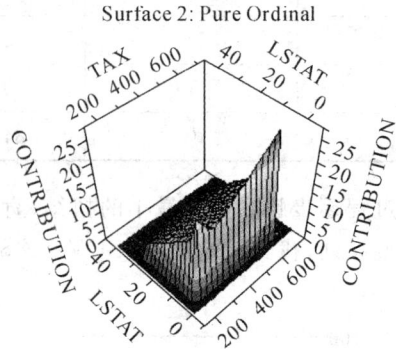

图 3.13 变量 LSTAT 和 TAX 交互

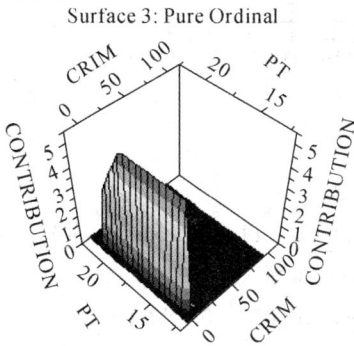

图 3.14 变量 PT 和 CRIM 交互

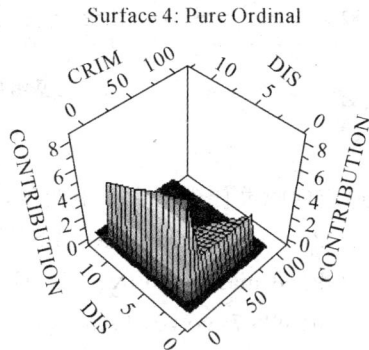

图 3.15 变量 DIS 和 CRIM 交互

通过多变量自适应回归,我们建立平均房价和基本生活条件之间的模型,很好地捕捉了变量的交互作用和非线性结构.

3.2　辨识与分类技术

统计建模的分类问题有非常广阔的应用背景,包括金融业、电信业、生物医学、互联网等领域都有着广泛的应用.之所以被称为分类问题,是因为模型的目标变量是一个类别变量.比如金融业,银行希望知道它的信用卡客户是否会有违约拖欠的风险,因此会将信用卡用户分类为两类,违约用户和没有违约的用户,可以用 1/0 或 YES/NO 的二元变量来标识.然后就可以针对这个二元的类别目标变量进行建模工作.通常在大多数统计分类建模应用中,类别目标变量都是二元类别变量:比如信用风险管理问题、电信客户的流失问题、医学方面肿瘤的恶性和良性判断等等.当然分类问题的目标变量也可以是多元的类别变量,比如某种蕨类植物品种的分类问题,该蕨类植物有三个品种,通过对植物的花瓣大小等特征的分析,可以建立分类模型,区分三种类似的蕨类植物.

建立分类模型有许多种方法,包括逻辑回归、决策树、神经网络等方法.下面我们分别对这三种方法进行介绍.

一、逻辑回归模型

逻辑回归是应用非常广泛的统计技术.逻辑回归只解决一种分类问题,也就是二元分类问题(是/否或 1/0).之前我们讲述的几个例子几乎都属于这一类.因此,逻辑回归和一般的线性回归的区别在于,逻辑回归的目标变量是二元的,而线性回归的目标变量是数值型变量.实际上,逻辑回归模型预测的结果是介于 0 和 1 之间的概率,而线性回归模型预测的结果可以是任何的数值.逻辑回归模型的预测结果和预测变量之间是非线性关系,而线性回归模型的预测结果与预测变量之间是线性关系.

模型的建立

考虑具有 p 个独立变量的向量 $x=(x_1, x_2, \cdots, x_p)$,设条件概率 $P(Y=1|x)=p$ 为根据观测量相对于某事件发生的概率.逻辑回归模型可表示为

$$P(Y = 1 \mid x) = \pi(x) = \frac{1}{1 + e^{-g(x)}} \tag{3.21}$$

上式右侧形式的函数称为逻辑函数.下图 3.16 给出其函数图像.

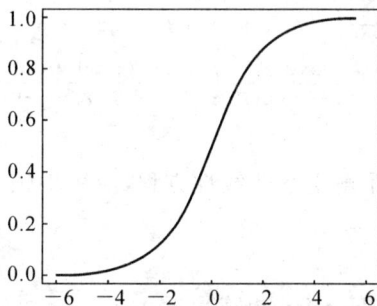

图 3.16

这是一个 S 形的函数,可以看到在函数中间部分概率接近于线性增长的模式. 其中 $g(x) = \beta_0 + \beta_1 x_1 + \beta_2 x_2 + \cdots + \beta_p x_p$. 如果含有类别变量,则将其变为哑变量. 一个具有 k 个取值的类别型变量,可以变为 $k-1$ 个哑变量. 这样就有

$$g(x) = \beta_0 + \beta_1 x_1 + \cdots + \sum_{l=1}^{k-1} \beta_{jl} D_{jl} + \cdots + \beta_p x_p \tag{3.22}$$

定义不发生事件的条件概率为

$$P(Y = 0 \mid x) = 1 - P(Y = 1 \mid x) = 1 - \frac{e^{g(x)}}{1 + e^{g(x)}} = \frac{1}{1 + e^{g(x)}} \tag{3.23}$$

那么,事件发生与事件不发生的概率之比为

$$\frac{P(x = 1 \mid x)}{P(x = 0 \mid x)} = \frac{P}{1 - P} = e^{g(x)} \tag{3.24}$$

这个比值称为事件的发生比(odds of experiencing an event),简称为 odds. 因为 $0 < P < 1$,故 odds > 0. 对 odds 取对数,即得到线性函数,

$$\log \frac{p}{1-p} = \beta_0 + \beta_1 x_1 + \cdots + \sum_{l=1}^{k-1} \beta_{jl} D_{jl} + \cdots + \beta_p x_p \tag{3.25}$$

极大似然函数

假设有 n 个观测样本,观测值分别为 $y_1, y_2, \cdots, y_n$,设 $p_i = P(y_i = 1 \mid x_i)$ 为给定 x_i 条件下得到 $p_i = 1$ 的概率. 在同样条件下得到 $p_i = 0$ 的条件概率为 $P(y_i = 0 \mid x_i) = 1 - p_i$. 于是,得到一个观测值的概率为

$$p_i = p_i^{y_i} (1 - p_i)^{1 - y_i} \tag{3.26}$$

因为各项观测独立,所以它们的联合分布可以表示为各边际分布的乘积.

$$l(\beta) = \prod_{i=1}^{n} \pi(x_i)^{y_i} [1 - \pi(x_i)]^{1 - y_i} \tag{3.27}$$

上式称为 n 个观测的似然函数. 我们的目标是能够求出使这一似然函数的值最大的参数估计. 于是,最大似然估计的关键就是求出参数 $\beta_1, \beta_2, \cdots, \beta_n$,使上式(3.27)取得最大值.

对上述函数取对数

$$L(\beta) = \ln[l(\beta)] = \sum_{i=1}^{n} \left\{ y_i \ln[\pi(x_i)] + (1 - y_i) \ln[1 - \pi(x_i)] \right\} \tag{3.28}$$

(3.28)称为对数似然函数. 为了估计能使 $L(\beta)$ 取得最大的参数 $\beta_1, \beta_2, \cdots, \beta_n$ 的值.

对此函数求导,得到 $p+1$ 个方程.

$$\sum_{i=1}^{n} [y_i - \pi(x_i)] = \sum_{i=1}^{n} \left[y_i - \frac{\exp(\beta_0 + \beta_1 x_1 + \beta_2 x_2 + \cdots + \beta_n x_n)}{1 + \exp(\beta_0 + \beta_1 x_1 + \beta_2 x_2 + \cdots + \beta_n x_n)} \right] = 0$$

$$\sum_{i=1}^{n} x_{ij} [y_i - \pi(x_i)] = \sum_{i=1}^{n} \left[y_i - \frac{\exp(\beta_0 + \beta_1 x_1 + \beta_2 x_2 + \cdots + \beta_n x_n)}{1 + \exp(\beta_0 + \beta_1 x_1 + \beta_2 x_2 + \cdots + \beta_n x_n)} \right] = 0, j = 1, 2, \cdots p.$$

$$\tag{3.29}$$

(3.29)称为似然方程. 为了解上述非线性方程,应用牛顿－拉斐森(Newton-Raphson)方法进行迭代求解.

牛顿－拉斐森迭代法

对 $L(\beta)$ 求二阶偏导数,即 Hessian 矩阵为

$$\frac{\partial^2 L(\beta)}{\partial \beta_j^2} = -\sum_{i=1}^{n} x_{ij}^2 \pi_i (1 - \pi_i)$$

$$\frac{\partial^2 L(\beta)}{\partial \beta_i \partial \beta_l} = - \sum_{i=1}^{n} x_{ij} x_{il} \pi_i (1-\pi_i) \tag{3.30}$$

如果写成矩阵形式,以 H 表示 Hessian 矩阵,X 表示

$$X = \begin{bmatrix} 1 & x_{11} & \cdots & x_{1p} \\ 1 & x_{21} & \cdots & x_{2p} \\ \cdots & \cdots & \cdots & \cdots \\ 1 & x_{n1} & \cdots & x_{np} \end{bmatrix} \tag{3.31}$$

令

$$V = \begin{bmatrix} \hat{\pi}_1(1-\hat{\pi}_1) & 0 & \cdots & 0 \\ 0 & \hat{\pi}_2(1-\hat{\pi}_2) & \cdots & 0 \\ \cdots & \cdots & \cdots & \cdots \\ 0 & 0 & \cdots & \hat{\pi}_n(1-\hat{\pi}_n) \end{bmatrix} \tag{3.32}$$

则 $H = X^{\mathrm{T}} V X$. 再令 $U = \begin{bmatrix} 1 & x_{11} & \cdots & x_{1p} \\ 1 & x_{21} & \cdots & x_{2p} \\ \cdots & \cdots & \cdots & \cdots \\ 1 & x_{n1} & \cdots & x_{np} \end{bmatrix} \begin{bmatrix} y_1 - \pi_1 \\ y_2 - \pi_2 \\ \cdots \\ y_p - \pi_p \end{bmatrix}$,

即为似然方程的矩阵形式.

得牛顿迭代法的形式为

$$W_{\mathrm{new}} = W_{\mathrm{old}} - H^{-1}U \tag{3.33}$$

注意到上式中矩阵 H 为对称正定的,求解 $H^{-1}U$ 即为求解线性方程 $HX = U$ 中的矩阵 X. 对 H 进行 Cholesky 分解.

最大似然估计的渐近方差(asymptotic variance)和协方差(covariance)可以由信息矩阵 (information matrix)的逆矩阵估计出来. 而信息矩阵实际上是 $L(\beta)$ 二阶导数的负值,表示 为 $I = \dfrac{\partial^2 L(\beta)}{\partial \beta_i \partial \beta_l}$. 估计值的方差和协方差表示为 $\mathrm{var}(\beta) = I^{-1}$,也就是说,估计值 β_j 的方差为矩 阵 I 的逆矩阵的对角线上的值,而估计值 β_j 和 β_i 的协方差为除了对角线以外的值. 然而在 多数情况,我们将使用估计值 β_j 的标准方差,表示为

$$SE(\beta_j) = [\mathrm{var}(\beta_j)]^{\frac{1}{2}}, j = 0, 1, 2, \cdots, p \tag{3.34}$$

显著性检验

下面讨论在逻辑回归模型中自变量 x_k 是否与反应变量显著相关的显著性检验. 零假设 $H_0: \beta_k = 0$(表示自变量 x_k 对事件发生可能性无影响作用). 如果零假设被拒绝,说明事件 发生可能性依赖于 x_k 的变化.

1. Wald 检验

对回归系数进行显著性检验时,通常使用 Wald 检验,其公式为

$$W = [\hat{\beta}_j / \widehat{SE}(\hat{\beta}_j)]^2 \tag{3.35}$$

其中,$\widehat{SE}(\hat{\beta}_j)$ 为 $\hat{\beta}_j$ 的标准误差. 这个单变量 Wald 统计量服从自由度等于 1 的 λ^2 分布.

如果需要检验假设 $H_0: \beta_1 = \beta_2 = \cdots = \beta_p = 0$,计算统计量

$$W = [\hat{\beta}^t / \widehat{SE}(\hat{\beta}^t)]^2 \tag{3.36}$$

其中,$\hat{\beta}'$ 为去掉 β_0 所在的行和列的估计值,相应地,$\widehat{SE}(\hat{\beta}')$ 为去掉 β_0 所在的行和列的标准误差.这里,Wald 统计量服从自由度等于 p 的 λ^2 分布.如果将上式写成矩阵形式,有

$$W = (Q\hat{\beta})'[Q\mathrm{var}(\hat{\beta})Q']^{-1} \tag{3.37}$$

矩阵 Q 是第一列为零的常数矩阵.例如,如果检验 $\beta_1 = \beta_2 = 0$,则 $Q = \begin{bmatrix} 0 & 1 & 0 \\ 0 & 0 & 1 \end{bmatrix}$.

　　然而当回归系数的绝对值很大时,这一系数的估计标准误就会膨胀,于是会导致 Wald 统计值变得很小,以致第二类错误的概率增加.也就是说,在实际上会导致应该拒绝零假设时却未能拒绝.所以当发现回归系数的绝对值很大时,就不再用 Wald 统计值来检验零假设,而应该使用似然比检验来代替.

　　2. 似然比(Likelihood ratio test)检验

　　在一个模型里面,含有变量 x_i 与不含变量 x_i 的对数似然值乘以 -2 的结果之差,服从 χ^2 分布.这一检验统计量称为似然比(likelihood ratio),用式子表示为

$$G = -2\ln\left(\frac{\text{不含 } x_i \text{ 似然}}{\text{含有 } x_i \text{ 似然}}\right) \tag{3.38}$$

这里,计算似然值采用公式(3.28).

　　倘若需要检验假设 $H_0 : \beta_1 = \beta_2 = \cdots = \beta_p = 0$,计算统计量

$$G = 2\left[\sum_{i=1}^{n} y_i \ln(\hat{\pi}_i) + (1-y_i)\ln(1-\hat{\pi}_i)\right] - \left[n_1 \ln(n_1) + n_0 \ln(n_0) - n\ln(n)\right] \tag{3.39}$$

上式中,n_0 表示 $y_i = 0$ 的观测值的个数,而 n_1 表示 $y_i = 1$ 的观测值的个数,那么 n 就表示所有观测值的个数.实际上,上式右端的右半部分 $[n_1\ln(n_1) + n_0\ln(n_0) - n\ln(n)]$ 表示只含有 β_0 的似然值.统计量 G 服从自由度为 p 的 χ^2 分布.

　　3. Score 检验

　　在零假设 $H_0 : \beta_k = 0$ 下,设参数的估计值为 $\beta_{(0)}$,即对应的 $\beta_k = 0$.计算 Score 统计量的公式为

$$U(\beta_{(0)})^{\mathrm{T}} I^{-1}(\beta_{(0)}) U(\beta_{(0)}) \tag{3.40}$$

上式中,$U(\beta_{(0)})$ 表示在 $\beta_k = 0$ 下的对数似然函数(3.29)的一价偏导数,而 $I(\beta_{(0)})$ 表示在 $\beta_k = 0$ 下的对数似然函数(3.29)的二价偏导数值.Score 统计量服从自由度等于 1 的 χ^2 分布.

　　4. 模型拟合信息

　　模型建立后,考虑和比较模型的拟合程度,有三个度量值可作为拟合的判断根据.

　　(1) $-2\mathrm{LogLikelihood}$

$$-2\log L = -\sum_{i=1}^{n}\left[y_i \ln\left(\frac{\hat{\pi}_i}{y_i}\right) + (1-y_i)\ln\left(\frac{1-\hat{\pi}_i}{1-y_i}\right)\right] \tag{3.41}$$

　　(2) Akaike 信息准则(Akaike Information Criterion,简写为 AIC)

$$AIC = -2\log L + 2(K+S) \tag{3.42}$$

其中 K 为模型中自变量的数目,S 为反应变量类别总数减 1,对于逻辑回归有 $S = 2-1 = 1$.$-2\log L$ 的值域为 0 至 ∞,其值越小说明拟合越好.当模型中的参数数量越大时,似然值也就越大,$-2\log L$ 就变小.因此,将 $2(K+S)$ 加到 AIC 公式中抵消参数数量产生的影响.在其他条件不变的情况下,较小的 AIC 值表示拟合模型较好.

（3）Schwarz 准则

这一指标根据自变量数目和观测数量对 $-2\log L$ 值进行另外一种调整．SC 指标的定义为

$$SC = -2\log L + 2(K+S)\ln(n) \tag{3.43}$$

其中 $\ln(n)$ 是观测数量的自然对数．这一指标只能用于比较对同一数据所设的不同模型．在其他条件相同时，一个模型的 AIC 或 SC 值越小说明模型拟合越好．

回归系数解释

1．发生比

$odds = \dfrac{p}{1-p} = \exp(\beta_0 + \beta_1 x_1 + \cdots + \beta_p x_p)$，即事件发生的概率与不发生的概率之比．而

发生比率（odds ration），即 $OR = \dfrac{odds_i}{odds_j}$．

（1）数值型自变量．对于自变量 x_k，每增加一个单位，odds ration 为

$$OR = \frac{\exp(\beta_0 + \beta_1 x_1 + \cdots + \beta_k(x_k+1) + \cdots + \beta_p x_p)}{\exp(\beta_0 + \beta_1 x_1 + \cdots + \beta_k x_k + \cdots + \beta_p x_p)} = e^{\beta_k} \tag{3.44}$$

（2）二元类别型自变量的发生比率．变量的取值只能为 0 或 1，称为哑变量．当 x_k 取值为 1，对于取值为 0 的发生比率为

$$OR = \frac{\exp(\beta_0 + \beta_1 x_1 + \cdots + \beta_k(0+1) + \cdots + \beta_p x_p)}{\exp(\beta_0 + \beta_1 x_1 + \cdots + \beta_k \cdot 0 + \cdots + \beta_p x_p)} = e^{\beta_k} \tag{3.45}$$

亦即对应系数的幂．

（3）多元类别型自变量的发生比率．

如果一个分类变量包括 m 个类别，需要建立的哑变量的个数为 $m-1$，所省略的那个类别称作参照类．哑变量为 x_k，其系数为 β_k，对于参照类，其发生比率为 $\exp(\beta_k)$．

2．逻辑回归系数的置信区间

对于置信度 $1-\alpha$，参数 β_k 的 $100\% \times (1-\alpha)$ 的置信区间为

$$\hat{\beta}_k \pm Z_{\frac{\alpha}{2}} \times SE_{\hat{\beta}_k} \tag{3.46}$$

上式中，$Z_{\frac{\alpha}{2}}$ 为与正态曲线下的临界 Z 值（critical value），$SE_{\hat{\beta}_k}$ 为系数估计 $\hat{\beta}_k$ 的标准误差，$\hat{\beta}_k - Z_{\frac{\alpha}{2}} \times SE_{\hat{\beta}_k}$ 和 $\hat{\beta}_k + Z_{\frac{\alpha}{2}} \times SE_{\hat{\beta}_k}$ 两值分别是置信区间的下限和上限．当样本较大时，$\alpha = 0.05$ 水平的系数 $\hat{\beta}_k$ 的 95％置信区间为

$$\hat{\beta}_k \pm 1.96 \times SE_{\hat{\beta}_k} \tag{3.47}$$

变量选择

逻辑回归通常有三种变量选择方式：前向、后向和逐步，给出了模型中输入或删除变量的顺序．

1．前向选择（forward selection）：在截距模型的基础上，将符合所定显著水平的自变量一次一个地加入模型．

具体选择程序如下：

（1）常数（即截距）进入模型．

（2）根据公式（3.40）计算待进入模型变量的 Score 检验值，并得到相应的 P 值．

（3）找出最小的 P 值，如果此 P 值小于显著性水平 α_m，则此变量进入模型．如果此变量是某个类别变量的哑变量，则此类别变量的其他的哑变量也同时进入模型．否则，表明没有

变量可被选入模型.选择过程终止.

(4)回到(2)继续下一次选择.

2. 后向选择(backward selection):在模型包括所有候选变量的基础上,将不符合保留要求显著水平的自变量一次一个地删除.

具体选择程序如下:

(1)所有变量进入模型.

(2)根据公式(3.35)计算所有变量的 Wald 检验值,并得到相应的 P 值.

(3)找出其中最大的 P 值,如果此 P 值大于显著性水平 α_{out},则此变量被剔除.对于某个类别变量的哑变量,其最小 P 值大于显著性水平 α_{out},则此类别变量的其他的哑变量也一并删除.否则,表明没有变量可被剔除,选择过程终止.

(4)回到(2)进行下一轮剔除.

3. 逐步回归(stepwise selection)

(1)基本思想:逐个引入自变量.每次引入对 Y 影响最显著的自变量,并对方程中的老变量逐个进行检验,把不显著的变量逐个从方程中剔除掉,最终得到的方程中既不漏掉对 Y 影响显著的变量,又不包含对 Y 影响不显著的变量.

(2)筛选的步骤:首先给出引入变量的显著性水平 α_{in} 和剔除变量的显著性水平 α_{out}.

(3)逐步筛选法的基本步骤:

逐步筛选变量的过程主要包括两个基本步骤:一是从不在方程中的变量考虑引入新变量的步骤;二是从回归方程中考虑剔除不显著变量的步骤.

假设有 p 个需要考虑引入回归方程的自变量.

①设仅有截距项的最大似然估计值为 L_0.对 p 个自变量每个分别计算 Score 检验值,设有最小 P 值的变量为 x_{e_1},且有 $p_{e_1}=\min(p_j)$,对于哑变量,也如此.若 $p_{e_1}<\alpha_{in}$,则此变量进入模型,不然停止.如果此变量是某类别变量的哑变量,则此类别变量的其他的哑变量也进入模型.其中 α_{in} 为引入变量的显著性水平.

②为了确定当变量 x_{e_1} 在模型中时,其他的 $p-1$ 个变量也是否重要,将 x_j,$j=1,2,\cdots$,p,$j\neq e_1$ 分别与 x_{e_1} 进行拟合.对 $p-1$ 个变量分别计算 Score 检验值,其 P 值设为 p_j.设有最小 P 值的变量为 x_{e_2},且有 $p_{e_2}=\min(p_j)$.若 $p_{e_2}<\alpha_{in}$,则进入下一步,不然停止.对于哑变量,其方式如同上步.

③该步开始于模型中已含有变量 x_{e_1} 与 x_{e_2}.注意到有可能在变量 x_{e_2} 被引入后,变量 x_{e_1} 不再重要.该步包括向后删除.根据(3.35)计算变量 x_{e_1} 与 x_{e_2} 的 Wald 检验值,和相应的 P 值.设 x_{e_3} 为具有最大 P 值的变量,即 $p_{e_3}=\max(p_j)$,$j=e_1,e_2$.如果此 P 值大于 α_{out},则此变量从模型中被删除,不然停止.对于类别变量,如果某个哑变量的最小 P 值大于 α_{out},则此类别变量从模型中被删除.

④如此进行下去,每当向前选择一个变量进入后,都进行向后删除的检查.循环终止的条件是:所有的 p 个变量都进入模型中或者模型中的变量的 P 值小于 α_{out},不包含在模型中的变量的 P 值大于 α_{in}.或者某个变量进入模型后,在下一步又被删除,形成循环.

逻辑回归的优缺点

逻辑回归的优点:

1.预测结果是介于 0 到 1 之间的概率;

2. 可以适用于连续型或类别型自变量;

3. 容易使用,易于解释.

逻辑回归的缺点:

1. 对模型中自变量的多维相关性较为敏感,需要利用因子分析或变量聚类分析的手段来选择具有代表性的自变量,以减少候选变量之间的相关性;

2. 预测结果的概率转换呈"S"型,因此从 log(odds)向概率转换的过程是非线性的,在两端随着 log(odds)值的变化,概率的变化很小,而在中间概率的变化很大.

例 3.4　基于加州大学欧文分校(UCI)机器学习数据库提供的德国信用卡数据,利用逻辑回归建立信用卡信用模型,识别违约用户.数据集共有 1000 条记录,其中包含 300 条违约和 700 条无违约记录.目标变量为二元:$y=1$ 表示没有违约,$y=2$ 表示违约.预测变量共有 20 个,用于描述持卡人与信用有关的多方面特征,其中 7 个数值型变量和 13 个类别变量.

表 3.9　信用卡数据说明

编号	变量	变量说明	变量属性
1	checking	Status of existing checking account	类别型
2	duration	Duration in month	数值型
3	history	Credit history	类别型
4	purpose	Purpose	类别型
5	amount	Credit amount	数值型
6	savings	Savings account/bonds	类别型
7	employed	Present employment since	类别型
8	installp	Installment rate in percentage of disposable income disposable income	数值型
9	marital	Personal Status and sex	类别型
10	coapp	Other debtors/guarantors	类别型
11	resident	Present residence since	数值型
12	property	Property	类别型
13	age	Age in years	数值型
14	other	Other installment plans	类别型
15	housing	Housing	类别型
16	existcr	Number of existing Credit at this bank	数值型
17	job	Job	类别型
18	depends	Number of people being liable to provide maintenance for	数值型
19	telephon	Telephone	类别型
20	foreign	Foreign worker	类别型
21	good_bad	1=Good 无违约客户;2=Bad 违约客户	目标变量

解 1)数据准备

为了检验模型的健壮性,用未使用过的数据来验证模型,所以把数据分割成两部分:77.1%训练数据和22.9%验证数据.

表 3.10 数据分割比例

类别	训练数据	%	测试数据	%	总数据
bad	230	28.83	70	30.57	300
good	541	70.17	159	68.43	700
全部	771	100.00	229	100.00	1000

2)卡方统计

在训练数据集上,我们可以先做单变量的卡方统计.卡方统计用于度量预测值与实际值之间的差异,公式是:

$$卡方值(\chi^2) = \frac{(期望值 - 实际值)^2}{期望值}$$

如果卡方值较大,则相对于卡方的 P 值就较小. P 值表示偶然事件发生的概率.卡方统计适用于许多建模过程的基本测试.特别对于变量数目很大时,可以通过单变量的卡方统计,剔除预测能力较弱的变量,根据经验通常保留卡方概率低于 0.5 的所有变量.

根据预测变量属性,可以分成两组:

对 7 个数值型变量,作单变量卡方统计.

表 3.11 数值变量卡方统计

变量名	卡方值	卡方概率
duration	31.7616	0.0001
amount	17.0338	0.0001
installp	3.3294	0.0681
resident	0.0009	0.9764
age	8.4968	0.0021
existcr	0.5634	0.4529
depends	0.3637	0.5465

由表 3.11,可以看出变量 duration、amount、installp、age、existcr 的卡方概率均低于 0.5,具有较高的独立预测能力.

对 13 个类别型变量,作单变量卡方统计.

表 3.12　类别变量卡方统计

变量名	卡方值	卡方概率
checking	91.5771	0.0001
history	46.8944	0.0001
purpose	30.9285	0.0003
savings	30.3412	0.0001
employed	18.0320	0.0008
marital	10.0468	0.0182
coapp	11.4942	0.0032
property	20.0059	0.0002
other	16.6500	0.0002
housing	15.8292	0.0004
job	6.1500	0.1045
telephon	0.0484	0.8259
foreign	8.8692	0.0029

由表 3.12,可以看出,除变量 telephon 卡方概率均高于 0.5,其他变量卡方概率都较低,具有较强独立预测能力.

综合上述分析,可以保留 17 个变量 duration、amount、installp、age、existcr、checking、history、savings、employed、marital、coapp、property、other、housing、job、foreign 作为建模候选变量.

3)模型建立

这里,以逐步方法为例,建立逻辑回归模型.

$$\text{logit} = \log(P(\text{bad})/1 - P(\text{bad}))$$

$$= 5.3724 - 0.0001\text{amount} + \begin{cases} -0.7441, \text{if checking} = 1 \\ -0.2845, \text{if checking} = 2 \\ 0.0735, \text{if checking} = 3 \end{cases}$$

$$+ \begin{cases} -0.2008, \text{if coapp} = 1 \\ -0.9372, \text{if coapp} = 2 \end{cases} - 0.03199\text{duration} + \begin{cases} -0.3409, \text{if employed} = 1 \\ -0.5389, \text{if employed} = 2 \\ -0.0267, \text{if employed} = 3 \\ 0.754, \text{if employed} = 4 \end{cases}$$

$$- 0.4452\text{existcr} + \begin{cases} 0, \quad\quad \text{if foreign} = 0 \\ -1.2208, \text{if foreign} = 1 \end{cases} + \begin{cases} -0.7115, \text{if history} = 0 \\ -0.7587, \text{if history} = 1 \\ -0.0863, \text{if history} = 2 \\ 0.5039, \text{if history} = 3 \end{cases}$$

$$+ \begin{cases} -0.4915, \text{if housing} = 1 \\ 0.1289, \text{if housing} = 2 \end{cases} - 0.2672\text{installp} + \begin{cases} -0.4563, \text{if other} = 1 \\ 0.0621, \text{if other} = 2 \end{cases}$$

$$+\begin{cases} -1.388, & \text{if purpose}=0 \\ 0.0195, & \text{if purpose}=1 \\ -0.7598, & \text{if purpose}=2 \\ -0.4926, & \text{if purpose}=3 \\ -0.9179, & \text{if purpose}=4 \\ -0.3903, & \text{if purpose}=5 \\ -1.6526, & \text{if purpose}=6 \\ 0, & \text{if purpose}=7 \\ 7.1137, & \text{if purpose}=8 \\ -0.6032, & \text{if purpose}=9 \end{cases}+\begin{cases} -0.6053, & \text{if savings}=1 \\ -0.4504, & \text{if savings}=2 \\ -0.2669, & \text{if savings}=3 \\ 0.9175, & \text{if savings}=4 \end{cases}. \tag{3.48}$$

可以求出 bad 概率

$$P(\text{bad})=\exp(\text{logit})/(\exp(\text{logit})+1).$$

要根据概率值,把各个客户归类,还需要一个阈值,比如,按照数据集 good/bad 频率,我们简单地规定,违约概率超过 3/7 的就归为 bad,其余为 good,实际可以根据具体情况定.

4)模型评价

把上述公式代入验证数据中,得到下列混淆矩阵表(见表 3.13).

表 3.13　混淆矩阵表

实际值	总样本	正确率 %	预测值	
			bad $N=70$	good $N=159$
bad	70	57.14	40	30
good	159	81.13	30	129
总数	229			
平均		68.14		

其中,平均准确率$=(57.14\%+81.13\%)/2=68.14\%$.

5)模型解释

对于多元逻辑回归,对回归系数的解释很简单,它表示由于自变量的变化而引起目标变量变化了多少.比如,根据公式(3.48),installp 变量的系数为-0.2672,它表示,installp 每增加 1 时,logit 值增长了-0.2672,违约概率反而递减.

二、决策树模型

决策树技术是用于分类和预测的主要技术,决策树学习是以实例为基础的归纳学习算法.它采用自顶向下的递归方式,在决策树的内部节点进行属性值的比较并根据不同属性判断从该节点向下的分支,然后进行剪枝,最后在决策树的叶节点得到结论.所以从根到叶节点就对应着一条合取规则,整棵树就对应着一组析取表达式规则.基于决策树的分类有很多实现算法,主要包括:CHAID,C4.5,CART 等,这里我们将主要介绍 CART(Classification And Regression Tree,分类和回归树).

CART 是利用二叉树结构进行数据的非参数统计. CART 的一般路是：基于整体样本数据，生成一个多层次的树，按广度优先建立直到每个叶节点包含相同的类为止，以充分反映数据之间的联系. 然后对其进行删减，产生一系列子树，参照一定规则从中进行选择适当大小的树. 用于对新数据进行分类，即建造最大树，对树删减，然后用测试样本选择适当的最佳树.

CART 树的构建

CART 树的构建包括：

(1)分类开始前，所有的训练样本都集中在根节点；

(2)如果一个节点中含有的样本都属同一类，则这个节点就是一个叶节点，以样本类别为标志；

(3)如果节点中样本不同类，则选择能够最大程度把样本集归为同类的变量；

(4)当下列三个条件有一个满足时，分割过程结束：①节点含有的样本是同类，或绝大部分是同类；②没有指标可以用来对一个节点再进行分类；③没有样本含有指标. 在变量选择的基础上，递归地进行样本的分类.

分割规则的作用在于，在初始建树的过程中就尽可能地将同质的样本归入相同的节点，由分割规则集合反映出样本指标结构间的关系，同时控制最大树的规模，提高运算效率，相应地减少下一步删减最大树的复杂度. 在分类树中对分割变量的选择基于混杂度函数，不同的规则可能运用不同的混杂度函数，gini 系数是其中的一种规则. 在采用 gini 系数用来衡量节点混杂度时，当节点样本归为一类时，gini 系数为 0；当节点的两类样本规模相等时，gini 系数达到其最大值. 此方法是 Breiman 为测量分割适合度而采用的. 计算公式如下：

$$gini(T) = 1 - \sum_{J=1}^{m} p_J^2$$

其中，P_J 表示类别 J 出现的频率，集合 T 包含 N 个类别的样本. 如果集合 T 分成两部分 N_1 和 N_2，那么这个分割的 gini 就是

$$gini_{split}(T) = \frac{N_1}{N}gini(T_1) = \frac{N_2}{N}gini(T_2)$$

提供最 $gini_{split}$ 就被选择作为分割的标准（对于每个属性都要遍历所有可能的分割法）.

在对样本集进行分割时，分割规则采用二叉树表示形式，算法从根节点开始分割，递归地对每个节点重复进行：

(1)对于每一个节点选择每个属性最优的分割点. 选择某个属性的最优分分割点的过程是这样的：对于连续变量 X 表示为 $\{X | X > C, C$ 为样本空间中变量 X 的取值范围内的一个常数，$i = 1, 2, \cdots, m; m$ 为数值变量个数$\}$，而对于类别变量 X 表示为 $\{X | X \in V; V$ 为样本空间中变量 X 所有可能取值集合的子集，$i = 1, 2, \cdots, m; n$ 为类别变量类别数$\}$，据样本对分割规则"是"或"否"的回答，将这个节点分为左右两个子节点，从这些规则中找到 X，如果使得 $gini_{split}(T)$ 达到最小，X 就是当前属性的最优分割点.

(2)在这些最优分割点中选择对这个节点最优的分割点，成为这个节点的分割规则. 而分割规则的确定依据为使得(2)式最小.

(3)继续对此节点分割出来的两个节点进行分割.

分割的过程可以一直持续到叶节点样本个数很少（如少于 5 个），或者样本基本上属于

同一类别才停止,这时建成的树层次多,叶节点多,我们记该树为.

当树创建时,由于数据中的噪声和孤立点,许多分枝反映的是训练数据中的异常.剪枝方法处理这种过分适应的数据问题.通常,这种方法使用统计度量,剪去最不可靠的分枝,这将导致较快的分类,提高树在独立的测试数据上正确的分类能力.

这里我们采取的是后剪枝(Postpruning)方法,它由"完全生长"的树剪去分枝.通过删除节点的分枝,剪掉树叶节点,使得剪枝后的树能在新数据进行更准确的分类.在删减中我们采用 CART 系统的成本-复杂度最小(Minimal cost-complexity pruning)原则,其测度表示为:

$$Ra(T) = R(T) + a \cdot |T| \tag{3.49}$$

其中$|T|$为该树的叶节点的个数,a为复杂度参数,$Ra(T)$理解为该树加权错分率与复杂度的处罚值之和的复合成本.当a一定时,由$T_{\max}$删减而生成的两个具有相同$R(T)$值的树,叶节点越多,则树的复杂度$Ra(T)$越大,其可取性也就越小.按照 AIC(Akaike Information Criteria)原则,$a=2(k-1)$,k为分类数,在二分类问题中取$a=2$.对$T_{\max}$删减过程中会产生一系列子树$T_1, T_2, \cdots, T_n$.整个子树序列是迭代生成的,也就是说T_1是$T_{\max}$随机对某个结点剪枝所生成的树的集合中使(3.49)式最小的树;T_2是T_2随机对某个节点修剪所生成的树的集合中使(3.49)式最小的树,以此类推,直到最后的以根结点与两个叶节点所组成的T_1.然后再以(3.49)式为选择标准使用一个独立的测试集对每个子树的$Ra(T)$进行估计,进而选择$Ra(T)$最小的树为最优树.

修剪过程主要完成两部分工作:(1)生成有序树的嵌套序列;(2)确定叶节点的所属类.其修剪过程如下:

1.构建T_1 在$T_{\max}$中首先将满足$R(t)=R(t_L)+R(t_R)$的子树剪掉,获得的$T_{\max}$的修剪子树即为T_1;

2.生成有序子树序列

任给T_1中的节点t,记$\{t\}$,则$Ra(t)=R(t)+a$.对于给定节点t的修剪子树T_t,则$Ra(T_t)=R(T_1)+a|T_t|$,只要$Ra(T_t)<Ra(t)$,则修剪子树比原节点更可取.求解上述不等式得:

$$R(T_t)+a|T_t|<R(t)+a$$

所以

$$a<\frac{R(t)-R(T_t)}{|T_t|-1}$$

也即只要$a=\frac{R(t)-R(T_t)}{|T_t|-1}$,$T_t$与$\{t\}$具有相同的代价复杂度,由于$\{t\}$比$T_t$的节点少,因此$\{t\}$比$T_t$更可取,这就是由$T_1$逐步修剪生成有序子树集的主要思想.

针对前面已经构建的T_1.对$\forall t \in T_1$,设T_1是t的修剪子树,且令

$$g_t(t) = \begin{cases} \dfrac{R(t)=R(T_t)}{|T_t|=1} & t \notin T_1 \\ +\infty & t \in T_t \end{cases}$$

将$g_1(t)=\min\limits_{t \in T_1}(g_1(t))$所对应的$\bar{t}$修剪掉,修建完毕后所得到的树记为$T_2$.

循环上述过程,直到修剪得到以根和左右子树为叶节点的树,并把它作为有序子树集的

最后一个子树.

3. 确定叶节点所属类

类分配原则为树 T 的每一个叶节点($t \in T$)分配一个类 $j \in \{1, 2, \cdots, J\}$,分配给某一叶节点的类记为 $j(t)$. 如果满足 $p(j|t) = \max(p(i|t))$,则 $j(t) = j$,若同时出现多个不同类别对应相同最大值情况,则武断地指定任意一个类. 以上的分配原则是在,假设将 j 类误分为 i 类具有相同的误分代价情况下产生的,但在许多分类问题中,上述假设是不现实的. 因此引入了误分代价对原分配原则进行改造.

给定一个节点 t 和各类在 t 中的概率 $P(j|t), j = 1, 2, \cdots, J$. 对于随机给出的、未确定分类的对象经过 t 分类确定为 i 类,则其误分代价期望为 $\sum_j c(i|j) p(j|t)$. 基于误分代价的类分配规则是,寻找能使上述定义取得最小值的类 i,即将 $r(t) = \min_i \sum_j c(i|j) p(j|t)$ 所对应的类 i 确定为该节点的所属类.

在上一步修剪后生成了叶节点有序递减序列 $T_1 > T_2 > T_3 > \cdots > T_n$. 决策树评估就是如何从获得的树序列中选择最优树作为最终决策树. 通常有两种决策树评估算法:测试样本评估(Test Sample Estimates)和交叉验证评估(Cross-validation Estimates).

这里我们所采用的是测试样本评估. 这种方法使用独立的测试样本,适用于学习样本包括大量事件的情况.

对原样本集 L 指定一个固定的数 $N^{(2)}$,随机从 L 中产生测试样本集 L_2,L 中剩余下的 L_1 作为学习样本集,其样本数为 $N^{(1)}$. 使用 L_1 生长 $T_{\max}$ 并获得有序树序列 $T_1 > T_2 > T_3 > \cdots > T_n$. 这样树序列在构造过程中没有使用 L_2,确定其叶节点属性也没有使用 L_2. 将测试样本集 L_2 放到树序列的每一棵树 T_k 中,T_k 将为 L_2 中的每一个事件分配一个类别,由于 L_2 中每一个事件的原始分类已知,则树 T_k 在 L_2 上的误分代价可以通过如下公式计算获得:

$$R^{ts}(T) = \frac{1}{N^{(2)}} \sum_{i,j} c(i|j) N_{ij}^{(2)}$$

其中,$N_{ij}^{(2)}$ 为测试样本 L_2 中 j 类事件被分为 i 类的个数,$c(i|j)$ 为将 j 类误分为 i 类的误分代价. 我们将树 T_k 在 L_2 上的误分代价记为 $R^{ij}(T_k)$,则 $R^{ts}(T_{k0}) = \max_k (R^{ts}(T_k))$ 所对应的树 T_{k0} 即为最优树.

决策树模型的优缺点

优点:

1. 浅层次决策树视觉上非常直观,容易解释;

2. 对数据结构和分布不均不需要做任何假设;

3. 可以容易的转化为商业规则;

4. 可以捕捉变量间的交互作用.

缺点:

1. 深层的决策树视觉上和解释比较困难;

2. 决策树容易过度拟合于样本数据导致稳定性;

3. 决策树对样本量要求比较大.

例 3.5　基于例 3.4 加州大学欧文分校(UCI)机器学习数据库提供的德国信用卡数据,

利用CART建立信用卡信用模型,识别违约用户.

解:

1)数据准备

类似例3.4,把整个数据分割成两部分,训练数据和测试数据.

表 3.14　数据分割

类别	训练	%	测试	%	总数
bad	549	68.06	151	73.66	700
good	246	30.94	54	26.34	300
总样本	795	100.00	205	100.00	1000

2)模型建立

CART采用前向再后向策略.基于gini准则,前向策略过度学习训练数据,生成树序列(见表3.15,从下往上).

表 3.15　树序列(* * **表最优树)**

树序列	叶节点个数	测试数据集相对代价	复杂度
1	81	0.71069	0.00000
2	78	0.71069	0.00032
3	76	0.71069	0.00047
4	74	0.71732	0.00082
5	71	0.69352	0.00092
6	64	0.67366	0.00097
7	61	0.66703	0.00174
8	58	0.67366	0.00183
9	49	0.65649	0.00191
10	45	0.62080	0.00201
11	44	0.62080	0.00204
12	38	0.62080	0.00226
13	34	0.59431	0.00232
14	33	0.59431	0.00246
15	32	0.59431	0.00253
16	27	0.53348	0.00274
17	24	0.56390	0.00300
18	22	0.57714	0.00365
19	20	0.58511	0.00379
20	19	0.57849	0.00408

续表

树序列	叶节点个数	测试数据集相对代价	复杂度
21	17	0.55997	0.00411
22	16	0.59701	0.00429
23	14	0.55592	0.00446
24**	12	0.53213	0.00470
25	9	0.54538	0.00517
26	8	0.55727	0.00632
27	7	0.58376	0.00687
28	5	0.60621	0.00821
29	2	0.66458	0.01369
30	1	1.00000	0.18681

后向逐步删除链接最弱的节点,直到退回根节点(见表 3.15,从上往下).最后基于测试数据集,评估嵌套的树序列,找到最佳模型,相对成本＝0.53213,具 12 片叶节点树.

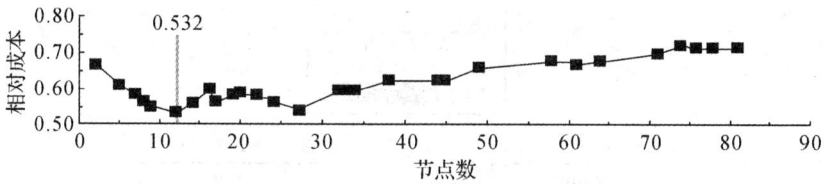

图 3.17 树序列相对代价

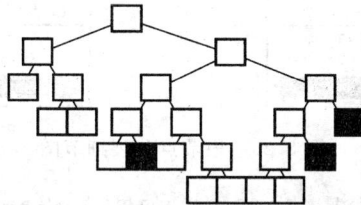

图 3.18 树的拓扑结构

分割使用二叉分裂规则,黑颜色的叶节点表示含 bad 浓度较大.

从分裂图可以看到每次分裂使用的变量,根节点处使用 checking 变量,分裂细节可以看图 3.20.

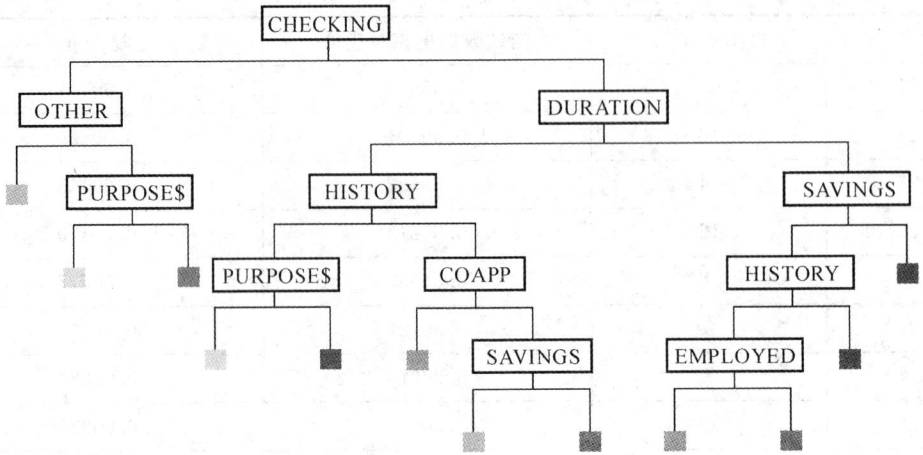

图 3.19　树分裂图

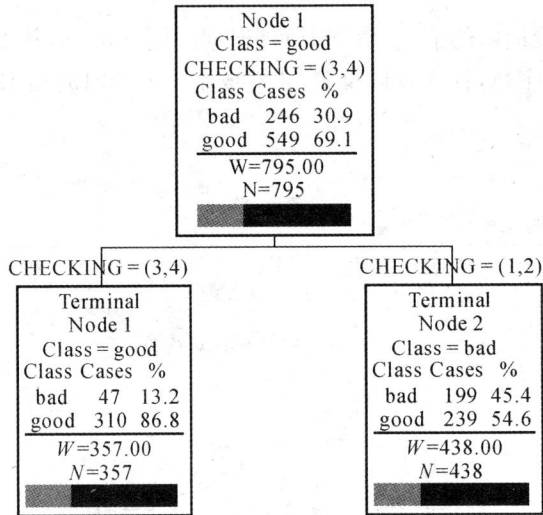

图 3.20　根节点分裂细节图

　　根节点共 795 个样本,其中 bad 占 30.9%. 如果 checking=3,4 往左得到左节点,含 357 各样本,bad 占 13.2%;checking=1,2 往右得到右节点,含 438 各样本,bad 占 45.4%,每次分裂也是一个提纯的过程.

表 3.16　变量重要性

变量	分数
checking	100.00
history	58.28
savings	40.31
ruration	28.93

变量	分数
purpose	27.07
other	23.11
coapp	13.91
property	12.06
employed	8.75
age	8.07
amount	7.48
existcr	2.54
job	0.78
telephon	0.27
installp	0.00

3）模型评估

最佳树模型上，查看测试数据集上效果.

表 3.17　预测成功率

实际值	总样本	正确率 %	预测值	
			bad N=70	good N=159
bad	54	75.93	41	13
good	151	57.62	64	87
总数	205			
平均		66.77		

其中，平均准确率＝(75.93％＋57.62％)/2＝66.77％. 相比逻辑回归，分类树在 bad 上有更好的正确率.

4）模型解释

分类树基于二分准则，非常直观，容易解释. 选取 bad 高比例的节点：

规则 1：checking＝1or 2 且 duration＞22.5 且 savings＝1 or 3；

规则 2：checking＝1or 2 且 duration＞22.5 且 savings＝2 or 4 or 5 且 history＝0 or 2；

规则 3：checking＝1or 2 且 duration＜=22.5 且 history＝3 or 4 且 purpose＝5 or 6.

根据这些规则，容易识别违约用户特征.

三、神经网络

神经网络模型是一种把各种输入因子(input)通过复杂的网络转换成产出的信息加工结构，它的模型方法起源于科研人员对人脑和神经系统如何加工信息的研究，后来被应用于人工智能领域. 和别的许多统计模型不同, 神经网络不依赖任何概率分布, 而是模仿人脑的功能. 它是模式识别和误差最小化过程的一种, 可以认为它是从每一次经验提取并学习信息.

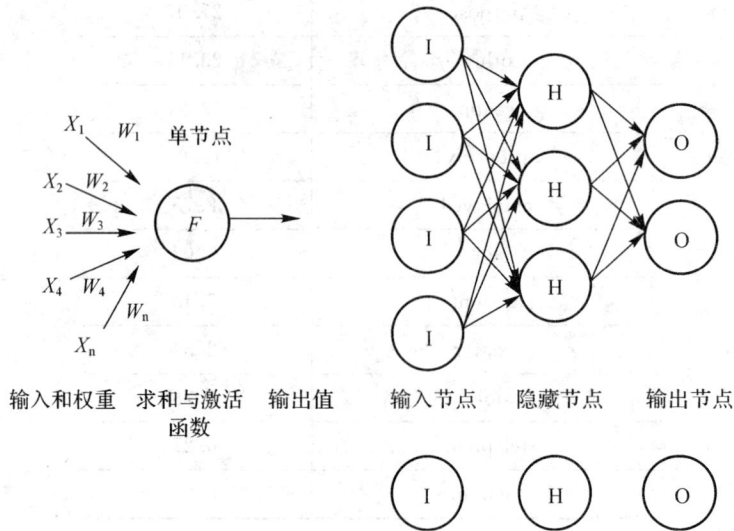

图 3.21　神经网络结构

神经网络由分布于若干层的节点组成. 它的构成随着神经网络的类型和复杂度的不同而不同. 图 3.21 举例说明了有一个隐藏层的简单神经网络. 整个系统由一系列神经元 (图中的圆形) 组成, 这些神经元由许多带有方向性的代表一定加权比重的神经链 (图中的箭头) 连接起来, 每个神经元代表基本的信息加工单位, 每个神经链代表一定的加权比重, 神经网络内部复杂的神经元和神经链系统代表复杂的数学函数关系, 通过神经网络系统内部的信息加工和加权比重分配, 最终计算得到输出信号 (模型评分).

神经元是神经网络系统中的基本信息加工单位, 每个神经元可以从外界获得输入因子 (数据或变量), 也可以从其他神经元获得输入因子 (加权比重函数), 该输出通过神经链成为其他神经元的投入要素. 单个神经元的信息加工流程如图所示, $X_1 \sim X_n$ 代表该神经元的输入因子, $W_1 \sim W_n$ 代表对应的加权比重, F 是所有输入因子汇总之后的加权比重函数. 神经网络系统就是由一系列神经元所代表的复杂函数关系构成的.

神经网络模型的开发一般由以下 4 个步骤组成:

1. 确定神经网络的结构, 包括神经元的数目、神经元的层次和神经元之间的连接关系.

2. 确定神经网络的计算方式, 即神经元对输入因子进行汇总、加权从而得到相关产出的函数形式.

3. 对函数方程中的加权比重进行训练, 这是一个反复性的过程, 数据被提交到神经网络中去, 计算机根据一定的数学规则不断测试、更新加权比重, 以得到优化的结果. 这个过程往往被称作机器学习的过程.

4. 对训练结果进行检验, 也就是把从选料数据集合中得到的优化的神经网络函数应用到一个新的检验数据集合中, 计算模型的预测结果与真实结果之间的误差如果小, 说明模型的稳定性和抗震荡性较强, 反之则说明模型可能过分拟合于训练样本而不能有效地推广泛化. 由于神经网络模型是一种机器学习的产物, 比较容易出现过度拟合的错误, 因此检验很重要.

应用较为广泛的神经网络模型技术是反向传播神经网络,由 D. E. Rumelhart 和 J. L. McClelleand 于 1986 年提出,是一种有隐含层的多层前馈网络. BP(Back Propagation,反向传播)网络学习的基本原理是梯度最速下降法,使网络的实际输出值与期望输出值的误差均方值为最小,网络学习过程是一种误差边向后传播边修正权系数的过程. 多层网络运用 BP 学习算法时,实际上包含了正向和反向传播两个阶段. 在正向传播过程中,输入信息从输入层经隐含层逐层处理,并传向输出层,每一层神经元的状态只影响下一层神经元的状态. 如果在输出层不能得到期望输出,则转入反向传播,将误差信号沿原来的连接通道返回,通过修改各层神经元的连接权值,使误差信号最小,除了输入层的节点外,隐含层和输出层节点的净输入是前一层节点输出的加权和. 每个节点的激活程度由它的输入信号、激活函数和节点的偏值(或阈值)决定. 目标通常与最小二乘法回归的算法目标一致,所以反向传播算法的神经网络模型一般被认为是一种反复性的、非线性的最小二乘法回归技术.

神经网络模型的优缺点

优点:

1. 有效地捕捉数据中非线性非可加性的关系;

2. 适用于二元、多元和数值型目标变量;

3. 能处理数值和类别型的预测变量.

缺点:

1. 基本上是一个黑箱方案,难以理解,难以得到直观的解释;

2. 如果不经过仔细控制,容易对于样本数据过度拟合,从而不具备稳定性.

例 3.6　基于例 3.4 加州大学欧文分校(UCI)机器学习数据库提供的德国信用卡数据,利用 BP 神经网络,建立信用卡信用模型,识别违约用户.

解

1)数据准备

和例 3.4 一样,分割数据成两部分:77.1％训练数据和 22.9％验证数据.

表 3.18　预测成功率

类别	训练数据	％	测试数据	％	总数据
bad	230	28.83	70	30.57	300
good	541	70.17	159	68.43	700
全部	77.1	100.00	22.9	100.00	1000

2)4 变量模型

为简单起见,先利用 4 个数值变量 duration、amount、installp、age 建立神经网络模型,基于训练数据,经过近 20 步的迭代学习,训练 3 层 BP 神经网络,含一个隐含层.

BP 神经网络模型结构如图 3.23 所示.

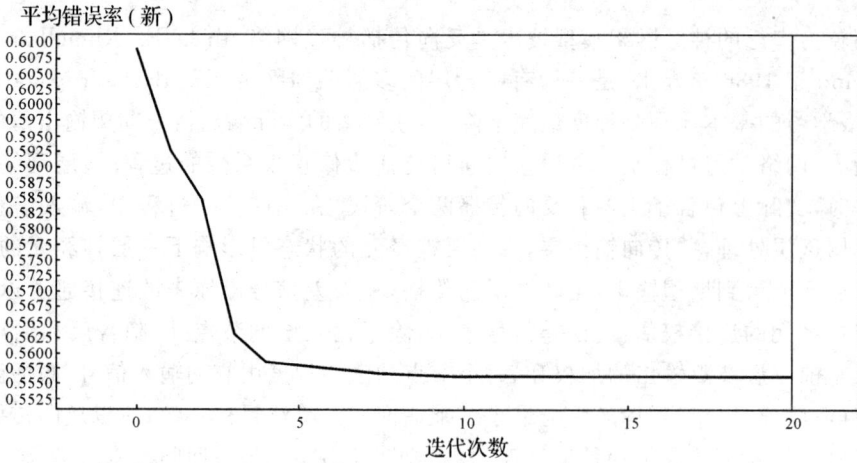

图 3.22　神经网络迭代过程

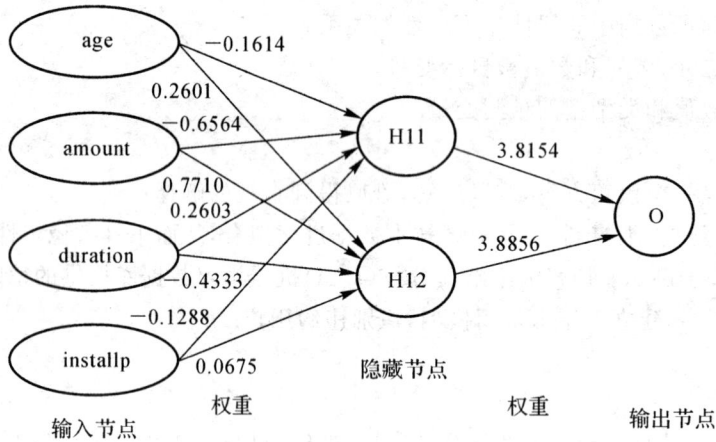

图 3.23　神经网络结构图

在验证数据集上评估 4 变量模型

表 3.19　预测成功表

实际值	总样本	正确率（%）	预测值	
			bad N=70	good N=159
bad	70	24.29	17	53
good	159	86.79	21	138
总数	229			
平均		55.54		

3）全部变量模型

经过近 30 步的迭代学习（如图 3.24 所示），训练 3 层 BP 神经网络.

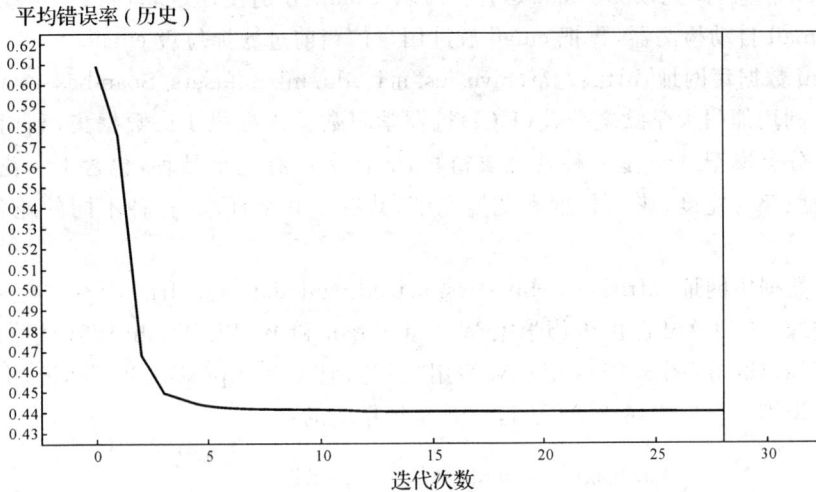

图 3.24　神经网络迭代过程

在验证数据集上评估全部变量模型.

表 3.20　预测成功表

实际值	总样本	正确率 %	预测值	
			bad $N=70$	good $N=159$
bad	70	58.57	41	29
good	159	81.13	30	129
总数		229		
平均		68.85		

比较两模型,全部变量模型比 4 变量模型精度更高.

习　题

1. 通过原点的一元线性回归模型是怎样的? 通过原点的二元线性回归模型是怎样的? 分别写出矩阵 X,正规方程组的系数矩阵 X^TX,常数项矩阵 X^TY,并写出回归系数的最小二乘估计公式.

2. 试着利用加州大学欧文分校(UCI)机器学习数据库提供 Wine Quality 两个数据集:红酒和白酒,其中变量 quality 反映了酒的等级以及 11 个因素包括酒的酸性、糖含量、pH 值等,基于多种算法建立红酒和白酒品质模型,并对效果进行比较和分析影响酒品质的主要因素.

注 Wine Quality 网址:http://archive.ics.uci.edu/ml/datasets/Wine＋Quality

3. 试着利用加州大学欧文分校(UCI)机器学习数据库提供的 Spambase 数据集,共包括

4601 封 email 信息,研究预测 email 是否为垃圾 email. 分别使用逻辑回归和神经网络算法设计垃圾 email 自动检测器,再把 email 放进用户信箱前过滤掉垃圾 email.

注 spam 数据集网址:http://archive. ics. uci. edu/ml/datasets/Spambase

4. 试着利用加州大学欧文分校(UCI)机器学习数据库提供 Iris 数据集,利用分类树算法建立 Iris 分类模型. Iris 是一种鸢尾属植物,数据集里有三个品种,包含 Iris 花的四种属性:萼片长度、萼片宽度、花瓣长度和花瓣宽度,共有 150 个样本,三种不同的花各有 50 个样本.

注 Iris 数据集网址:http://archive. ics. uci. edu/ml/datasets/Iris

5. 两类蠓 Af 和 Apf 已由生物学家 W. L. Grogan 和 W. W. Wirth(1981)根据它们的触角长和翼长加以区分(图 3.25),9 只 Af 蠓用"□"标记,6 只 Apf 蠓用"○"标记,由给出的触角长和翼长识别一只标本属于 Af 还是 Apf 是很重要的.

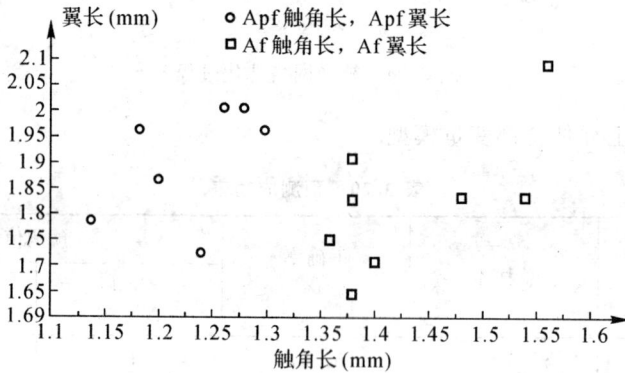

图 3.25 Grogan 和 Wirth(1981)收集的数据

1)给出一只属于 Af 或 Apf 类的蠓,你如何对它进行分类?

2)将你的方法用于(触角长,翼长)分别为(1.24,1.80)、(1.28,1.84)、(1.40,2.04)的 3 只标本.

3)如果 Af 是宝贵的传播花粉的益虫,而 Apf 是使人屡弱的疾病的载体,是否要修改你的分类方法,若要修改,如何改?

第 二 篇

一些理想化问题的模型

第 4 章　静态优化模型

静态模型往往是优化模型.将系统的功能大小用某目标函数表达,将各种制约表达为约束条件,在满足各种约束条件的前提下确定使目标函数达到最大或最小的变量值.为了解和掌握这种方法的内涵和特点,我们特作如下说明:

目标函数　建模者将能够随便确定的因素数量化并以 x 表示,它可以是标量、向量或函数.我们称它为控制变量.另外,将不随建模者的意志而改变的量称为环境,并以 θ 表示.当它不变时是没有问题的,但一般是变量.将解或目标数量化并以 y 表示.考虑到 y 可以由 x 和 θ 来决定,可表示成

$$y = f(x, \theta) \tag{4.1}$$

称之为目标函数.当 θ 取离散值时,将式(4.1)表示成

$$y = f_\theta(x) \tag{4.2}$$

的形式将更为合适.

当 x 是函数时,式(4.1)式可推广为泛函

$$y = F(x(t), \theta(t)) \tag{4.3}$$

式中将 θ 也看成 t 的函数.此外,也有 $x, \theta, x(t), \theta(t)$ 等全部或一部分是标量或向量的情况.

最优化问题就是确定 x 的值使 y 的值极大或极小.注意到如果 $x = x^*$ 时 y 达到极大,则 $-y$ 在 $x = x^*$ 时就成为极小,因此最优化问题的数学模型的一般形式可取为

$$y_{\max} = f(x, \theta)_{\max} \tag{4.4}$$

约束条件　x 有时可任意来确定,但多数情况下它会受到某些约束.一般此类条件可以写成等式的形式,即

$$g_i(x, \theta) = 0, \qquad (i = 1, 2, \cdots, m) \tag{4.5}$$

或不等式的形式

$$g_i(x, \theta) > 0 \tag{4.6}$$

或 x 与 θ 属于某一集,或 $x(t)$、$\theta(t)$ 分别属于特定的函数空间.

当环境 θ 由控制变量 x 的确定方法来决定时,其数学模型为

$$\dot\theta = g(x, \theta) \tag{4.7}$$

式中 x 是计划者可选择的变量.由于受外界干扰的影响,环境可以出现不确定的情况,θ 成为随机变量.

求解最优化问题的方法常常可用:初等方法,如比较方法;微积分的求极值方法;图解法以及线性、非线性规划等,但也可能用到更为专门的数学知识和方法.

4.1 能量的消耗与交换

一、双层玻璃的功效

使房子加热是日常预算中较昂贵的部分. 如煤、煤气、电等用来加热的燃料成本近些年已明显增加. 将尽可能多的热量保持在居室内是十分重要的. 据分析热量的损失主要是通过墙、窗、屋顶和地面散发出去, 将窗户安装成双层玻璃是控制热量损失的有效方法之一(图4.1). 试建立一个模型来描述热量通过窗户的流失过程, 并将双层玻璃与用同样多材料做成的单层玻璃的热量流失进行对比, 对双层玻璃窗能够减少多少热量损失给出定量分析结果.

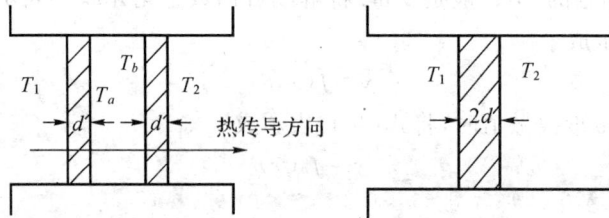

图 4.1

与此问题有关的因素可以列表如下:

因素	类型	符号	单位
双层玻璃厚	参数	d	厘米
室内温度	变量	T_1	℃
室外温度	变量	T_2	℃
双玻内层玻璃外侧温度	变量	T_a	℃
双玻外层玻璃内侧温度	变量	T_b	℃
双玻热量损失	变量	Q	焦耳
单玻热量损失	变量	Q'	焦耳
双玻内间隔	参数	l	厘米
玻璃的热传导系数	常数	k_1	焦耳/(厘米·秒·度)
空气的热传导系统	常数	k_2	焦耳/(厘米·秒·度)

为简化模型, 假设:

(1)热量的传播过程只有传导, 没有对流. 即假定窗户的密封性能很好, 两层玻璃之间的空气是不流动的.

(2)室内温度 T_1 和室外温度 T_2 保持不变, 热传导过程已处于稳定状态. 即沿热传导方向, 单位时间通过单位面积的热量是常数.

(3)玻璃材料均匀, 热传导系数是常数.

为建立模型, 我们必须找出这个问题所遵从的物理规律. 在上面的假设下, 由热传导过程遵从的物理规律可知: 单位时间由温度高的一侧向温度低的一侧通过单位面积的热量, 与两侧温差成正比, 与厚度成反比. 于是, 对于双层玻璃单位时间、单位面积的热量传导

$$Q = k_1 \frac{T_1 - T_a}{d} = k_2 \frac{T_a - T_b}{l} = k_1 \frac{T_b - T_2}{d} \qquad (4.8)$$

从(4.8)式中消去 T_a、T_b,可得

$$Q = \frac{k_1(T_1 - T_2)}{d(s+2)}$$

其中 $s = h\dfrac{k_1}{k_2}, h = \dfrac{l}{d}$.

对于厚度为 $2d$ 的单层玻璃,容易写出其热量传导为

$$Q' = k_1 \frac{T_1 - T_2}{2d} \qquad (4.9)$$

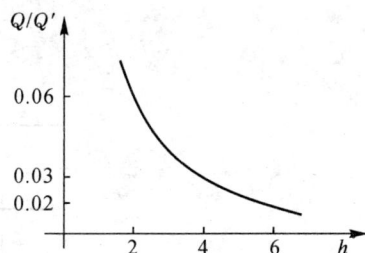

图 4.2

二者之比为

$$\frac{Q}{Q'} = \frac{2}{s+2} \qquad (4.10)$$

显然 $Q < Q'$.为了得到更具体的结果,我们需要 k_1 和 k_2 的数据.从有关的数据可知,常用玻璃的热传导系数 $k_1 = 4 \times 10^{-3} \sim 8 \times 10^{-3}$ 焦耳/(厘米·秒·度),不流通、干燥空气的热传导系数 $k_2 = 2.5 \times 10^{-4}$ 焦耳/(厘米·秒·度),于是

$$\frac{k_1}{k_2} = 16 \sim 32$$

在分析双层玻璃窗比单层玻璃窗可减少多少热量损失时,我们作最保守的估计,即取 $k_1/k_2 = 16$,由(4.8),(4.9)式得

$$\frac{Q}{Q'} = \frac{1}{8h+1}, \qquad h = \frac{l}{d}$$

比值 Q/Q' 反映了双层玻璃窗在减少热量损失上的功效,它只与 h 有关,如图 4.2 所示.图中给出了 $Q/Q' \sim h$ 的曲线,当 h 由 0 增加时,Q/Q' 迅速下降,而当 h 超过一定值(比如 $h > 4$)后 Q/Q' 下降变缓,可见 h 不宜选择过大.

这个模型具有一定应用价值.制作双层玻璃虽然工艺复杂会增加一些费用,但它减少的热量损失却是相当可观的.通常,建筑规范要求 $h = l/d \approx 4$.按照这个模型,$Q/Q' \approx 3\%$,即双层窗比用同样多的玻璃材料制成的单层玻璃窗节约热量 97% 左右.不难发现,之所以有如此高的功效主要由于层间空气极低的热传导系数 k_2,而这要求空气是干燥、不流通的.作为模型假设的这个条件在事实环境下当然不可能完全满足,所以实际上双层窗户的功效会比上述结果差一些.

二、血管的几何学

血液在动物的血管中一刻不停地流动,为了维持血液循环动物的机体要提供能量.能量的一部分用于供给血管壁以营养,另一部分用来克服血液流动受到的阻力.消耗的总能量显然与血管系统的几何形状有关.在长期的生物进化过程中,高级动物血管系统的几何形状应该已达到消耗能量最小原则下的优化标准了.

不可能讨论整个血管系统的几何形状,这会涉及太多的生理学知识.下面的模型只研究血管分支处精细血管半径的比例和分岔角度,在能量最小的原则下应该取什么样的数值.

为简单起见,假设(图 4.3):

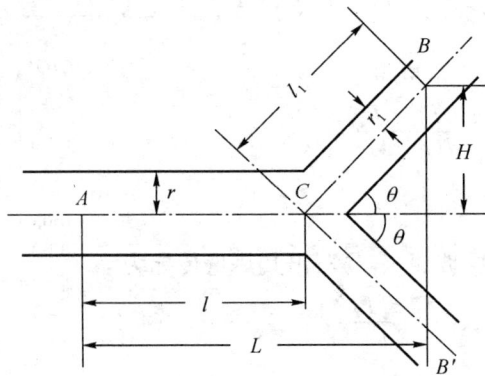

图 4.3

(1)一条血管分为两条,每条输送相等的血量.在分支点附近三条血管在同一平面上,有一对称轴.因为如果不在一个平面上血管总长度必然增加,导致能量消耗增加,不符合最优原则.这是一条几何上的假设.

(2)在考察血液流动受到阻力时,将这种流动视为黏性流体在刚性管道中的运动.这当然是一种近似,实际上血管是有弹性的,不过这种近似的影响不大.这是一条物理上的假设.

(3)血液对血管壁提供营养的能量随管壁内表面积及管壁所占体积的增加而增加.管壁所占体积又取决于管壁厚度,而管壁厚度近似地与血管半径成正比.这是一条生理上的假设.

与此问题有关的因素有:粗细血管的半径分别设为 r 和 r_1;分岔处交角是 θ;粗血管 AC 的长度 l;两条细血管 CB 和 CB' 的长度 l_1;$ACB(ACB')$ 的水平和竖直距离 L 和 H;细(粗)血管中单位时间的流量 $q_1(q=2q_1)$;管壁内表面积 s;管壁截面积 s';管壁所占体积 v;壁厚 d 等.

由假设可得到部分因素之间的关系,如有了假设2,可就利用流体力学关于黏性流体在刚体管道中流动所受阻力的定律,即阻力与流量的平方成正比,与半径的4次方成反比.所以血液在粗细血管中流动的阻力分别为 kq^2/r^4 和 kq^2/r_1^4,k 是比例系数.由假设3,可以得到管内壁的表面积 $s=2\pi rl$,管壁所占体积 $V=s'l=\pi[(r+d)^2-r^2]=\pi(d^2+2rd)$.为建模的方便再设单位长度血管壁提供营养的能量为 br^a,$1\leqslant a\leqslant 2$,b 是比例系数.又从图中的几何关系不难得到 $l=L-H/\tan\theta$,$l_1=H/\sin\theta$.

由上面的假设不难知道血液从粗血管 A 点流动到细血管 B、B' 两点的过程中,机体为克服阻力和供养管壁所消耗的能量为

$$E=\left(\frac{kq^2}{r^4}+br^a\right)\cdot l+\left(\frac{kq_1^2}{r_1^4}+br^a\right)\cdot 2l_1$$

或

$$E(r,r_1,\theta)=\left(\frac{kq^2}{r^4}+br^a\right)\left(L-\frac{H}{\tan\theta}\right)+\left(\frac{kq_1^2}{r_1^4}+br^a\right)\frac{2H}{\sin\theta} \tag{4.11}$$

按照最优化原则,r/r_1 和 θ 的取值应使(4.11)式表示的 $E(r,r_1,\theta)$ 达到最小.

由微积分可知,这只要令 $\dfrac{\partial E}{\partial r}=0$ 和 $\dfrac{\partial E}{\partial r_1}=0$,即

$$\begin{cases} -\dfrac{4kq^2}{r^5}+b\alpha r^{\alpha-1}=0 \\[2mm] -\dfrac{4kq^2}{r_1^5}+b\alpha r_1^{\alpha-1}=0 \end{cases} \tag{4.12}$$

从方程(4.12)可解出

$$\frac{r}{r_1}=4^{\frac{1}{\alpha+4}} \tag{4.13}$$

再由 $\dfrac{\partial E}{\partial \theta}=0$ 得

$$\cos\theta=2\left(\frac{r}{r_1}\right)^{-4} \tag{4.14}$$

将(4.13)式代入(4.14)式,则

$$\cos\theta=2^{\frac{\alpha-4}{\alpha+4}} \tag{4.15}$$

(4.13)、(4.15)两式就是在能量消耗最小的原则下血管分岔处几何形状的结果. 取 $\alpha=1$ 和 $\alpha=2$,可以算出 r/r_1 和 θ 的大致范围为

$$1.26\leqslant\frac{r}{r_1}\leqslant1.32, \quad 37°\leqslant\theta\leqslant49°$$

记动物的大动脉和最细的毛细管的半径分别为 $r_{\max}$ 和 $r_{\min}$,设从大动脉到毛细管共有 n 次分岔,将(4.13)式反复利用 n 次可得

$$\frac{r_{\max}}{r_{\min}}=4^{\frac{n}{\alpha+4}} \tag{4.16}$$

$\dfrac{r_{\max}}{r_{\min}}$ 的实际数值可以测出,例如对狗而言有 $\dfrac{r_{\max}}{r_{\min}}\approx1000\approx4^5$. 由(4.16)式可知 $n\approx5(\alpha+4)$. 因为 $1\leqslant\alpha\leqslant2$,所以按照这个模型,狗的血管应有 $25\sim30$ 次分岔. 又因为当血管有 n 次分岔时血管总条数为 2^n,所以估计狗应有约 $2^{25}\sim2^{30}$(即 $3\times10^7\sim10^9$)条血管. 这样得到的数据可以从一个方面验证模型.

4.2　流水线的设计

某厂要设计一条生产流水线,它由两条直道和两条半圆形的弯道构成,流水线上等距地安装随传送带运动的工作台,在工作台上安放工件,在流水作业中完成生产过程. 设计者十分关心的一个问题是:如何设计弯道和布置工作台使工件在流水线上运动时不至于发生碰撞.

为建这个模型先作一些假设(图 4.4):

(1)工件的俯视图是长 $2a$,宽 $2b$ 的矩形,在流水线的直道上,矩形工件的边分别平行或垂直于流水线.

(2)工件中心进入弯道后工件绕弯道中心作刚体运动,运动时,工件上每一点和弯道中心的距离保持不变.

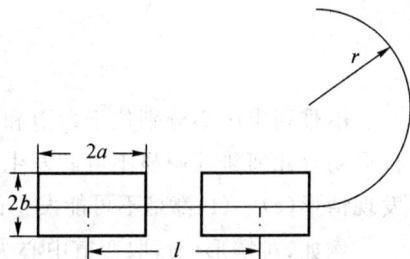

图 4.4

(3)由问题的特点,我们仅需讨论弯道半径 $r > b$,两相邻工作台中心的距离 $l > 2a$ 的情形.

有了上面的假设,问题即可化为:已知 a 和 b,如何选取 r 和 l 使得工件在流水线上运动时不会碰撞.

下面试建立这个模型,由假设 3 知道工件在直道上不会发生碰撞,能发生碰撞的可能仅有两种情形:即相邻两工件中心均在弯道上;相邻两工件中心分别位于弯道和直道上.

注意到问题中的 r 和 l,如果 l 给定,就可以适当选择弯道半径 r,使工件不发生碰撞;若给定了 r 也可以适当选取 l 使碰撞不发生.所以,不妨假设 r 给定,设法给出保证不碰撞 l 应满足的条件.

(1)相邻两工件中心均在弯道上的情形

此时若相邻两工件发生了接触,由于工件的形状与大小都相同,容易求得两工件中心 c_1, c_2 之间的轨道长 $L = L_1(r) = 2\alpha r$,其中 α 为弯道中心与工件中心的连线 SC_1 和弯道中心与接触点 A 连线 SA 的交角,显然有 $\tan\alpha = \dfrac{a}{r-b}$ 或 $\alpha = \arctan\dfrac{a}{r-b}$.易知,当

$$l > L_1(r) > 2r\arctan\frac{a}{r-b} \tag{4.17}$$

时,相邻两工件中心同在弯道上时不会发生碰撞.

(2)相邻两工件中心分别位于弯道和直道上的情形

设流水线是逆时针运行的.由对称性仅需讨论一个工件中心已进入弯道而相邻的一个后继工件的中心尚未进入弯道的碰撞.假设一个工件的中心已进入弯道而相邻的一个后继工件的中心离开弯道入口的距离为 d.分如下几种情况来讨论.

(a)碰撞的分析

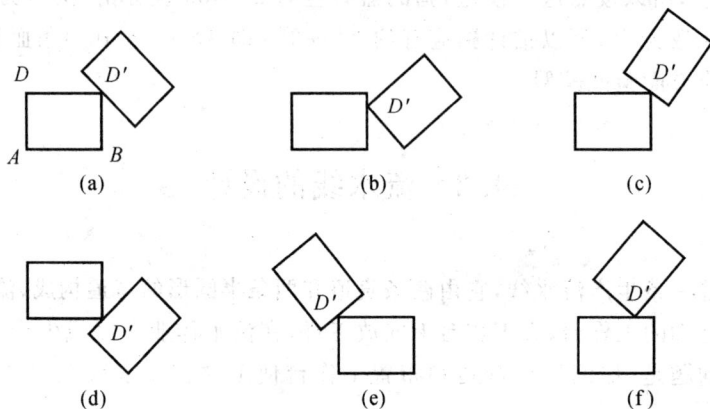

图 4.5

不难列出中心分别位于弯道和直道上的两工件发生碰撞时的所有相对位置.用假设(2)根据初等几何排除明显不可能发生的情形后,尚有图 4.5 所示的六种可能.但稍加分析就可发现情形(c)—(f)都是不可能发生的.

例如,对情形(c),取弯道中心为原点,设接触时弯道中心与进入弯道工件中心 C_1 的连线 SC_1 和弯道中心与弯道入口 E 的连线 SE 的交角为 θ.容易得该工件左上角 D(图 4.6)的

坐标为

$$\begin{cases} x_D = -a\cos\theta + (r-b)\sin\theta \\ y_D = -a\sin\theta - (r-b)\cos\theta \end{cases} \qquad (4.18)$$

若发生形如(c)的碰撞,应有

$$x_D < a-d < a, \qquad y_D > -(r-b)$$

即

$$\begin{cases} -a\cos\theta + (r-b)\sin\theta < a \\ -a\sin\theta - (r-b)\cos\theta > -(r-b) \end{cases} \qquad (4.19)$$

而上式的第一式等价于 $\tan\theta/2 < \dfrac{a}{r-b}$,第二式等价于 $\tan\theta/2$

$> \dfrac{a}{r-b}$,这就产生了矛盾,即形如(c)的碰撞不可能发生.情形

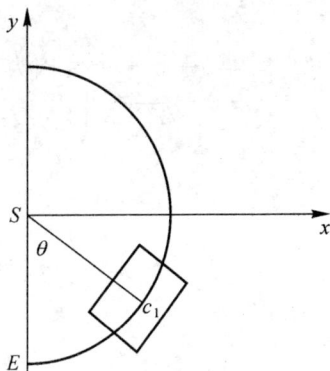

图 4.6

(d)—(f)亦可用类似的方法排除.

(b)不发生接触的条件

设发生形如图 4.5(a)的接触时位于直道的工件中心 C_2 距弯道入口的距离为 d(如图 4.7)由于 $r>b$,当 $d>a$ 时此类接触不可能发生,而当 $d\leqslant 0$ 退化为两工件中心皆进入弯道的情形.因此只需要考虑 $0<d<a$.

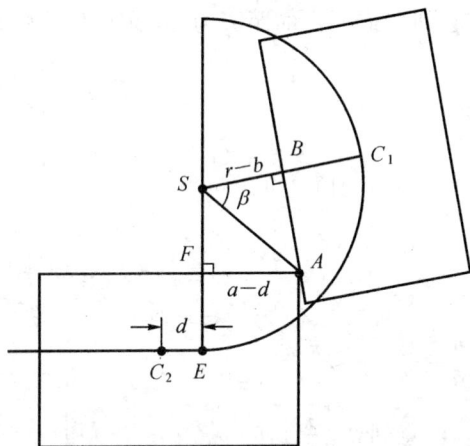

图 4.7

设此时两工件中心 C_1 与 C_2 间的轨道长 D,它是 d 的一个函数,记为 $D(d)$,为保证在任何情形下都不会发生此类接触,应取工件中心距 l 满足

$$l > \sup_{0<d\leqslant a} D(d) \qquad (4.20)$$

设两工件的接触点为 A,弯道中心 S 与工件中心 C_1 的连线和该工件的上侧交于 B,S 与弯道入口 E 的连线和直道工件上侧交于 F,易知直角三角形 SBA 和 SFA 全等.若记 $\beta = \angle FSA$,那么 $\angle ASB = \angle FSA = \beta$,易知 $\beta = \arctan\dfrac{a-d}{r-b}$,此时

$$D(d) = d + 2r\arctan\dfrac{a-d}{r-b} \qquad (4.21)$$

$$D'(d)=1-\frac{2r(r-b)}{(a-d)^2+(r-b)^2}$$

解得 $d=a\pm\sqrt{r^2-b^2}$. 因为 $a+\sqrt{r^2-b^2}>a$, 取驻点 $d_0=a-\sqrt{r^2-b^2}$.

当 $r<\sqrt{r^2+b^2}$ 时, $0<d_0<a$, 由

$$D''=-4r(r-b)(a-d)/[(a-d)^2+(r-b)^2]^2<0$$

可知

$$\max_{0\leqslant d\leqslant\theta}D(d)=D(d_0)=a-\sqrt{r^2-b^2}+2r\arctan\sqrt{\frac{r+b}{r-b}}$$

定义

$$L_2(r)=a-\sqrt{r^2-b^2}+2r\arctan\sqrt{\frac{r+b}{r-b}} \tag{4.22}$$

所以, 不发生接触的条件则为 $l>L_2(r)$.

若 $r\geqslant\sqrt{a^2+b^2}$, 则

$$\sup_{0\leqslant d\leqslant\theta}D(d)=D(0)=2r\arctan\frac{a}{r-b}=L_1(r)$$

此时不碰撞的条件与相邻两工件中心均在弯道上时的条件完全相同.

(c)图 4.5(b)的碰撞情形

同样, 记直道工件中心到弯道入口的距离为 d, 如图 4.8 所示, 接触时两工件中心的轨道长

$$\overline{D}=\overline{D}(d)=d+r\delta$$

而 $\delta\leqslant\pi/2$.

注意到情形图 4.5(a)中的(4.21)式可改写为

$$D(d)=d+\pi r-2r\arctan\frac{r-b}{a-d}$$

以及

$$\arctan\frac{r-b}{a-d}=\frac{\pi}{2}-\beta\leqslant\frac{\pi}{4}$$

从而有 $D(d)\geqslant d+r\cdot\dfrac{\pi}{2}$, 注意到 $\delta<\dfrac{\pi}{2}$, 有

$$\overline{D}(d)\leqslant D(d)$$

所以只要不发生情形(a)的碰撞, 情形(b)的碰撞就不可能发生.

综合上述的讨论有如下的结论:

(1)相邻两工件中心均在弯道上时, 不发生碰撞的条件为 $l>L_1(r)$;

(2)相邻两工件中心分别位于弯道和直道上时, 不碰撞的条件为: 若 $b<r<\sqrt{a^2+b^2}$, 则 $l>L_2(r)$; 若 $r\geqslant\sqrt{a^2+b^2}$, 则 $l>L_1(r)$.

不难证明, 当 $r<\sqrt{a^2+b^2}$ 时, $L_2(r)\geqslant L_1(r)$. 于是结论(2)就成为在任何条件下均不碰撞的条件. 引入

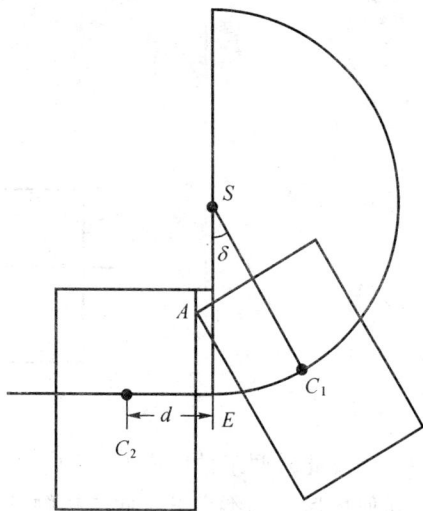

图 4.8

$$L(r) = \begin{cases} L_2(r), & b < r < \sqrt{a^2 + b^2}, \\ L_1(r), & r \geqslant \sqrt{a^2 + b^2} \end{cases} \tag{4.23}$$

于是,不碰撞条件简化为

$$l > L(r)$$

这就是需要的数学模型.

若给定工件的长、宽为 $2a$ 和 $2b$,又给定了流水线弯道的半径 r_0,那么容易用式(4.23)、(4.17)和式(4.22)求出 $l_0 = L(r_0)$,只要取相邻工件中心间轨道长 $l > l_0$ 即可保证不发生碰撞.

对于规定了相邻工件中心轨道长 $l = l_0$,要决定弯道半径 r_0 就比较复杂一些.当然若 r 趋于无穷,弯道转化为直道,不会发生碰撞.原则上,只要 r 取足够大总能保证不碰撞.但由于流水线的费用和场地的限制,一般都希望弯道半径不要过大,这样就有必要决定不发生碰撞的 r 的确切范围.此时就要解函数不等式 $l_0 > L(r)$.

通常的做法是,先求函数方程

$$f(r) = L(r) - l_0 = 0$$

的所有零点,将 $(b, +\infty)$ 划分成若干区间,然后找出 $f(r) < 0$ 的一切成立区间.

例如,对于 $a = 20, b = 16, l_0 = 57$ 的情形,$\sqrt{a^2 + b^2} \approx 25.6$,可求得 $f(r)$ 的零点 $r_0 \approx 33.9$,当 $r > r_0$ 时,$l_0 > L(r)$,工件不会相互碰撞.图 4.9 给出 $l = L(r)$ 的图形,其中 A 点是 $l = L(r)$ 与 $l = 57$ 的交点.

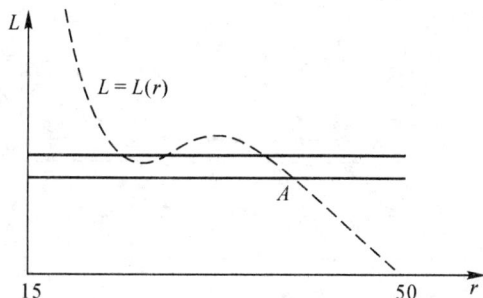

图 4.9

另一做法是先求解不等式 $l_0 > L_1(r)$.求得满足不等式的 r 的两个区间为 $(16, 25.6)$ 和 $(33.9, +\infty)$,但因 $r \in (16, 25.6)$ 时,$r < \sqrt{a^2 + b^2}$,应该用条件 $l_0 > L_2(r)$ 来判断,但此时 $L_2 > l_0$,因此 $(16, 25.6)$ 必须舍去.

注意到 $l = L(r)$ 不是单调的,对某些特定的 l_0 可能会出现弯道半径 r 较小时,工件不会碰撞,r 增大反而会碰撞的有趣现象.如对 $l_0 = 57.5, r$ 的不碰撞区间为 $(21.30, 25.33)$ 和 $(30.94, +\infty)$,当 $r = 25$ 时不会碰撞,但取 $r = 27$ 时工件反而发生碰撞,当 $r < 30.94$ 又不会发生碰撞.

在现实生活中,还经常会遇到一类数学规划问题,如线性规划、非线性规划等等.鉴于篇幅的限制,本书不准备涉及其他类型的数学规划模型,对这些模型有兴趣的读者可以查阅相应的数学规划书籍.

习　　题

1. 试研究煤矿的开采问题,采取什么策略开采可以获得最大利润.

2. 驶于河中的渡船,它的行驶方向要受到水流的影响.船在河中的位置不同,所受到水流的影响也不同.试设计一条使渡船到达对岸时间最短的航线.

3. 发电站的设计者们在堰坝上安装水轮机,当潮水通过堰坝时,推动水轮机运转,从而带动发电机发电.潮水通过水轮机的瞬时速度可以由操作者控制.那么,要产生最大能量,应如何控制潮水的瞬时速度?

4. 设森林火灾中单位烧毁面积上的损失费为 c_1,派出的每个消防队员单位时间的费用(薪金、装备等)为 c_2,每个队员一次性开支(交通费等)为 c_3,队员人数 x,森林损失面积为 $B(t)$, $t=0$ 时开始失火, t_1 时开始救火, t_2 时扑灭,火势由某起火点以均速向各方向蔓延,过火面积的增速与时间成正比 $(0 \leqslant t \leqslant t_1)$,每个队员的救火速度为常数 λ,求最少应派几名消防队员,才使总费用最少.

5. 设工厂与客户签订一项合同,规定在时间 T 内提交 Q 件产品,由于产品易于腐败,必须考虑储存费,单位时间的储存费与储存量成正比,单位时间每增产一件产品所需成本与这时的生产率成正比,试制定一个生产计划,使生产与存储的费用最小.

第 5 章　微分方程模型

微分方程就是联系着自变量、未知函数以及它的导数的关系式. 在自然科学和技术科学中往往遇到大量的微分方程问题. 其实在社会科学、经济学等人文领域也存在着大量的微分方程问题. 因而,微分方程建模是数学建模的重要方法,本章将通过一些例子,说明微分方程建模的基本方法.

5.1　范·梅格伦伪造名画案

在第二次世界大战时,当比利时解放以后,荷兰野战军保安部开始搜捕纳粹同谋犯. 他们从一家曾向纳粹德国出卖过艺术品的公司中发现线索,于 1945 年 5 月 29 日以通敌罪逮捕了三流画家范·梅格伦,此人曾将 17 世纪荷兰名画家扬·弗米尔的油画"捉奸"卖给纳粹德国戈林的中间人. 可是,范·梅格伦在同年 7 月 12 日在牢里宣布:他从未把"捉奸"卖给戈林. 而且他还说,这一幅画和众所周知的油画"在埃牟斯的门徒"以及其他四幅冒充弗米尔的油画和两幅德胡斯(17 世纪荷兰画家)的油画,都是他自己的作品. 这件事震惊了全世界. 为了证明他自己是一个伪造者,在监狱里开始伪造弗米尔的油画"耶稣在医生们中间",当这项工作接近完成时,范·梅格伦获悉:通敌罪已改为伪造罪. 因此他拒绝将这幅画变陈,以免留下罪证.

为了审理这一案件,法庭组织了一个由著名的化学家、物理学家和艺术史学家组成的国际专门小组查究这一事件. 他们用 X 射线检验画布上是否曾经有过别的画. 此外,他们分析了油彩中的拌料(色粉),检验了油画中有没有历经岁月的迹象. 科学家们终于在其中的几幅画中发现了现代颜料钴兰的痕迹. 此外,他们还在几幅画中检验出 20 世纪初才发明的酚醛类人工树脂. 根据这些证据,范·梅格伦于 1947 年 10 月 12 日被宣告伪造罪,判刑一年. 可是他在监狱中因心脏病发作,于 1947 年 12 月 30 日死去.

然而,事情到此并未结束,许多人还是不肯相信著名的"在埃牟斯的门徒"是范·梅格伦伪造的. 事实上,在此之前这幅画已经被鉴定家认定为真迹,并以 17 万美元的高价被伦布兰特学会买下. 专家小组对于怀疑者的回答是:由于范·梅格伦曾因他在艺术界中没有地位而十分懊恼,他下决心绘制"在埃牟斯的门徒",来证明他高于第三流画家. 当创造出这样的杰作后,他的志气消退了. 而且,当他看到这幅"在埃牟斯的门徒"多么容易卖掉以后,他在炮制后来的伪制品时就不太用心了. 这种解释不能使怀疑者感到满意. 他们要求完全科学地、确定地来证明"在埃牟斯的门徒"的确是一个伪造品. 这一问题一直拖了 20 年,直到 1967 年,卡内基·梅伦大学的科学家们才基本上解决了这个问题.

测定油画和其他像岩石这样一些材料的年龄的关键是 20 世纪初发现的放射性现象. 著名物理学家卢瑟夫在本世纪初发现:某些"放射性"元素的原子是不稳定的,并且在已知的一段时间内,有一定比例的原子自然蜕变而形成新元素的原子,且物质的放射性与所存在的物质的原子数成正比.因此,如果 $N(t)$ 表示时间 t 存在的原子数,则 $\dfrac{\mathrm{d}N}{\mathrm{d}t}$ 为单位时间内蜕变的原子数,且与 N 成正比,即

$$\frac{\mathrm{d}N}{\mathrm{d}t} = -\lambda N$$

常数 λ 是正的,称为该物质的衰变常数. λ 越大,物质蜕变得越快. λ 的量纲是时间的倒数.衡量物质蜕变率的一个尺度是它的半衰期.即给定数量的放射性原子蜕变一半所需要的时间.为了通过 λ 来计算半衰期 T,假设 $N(t_0) = N_0$,于是,有初值问题

$$\begin{cases} \dfrac{\mathrm{d}N}{\mathrm{d}t} = -\lambda N \\ N(t_0) = N_0 \end{cases}$$

其解为

$$N(t) = N_0 \mathrm{e}^{-\lambda(t-t_0)} \tag{5.1}$$

如果 $\dfrac{N}{N_0} = \dfrac{1}{2}$,则有

$$T = t - t_0 = \frac{\ln 2}{\lambda} \tag{5.2}$$

许多物质的半衰期已测定,如碳14,其 $T = 5568$ 年;铀238,其 $T = 45$ 亿年.

"放射性测定年龄法"的根据主要如下:由方程(5.1)我们能够解出

$$t - t_0 = \frac{1}{\lambda} \ln \frac{N_0}{N}$$

如果 t_0 是物质最初形成或制造出来的时间,则物质的年龄是 $\dfrac{1}{\lambda} \ln \dfrac{N_0}{N}$.在大多数情况下,$\lambda$ 已知或能够算出.并且,易算出 N 的值.因此,只要知道 N_0,便可确定物质的年龄.然而,这正是问题的难处,因为通常不知道 N_0.不过,在某些情况下,我们或者能够间接地确定 N_0,或者能够确定 N_0 的一些适当的范围,对于范·梅格伦的伪造品来说,情况就是如此.

所有的绘画中都含有放射性铅(Pb^{210})和镭(Ra^{226}),这两种元素存在于铅白中,画家们用铅白做原料.我们可以由油画中铅(Pb^{210})的含量来确定油画的年龄.

设 $y(t)$ 是时间 t 时每克铅白所含铅(Pb^{210})的数量. y_0 是制造时间 t_0 每克铅白所含铅(Pb^{210})的数量,$r(t)$ 是时间 t 时每克铅白中的镭(Ra^{226})在每分钟蜕变的数量.如果 λ 是铅(Pb^{210})的衰变常数,则

$$\frac{\mathrm{d}y}{\mathrm{d}t} = -\lambda y + r(t), \quad y(t_0) = y_0 \tag{5.3}$$

因为人们所关心的时期最多只有 300 年,而镭的半衰期是 1600 年,所以可以假设镭(Ra^{226})的数量保持不变,于是 $r(t)$ 是一个常数 r.在微分方程两边乘以积分因子 $\mu(t) = \mathrm{e}^{\lambda t}$,得

$$\frac{\mathrm{d}}{\mathrm{d}t}(\mathrm{e}^{\lambda t} y) = r\mathrm{e}^{\lambda t}$$

因此

$$y(t) = \frac{r}{\lambda}[1 - \mathrm{e}^{-\lambda(t-t_0)}] + y_0 \mathrm{e}^{-\lambda(t-t_0)} \tag{5.4}$$

　　现在,$y(t)$ 和 r 能够很容易地测量出来.因此,只要知道 y_0,便可算出 $t-t_0$,从而可确定油画的年龄.但是不能直接测量 y_0.不过幸运的是仍然能够利用方程(5.4)来区别 17 世纪的油画和现代的赝品.这是根据下述简单事实而来的:如果颜料的年头比起铅的半衰期 22 年来老得多,那么颜料中铅(Pb^{210})的放射作用量就几乎接近于颜料中镭的放射作用量.另一方面,如果油画是现代作品(大约 20 年左右),那么铅(Pb^{210})的放射作用量(Pa^{226})就要比镭(Ra^{226})的放射作用量大很多.在刚制造出来时,每克铅白中所含铅(Pb^{210})每分钟蜕变的原子数在 0.18 到 140 之间变化.

　　因此,一般只要测得每克铅白中铅(Pb^{210})及镭(Ra^{216})的衰变率就能判定,因为如果是现代赝品,令 $t-t_0=300$,并将(5.4)式改写为

$$\lambda y_0 = \lambda y(t)e^{300\lambda} - r(e^{300\lambda}-1) \tag{5.5}$$

那么 λy_0 就会大得出奇.现测出这幅油画中镭(Pa^{216})的衰变率 $r=0.8$,铅(Pb^{216})的衰变率 $\lambda y=8.5$.由于 $\lambda = \dfrac{\ln 2}{T}=0.6931/22$,所以

$$\lambda y_0 = 8.5e^{300\lambda} - 0.8(e^{300\lambda}-1) = 98050$$

　　这个数相对于油画中颜料的数量及其中的含铅(Pb^{210})量来说简直太大了,不对!说明此幅"在埃牟斯的门徒"是伪造的.

　　利用放射性原理,还可对部分文物的年代进行测定.

5.2　人口问题

一、人口问题的常微分方程模型

　　这里所说的"人口"并不一定限于人,可以是任何一个生物群体,只要满足类似的性质即可.要预测人口增长的模型,最关心的是在任何时刻 t 人口的数量.因此取人口总数为时间 t 的函数 $P(t)$,并不区分有年龄、性别等的差异.虽然这是一个离散变量,但由于人口的总数很多,可以认为它是 t 的一个连续可微函数.如果了解了函数 $P(t)$ 的性态,也就掌握了人口的发展动态.

　　现在的问题是如何来描述它?从数学上看,要知道一个函数在某点处的性态,最基本的想法是要知道该函数在这点的变化率,即函数在这点的导数.而这导数是通过函数增量与自变量增量之比的极限得到的.在这个问题中,要知道人口总数 $P(t)$ 在时刻 t 的变化率,也就是先要知道 $P(t)$ 在某个时间段中的增量.而引起人口变化的原因主要是出生、死亡、移进或移出.这样,在一个时间段中人口变化的情况可以表示为

$$\left\{\begin{array}{c}\text{在时段}[t,t+\Delta t]\\\text{中人口的增加}\end{array}\right\} = \left\{\begin{array}{c}\text{在时段}[t,t+\Delta t]\\\text{中出生的人数}\end{array}\right\} - \left\{\begin{array}{c}\text{在时段}[t,t+\Delta t]\\\text{中死亡的人数}\end{array}\right\}$$

$$+ \left\{\begin{array}{c}\text{在时段}[t,t+\Delta t]\\\text{中移入的人数}\end{array}\right\} - \left\{\begin{array}{c}\text{在时段}[t,t+\Delta t]\\\text{中移出的人数}\end{array}\right\}$$

　　由于所考虑的时间段很短,可以不考虑移民情况.显然,出生数与死亡数与时间段长短 Δt 成正比,还与这时间段开始时的人口的数量成正比.最简单的情况是设在时段 $[t,t+\Delta t]$

中的出生数等于 $bP(t)\Delta t$，死亡数等于 $\mathrm{d}P(t)\Delta t$，其中 b 和 d 是常数．这里 b 可以解释为出生率，d 可以解释为死亡率．

这样，我们得到

$$P(t+\Delta t)-P(t)=(b-d)P(t)\Delta t \tag{5.6}$$

令 $\Delta t \to 0$，就得到 $P(t)$ 满足常微分方程

$$\frac{\mathrm{d}P(t)}{\mathrm{d}t}=aP(t) \tag{5.7}$$

其中 $a=b-d$ 为人口的净增长率．这就是**马尔萨斯**(Malthus)**人口模型**．

设已知初始时刻 $t=t_0$ 时的人口总数为 P_0，就有初始条件

$$t=t_0, P=P_0 \tag{5.8}$$

求解常微分方程的 Cauchy 问题(5.7)式和(5.8)式就得到(设 a＝常数)

$$P(t)=P_0 e^{a(t-t_0)} \tag{5.9}$$

即人口总数按指数增长．现在来看看这个模型本身的正确性：如果承认这个模型，式中 P_0 及 a 可以容易地根据人口的统计数字来确定，P_0 就是某一年统计的人口总数．可以看到，这个规律在一个不太长的时间中使用，还是相当精确的；如果在一个相当长的时间中考虑，出入就非常大．例如根据统计数字，取 1961 年为 t_0，$P_0=30.6$ 亿，而 1951—1961 十年中每年人口净增长率 $a=0.02$，就有

$$P(t)=3.06\times10^9\times e^{0.02(t-1961)}$$

将这个公式用于倒计算在 1700—1961 年间的人口，和实际情况是符合得较好的．在这段时间内地球上人口每 35 年增加一倍；而由上述方程，可以容易地证明人口每 34.6 年增加一倍．事实上，记 T 年人口增加一倍，即 $e^{0.02T}=2$，$T=50\ln2=34.6$．但如果对这个模型不加限制地使用，就会出现很不合理的情况：到 2510 年，人口达 2×10^{14} 个，即使海洋全部变成陆地，每人也只有 9.3 平方英尺的活动范围，而到 2670 年，人口达 36×10^{15} 个，只好一个人站在另一人的肩上排成两层．因此，马尔萨斯的这个模型是不完善的，根本上说来是不合理的，必须加以修改．分析上述模型，知道假设了 a 为常数，从而人口方程(5.8)是线性常微分方程．这个模型实际上只是在群体总数不太大时才合理，而没有考虑到在总数增大时，生物群体的各成员之间由于有限的生存空间，有限的自然资源及食物等原因，就可能进行生存竞争．因此，总数大了以后，不仅有一个自然增长的线性项 $aP(t)$，还有一个竞争项来部分地抵消这个增长，使人口增长的指数规律不再成立．此竞争项可取为 $-\bar{a}P^2$，相当于还存一个与 P 成正比例的死亡率 $\bar{d}=\bar{a}P$．这样 $P(t)$ 满足的微分方程及初始条件就变为

$$\begin{cases} \dfrac{\mathrm{d}P(t)}{\mathrm{d}t}=aP-\bar{a}P^2 \\ t=t_0, P=P_0 \end{cases} \tag{5.10}$$

这是荷兰的威尔霍斯特(Verhulst)所提出的模型，而 a 及 $\bar{a}$ 被称为生命常数．

当 P 不太大时，可以略去式(5.10)中的竞争项回到 Malthus 模型，即人口总数服从指数增长规律．

当 P 增大时，竞争项的影响就慢慢变得不能忽略了，即人口总数不再按指数增长．一般来讲，一个国家越发达，$\bar{a}$ 的值越小．

求解上述式(5.8)和(5.10)组成的 Canchy 问题．分离变量并进行积分后得

$$\int_{P_0}^{P} \frac{\mathrm{d}r}{ar - \bar{a}r^2} = t - t_0 \qquad (5.11)$$

从而可以算得

$$a(t - t_0) = \ln\left(\frac{P}{P_0}\left|\frac{a - \bar{a}P_0}{a - \bar{a}P}\right|\right) \qquad (5.12)$$

若 $P_0 = \dfrac{a}{\bar{a}}$,显然解 $P \equiv \dfrac{a}{\bar{a}} =$ 常数.

若 $P_0 \neq \dfrac{a}{\bar{a}}$,则由上式,在 $t > t_0$ 时恒成立 $P(t) \neq \dfrac{a}{\bar{a}}$,
但 $P(t_0) = P_0$,因此在 $t_0 \leqslant t < \infty$ 时,恒有:

$$\frac{a - \bar{a}P_0}{a - \bar{a}P} > 0 \qquad (5.13)$$

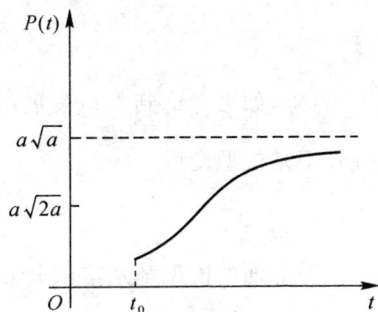

图 5.1

从而(5.12)式可以写为

$$a(t - t_0) = \ln\left(\frac{P}{P_0}\frac{a - \bar{a}P_0}{a - \bar{a}P}\right) \qquad (5.14)$$

从上式解得

$$P(t) = \frac{aP_0}{\bar{a}P_0 + (a - \bar{a}P_0)\mathrm{e}^{-a(t - t_0)}} \qquad (5.15)$$

因此,当 $t \to +\infty$ 时,$P(t) \to \dfrac{a}{\bar{a}}$.综上所述:不论初值 P_0 如何,生物群体的总数 $t \to +\infty$ 时恒

趋于定值 $\dfrac{a}{\bar{a}}$,称之为饱和值.当 $0 < P_0 < \dfrac{a}{\bar{a}}$ 时(这是有实际意义的情况),$a - \bar{a}P_0 > 0$,由

(5.15)式可得 $P(t)$ 单调上升趋于 $\dfrac{a}{\bar{a}}$,从而 $\dfrac{\mathrm{d}P(t)}{\mathrm{d}t} > 0$.由于

$$\frac{\mathrm{d}^2 P(t)}{\mathrm{d}t^2} = a\frac{\mathrm{d}P(t)}{\mathrm{d}t} - 2\bar{a}P\frac{\mathrm{d}P(t)}{\mathrm{d}t} = (a - 2\bar{a}P)\frac{\mathrm{d}P(t)}{\mathrm{d}t}$$

因此在 $P(t)$ 增长的过程中,当 $P < \dfrac{a}{2\bar{a}}$(饱和值 $\dfrac{a}{2\bar{a}}$ 的一半)时,$\dfrac{\mathrm{d}^2 P}{\mathrm{d}t^2} > 0$ 成立;而当 $P > \dfrac{a}{2\bar{a}}$ 时,

$\dfrac{\mathrm{d}^2 P}{\mathrm{d}t^2} < 0$ 成立,因此,$P = P(t)$ 的形状为如图 5.1 的 S 形曲线.这说明:在人口总数达到饱和

值的一半之前,是快速增长时期;过后,为慢速增长时期.

要利用这个模型来预测地球上的人口,必须确定 a 及 $\bar{a}$ 这两个生命常数.据一些生态学

家估计,a 可取为 0.029.又由前面 1961 年的统计数字,在 $P = 3.06 \times 10^9$ 时,人口净增长率

为 0.02,由方程

$$\frac{1}{P}\frac{\mathrm{d}P}{\mathrm{d}t} = a - \bar{a}P$$

有 $0.02 = 0.029 - \bar{a}3.06 \times 10^9$,从而可得 $\bar{a} = 2.941 \times 10^{-12}$.这样人口的饱和值应为 $\dfrac{a}{\bar{a}} =$

9.86×10^9.即近 100 亿.现在的人口已超过 50 亿,所以正处在开始减缓的时期.

评注:

(1)Verhulst 模型又称为 Logistic 模型.Logistic 指出:环境所提供的条件只能供养一
定数量的人生活,因此人口的增长率应随人口总数 $P(t)$ 的增加而减少.他假设人口增长率

为 $a\left(1-\dfrac{P(t)}{N}\right)$，其中 N 为环境所能供养的最大人口数，于是得

$$\frac{\mathrm{d}P(t)}{\mathrm{d}t}=a\left(1-\frac{P(t)}{N}\right)P(t)$$

另外，如果考虑到人口发展的滞后性，可将增长率改为 $a\left(1-\dfrac{P(t-\tau)}{N}\right)$，其中 τ 为滞后时间。于是模型变成

$$\frac{\mathrm{d}P(t)}{\mathrm{d}t}=a\left(1-\frac{P(t-\tau)}{N}\right)P(t)$$

（2）上面的模型都是常微分方程的模型，它有着根本上的缺点，即前面提到过的，把群体中的每一个个体都视为同等地位。这原则上只能适用于低等动物，而对人群来说必须考虑不同个体之间的差别，特别是年龄因素的影响，人口的数量不仅和时间 t 有关，还应和年龄有关（作人口统计时，也是统计不同年龄的人数），同时出生率、死亡率等都明显地应和年龄有关。不考虑年龄因素，就不能正确地把握人口的发展动态。因此，可以将人口按年龄分成若干组，对每一组中的个体一视同仁来对待，这就可以得到一个用常微分方程组来描述的模型。但一个更适当的方法，是考虑年龄的连续变化的影响，这就推导出一个用偏微分方程来描述的模型。我们将在下面介绍。

（3）如果把时间段取为一有限时间段，比如说 $\Delta t=1$ 年，则 $P(t)$ 是离散的，是正整数的函数。如果令 $P_n=P(n),(n=1,2,\cdots)$，则（5.6）式是 P_n 的一个递推公式 $P_{n+1}=(a+1)P_n$。如果给出 $t=0$ 时的 $P_0=P(0)$，就可以知道以后的 P_n。由于这是一个离散问题，此处暂不讨论。

二、人口问题的偏微分方程模型

上面已经谈到，要研究人口问题更好的办法是建立偏微分方程，但带来的问题自然是求解更为困难。在此，仅考虑最简单的情形，即考虑一个稳定社会的人口发展过程。设人口的数量不仅和时间 t 有关，还和年龄 x 有关。用连续函数 $p(t,x)$ 来描述人口在任意给定时刻 t 按年龄 x 的分布密度，其意义如下：在时刻 t 年龄在 $[x,x+\mathrm{d}x]$ 中的人口数等于 $p(t,x)\mathrm{d}x$。因此在时刻 t 时的人口总数为

$$P(t)=\int_0^A p(t,x)\mathrm{d}x$$

其中，$P(t)$ 就是前面常微模型中的 $P(t)$，而积分上限 A 是人的最大寿命，即当 $x\geqslant A$ 时 $p(t,x)=0$。记 $d(t,x)$ 为时刻 t 年龄 x 的死亡率，其含义是，在时刻 t 年龄在 $[x,x+\mathrm{d}x]$ 内死亡的人数等于 $d(t,x)p(t,x)\mathrm{d}x$。

为了得到 $p(t,x)$ 满足的方程，注意到时间的增量与年龄的增量相等这一特点，于是有：在时刻 $t+\mathrm{d}t$ 时年龄在 $[x,x+\mathrm{d}x]$ 中的人数为 $p(t+\mathrm{d}t,x)\mathrm{d}x$ 减去在时刻 t 时年龄在 $[x-\mathrm{d}t,x+\mathrm{d}x-\mathrm{d}t]$ 中的人数 $p(t,x-\mathrm{d}t)\mathrm{d}x$，应等于在时段 $[t,t+\mathrm{d}t]$ 中，年龄在 $[x-\mathrm{d}t,x+\mathrm{d}x-\mathrm{d}t]$ 中的死亡数 $d(t,x-\mathrm{d}t)p(t,x-\mathrm{d}t)\mathrm{d}x\mathrm{d}t$，故

$$p(t+\mathrm{d}t,x)\mathrm{d}x-p(t,x-\mathrm{d}t)\mathrm{d}x=-d(t,x-\mathrm{d}t)p(t,x)\mathrm{d}x\mathrm{d}t$$

因此 $p(t,x)$ 应满足方程

$$\frac{\partial p}{\partial t}+\frac{\partial p}{\partial x}=-d(t,x)p(t,x) \qquad (5.16)$$

这是 $p(t,x)$ 所满足的一阶偏微分方程.

下面列出 $p(t,x)$ 应满足的定解条件:

(1)初始条件　设初始人口密度分布为 $p_0(x)$,则

$$t=0, \qquad p=p_0(x) \tag{5.17}$$

(2)边界条件　在推导方程时只考虑了死亡,没有考虑出生,而出生的婴儿数应该作为 $x=0$ 时的边界条件.

为导出边界条件,记女性性别比函数为 $k(t,x)$,即时刻 t 年龄 $[x,x+\mathrm{d}x]$ 的女性人数为 $k(t,x)p(t,x)\mathrm{d}x$,将这些女性在单位时间内平均每人的生育数记作 $b(t,x)$,设育龄区间为 $[x_1,x_2]$,则

$$p(t,0) = \int_{x_1}^{x_2} b(t,x)k(t,x)p(t,x)\mathrm{d}x$$

令 $b(t,x)=\beta(t)h(t,x)$,其中 $h(t,x)$ 满足

$$\int_{x_1}^{x_2} h(t,x)\mathrm{d}x = 1$$

于是

$$\beta(t) = \int_{x_1}^{x_2} b(t,x)\mathrm{d}x$$

$$p(t,0) = \beta(t)\int_{x_1}^{x_2} h(t,x)k(t,x)p(t,x)\mathrm{d}x \tag{5.18}$$

由上可知,$\beta(t)$ 的直接含义是时刻 t 平均每个育龄女性的生育数.如果所有女性在她育龄期内都保持这个生育数,则 $\beta(t)$ 也表示平均每个女性一生的总胎数.称 $h(t,x)$ 为生育模式,在稳定的环境下可以近似地认为它与 t 无关,这样 h 表示了在哪些年龄生育率高,哪些年龄生育率低.为了作出合理的理论分析,人们常常取 h 为概率论中的 Γ 分布,即

$$h(x) = \frac{(x-x_1)^{\alpha-1}\mathrm{e}^{-\frac{x-x_1}{\theta}}}{\theta^\alpha\Gamma(\alpha)}, x>x_1$$

并取 $\theta=2,\alpha=n/2$,这时可以看出生育率的最高峰为 x_1+n-2 附近.这样,提高 x_1 意味着晚婚,而增加 n 意味着晚育.

定解问题(5.16)式、(5.17)式和(5.18)式构成了人口问题的偏微分方程模型.

评注:所得的偏微模型本质上就是 Malthus 模型.这个模型的进步就是考虑到了年龄的因素,能更精确地描述人口分布的年龄结构以及发展过程.

事实上,对(5.16)式关于 x 从 0 到 A 积分得

$$\frac{\mathrm{d}P}{\mathrm{d}t} = p(t,0) - \int_0^A d(t,\xi)p(t,\xi)\mathrm{d}\xi$$

$$= \int_{x_1}^{x_2} b(t,x)k(t,x)p(t,x)\mathrm{d}x - \int_0^A d(t,\xi)p(t,\xi)\mathrm{d}\xi$$

记

$$B = \frac{\int_0^A b(t,\xi)k(t,\xi)p(t,\xi)\mathrm{d}\xi}{P(t)}$$

$$D = \frac{\int_0^A d(t,\xi)p(t,\xi)\mathrm{d}\xi}{P(t)}$$

于是,我们得到

$$\frac{\mathrm{d}P(t)}{\mathrm{d}t} = (B - D)P(t)$$

又由初始条件(5.17),有

$$t = 0, P(0) = \int_0^A p(0, \xi)\mathrm{d}\xi$$

若设 B、D 与 t 无关,即是 Malthus 模型.

如果考虑到竞争因素模型就更为困难,在此就不讨论了.

5.3　草坪积水问题

露天足球场极易受雨天的干扰. 每逢下雨只能停赛直至草坪的表层充分干,即或雨水渗透到了底层,或雨停后雨水蒸发到空气中. 有仪器可以加快其干燥过程,但为了避免损坏草坪,常常让其自然干燥. 是否可以建立一个数学模型描述这一干燥过程?

这个问题也可以叙述为:下了一场雨后,是否可以预测比赛何时能恢复?设草坪开始时是干的,突然开始下雨,并以同样的大小持续了半小时. 假设在半小时中聚积了 1.8 厘米高的水. 通过分析将与此问题有关的因素列表如下:

因素	变量类别	符号	单位
降雨速率	变量	$r(t)$	米/秒
时间	变量	t	秒
草坪面积	参量	A	米^2
草坪厚度	参量	D	米
目前在草坪中的雨量	变量	$Q(t)$	米
蒸发率	变量	$e(t)$	米/秒
渗透	变量	$s(t)$	米/秒
比例常数		a, b	每秒
停雨时间	参数	c	秒

注:这里 Q 是用米来度量的,乘以草坪的面积后实际上是水的体积. 同样, e 和 s 是用米/秒来度量的,用 A 来乘成了用立方米来度量的每秒钟内的体积流率.

为建这个模型,与人口问题一样可以采用一个流原理,即

{在草坪中雨水的增加率}={流入率}−{流出率}

由于开始时草坪是干的,即初始条件 $Q(0) = 0$. 由上面的流原理,必须知道流入、流出和草坪的容量. 显然,流入率等于降雨率与所考虑的草坪的面积的乘积,即流入率 $= r(t)A$. 为确定流出率,则必须确定水是如何流出的. 流出的水将排入底下和蒸发到空气中. 但在降雨的过程中,蒸发几乎是不可能的,于是仅需考虑渗透. 假设这与草坪中的含水量成正比,即 $s(t) = aQ(t)$. 一旦停止下雨,水除了渗透外还有蒸发. 蒸发率依赖于空气的温度和湿度. 蒸发的水来自于湿草坪的表面,为了建模的方便,假设蒸发率与草坪中的水量成正比,即 $e(t) = bQ(t)$.

于是,可得关于 $Q(t)$ 的微分方程

$$\frac{\mathrm{d}Q}{\mathrm{d}t} = \begin{cases} r(t) - aQ(t), & 0 < t < c \\ -aQ(t) - bQ(t), & c < t \end{cases} \qquad (5.19)$$

为了使模型能给出有关草坪进水的足够信息,就要对它进行积分,如果给出 $r(t)$,a 和 b 的数据就可得到 $Q(t)$. 前面已经说过降雨率在半小时的时间周期里为常数,即

$$c = 1800, \quad r(t) = \frac{0.018}{1800} = 10^{-5}（米/秒）$$

对于参数 a 和 b 的值,可以有两种方法来得到:一种是通过深入的理论上的探讨,从科学的角度找出它们的值;另一种是把它们作为待定的参数,得到数学解,然后通过参数辨识得到 a、b 的值. 在此,为了避免这些麻烦就直接给出它们的值 $a = 0.001$ 每秒,$b = 0.0005$ 每秒.

如果取草坪的面积为 1 平方米,从方程

$$\frac{\mathrm{d}Q}{\mathrm{d}t} = \begin{cases} 10^{-5} - 10^{-3}Q(t), & 0 < t < 1800 \quad ① \\ -10^{-3}Q(t) - 5 \times 10^{-4}Q(t), & 1800 < t \quad ② \end{cases} \qquad (5.20)$$

积分方程(5.20)的①式,得

$$Q(t) = 0.01[1 - \exp(-0.001t)]$$

$t = 1800$ 时,$Q(t) \approx 0.00835$. 解方程(5.20)的②式,得

$$Q(t) = B \exp(-0.0015t)$$

其中 B 是一个积分常数,它可以从 $Q(1800) = 0.00835$ 代入上式得 $B = 0.124$. 因此,

$$Q(t) = 0.124 \exp(-0.0015t), t > 1800 \qquad (5.21)$$

方程(5.21)预测了雨停后草坪中水减少的量. 问题是确定比赛何时才能恢复,即草坪何时才能干燥,也就是说 $Q = 0$. 然而,方程(5.21)是一个负指数函数,按照这个模型 $Q(t)$ 实际上不会是零. 假设当水量降至其高峰值的 10% 时就认为草坪是足够干的了. 要等多长时间,只要在方程(5.21)中令 $Q = 0.000835$,即 $0.000835 = 0.124 \exp(-0.0015t)$,并取对数,于是有 $-7.08808 = -2.0875 - 0.0015t$,求得 $t = 3334$（秒）. 这样,雨停以后还要等 1534 秒（约 16 分）才能恢复比赛.

选取 10% 是相当任意的. 如果降至最大值的 5%,需要等多长时间? 在方程(5.21)中取 $Q = 0.004175$,此时 $t = 3796$ 秒,即大约需要等 24 分钟.

5.4　消防队员的位置

在失火场地,可以看到消防队员紧握水龙头,将水束射入燃烧的建筑. 由于闷热和墙体倒塌的原因,消防队员们希望能站得尽可能远,但要保证水能从窗户进入房子,如图 5.2 所示. 试建立一个数学模型,找出这个距离.

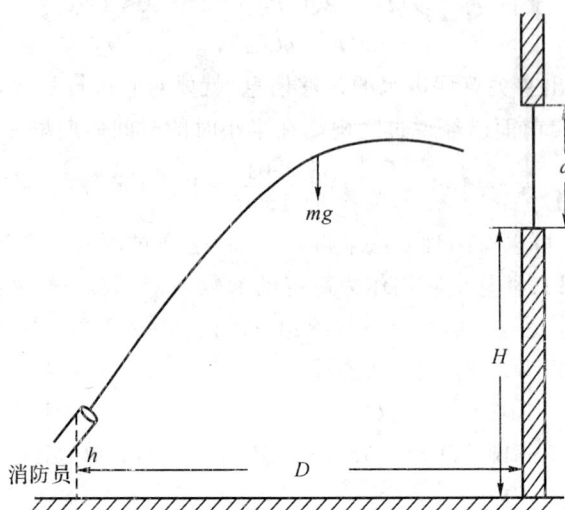

图 5.2

注意到从水龙头喷向窗户的水是在一个两维平面上运动的,要刻画出它在某时刻 t 的位置需要两个坐标.一般来说,对于这样的问题,需用牛顿第二定律导得的两个二阶方程来描述这个在两维平面中的运动,通常这样的两个方程是非耦合的.

通过分析,可把该问题所涉及的主要因素描述如下:

因素	符号	单位
喷出时水的初速	u	米/秒
窗户离地的高度	H	米
窗户的高度	d	米
窗户的宽度	w	米
水束水的重力	mg	牛顿
空气的阻力	R	牛顿
消防员握龙头高度	h	米
喷射的初始角度	α	度
龙头的横截面积	A	米^2
从墙基到消防员的距离	D	米
时间	t	秒
坐标变量	x, y	米
速度	v	米/秒

在这里没有列入诸如交叉的风力、水压的变化等因素的影响.为建模的方便,可以进一步假设:

(1)从水龙头喷出的水束是一束粒子流.

(2)忽略空气的阻力等因素的影响.

(3)窗户的大小忽略不计.

为了建模的方便可作出图 5.3,从图中可以看出力和速度的分析.

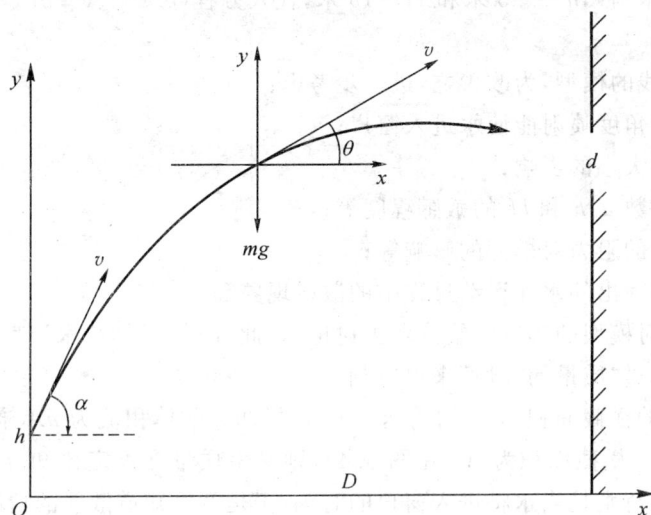

图 5.3

通过对水束的受力分析,很容易用牛顿第二定律导出水流运动的两个非耦合方程.
水平方向:

$$m\frac{\mathrm{d}^2 x}{\mathrm{d}t^2} = 0 \tag{5.22}$$

垂直方向:

$$m\frac{\mathrm{d}^2 y}{\mathrm{d}t^2} = -mg \tag{5.23}$$

注意:方程中的 m 指的是运动中的水的质量,把水束视为质量为 m 的质点流.积分上述方程 (5.22)、(5.23),得

$$x = ut\cos\alpha$$

$$y = ut\sin\alpha - \frac{1}{2}gt^2 + h$$

其中 h 是消防员的持管高度.现在的问题是如何才能求得所需要的解.一个消防队员并不关心何时水在何处,关心的是他所处的位置与以怎样的角度握水龙头.为此,从上述方程中消去 t,得

$$y = x\tan\alpha - \frac{gx^2}{2u^2\cos^2\alpha} + h \tag{5.24}$$

取 $x = D$,$y = H$,得

$$H = D\tan\alpha - \frac{gD^2}{2u^2\cos^2\alpha} + h \tag{5.25}$$

注意到方程中 H、g、u 和 h 是参数,这样模型就成为:当 α 取何值时,式(5.25)中的 D 最大.
用微积分方法不难得到,这样的 α_M 和 D_M 应满足

$$\sin^2\alpha_M = \frac{u^2}{2[u^2 - g(H-h)]} \tag{5.26}$$

$$D_M = \frac{u\sqrt{u^2 - 2g(H-h)}}{g} \tag{5.27}$$

若取 $u=20$ 米/秒，$h=1.5$ 米和 $H=15$ 米，代入方程(5.26)、(5.27)，可求得 $D_M=23.7$ 米，$\alpha=59.8°$．

这是一个粗浅的模型，为改善之，进一步考虑：

(1)以怎样的角度喷射能使水进入窗户；

(2)考虑窗户大小的影响；

(3)结论对参数 u、h 和 H 的敏感程度等；

(4)空气对水的阻力对模型的影响等；

(5)从水龙头喷出的水在运动过程中的散射现象等．

以上诸因素对模型的影响留给读者去讨论，在此分析一下对"水流散发"现象的描述方法．实际上可以通过"质量的守恒"来得以刻画．

设知道龙头的横截面积 A 和初始速度 u，这样初始的体积流为 uA 米^3/秒．如果在某个以后状态速度为 v，横截面积为 A'（见图 5.4），则又由质量守恒定律知 $uA=vA'$．如果在某处的 v 可以算出，特别是当水将进入窗户的时刻，于是就可知道散射的情况．

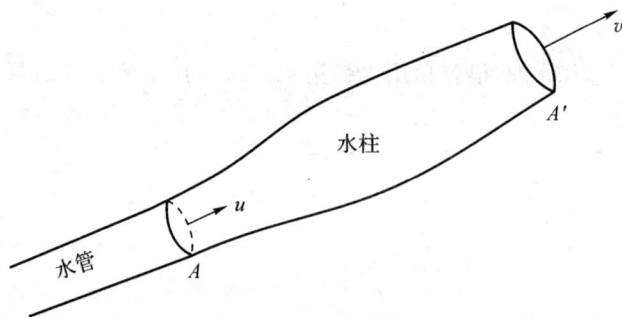

图 5.4

5.5　追赶问题

假设有不同身高的许多人，在同一直线上向同一方向行走．若高个迈大步，矮个行小步，一段时间后，高个追上矮个，从而出现跌倒现象．

设 t 时刻位于 x 处的人的身高 $h(t,x)$．假设人数较多且在开始时人头曲线

$$h(0,x)=\varphi(x) \tag{5.28}$$

可以看成是连续的．这样，要描述这个追赶现象，相当于要考虑人头曲线 $h(t,x)$ 的形状，从 $t=0$ 时的 $\varphi(x)$，随 t 的变化情况．

要得到函数 $h(t,x)$ 所满足的方程，就需要找出 h 在变化过程中不变的东西．在同一人的轨迹上身高是不变的．而初始时在 $x=\alpha$ 位置的人的运动轨迹满足下面的常微分方程的 Cauchy 问题：

$$\begin{cases} \dfrac{dx}{dt}=a(h) \\ t=0,\ x=\alpha \end{cases} \tag{5.29}$$

这里我们假设行走的速度是身高的函数 $a(h)$，为方便，设 $a'(h) \geqslant 0$. 设其解为 $x = x(t, \alpha)$. 这样在 $x = x(t, \alpha)$ 上 h 取常值，即

$$h(t, x(t, \alpha)) = 常数$$

对方程两边关于 t 求导，得

$$\frac{\mathrm{d}h}{\mathrm{d}t} = \frac{\partial h}{\partial t} + a\frac{\partial h}{\partial x} = 0$$

从而得到 $h(t, x)$ 应满足的偏微分方程

$$\frac{\partial h}{\partial t} + a(h)\frac{\partial h}{\partial x} = 0 \tag{5.30}$$

这是一个一阶拟线性偏微分方程. 方程 (5.30) 就是我们所求的追赶问题的模型.

可以用特征线法求解这个模型. 事实上，过 $(0, \alpha)$ 点的特征线为

$$x = \alpha(\varphi(\alpha))t + \alpha \tag{5.31}$$

在其上 $h = \varphi(\alpha)$，它们是直线. 当 α 变动时，这些特征线必布满 (t, x) 平面上初始轴附近的一个区域，如图 5.5 所示.

在每一特征线上的解已知，因此就可以在一定的范围内决定解. 具体说来，可以从式 (5.31) 中反解出 $\alpha = \alpha(t, x)$，再代入 $h = \varphi(\alpha)$，就得到所求的解 $h = \varphi(\alpha(t, x))$.

下面讨论一下这个模型的正确性：首先，如果 $a(h) = a = 常数$，则模型的解就可以写为 $h = \varphi(x - at)$. 即这时的人头曲线之形状不随 t 而改变，整条曲线以速度 a 向右移动.

其次，如果 $a = a(t, x)$，这时特征曲线 $x = x(t, \alpha)$ 满足

图 5.5

$$\begin{cases} \dfrac{\mathrm{d}x}{\mathrm{d}t} = a(t, x) \\ t = 0, x = \alpha \end{cases} \tag{5.32}$$

并对任何固定的 $t \geqslant 0$，恒可反解出 $\alpha = \alpha(t, x)$. 事实上，把 $x = x(t, \alpha)$ 代入方程 (5.32)，并在方程两边关于 α 求导，得

$$\begin{cases} \dfrac{\mathrm{d}}{\mathrm{d}t}\dfrac{\partial x(t, \alpha)}{\partial \alpha} = \dfrac{\partial a}{\partial x}(t, x(t, \alpha))\dfrac{\partial x(t, \alpha)}{\partial \alpha} \\ t = 0, \dfrac{\partial x}{\partial \alpha}(0, \alpha) = 1 \end{cases} \tag{5.33}$$

因此，在解 $x = x(t, \alpha)$ 存在的范围内，恒成立

$$\frac{\partial x(t, \alpha)}{\partial \alpha} = \mathrm{e}^{\int_0^t \frac{\partial a}{\partial x}(T, x(T, \alpha))\mathrm{d}T} > 0$$

从而对任何固定的 $t \geqslant 0$，恒可由 $x = x(t, \alpha)$ 反解出 $\alpha = \alpha(t, x)$. 在这种情形下，方程 (5.30) 的解为 $h = \varphi(\alpha(t, x))$. 此时人头曲线的形状是不变的，但整个曲线将随时间连续地向右移动.

最后，如果速度 $a(h) = h(t, x)$，就会出现追赶现象.

在这种情形下，方程 (5.31) 一般来说仅有局部的反解. 这是由于特征线 $x = \varphi(\alpha)t + \alpha$ 关于 α 的导数 $\dfrac{\partial x}{\partial \alpha} = \varphi'(\alpha)t + 1$. 在 $t = 0$ 附近显然可以反解出 $\alpha = \alpha(t, x)$，但是否可以对所有的 t

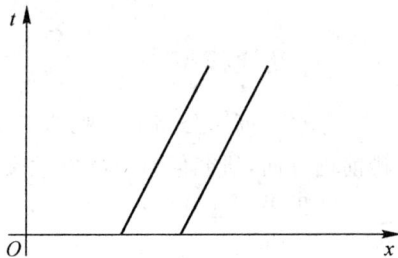

$\geqslant 0$ 都可以反解出 α, 就要看 φ' 的符号, 即初始时刻的排队的情况而定.

如果 $\varphi' \geqslant 0$, 即高个子在前, 矮个在后, 则对所有的 $t \geqslant 0$ 都可以反解出 α. 从而模型方程 (5.30) 有整体解. 也就是说, 在这种情形下永远不会出现追赶现象.

如果 $\varphi' \leqslant 0$, 即矮个子在前, 高个在后, 这时特征线族会聚集起来. 因此, 人群会变得越来越密集, 最终要出现追赶现象. 最早产生赶上的时刻及地点可由特征线族 $x = \varphi(\alpha)t + \alpha$ 的包络线

$$\begin{cases} x = \varphi(\alpha)t + \alpha \\ \varphi'(\alpha)t + 1 = 0 \end{cases}$$

上 t 值最小的 (t^*, x^*) 给出.

对于一般情况有兴趣的读者可以继续讨论.

5.6 交通流问题

一、交通模型

考察在高速公路上行驶的交通车辆的流动问题. 设以 x 轴表示此公路, x 轴正向表示车辆前进方向, 研究何时可能发生交通阻塞以及如何避免的问题.

如果采用连续模型, 设 $u(t, x)$ 为时刻 t 时交通车辆按 x 方向分布的密度, 即设在时刻 t, 在 $[x, x+dx]$ 中的车辆数 $= u(t, x)dx$. 再设 $q(t, x)$ 为车辆通过 x 点的流通率, 则在时段 $[t, t+dt]$ 中, 通过点 x 的车辆流量为 $q(t, x)dt$.

利用车辆数守恒的事实得到: 时段 $[t, t+dt]$ 中在区间 $[x, x+dx]$ 内车辆数的增加应等于时段 $[t, t+dt]$ 中通过点 x 的车辆流量减去时段 $[t, t+dt]$ 中通过点 $x+dx$ 的车辆流量, 即如下关系式成立:

$$u(t+dt, x)dx - u(t, x)dx = q(t, x)dt - q(t, x+dx)dt$$

假设有关函数连续可微, 得

$$\frac{\partial u}{\partial t}(t, x) + \frac{\partial q}{\partial x}(t, x) = 0 \tag{5.34}$$

这个方程不足于表示这个问题的特征. 因为上面推导方程 (5.34) 的过程, 也可适用于其他的一维流动, 如在河流中污染物的浓度分布和流动, 热量在一细长杆中的流动 (其中 u 为温度), 或在一导线中电子的浓度和流动等等. 对于每一不同的流动, $q(t, x)$ 的具体意义有所不同. 例如在热传导问题中, 常取热流量 $q = -k\dfrac{\partial u}{\partial t}$ / (Fourier 实验定律), 就可由方程 (5.34) 得到热传导方程. 为得到所需模型, 必须考察车辆交通的特性来决定 q 依赖于 u 的具体形式, 称之为结构方程. 可以通过一些观测的资料来给出结构方程的具体形式. q 与 u 的关系如图 5.6 所示.

这是根据美国公路上的车辆情况统计而得的曲线, 其中 u 的单位为车辆数/哩, q 的单位为车辆数/小时. 由图 5.6 所示可知:

（1）在 u 值较小时，随着 u 值的增加，流通率 q 也增加. 这是因为车辆流量随着车辆数增加而增加.

（2）u 值增加时，流通率 q 减小. 这是因为车辆数太多时，反而影响了流量.

具体说来，大约在 $u \approx 75$ 辆/哩时，可达到最大流通率 1500 辆/小时，而在 $u = u_j \approx 225$ 辆/哩时，$q = 0$，即出现交通阻塞.

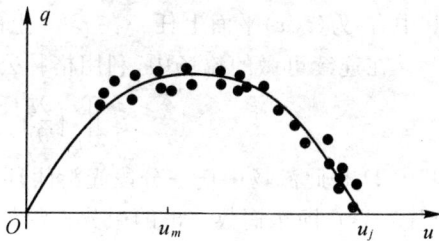

图 5.6

这些数据可以拟合成抛物线 $q = u_f u(1 - u/u_j)$，$(u \leqslant u_j)$，其中 u_f 为汽车的自由速度，即在整个公路上只有一辆汽车时的速度，u_j 为出现交通阻塞时的车辆密度. 它在 $u = 0$ 或 $u = u_j$ 时为零，而在 $u_m = u_j/2$ 时达最大值 $q_m = u_f u_m/2$. 这样，就得到结构方程为

$$q = q(u) = -au(u - b) \tag{5.35}$$

其中 $a = u_f/u_j$，$b = u_j$. 代入方程(5.34)，求得交通模型为

$$\frac{\partial u}{\partial t}(t, x) + (c - du)\frac{\partial u}{\partial x}(t, x) = 0 \tag{5.34'}$$

其中 $c = u_f$，$d = 2u_f/u_j$.

于是，作一个未知函数的变换 $h = c - du$，上面的方程可化为

$$\frac{\partial h}{\partial t}(t, x) + h\frac{\partial h}{\partial t}(t, x) = 0$$

而相应的初始条件为

$$t = 0,\ h = h_0(x) = c - du_0(x)\ (0 \leqslant u_0(x) \leqslant u_j)$$

这个模型与追赶问题的模型形式一样，请读者求解本模型并作出合理的解释与评论.

在解不具有足够光滑性的假设下来推导相应的模型，其基础仍是车辆数的守恒，但些时不能采用微分的形式，而只能采用积分形式.

任取一时段 $[t_1, t_2]$ 及一路段 $[x_1, x_2]$ 进行考虑. 在这时段 $[t_1, t_2]$ 中在 $[x_1, x_2]$ 上车辆数的增加应等于在时段 $[t_1, t_2]$ 中经过 $x = x_1$ 处的流量减去经过 $x = x_2$ 处的流量. 于是：

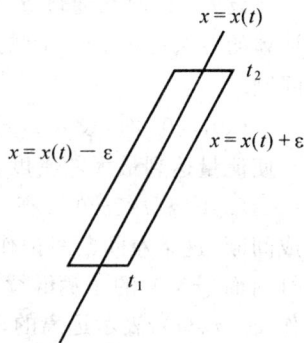

$$\int_{x_1}^{x_2} u(t_2, x)\mathrm{d}x - \int_{x_1}^{x_2} u(t_1, x)\mathrm{d}x$$
$$= \int_{x_1}^{x_2} q(t, x_1)\mathrm{d}t - \int_{x_1}^{x_2} q(t, x_2)\mathrm{d}t \tag{5.36}$$

如果 u 及 q 不光滑，甚至不连续（分块连续及分块光滑），(5.36)式仍是有意义的，它就是车辆数守恒的积分形式. (5.36)式表明，在 (t, x) 平面上的任一矩形环路 Γ 上，

$$\oint_\Gamma u\mathrm{d}x - q\mathrm{d}t = 0$$

图 5.7

成立. 从而对 (t, x) 平面上任一在 $t \geqslant 0$ 上的分段光滑的闭环路 Γ，仍成立上式. 因此，车辆数守恒这一事实的积分形式如下：

$$\oint_\Gamma u\mathrm{d}x - q(u)\mathrm{d}t = 0,\ \forall \Gamma \tag{5.37}$$

其中，Γ 为 (t,x) 平面上任一在 $t \geqslant 0$ 上的分段光滑闭环路.

在连续可微的流场中，利用格林公式，由(5.37)式易得

$$\iint_D \left(\frac{\partial u}{\partial t} + \frac{\partial q(u)}{\partial x} \right) \mathrm{d}x \mathrm{d}t = 0, \forall D$$

其中 D 是此流场中任一分段光滑闭环路 Γ 所包含的区域. 由此利用 D 的任意性，就得到方程(5.34)，即车辆数守恒的微分方程.

若解 $u(t,x)$ 在 (t,x) 平面上出现间断，则在解的间断线 $x = x(t)$ 的两侧，解应具有不同的数值. 设解具有第一类间断，并记在 $x = x(t)$ 两侧的解值分别为 u_- 及 u_+. 为了推出在 $x = x(t)$ 上应满足的关系式，在此间断线 $x = x(t)$ 旁取如图 5.7 所示的闭环路 Γ，并将(5.37)用于此闭环路. 在(5.37)式中，先令 $\varepsilon \to 0$，再令 $t_2 - t_1 \to 0$，就得到在 $x = x(t)$ 上应成立如下的条件，称之为间断连续条件：

$$[u]\mathrm{d}x - [q(u)]\mathrm{d}t = 0 \tag{5.38}$$

其中，记 $[u] = u_+ - u_-$，$[q(u)] = q(u_+) - q(u_-)$. 条件(5.38)又可写为

$$\frac{\mathrm{d}x}{\mathrm{d}t} = \frac{[q(u)]}{[u]} = \frac{q(u_+) - q(u_-)}{u_+ - u_-}$$

用它可以来确定间断线的斜率.

二、红绿灯下的交通流

为方便设交通信号灯置于 $x = 0$ 处. 若原来公路上的交通处于稳定状态，即初始密度 $f(x)$ 是常数. 某时刻交通灯突然红灯亮，于是交通灯前面 $(x > 0)$ 的车辆继续行使，而后面 $(x < 0)$ 的车辆则一辆辆地堵塞起来. 经过一段时间后交通灯变绿灯，被堵塞的车辆得以快速地向前行驶. 如何用车流密度函数的变化来描述这一过程. 绿灯亮后被堵塞的车辆多长时间才能追上远离的车队，对车队而言多长时间堵塞状态才会消失，交通恢复正常.

红绿灯的变化必然引起密度函数 $u(t,x)$ 的间断，而由上面的模型知道间断必须满足间断条件(5.38)式，下面用它来研究间断线的变化规律：

设 $t = 0^+$ 时交通灯突然由绿变红，$t = \tau$ 时又由红变绿. 下面依时间顺序用图形结合公式计算的方法讨论 $u(t,x)$ 的演变过程，并回答上面的"何时追上车队"、"何时堵塞消失"等问题.

(1) $t \leqslant 0^-$ 时，设 $u(t,x) = f(x) = u_0$(常数)，为确定起见不妨设 $u_0 < u_m/2$，即初始密度小于使流量达到最大的密度，这种交通流称为稀疏流，如图 5.8(1)所示.

(2) $0^+ \leqslant t < \tau$ 红灯亮. 在红灯后面 $(x < 0)$ 车辆堵塞导致最大密度 u_m，与初始密度 u_0 形成间断，这条左间断线记作 $x = x_{sl}(t)$，表示堵塞的车队尾部随时间向后(左)延伸的过程. 红灯前面 $(x > 0)$ 的车辆继续行驶，空出的路段导致 $u = 0$，与 $u = u_0$ 形成间断，这条右间断线记作 $x = x_{sr}(t)$，表示远离的车队尾部向前(右)延伸的过程. x_{sl} 和 x_{sr} 由方程(5.34')和(5.38)确定. 这时的间断条件可化为

$$\frac{\mathrm{d}x}{\mathrm{d}t} = -a(u_+ - b/2) - a(u_- - b/2) = \frac{1}{2}(q'(u_+) + q'(u_-))$$

对于 $x = x_{sl}(t)$，

$$\begin{cases} \dfrac{\mathrm{d}x_{sl}}{\mathrm{d}t} = \dfrac{1}{2}(q'(u_j) + q'(u_-)) = -\dfrac{u_f u_0}{u_j} \\ x_{sl}(0) = 0 \end{cases} \tag{5.39}$$

其解为

$$x_{sl}(t) = -\frac{u_f u_0}{u_j} t \tag{5.40}$$

对于 $x = x_{sr}(t)$,

$$\begin{cases} \dfrac{\mathrm{d}x_{sr}}{\mathrm{d}t} = \dfrac{1}{2}(q'(u_j) + q(u_-)) = \dfrac{u_f(u_j - u_0)}{u_j} \\ x_{sr}(0) = 0 \end{cases} \tag{5.41}$$

其解为

$$x_{sr}(t) = \frac{u_f(u_j - u_0)}{u_j} t \tag{5.42}$$

因为 $u_0 < u_j/2$,由(5.40)、(5.42)式可知 $x_{sr}(t)$ 向前的速度比 $x_{sl}(t)$ 向后的速度大,如图 5.8(2)所示.

(3)$t = \tau$ 时绿灯亮,被阻止在 $x < 0$ 处的车队开始向前行驶,如图 5.8(3)所示.

(4)$t > \tau$ 时用 $x_1(t)$ 表示堵塞车队行驶时最前面那辆车的位置,即由 $u = 0$ 变为 $u > 0$ 那一点的位置,用 $x_2(t)$ 表示堵塞车队行驶时最后面那辆车的位置,即由 $u < u_j$ 变为 $u = u_j$ 那一点的位置.将时间坐标平移为 $t' = t - \tau$,初始密度($t' = 0$)可记作

$$f(x) = \begin{cases} u_j, & x_{sl} < x < 0 \\ 0, & 0 < x < x_{sr} \\ u_0, & x < x_{sl}, x > x_{sr} \end{cases}$$

对于 $0 < x_0 < x_{sr}$,由 $q' = u_f\left(1 - \dfrac{2u}{u_j}\right)$ 知,$q'(f(x_0)) = u_f$.在特征线 $x = u_f t' + x_0$ 上,密度 $u(t', 0) = 0$.由 $x_0 \to 0^+$,即可得 $x_1(t') = u_f t'$,或 $x_1(t) = u_f(t - \tau)$.对于 $x_{sl} < x_0 < 0$,同理,可得 $x_2(t) = -u_f(t - \tau)$.而对于 $x_2(t) \leqslant x \leqslant x_1(t)$.密度 $u(t, x)$ 事实上是连续的,利用 $x = u_f\left(1 - \dfrac{2u}{u_j}\right)(t - \tau)$ 得

$$u(t, x) = \frac{u_j}{2}\left(1 - \frac{x}{u_f(t - \tau)}\right), \quad x_2(t) \leqslant x \leqslant x_1(t)$$

$u(t, x)$ 关于 x 是线性的,所以图中用直线表示.实际上,在 x_1, x_2 之间的那些车辆是一辆辆逐渐开动起来的,由于初始密度均匀,x_1, x_2 又是 t 的线性函数,所以 $u(t, x)$ 与 x 之间的线性关系是可以预料的,如图 5.8(4)所示.

(5)$t = t_d$ 时堵塞消失.由于 $x_1(t)$、$x_2(t)$ 向前、向后的移动速度都是 u_f,$x_{sl}(t)$ 向后的速度为 $\dfrac{u_f u_0}{u_j}$,x_{sr} 向前的速度为 $\dfrac{u_f(u_j - u_0)}{u_j}$. $u_0 < u_j/2$ 的假设下不难知道,$x_2(t)$ 会首先赶上 $x_{sl}(t)$,记这个时刻为 t_d,即 t_d 满足 $x_{sl}(t_d) = x_2(t_d)$.这样 $t_d = \dfrac{u_j}{u_j - u_0}\tau$,是堵塞消失的时刻,如图 5.8(5)所示.

(6)$t = t_u$ 时追上车队.当 $x_1(t)$ 赶上 $x_{sr}(t)$ 时,堵塞车队的最前面那辆车追上远离的车队,记这个时刻为 t_u、也即这时 $x_1(t_u) = x_{sr}(t_u)$,可以算出 $t_u = \dfrac{u_j}{u_0}\tau$,如图 5.8(6)所示.

(7)$t > t_u$ 时 $x_{sl}(t)$ 和 $x_{sr}(t)$ 继续移动,而 $u(t, x)$ 在间断点处的跳跃值逐渐减小,如图 5.8(7)所示.下面分析 $x_{sl}(t)$ 的变化规律.

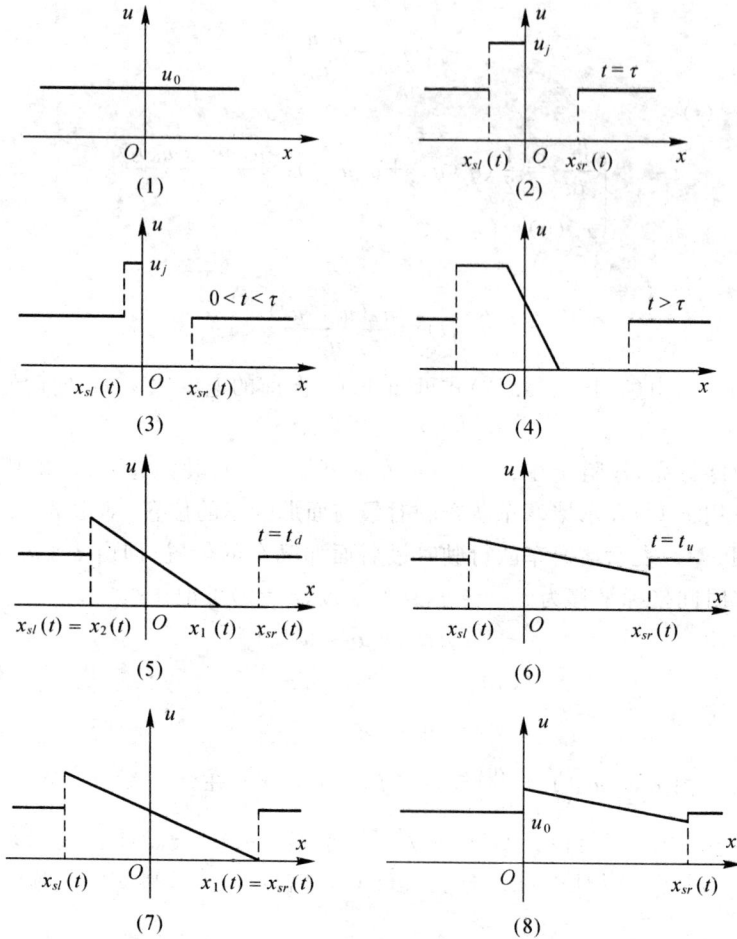

图 5.8

$x_{sl}(t)$ 满足间断条件 (5.38) 式, 其中 $u^+ = \dfrac{u_j}{2}\left(1 - \dfrac{x_{sl}}{u_f(t-\tau)}\right)$, 代入间断条件, 得

$$
\begin{cases}
\dfrac{\mathrm{d}x_{sl}}{\mathrm{d}t} = \dfrac{x_{sl}}{2(t-\tau)} + \dfrac{u_f}{2}\left(1 - \dfrac{2u_0}{u_j}\right) \\
x_{sl}(t_d) = -u_f(t_d - \tau)
\end{cases}
\tag{5.43}
$$

解 (5.43) 式得

$$
s_{sl}(t) = u_f\left(1 - \dfrac{2u_0}{u_j}\right)(t-\tau) + B_1(t-\tau)^{1/2}
\tag{5.44}
$$

$$
B_1 = -2u_f\left(1 - \dfrac{u_0}{u_j}\right)\left(\dfrac{u_0 \tau}{u_j - u_0}\right)^{1/2} < 0
\tag{5.45}
$$

对 (5.44) 式求导, 得

$$
\dfrac{\mathrm{d}x_{sl}}{\mathrm{d}t} = u_f\left(1 - \dfrac{2u_0}{u_j}\right) + \dfrac{B_1}{2}(t-\tau)^{-1/2}
$$

当 t 足够大时, 必有

$$
\left|\dfrac{B_1}{2}(t-\tau)^{-1/2}\right| < u_f\left(1 - \dfrac{2u_0}{u_j}\right)
$$

这时 $\dfrac{\mathrm{d}x_{sl}}{\mathrm{d}t}>0$. 所以一定存在某个时刻, 使 $x_{sl}(t)$ 由 $t=t_d$ 时的向后移动 $\left(\dfrac{\mathrm{d}x_{sl}}{\mathrm{d}t}\Big|_{t=t_d}<0\right)$ 变成向前移动.

$x_{sr}(t)$ 的变化规律可作类似的分析. 结果表明 t 足够大以后, $x_{sr}(t)$ 和 $x_{sl}(t)$ 以相同速度向前移动.

(8) $t=t^*$ 时 $x=0$ 处交通恢复, 如图 5.8(8) 所示. $x_{sl}(t)$ 向前移至 $x=0$ 点的时刻记作 t^*, 在(5.44)式中令 $x_{sl}(t^*)=0$, 解出

$$t^* = \frac{\tau}{\left(1-\dfrac{2u_0}{u_j}\right)^2} \tag{5.46}$$

这时 $x=0$ 处的车辆密度 $u(t,x)$ 减少到初始密度 u_0, 可以认为 $x=0$ 处的交通恢复正常. 从 (5.46)式可知, 红灯时间 τ 越短, 初始密度与最大密度之比 u_0/u_j 越小, 恢复得就越快.

设 $u_0/u_j=3/8$, 由(5.46)式算出 $t^*=16\tau$. 将 τ 看作由于事故造成堵塞而停止交通的时间, 那么 $\tau=5$ 分钟的堵塞, 需要再过 $16\times5-5=75$ 分钟堵塞处的交通才能恢复原状.

当 $t>t^*$ 后, $x_{sl}(t)$、$x_{sr}(t)$ 都在 $x>0$ 处向前移动, 并且 u 的跳跃值越来越小. 理论上, 当 $t\to\infty$ 时, 全线 $(-\infty<x<+\infty)$ 的交通才能恢复到初始状态 $u=u_0$.

5.7　房室系统

一、问题的提出

研究药物在人体的分布过程中, 可近似地把人体看成由有限个部分组成的, 每个部分称为一个房室, 它具备以下几个特点: 每个房室有固定的容积, 每一时刻药物浓度是均匀分布的; 各房室间及各房室与外部环境间均可进行药物交换, 而这种交换服从质量守恒定律.

还有许多方面的问题, 如污染问题, 传染病的传播问题, 生态问题等, 都可化为这种由有限个部分组成的系统, 每个部分均可看成是满足以下性质的容器:

(1)有固定的容量, 内含每个时刻都均匀分布着的单一物质(或能量);

(2)各个部分(房)间以及各部分与外环境间均可进行物质(或能量)守恒定律.

这样的系统称为房室系统. 若系统由 n 个房室组成, 称之为 n 房室系统. 我们的问题是, 如何确定 n 房室系统中物质的质量分布规律. 首先根据实际情况, 作一定的假设, 然后确定 n 房室系统物质交换的机理, 其次根据机理与基本定律建立数学模型, 最后再利用某些数学方法求解已经建立的数学模型.

二、n 房室系统

设有一个 n 房室系统, 每个房室用 1 至 n 来标号, 并用 0 标记周围环境, t 时刻各房室的物质质量为 $x_i(t)$ $(i=1,\cdots,n)$, $x_i(t)$ $(i=1,2,\cdots,n)$ 表示物质在系统中的分布规律, 主要是依据各房室间及与周围之间的物质流动来决定的. 现考察任意两个房室(第 i,

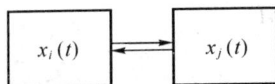

图 5.9

j 房屋)间的物质流动. 我们用方框表示房室,用箭头表示物质的流向,如图 5.9 所示.

记 $m_{ji}(t)$ 是从开始至 t 时刻由第 i 房室流到第 j 房室的物质质量. 假设这一过程只与 i 房室的质量 $x_i(t)$ 有关,而与其他房室的质量 $x_k(t)(k\neq i)$ 无关. 进一步假设,$[t,t+\Delta t]$ 时间间隔内,从 i 房室流到 j 房室平均流量(单位时间流入的质量)与 $x_i(t)$ 成正比,即

$$\frac{m_{ji}(t+\Delta t)-m_{ji}(t)}{\Delta t}\approx k_{ji}x_i(t)$$

用导数表示,即

$$\frac{\mathrm{d}m_{ji}}{\mathrm{d}t}=k_{ji}x_i(t)$$

其中,k_{ji} 或为常数,或也是 t 的函数,这要视具体情况来定. k_{ji} 称为由 i 房室的速率系数. 上述讨论包括了从 i 房室到外环境的排泄过程,即只要令 $j=0$,k_{oi} 为 i 房室流入外环境的速率系数(或称排泄速率系数).

与上述原则一致,环境对 j 房室的输入质量只与环境有关,而与各房室的质量无关. 进一步设 $[t,t+\Delta t]$ 时间间隔内从外环境流到 j 房室的平均流量为常数,即

$$\frac{m_{j0}(t+\Delta t)-m_{j0}(t)}{\Delta t}\approx f_{j0}$$

用导数表示:

$$\frac{\mathrm{d}m_{j0}(t)}{\mathrm{d}t}=f_{j0}$$

同样,f_{j0} 或为常数,或为 t 的函数,称 f_{j0} 为环境对 j 房室的输入流率. 按上述机理,决定系统的动态分布规律的将是速率系数 $k_{ji}(j,i=1,2,\cdots,n,j\neq i)$,排泄系数 $k_{0i}(i=1,2,\cdots,n)$ 和输入流率 $f_{j0}(j=1,2,\cdots,n)$.

三、n 房室系统的数学模型

为给出 n 房室系统的数学模型,假设对每一房室均有可能和环境及其他任一房室互有物质流动.

为得到 $x_i(t)$ 所满足的方程,考虑时段 $[t,t+\Delta t]$ 中第 i 房室质量的守恒. 显然,第 i 房室的质量之增加应等于在这时段中其余各房室和环境流入 i 房室的物质之和再减去第 i 房室流入环境和其余各房室的质量之和,即

$$x_i(t+\Delta t)-x_i(t)\approx\Delta t\Big(\sum_{\substack{j=1\\j\neq i}}^{n}(k_{ij}x_j(t)-k_{ji}x_i(t))-k_{0i}x_i(t)+f_{i0}\Big)$$

两边除以 Δt,令 $\Delta t\to 0$,近似式变成等式:

$$\frac{\mathrm{d}x_i}{\mathrm{d}t}=\sum_{\substack{j=1\\j\neq i}}^{n}(k_{ij}x_j(t)-k_{ji}x_i(t))-k_{0i}x_i(t)+f_{i0},i=1,2,\cdots,n \qquad (5.47)$$

这个常微分方程组加上初始条件 $x(0)=x_0$ 就形成了 n 房室系统的数学模型. 写成矩阵形式有

$$\begin{cases}\dfrac{\mathrm{d}\boldsymbol{x}}{\mathrm{d}t}=A\boldsymbol{x}(t)+\boldsymbol{f}(t)\\[2mm]\boldsymbol{x}(0)=\boldsymbol{x}_0\end{cases} \qquad (5.48)$$

其中

$$\boldsymbol{x}(t) = \begin{bmatrix} x_1(t) \\ \vdots \\ x_n(t) \end{bmatrix}, \boldsymbol{x}_0 = \begin{bmatrix} x_{01} \\ \vdots \\ x_{n0} \end{bmatrix}, \boldsymbol{f}(t) = \begin{bmatrix} f_{10} \\ \vdots \\ f_{n0} \end{bmatrix}$$

$$A = (a_{ij})_{n \times n}, \qquad a_{ij} = k_{ij} (j \neq i)$$

$$a_{ii} = -\sum_{\substack{j=1 \\ j \neq i}}^{n} k_{ji} - k_{0i}$$

上述各量满足

$$k_{ij} \geqslant 0 (i = 0, 1, \cdots, n; j = 1, 2, \cdots, n, j \neq i)$$

$$f_{j0} \geqslant 0, x_{i0} \geqslant 0 (i = 1, 2, \cdots, n)$$

$$a_{ij} \geqslant 0 (i, j = 1, 2, \cdots, n, i \neq j), a_{ii} < 0 (i = 1, 2, \cdots, n)$$

且按列对角线占优势

$$|a_{ii}| \geqslant \sum_{\substack{j=1 \\ j \neq i}}^{n} a_{ji}$$

四、常系数模型的求解

当模型(5.48)中矩阵 A 的元素 a_{ij} 均为常数时,这是一个常系数线性方程组的初值问题,它有两类求解问题.

1.若常系数 a_{ij} 均是已知的,由微分方程的基本理论知:

(1)初值问题(5.48)在 $[0, +\infty)$ 上存在唯一解.

(2)在条件 $a_{ij} \geqslant 0 (i, j = 1, 2, \cdots, n, i \neq j)$,$f_{i0} \geqslant 0 (i = 1, 2, \cdots, n, t \in [0, +\infty))$ 时可用拉氏变换求解这个初值问题.

2.在实际问题中,速率系数 k_{ij} 往往是未知的,输入变量 f_{i0} 是已知的,输出变量 $x_i(t)$ 中的部分或全部以及 $x_i(t)$ 的初值是可以测量的.要求我们由给定的 $f(t)$,$x(t)$ 的部分或全部分量及初值的测量数据,再借助于某些数学方法求出矩阵 A.这就是微分方程的参数辨识问题.对于这类问题的参数辨识过程的基本步骤是:

(1)系统的可辨识性判断.就实际问题而言,一般说解必然是存在唯一的.例如,药物在人体中必然有某种分布而且只能有一种分布.但数学模型只是实际问题的某种近似描述,因而它的解可能不唯一,甚至是不存在的.因此,对于这样一个问题首先要讨论上述常微分方程组的反问题的解在什么条件下存在而且唯一.这就是系统的可辨识性问题.

(2)求出初值问题含未知参数的理论解.

(3)求最佳拟合参数

将求得的理论解记为

$$x_i(t) = g_i(t, b_1, \cdots, b_k)$$

它含有 k 个参数 $b_1, \cdots, b_k$(均依赖于速率系数 k_{ij}).若对 $x_i(t)$ 有测量数据,记为 $\overline{x}_i(t_j)$,$j = 1, \cdots, m$.我们将按如下原则来确定 $b_1, \cdots, b_k$:

a)例出 $x_i(t)$ 的测量值与理论计算值的误差平方和公式

$$\Delta(b_1, \cdots, b_m) = \sum_{j=1}^{m} [\overline{x}_i(t_j) - g_i(t_j, b_1, \cdots, b_k)]^2$$

b)选择参数 $(b_1, \cdots, b_m) = (b_1^*, \cdots, b_m^*)$ 使得 $\Delta(b_1, \cdots, b_m)$ 取最小值.这就是最优拟合

参数.

(4)微分方程组系数的确定.由理论解的表达式建立最优拟合参数与方程组系数的关系式,由此来确定微分方程组的系数.

(5)求出初值问题的解.求出微分方程组的系数后,将其代入理论解的表达式,即求出了问题的解.

五、活细胞质膜脂区流动性的分析

用荧光偏振技术测量活细胞脂区流动性(脂质量的动态变化过程)时,将完整的活细胞放入带有荧光探剂 DPH 的试管中,管中 DPH 和脂类结合,就会发荧光,脂类的质量(DPH 的质量)多少和荧光的强度成正比,因此可测出细胞中脂类物质质量的动态变化,但是不能分别测出细胞膜上脂区及细胞内液中脂区的质量之比.因此,希望通过建模方法由实验数据来分别估算出膜上脂量与细胞内液中的脂量.

1. 建立房室模型

把细胞外的 DPH 液(试管中的 DPH)看成一个房室,又把细胞膜与细胞内液分别看成另外两个房室,这就是一个三房室系统.

假设 DPH 探剂通过细胞后才能进入细胞内液.试管中的 DPH 和细胞膜上的 DPH 有相互扩散作用,细胞膜和细胞内液之间的 DPH 也有相互扩散作用.又设相互间的扩散作用是线性的,即速率系数为常数.在实验开始时,迅速加入 DPH 量 x_0.

分别用 $x_1(t)$,$x_2(t)$ 和 $x_3(t)$ 表示 t 时刻细胞外(试管内)、细胞膜上及细胞内液中的 DPH 量,取 $\varepsilon > 0$ 充分小,用 δ 函数表示输入量,即 $f_{10} = x_0 \delta(t-\varepsilon)$.由上述假设,我们先用下面的框图来表示这个三房室系统:

$$\downarrow f_{10} = x_0 \delta(t-\varepsilon)$$

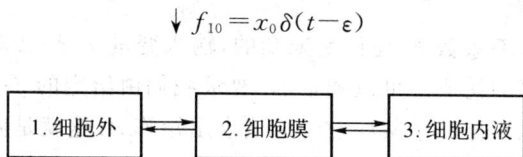

图 5.10

$$x_1(0) = x_2(0) = x_3(0) = 0$$

根据(5.48)式得

$$
\begin{cases}
\dfrac{\mathrm{d}x_1}{\mathrm{d}t} = -k_{21}x_1 + k_{12}x_2 + f_{10} \\[2mm]
\dfrac{\mathrm{d}x_2}{\mathrm{d}t} = k_{21}x_1 - (k_{12}+k_{32})x_2 + k_{23}x_3 \\[2mm]
\dfrac{\mathrm{d}x_3}{\mathrm{d}t} = +k_{32}x_2 - k_{23}x_3 \\[2mm]
x_1(0) = x_2(0) = x_3(0) = 0
\end{cases}
\tag{5.49}
$$

其中系数 k_{12},k_{21},k_{23},k_{32} 均是未知的.

2. 用拉氏变换求解

令 $X(s) = L(x_i(t))(i=1,2,3)$,由(5.49)式得

$$\begin{cases} (s+k_{21})X_1(s) - k_{12}X_2(s) = x_0 e^{-\varepsilon s} \\ -k_{21}X_1(s) + (s+k_{12}+k_{32})X_2(s) - k_{23}X_3(s) = 0 \\ -k_{32}X_2(s) + (s+k_{23})X_3(s) = 0 \end{cases}$$

解此线性方程组,即计算行列式

$$\boldsymbol{D}_0 = \begin{vmatrix} s+k_{21} & -k_{12} & 0 \\ -k_{21} & s+k_{12}+k_{32} & -k_{23} \\ 0 & -k_{32} & s+k_{23} \end{vmatrix}$$

$$= s[s^2 + (\alpha+\beta)s + \alpha\beta] = \Delta(s)$$

其中

$$\begin{cases} \alpha+\beta = k_{12}+k_{21}+k_{23}+k_{32} \\ \alpha\beta = k_{12}k_{23}+k_{32}k_{21}+k_{21}k_{23} \\ \alpha > \beta > 0 \end{cases} \tag{5.50}$$

$$\boldsymbol{D}_1 = \begin{vmatrix} x_0 e^{-\varepsilon s} & -k_{12} & 0 \\ 0 & s+k_{12}+k_{32} & -k_{23} \\ 0 & -k_{32} & s+k_{23} \end{vmatrix}$$

$$= x_0 e^{-\varepsilon s}[s^2 + (k_{12}+k_{23}+k_{32}) + k_{12}k_{23}]$$

$$\boldsymbol{D}_2 = \begin{vmatrix} s+k_{21} & x_0 e^{-\varepsilon s} & 0 \\ -k_{21} & 0 & -k_{23} \\ 0 & 0 & s+k_{32} \end{vmatrix} = x_0 e^{-\varepsilon s} k_{21}(s+k_{23}$$

$$\boldsymbol{D}_3 = \begin{vmatrix} s+k_{21} & -k_{12} & x_0 e^{-\varepsilon s} \\ -k_{21} & s+k_{21}+k_{32} & 0 \\ 0 & -k_{32} & 0 \end{vmatrix} = x_0 e^{-\varepsilon s} k_{21}k_{32}$$

于是得

$$X_1(s) = \frac{D_1}{D_0} = x_0 e^{-\varepsilon s} \frac{s^2 + s(k_{12}+k_{23}+k_{32}) + k_{12}k_{32}}{\Delta(s)}$$

$$X_2(s) = \frac{D_2}{D_0} = x_0 e^{-\varepsilon s} \frac{sk_{21}+k_{21}k_{23}}{\Delta(s)}$$

$$X_3(s) = \frac{D_3}{D_0} = x_0 e^{-\varepsilon s} \frac{k_{21}k_{32}}{\Delta(s)}$$

将上述有理分式分解成部分分式:

$$X_1(s) = x_0 e^{-\varepsilon s} \left(\frac{A}{s} + \frac{B}{s+\alpha} + \frac{C}{s+\beta} \right)$$

由待定系数法得

$$\begin{cases} A+B+C = 1 \\ A(\alpha+\beta) + B\beta + C\alpha + k_{12} + k_{23} + k_{32} \\ A\alpha\beta = k_{12}k_{23} \end{cases}$$

解此方程组得

$$A = \frac{k_{12}k_{23}}{\alpha\beta}, \quad B = \frac{k_{21}(\alpha-k_{32}-k_{23})}{\alpha(\alpha-\beta)}, \quad C = \frac{k_{21}(k_{32}+k_{23}-\beta)}{\beta(\alpha-\beta)}$$

因此，

$$X_1(s) = \left(\frac{k_{12}k_{23}}{\alpha\beta s} + \frac{k_{21}(\alpha - k_{32} - k_{23})}{\alpha(\alpha - \beta)(s + \alpha)} + \frac{k_{21}(k_{32} + k_{23} - \beta)}{\beta(\alpha - \beta)(s + \beta)} \right) x_0 e^{-\varepsilon s}$$

$$X_2(s) = \left(\frac{k_{21}k_{23}}{\alpha\beta s} + \frac{k_{21}(k_{23} - \alpha)}{\alpha(\alpha - \beta)(s + \beta)} + \frac{k_{21}(\beta - k_{23})}{\beta(\alpha - \beta)(s + \beta)} \right) x_0 e^{-\varepsilon s}$$

$$X_3(s) = \left(\frac{k_{21}k_{23}}{\alpha\beta s} + \frac{k_{21}k_{32}}{\alpha(\alpha - \beta)(s + \alpha)} + \frac{k_{21}k_{32}}{\beta(\alpha - \beta)(s + \beta)} \right) x_0 e^{-\varepsilon s}$$

对 $X_i(s)(i = 1, 2, 3)$ 分别求逆变换，并注意

$$L^{-1}\left(\frac{1}{s + r} e^{-\varepsilon r} \right) = H(t - \varepsilon) e^{-r(t - \varepsilon)}$$

于是，得

$$x_1(t) = L^{-1}(X_1(s))$$

$$= \left(\frac{x_0 k_{12} k_{23}}{\alpha\beta} + \frac{x_0 k_{21}(\alpha - k_{32} - k_{23})}{\alpha(\alpha - \beta)} e^{-\alpha(t - \varepsilon)} \right.$$

$$\left. + \frac{x_0 k_{21}(k_{32} + k_{23} - \beta)}{\beta(\alpha - \beta)} e^{-\beta(t - \varepsilon)} \right) H(t - \varepsilon) \tag{5.51}$$

$$x_2(t) = L^{-1}(X_2(s))$$

$$= \left(\frac{x_0 k_{21} k_{23}}{\alpha\beta} + \frac{x_0 k_{21}(k_{32} - \alpha)}{\alpha(\alpha - \beta)} e^{-\alpha(t - \varepsilon)} \right.$$

$$\left. + \frac{x_0 k_{21}(\beta - k_{23})}{\beta(\alpha - \beta)} e^{-\beta(t - \varepsilon)} \right) H(t - \varepsilon) \tag{5.52}$$

$$x_3(t) = L^{-1}(X_3(s))$$

$$= \left(\frac{x_0 k_{21} k_{23}}{\alpha\beta} + \frac{x_0 k_{21} k_{32}}{\alpha(\alpha - \beta)} e^{-\alpha(t - \varepsilon)} \right.$$

$$\left. - \frac{x_0 k_{21} k_{32}}{\beta(\alpha - \beta)} e^{-\beta(t - \varepsilon)} \right) H(t - \varepsilon) \tag{5.53}$$

从(5.51)、(5.52)和(5.53)式看到

$$x_1(t) = x_2(t) = x_3(t) = 0, (0 \leqslant t < \varepsilon)$$

$$x_1(\varepsilon) = x_0, x_2(\varepsilon) = x_3(\varepsilon) = 0$$

$$x_1(t) + x_2(t) + x_3(t) = x_0, (t \geqslant \varepsilon)$$

3. 通过实验数据求 $x_1(t)$ 的最优拟合曲线

用荧光偏振技术测量了细胞内总的脂量曲线，它是细胞膜的脂量与细胞内液中的脂量之和. 但由于

$$x_1(t) = x_0 - [x_2(t) + x_3(t)], (t \geqslant \varepsilon)$$

我们实际得到 $x_1(t)$ 的一组测量数据为 $\hat{x}_1(t_i), (i = 1, 2, \cdots, m)$. 现有 $x_0 = 400 \times 10^{-9} \text{mol/L}$ 及下列数据：

次序 i	时间 t_i(min)	实验值(m) $\hat{x}_1(t_i)$	次序 i	时间 t_i(min)	实验值(m) $\hat{x}_1(t_i)$
1	3	381	12	40	262.031
2	6	367.262	13	45	251.654
3	9	254.356	14	50	243.65
4	12	342.562	15	60	227.831
5	15	331.6	16	70	214.823
6	18	320.785	17	80	203.131
7	21	310.408	18	90	193.192
8	24	301.785	19	100	181.646
9	27	293.085	20	110	171.708
10	30	285.265	21	120	165.277
11	35	273.538			

于是,问题变成:已知 $f_{10}(t)$,$x_1(t)$(若干数据),$x_1(0)=x_2(0)=x_3(0)=0$. 求:k_{12},k_{21}, k_{23},k_{32},$x_2(t)$.

这里不论证此问题的可辨识性,而是通过求解过程给出它的解:

由已知程序通过计算机求出 $x_1(t)$ 的最优拟合曲线(略),其结果是

$$x_1(t)=14.1318+113.286e^{-0.03595(-\varepsilon)}+269.806e^{-0.00493(t-\varepsilon)},\ (t\geqslant\varepsilon)$$

由 $x_1(t)$ 的表达式可知

$$\alpha=0.03595,\quad \beta=0.00493,\quad \frac{x_0k_{12}k_{23}}{\alpha\beta}=14.1318$$

$$\frac{x_0k_{21}(\alpha-k_{32}-k_{23})}{\alpha(\alpha-\beta)}=113.286$$

再加上(5.50)式,则 k_{12}、k_{21}、k_{23}、k_{32} 满足方程组:

$$\begin{cases} k_{12}k_{23}=a\,(a=14.1318\alpha\beta/x_0,\ x_0=400) \\ k_{21}(\alpha-k_{32}-k_{23})=b\,(b=113.286\alpha(\alpha-\beta)/x_0) \\ k_{12}+k_{21}+k_{23}+k_{32}=c\,(c=\alpha+\beta) \\ k_{21}k_{32}+k_{21}k_{23}+k_{12}k_{23}=d\,(d=\alpha\beta) \end{cases} \tag{5.54}$$

解此代数方程组得

$$\alpha k_{21}=b+k_{21}k_{23}+k_{21}k_{32}=b+d-a$$

$$k_{21}=(b+d-a)/\alpha$$

$$k_{23}+k_{32}=\frac{d-a}{k_{21}}=\frac{\alpha(d-a)}{b+d-a}$$

$$k_{12}=c-k_{21}-(k_{23}+k_{32})=c-\frac{b+d-a}{a}-\frac{\alpha(d-a)}{b(d-a)}$$

$$k_{23}=a/k_{12}$$

$$k_{32}=\frac{\alpha(d-a)}{b+d-a}-k_{23}$$

因此,k_{12}、k_{21}、k_{23}、k_{32} 被唯一确定

$$k_{21}=0.0136, \quad k_{12}=0.01471,$$
$$k_{32}=0.01214, \quad k_{23}=0.000428$$

将求得的 α、β、k_{12}、k_{21}、k_{23}、k_{32} 代入(5.51)、(5.52)和(5.53)式,就得解:

$$x_1(t)=14.1318+113.286e^{-0.03595(t-\varepsilon)}$$
$$+269.806e^{-0.00493(t-\varepsilon)}$$
$$x_2(t)=13.0524+172.11e^{-0.03595(t-\varepsilon)}$$
$$+159.058e^{-0.00493(t-\varepsilon)}$$
$$x_3(t)=370.025+58.818e^{-0.03595(t-\varepsilon)}$$
$$+428.843e^{-0.00493(t-\varepsilon)}$$

其中 $t\geqslant\varepsilon_0$.

习　题

1. 构造一个在接种疫苗成为有效防疫手段之前一种传染病蔓延如麻疹的模型. 麻疹的潜伏期为 1/2 周,在这段时间内一个被感染的孩子表面上看来是正常的,但却会传染给别人. 过了这段时间后,患病的孩子一直被隔离到病愈为止. 病愈后的孩子是免疫的. 粗略地说,麻疹流行隔年更为严重.

(a)构造一个适用于三种情形的简单的微分方程模型:容易感染的、传染的以及被隔离(或痊愈的). 也适用于由于出生而大量增加易感染者的情况. 假设每个感染者随机地与居民接触,并以概率 p 传染给被感染者.

(b)证明你的模型有某种周期性质. 如果它不是,就加以修改,因为麻疹流行肯定是趋于周期式地出现的.

(c)估计你模型中的参数以拟合 1/2 周的潜伏期及 2 年的周期性流行的观察结果. 估计出的参数值是否实际?

2. 我们知道现在的香烟都有过滤嘴,而且有的过滤嘴还很长,据说过滤嘴可以起到减少毒物进入体内. 你认为呢? 过滤嘴的作用到底有多大,与使用的材料和过滤嘴的长度有无关系? 请你建立一个描述吸烟过程的数学模型,分析人体吸入的毒量与哪些因素有关,以及它们之间的数量表达式.

3. 在红绿灯模型中,讨论初始密度是拥挤流即 $u_0>u_j/2$ 时密度函数 $u(x,t)$ 的变化.

4. 证明红绿灯模型中,当 t 足够大后左右间断线 $x_{sl}(t)$ 和 $x_{sr}(t)$ 以相同速度向前移动.

5. 讨论绿灯模型. 设初始密度($t=0$)为

$$u(x,0)=\begin{cases} u_j, & x<0 \\ 0, & x>0 \end{cases}$$

(a)画出 $t>0$ 时 $u(x,t)$ 的示意图.

(b)证明 $t=0$ 时位于 $x=-d(d>0)$ 处的车辆通过 $x=0$ 的时刻为 $t=\dfrac{4d}{u_f}$.

(c)证明 $[0,T]$ 内通过 $x=0$ 的车辆数为 $\dfrac{u_f u_j}{4}T$.

6.对于技术革新的推广,对下列几种情况请分别建立模型:

(a)推广工作通过已经采用新技术的人进行,推广速度与已采用新技术的人数成正比,推广是无限的.

(b)总人数有限.因而推广速度随着尚未采用新技术人数的减少而降低.

(c)在(b)的前提下还要考虑广告等媒介的传播作用.

7.根据经验当一种新商品投入市场后,随着人们对它的拥有量的增加,其销售量 $s(t)$ 下降的速度与 $s(t)$ 成正比.广告宣传可给销量添加一个增长速度,它与广告费 $a(t)$ 成正比,但广告只能影响这种商品在市场上尚未饱和的部分(设饱和量为 M).建立一个销售 $s(t)$ 的模型.若广告宣传只进行有限时间 τ,且广告费为常数 a,问 $s(t)$ 如何变化?

8.人工肾是帮助人体从血液中带走废物的装置,它通过一层薄膜与需要带走废物的血管相通(图 5.11).人工肾中通以某种液体,其流动方向与血液在血管中的流动方向相反,血液中的废物透过薄膜进入人工肾.试建立模型.

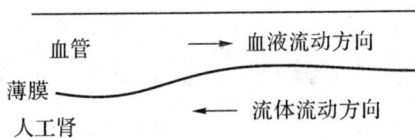

血管　　　→　血液流动方向
薄膜
人工肾　　←　流体流动方向

图 5.11

9.用放射性同位素测量大脑局部血流量的方法如下:由受试者吸入含有某种放射性同位素的气体,然后将探测器置于受试者头部某固定处,定时测量该处的放射性记数率(简称记数率),同时测量他呼出气的记数率.

由于动脉血将肺部的放射性同位素输送至大脑,使脑部同位素增加,而脑血流量又将同位素带离,使同位素减少.实验证明电脑血流引起局部地区记数率下降的速度与当时该处的记数率成正比.其比例系数反映该处的脑血流量,被称为脑血流量系数.只要确定该系数即可推算出脑血流量.动脉血从肺输送同位素至大脑引起脑部记数率上升的速度与当时呼出气的记数率成正比.

若某受试者的测试数据如下:

时间(分)	1.00	1.25	1.50	1.75	2.00	2.25	2.50	2.75	3.00
头部记数率	1534	1528	1468	1378	1272	1162	1052	947	348
呼出气记数率	2231	1534	1054	724	498	342	235	162	111
时间(分)	3.25	3.50	3.75	4.00	4.25	4.50	4.75	5.00	5.25
头部记数率	757	674	599	531	471	417	369	326	288
呼出气记数率	76	52	36	25	17	12	8	6	4
时间(分)	5.50	5.75	6.00	6.25	6.50	6.75	7.00	7.25	7.50
头部记数率	255	255	199	175	155	137	121	107	94
呼出气记数率	3	2	1	1	1	1	1	1	1
时间(分)	7.75	8.00	8.25	8.50	8.75	9.00	9.25	9.50	9.75
头部记数率	83	73	65	57	50	44	39	35	31
呼出气记数率	0	0	0	0	0	0	0	0	0

试建立确定血流系数的数学模型并计算上述受试者的脑血流系数.

10. 某建筑公司需要某种规格的屋檐. 设屋顶的面是一个长为 12 米、宽为 6 米的矩形. 屋顶的倾角未定,但要求在 20°到 50°之间.

有一个屋檐公司欲向这建筑公司提供屋檐,该公司说,它提供的屋檐,不论在什么气候条件下都能保证水不会溢出. 屋檐的截断面是一个半径为 7.5 厘米的半圆形. 该公司声称对于上述的屋顶有直径 10 厘米的排水管就足够了.

建筑公司的专家不能肯定屋檐公司的断言是否正确,雇佣你建立一个数学模型作出详细的分析以说明这样的屋檐在碰到大雨时水是否会溢出.

11. 兔子从某点出发以速度 a 沿某方向逃跑,同时狗从另一点出发以速度 b 追逐兔子,求狗的追逐路线.

12. 建立一个数学模型说明发射卫星的运载火箭以三级火箭最为合适.

第6章 稳定状态模型

通过前一章介绍已知动态问题的变量变化规律都与时间变量有关,因而都要涉及变量关于时间的变化率,所归结的模型一般都可用微分方程来描述.求解这类模型可以得到变量在动态过程的每个瞬时的性态.但有些模型要了解的不是与时间有关的迁移或演化性态而是要研究在某种意义下与时间无关的平衡状态,或研究当时间充分大之后动态过程的变化趋势.而要解决这类问题就要用到微分方程的定性理论.本章先介绍平衡状态与稳定性的概念,然后列举几个这方面的建模例子.

6.1 微分方程稳定性理论简介

定义 6.1 称一个常微分方程(组)是自治的,如果方程(组)

$$\frac{\mathrm{d}x}{\mathrm{d}t} = F(x,t) = \begin{pmatrix} f_1(x,t) \\ \vdots \\ f_N(x,t) \end{pmatrix} \tag{6.1}$$

中的 $F(x,t) = F(x)$,即在 F 中不含时间变量 t.

事实上,如果增补一个方程,一个非自治系统可以转化自治系统,就是说,如果定义

$$y = \begin{pmatrix} x \\ t \end{pmatrix}, G(y) = \begin{pmatrix} F(x,t) \\ 1 \end{pmatrix}$$

且引入另一个变量 s,则方程(6.1)与下述方程

$$\frac{\mathrm{d}y}{\mathrm{d}s} = G(y)$$

是等价的.这说明自治系统的概念是相对的.下面仅考虑自治系统,这样的系统也称为动力系统.

定义 6.2 系统

$$\frac{\mathrm{d}x}{\mathrm{d}t} = F(x) \tag{6.2}$$

的相空间是以 $(x_1, \cdots, x_n)$ 为坐标的空间 $\mathbf{R}^n$,特别,当 $n = 2$ 时,称相空间为相平面.空间 $\mathbf{R}^n$ 中的点集

$$\{(x_1, \cdots, x_n)) \mid x_i = x_i(t) \text{满足}(6.2), i = 1, \cdots, n\}$$

称为系统(6.2)的轨线,所有轨线在相空间中的分布图称为相图.

定义 6.3 相空间中满足 $F(x_0) = 0$ 的点 x_0 称为系统(6.2)的奇点(或平衡点).

奇点可以是孤立的,也可以是连续的点集.例如,系统

$$\begin{cases} \dfrac{\mathrm{d}x(t)}{\mathrm{d}t}=ax+by \\[2mm] \dfrac{\mathrm{d}y(t)}{\mathrm{d}t}=cx+dy \end{cases} \tag{6.3}$$

当 $ad-bc=0$ 时,有一个连续的奇点的集合.因为 $x(t)=y(t)=0$ 意味着当系统矩阵为 0 时 $ax+by=0,cx+dy=0$ 有无限多个解.当 $ad-bc\neq0$ 时,$(0,0)$ 是这个系统的唯一的奇点.下面仅考虑孤立奇点.为了知道何时有孤立奇点,给出下述定理:

定理 6.1 设 $F(x)$ 是实解析函数,且 x_0 是系统(6.2)的奇点.若 $F(x)$ 在 x_0 处的 Jacobian 矩阵

$$J(x_0)=\left[\frac{\partial f_i}{\partial x_j}\right]$$

是非奇的,则 x_0 是该系统的孤立奇点.

定义 6.4 设 x_0 是(6.2)的奇点说:

(1)x_0 是稳定的,如果对于任意给定的 $\varepsilon>0$,存在一个 $\delta>0$,使得如果 $|x(0)-x_0|<\delta$,则 $|x(t)-x_0|<\varepsilon$ 对所有的 t 都成立.

(2)x_0 是渐近稳定的,如果它是稳定的,且 $\lim\limits_{t\to\infty}|x(t)-x_0|=0$.

这样,如果当系统的初始状态靠近于奇点,其轨线对所有的时间 t 仍然接近它,于是说 x_0 是稳定的.另一方面,如果当 $t\to\infty$ 时这些轨线趋于 x_0,则 x_0 是渐近稳定的.

定义 6.5 一个奇点既不是稳定的又不是渐近稳定的,则称这个奇点是不稳定的.

对于常系数齐次线性系统((6.3)式)有下述定理.

定理 6.2 设 $x=x(t)$ 是系统((6.3)式)的通解.

于是

(1)如果((6.3)式)系数矩阵 A 的一切特征根的实部都是负的,则系统((6.3)式)的零解是渐近稳定的.

(2)如果 A 的特征根中至少有一个根的实部是正的,则系统((6.3)式)的零解是不稳定的.

(3)如果 A 的一切特征根的实部都不是正的,但有零实部,则系统((6.3)式)的零解可能是稳定的,也可能是不稳定的,但总不会是渐近稳定的.

定理告诉我们:系统((6.3)式)的零解为渐近稳定的充分必要条件是 A 的一切特征根的实部都是负的.

对于非线性系统,一般不可能找出其积分曲线或轨迹,也就不可能直接导出奇点的稳定性.为克服这一困难,我们试图在奇点附近用一个线性系统来近似这个非线性系统,用这个近似系统的解来给出这个奇点的稳定性.

定义 6.6 设 x_0 是系统((6.2)式)的一个孤立奇点.说系统在 x_0 点几乎是线性的,如果 F 在 x_0 的 Jacobian 矩阵是非奇异的,即 $\det J(x_0)\neq0$.

设 $F(x)$ 在 $x=0$ 的某邻域内连续,并有直到二阶连续偏导数,则由多元函数的 Taylor 公式,可将 $F(x)$ 展开成 $F(x)=Ax+O(|x|^2)$,其中

$$A = \begin{bmatrix} \dfrac{\partial f_1}{\partial x_1}, \cdots, \dfrac{\partial f_1}{\partial x_n} \\ \cdots\cdots \\ \dfrac{\partial f_n}{\partial x_1}, \cdots, \dfrac{\partial f_n}{\partial x_n} \end{bmatrix}_{x=0}$$

是一个常数矩阵,这样得到的线性系统

$$\frac{\mathrm{d}x}{\mathrm{d}t} = Ax \qquad (6.4)$$

称为系统((6.2)式)的线性近似. 一开始,人们以为总可以用线性近似系统来代替所研究的原系统. 但后来人们发现,这种看法是不对的,或至少说是不全面的,非线性系统中的许多性质,在它的线性近似中不再保留. 即使像零解稳定性这样一个问题,也要在一定条件下,才可用它的线性近似系统代替原系统来研究. 关于这个问题,我们有下述定理:

定理 6.3　如果系统((6.4)式)的零解是渐近稳定的,或不稳定的,则原系统的零解也是渐近稳定的或不是稳定的. 然而,如果系统((6.4)式)的零解是稳定的,则原系统的零解是不定的,即此时不能从线性化的系统来导出原系统的稳定性.

定理 6.4　设线性系统((6.3)式)所对应的特征方程是

$$\lambda^2 + p\lambda + q = 0$$

其中 $p = -(a+d)$, $q = ab - bc$. 设 λ_1 和 λ_2 是它的根,则当 $q \neq 0$ 时关于奇点 $O(0,0)$ 有下述结论:

(1)$\lambda_1 \lambda_2 < 0$(即 $q < 0$)时,O 是鞍点;

(2)$\lambda_1 < 0, \lambda_2 < 0, \lambda_1 \neq \lambda_2$(即 $p > 0, q > 0, p^2 - 4q > 0$)时,$O$ 是稳定结点;

(3)$\lambda_1 = \lambda_2 < 0$(即 $p > 0, q > 0, p^2 - 4q = 0$)时,$O$ 或是稳定临界结点,或是稳定退化结点;

(4)$\lambda_{1,2} = \mu \pm \omega \mathrm{i}, \mu < 0, \omega \neq 0$(即 $p > 0, q > 0, p^2 - 4q < 0$)时,$O$ 是稳定焦点;

(5)$\lambda_{1,2} = \pm \omega \mathrm{i}, \omega \neq 0$(即 $p = 0, q > 0, p^2 - 4q < 0$)时,$O$ 是中心;

(6)$\lambda_{1,2} = \mu \pm \omega \mathrm{i}, \mu > 0, \omega \neq 0$(即 $p < 0, q > 0, p^2 - 4q < 0$)时,$O$ 是不稳定焦点;

(7)$\lambda_1 = \lambda_2 > 0$(即 $p < 0, q > 0, p^2 - 4q = 0$)时,$O$ 是不稳定临界结点,或是不稳定退化结点;

(8)$\lambda_1 > 0, \lambda_2 > 0, \lambda_1 \neq \lambda_2$(即 $p < 0, q > 0, p^2 - 4q > 0$)时,$O$ 是不稳定结点.

定理 6.5　设非线性系统

$$\frac{\mathrm{d}x}{\mathrm{d}t} = ax + by + \varphi(x, y)$$
$$\frac{\mathrm{d}y}{\mathrm{d}t} = ax + by + \psi(x, y) \qquad (6.5)$$

中的 φ 和 ψ 满足条件:

(1)在点 O 的某邻域内存在连续的一阶偏导数.

(2)存在常数 $\delta > 0$,使得

$$\lim_{r \to 0} \frac{\varphi(x, y)}{r^{1+\delta}} = \lim_{r \to 0} \frac{\psi(x, y)}{r^{1+\delta}} = 0, \quad (r = \sqrt{x^2 + y^2})$$

又设系统((6.5)式)的一次近似系统((6.3)式)的特征方程的根没有零实部,则((6.5)式)与((6.3)式)的奇点 O 的类型相同,并有相同的稳定性或不稳定性.

6.2 单摆运动

一质量为 m 的摆锤,用一长度为 l 的细棒悬于固定点 O,就构成了一个单摆,它可以在一铅直面上摆动.

设单摆摆线与垂线交角为 $\theta(t)$,则切线速度为 $v=l\dfrac{\mathrm{d}\theta}{\mathrm{d}t}$,把重力分解成 MQ 与 MP 两个分量,如图 6.1 所示.如果不考虑空气的阻力,得到单摆的运动方程

$$ml\frac{\mathrm{d}^2\theta}{\mathrm{d}t^2}+mg\sin\theta=0 \tag{6.6}$$

令 $\dfrac{\mathrm{d}\theta}{\mathrm{d}t}=\omega$,则可把方程(6.6)化为方程组

$$\begin{cases} \dfrac{\mathrm{d}\theta}{\mathrm{d}t}=\omega \\[2mm] \dfrac{\mathrm{d}\omega}{\mathrm{d}t}=-\dfrac{g}{l}\sin\theta \end{cases} \tag{6.7}$$

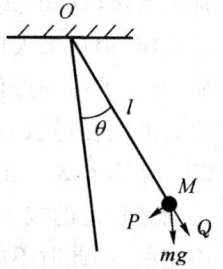

图 6.1

容易看到系统(6.7)的奇点为 $(0,0)$,$(\pm k\pi,0)$,$k=1,2,\cdots$,在常点轨线满足

$$\frac{\mathrm{d}\omega}{\mathrm{d}\theta}=-\frac{g}{l}\frac{\sin\theta}{\omega}$$

令 $k=\dfrac{g}{l}$,积分得

$$\frac{1}{2}\omega^2+(k-k\cos\theta)=E \tag{6.8}$$

E 是非负常数.它表达了能量的守恒律,左边的第一项是动能项,第二项是势能项.轨线为

$$\omega=\pm\sqrt{2[E-k(1-\cos\theta)]}$$

从轨线图 6.2 可以看出,$E=E_0=2k$ 对应的是奇闭轨,$E_1=E_0-(k-k\cos\theta)$ 对应的是闭轨,其中 $0<E_1<E_0=2k$,$E_2>E_0$ 时,对应的是图 6.2 中无限长的波浪状轨线.

注意到 $\dfrac{\mathrm{d}\theta}{\mathrm{d}t}=\omega$,在 ω 轴上看,过上半 ω 轴上的轨道指向右侧,过下半 ω 轴的轨道指向左侧.又由(6.8)式,关于 ω 轴轨线对称,对 θ 而言周期为 2π,可见 $(2k\pi,0)$ 是中心,是稳定的($k=0,\pm1,\pm2,\cdots$);$((2\pi+1)\pi,0)$ 是鞍点,是不稳定的.

对于 $0<E<2k$,由(6.8)式得

$$\omega^2+2k(1-\cos\theta)<2k$$

这样一定存在 $\theta_1\in(0,\pi)$,使得

$$\omega^2=2k(\cos\theta-\cos\theta_1)$$

且容易看出 θ_1 是最大的摆角,周期为

$$T=\sqrt{\frac{l}{2g}}\int_{-\theta_1}^{\theta_1}\frac{\mathrm{d}\theta}{\sqrt{\cos\theta-\cos\theta_1}}=\sqrt{\frac{l}{g}}\int_0^{\theta_1}\frac{\mathrm{d}\theta}{\sqrt{\sin^2\dfrac{\theta_1}{2}-\sin^2\dfrac{\theta}{2}}}$$

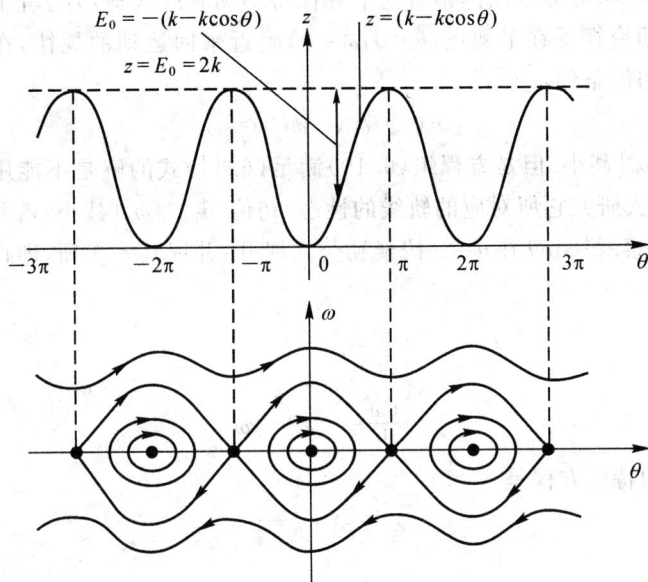

图 6.2

令 $\sin\dfrac{\theta}{2}=\sin\dfrac{\theta_1}{2}\sin\varphi=\lambda\sin\varphi,|\lambda|<1$,则

$$T=2\sqrt{\dfrac{l}{g}}\int_0^{\frac{\pi}{2}}\dfrac{\mathrm{d}\varphi}{\sqrt{1-\lambda^2\sin\varphi}} \tag{6.9}$$

从上述分析,我们可知

(1)当 $0<E<2k$ 时,由于能量不足,摆仅做平衡位置附近的周期运动,左右往复摆动不止.

(2)当 $E=E_0=2k$ 时,是一种临界状态,相当于摆锤从最高位置到最高位置的过程.

(3)当 $E>2k$ 时,能量过大,而使摆角的绝对值随时间之增加而无限增加,对应于摆绕支点无穷次旋转的运动过程.

(4)由(6.9)式知,摆动的周期随摆长的增加而增加,故在夏季钟摆的长度应稍调短一些,冬季反之.

如果考虑阻力的因素,且设单摆运动受到的阻力与运动的线速度成正比,则单摆运动的方程为

$$\dfrac{\mathrm{d}^2\theta}{\mathrm{d}t^2}+\beta\dfrac{\mathrm{d}\theta}{\mathrm{d}t}+k\sin\theta=0$$

其中 $\beta>0$ 是阻尼系数.

引入第二个变量 ω,并令 $\dfrac{\mathrm{d}\theta}{\mathrm{d}t}=\omega$,则单摆的运动方程化为方程组

$$\begin{cases}\dfrac{\mathrm{d}\theta}{\mathrm{d}t}=\omega\\[2mm]\dfrac{\mathrm{d}\omega}{\mathrm{d}t}=-k\sin\theta-\beta\omega\end{cases} \tag{6.10}$$

在相平面上,奇点有 $(n\pi,0),n=0,\pm1,\pm2,\cdots$.

奇点$(\theta=0,\omega=0)$对应于摆锤铅直向下并保持不动时的状态,力学上称它为平衡点$(\theta=0,\omega=0)$.现在要研究摆锤在平衡点$(\theta=0,\omega=0)$附近来回运动的规律,在数学上就是求方程组(6.10)满足初值条件:

$$\theta(0)=\theta_0,\quad \omega(0)=\omega_0 \tag{6.11}$$

的解,其中$|\theta_0|$,$|\omega_0|$甚小.但是方程组(6.10)满足(6.11)式的解是不能用初等函数来表示的,这就促使我们去研究它所对应的轨线的性态.初值$|\theta_0|$、$|\omega_0|$甚小,就意味着在奇点$(\theta=0,\omega=0)$邻域内考察.将$\sin\theta$在$\theta=0$按泰勒公式展开,并取其一次项,即得到方程组(6.10)的线性近似系统

$$\begin{cases} \dfrac{\mathrm{d}\theta}{\mathrm{d}t}=\omega \\[2mm] \dfrac{\mathrm{d}\omega}{\mathrm{d}t}=-k\theta-\beta\omega \end{cases} \tag{6.12}$$

系统((6.12)式)的特征方程是

$$\lambda^2+\beta\lambda+k=0$$

特征值为

$$\lambda_{1,2}=\frac{1}{2}\left[-\beta\pm\sqrt{\beta^2-4k}\right]$$

当$\beta^2\geqslant4k$时,$(0,0)$是稳定结点,当$\beta^2<4k$时,$(0,0)$是稳定焦点.从而方程组(6.10)的奇点$(\theta=0,\omega=0)$也分别是稳定结点和焦点.

由方程组(6.10)中$\sin\theta$的周期性,$(2k\pi,0)(k=0,\pm1,\pm2,\cdots)$皆与$(0,0)$点的类型一致.

对于$\theta=\pi$,令$\varphi=\theta-\pi$,(6.10)变成

$$\begin{cases} \dfrac{\mathrm{d}\varphi}{\mathrm{d}t}=\omega \\[2mm] \dfrac{\mathrm{d}\omega}{\mathrm{d}t}=-k\sin(\varphi+\pi)-\beta\omega=k\sin\varphi-\beta\omega \end{cases} \tag{6.13}$$

对于$(\varphi,\omega)=(0,0)$,线性近似系统为

$$\begin{cases} \dfrac{\mathrm{d}\varphi}{\mathrm{d}t}=\omega \\[2mm] \dfrac{\mathrm{d}\omega}{\mathrm{d}t}=-k\varphi-\beta\omega \end{cases} \tag{6.14}$$

其特征方程为

$$\lambda^2+\beta\lambda-k=0$$

特征值为

$$\lambda_{1,2}=\frac{1}{2}\left[-\beta\pm\sqrt{\beta^2+4k}\right]$$

λ_1,λ_2是异号实数,故$(\varphi,\omega)=(0,0)$是鞍点,从而$(\theta,\omega)=(\pi,0)$是鞍点.由方程组(6.10)对θ的周期性,$((2k+1)\pi,0)(k=0,\pm1,\pm2,\cdots)$与$(\pi,0)$同类,都是鞍点,如图6.3所示.在有阻尼情形,我们看到,如果阻尼系数β足够小,即$\beta<4k$,轨线是一族环绕奇点$(\theta,\omega)=(2k\pi,0)(k=0,\pm1,\pm2,\cdots)$作无限次旋转的螺线,当$t\to+\infty$时轨线趋于奇点.这就是说,当$|\theta_0|$,$|\omega_0|$甚小时,以$(\theta(0)=\theta_0,\omega(0)=\omega_0)$为初值的运动是在平衡点$(\theta,\omega)=(2k\pi,0)$

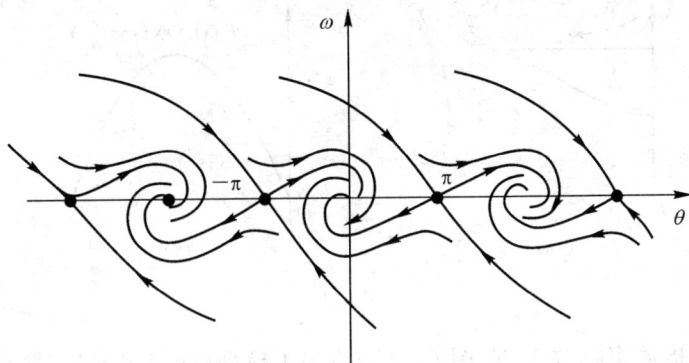

图 6.3

$(k=0,\pm1,\pm2,\cdots)$ 附近的来回衰减摆动,当 $t\rightarrow+\infty$ 时,运动趋于平衡点 $(\theta,\omega)=(2k\pi,0)$ $(k=0,\pm1,\pm2,\cdots)$ 而停止. 但若 β 足够大,即 $\beta\geqslant4k$,则平衡位置附近是稳定结点,摆只是从一侧慢慢趋于平衡而无摆动发生.

6.3　再生资源的管理和开发

　　渔业资源是一种再生资源,再生资源要注意适度开发,不能为了一时的高产去"竭泽而渔",应该在持续稳产的前提下追求最高产量或最优的经济效益.

　　这是一类可再生资源管理与开发的模型,这类模型的建立一般先考虑在没有收获的情况下资源自然增长模型,然后再考虑收获策略对资源增长情况的影响.

一、各类再生资源管理模型

1.资源增长模型

考虑某种鱼的种群的动态. 为简单起见,设:

(1)假设鱼群生活在一个稳定的环境中,即其增长率与时间无关.

(2)假设种群的每个个体是同素质的,即在种群增长的过程中每个个体的性别、年龄、体质等的差异都看成是等同的.

(3)种群的增长是种群个体死亡与繁殖共同作用的结果.

(4)假设种群总数随时间是连续变化的,而且充分光滑.

　　记时刻 t 渔场中鱼量为 $x(t)$,在上面的假设下,类似于人口模型的建立我们可以马上得到 $x(t)$ 所满足的 Logistic 模型:

$$\dot{x}(t)=rx\left(1-\frac{x}{N}\right) \tag{6.15}$$

其中 r 是固有增长率,N 是环境容许的最大鱼量.方程(6.15)可以用分离变量法求得

$$x(t)=\frac{N}{1+Ce^{-n}}, \qquad C=\frac{N-N_0}{N_0}, \qquad N_0=N(0)$$

　　图 6.4(a)给出了方程(6.15)的解的形状. 可以看出当 $N_0<N$ 时 $x(t)$ 随着时间 t 呈 S

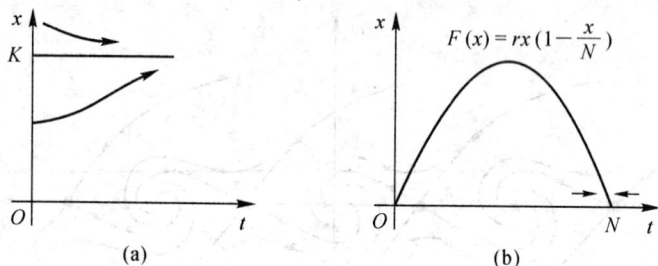

图 6.4

形曲线增长并以指数率收敛于 N. 图 6.4(b)给出了模型((6.15)式)的解在相空间上的动态. 可见(6.15)式有两个平衡点,即 $x_1=0, x_2=N$,其中 x_1 是不稳定的, x_2 在正半轴内全局稳定.

关于这个模型的评价可参阅人口模型,这里从略.

2. 资源开发模型

建立一个在捕捞情况下渔场鱼量遵从的方程,分析鱼量稳定的条件,并且在稳定的前提下讨论如何控制捕捞使持续产量或经济效益达到最大.

设单位时间的捕捞量与渔场鱼量 $x(t)$ 成正比,比例系数 k 表示单位时间捕捞率, k 可以进一步分解为 $k=qE$, E 称为捕捞强度,用可以控制的参数如出海渔船数来度量; q 称为捕捞系数,表示单位强度下的捕捞率. 为方便取 $q=1$,于是单位时间的捕捞量为 $h(x)=Ex(t)$. $h(x)=$ 常数,表示一个特定的捕捞策略,即要求捕鱼者每天只能捕捞一定的数量. 这样,捕捞情况下渔场鱼量满足方程

$$\dot{x}(t)=rx\left(1-\frac{x}{N}\right)-Ex \tag{6.16}$$

这是一个一阶非线性方程,且是黎卡提型的. 也称为 Scheafer 模型.

希望知道渔场的稳定鱼量和保持稳定的条件,即时间 t 足够长以后渔场鱼量 $x(t)$ 的趋向,并且由此确定最大持续产量. 在平衡点处有 $\dfrac{\mathrm{d}x}{\mathrm{d}t}=0$,方程(6.16)有两个平衡点. 显然,令 $x_0(t)=x_0=N\left(1-\dfrac{E}{r}\right), x_1(t)=x_1=0$ 则它们均是方程的解. 为研究这些平衡点的稳定性,注意到方程(6.16)的系数是常数. 于是其解可以用初等积分法求得

$$x(t)=\frac{r-E}{\dfrac{r}{N}+\left(\dfrac{r-E}{x(0)}-\dfrac{r}{N}\right)\mathrm{e}^{-(r-E)t}} \tag{6.17}$$

其中 $x(0)$ 为初始鱼量. 对应于实初值 $x(0)$ 的所有可能情况,解的图像如图 6.5 所示. 从图中可以得到,当 $E<r$ 时,满足初始条件 $x(0)>0$ 的所有解均渐近地趋于解 $x_0=N\left(1-\dfrac{E}{r}\right)$; 而当 $E>r$ 时,满足初始条件 $x(0)>x_0$ 的解则趋向无穷,且以平行于 x 轴的直线为渐近线,这些特性也可以由解的表达式(6.17)直接推出. 因而在第一种情形,解 $x_0=N\left(1-\dfrac{E}{r}\right)$ 是稳定的. 而对 $x_1=0$,由于满足初始条件 $x(0)<x_0$ 的解均越来越离开它,这样的解 $x_1(t)$ 是不稳定的;而在第二种情形即 $E>r$ 时,解 $x_1(t)$ 是稳定的,而解 $x_0(t)$ 是不稳定的. 这就是说只

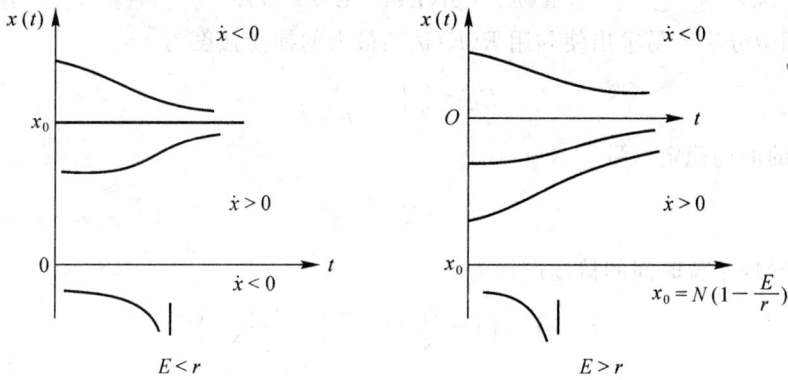

图 6.5

要捕捞适度($E < r$),渔场的鱼群总能自行调节到持续生产水平 $N\left(1 - \dfrac{E}{r}\right)$ 上去,从而获得持续产量 $h(x_0) = Ex_0$;而当捕捞过度时($E \geqslant r$),渔场鱼量将减至 $x_1 = 0$,当然谈不上获得持续产量了.

如何才能做到渔资源在持续捕捞的条件下为我们提供最大的收益?从数学上说,就是在 $\dfrac{\mathrm{d}x(t)}{\mathrm{d}t} = 0$ 或 $rx(t)\left(1 - \dfrac{x(t)}{N}\right) = Ex(t)$ 的条件下极大化所期望的收益.这里的"收益"可理解为收获种群个体数为指标的鱼产量 $h = Ex(t)$,则问题就可以数学地叙述为下述优化问题:

$$h_{\max} = \max Ex(t)$$

约束条件为 $rx(t)\left(1 - \dfrac{x(t)}{N}\right) - Ex(t) = 0$.

这里它可以归结为 E 的二次函数 $h(E) = NE(1 - E/r)$ 的最大值问题.简单的推导不难得到最大持续捕捞率为 $E_{\max} = r/2$,最大持续产量为 $h_{\max} = rN/4$.捕捞率 $E_{\max}$ 是得到最大持续捕鱼量的策略.

3.经济效益模型

当今,对鱼类资源的开发和利用已经成为人类经济活动的一部分.其目的不是追求最大的渔获量而是最大的经济收益.因而一个自然的想法就是进一步分析经济学行为对鱼类资源开发利用的影响.

如果经济效益用从捕捞所得的收入中扣除开支后的利润来衡量,并且简单地设鱼的销售单价为常数 p,单位捕捞强度(如每条出海渔船)的费用为常数 c,那么单位时间的收入 T 和支出 S 分别为

$$T = ph(x) = pE_x, \quad S = cE$$

单位时间的利润为

$$R = T - S = pE_x - cE \tag{6.18}$$

利润是渔民所关注的焦点.因此在制定管理策略时所期望极大化的"收益",这时就应理解为经济利润或净收入而不是鱼的产量 h.因而所讨论的问题就变成了在使鱼量稳定在 $x = x_0 = N(1 - E/r)$ 的约束条件下的 $R_{\max}$.即求

$$R(E) = pNE(1 - E/r) - cE \qquad (6.19)$$

的最大值. 用微分法容易求出使利用 $R(E)$ 达到最大的捕捞强度为

$$E_R = \frac{r}{2}\left(1 - \frac{c}{pN}\right)$$

最大利润下的渔场稳定鱼量

$$x_R = N/2 + \frac{c}{2p}$$

最大利润下渔场单位时间的持续产量为

$$h_R = rx_R\left(1 - \frac{x_R}{N}\right) = \frac{rN}{4}\left(1 - \frac{c^2}{p^2 N^2}\right)$$

最大可持续净收益

$$R_R = (1 - c/pN)^2 prN/4$$

与前一模型相比较可以看出,在最大效益原则下捕捞强度和持续产量均有减少,而渔场的鱼量有所增加. 并且,减少或增加的比例随着捕捞成本 c 的增长而变大,随着销售价格 p 的增长而变小,这显然是符合实际情况的.

为进一步揭示上面结果的生物-经济学含义,我们引入如下的记法:令 E_∞ 表示使得可持续净收益为零的捕捞率,则容易看出 $E_\infty = r(1 - c/pN)$. 由于它使得鱼群与经济收益处于平衡状态,故称 E_∞ 为生物经济平衡捕捞率. 由(6.19)式可以看出,当 $E > E_\infty$ 时将有利润 $R(E) < 0$,渔业生产将出现亏损. 在生物经济平衡捕捞率下,生物经济平衡种群 $x_\infty = x(E_\infty) = N(1 - E_\infty/r) = c/p$,完全由经济因素所确定. 当 $x_0 < x_\infty$ 时将出现亏损型捕捞. 记 $Z_\infty = x_\infty/N$,它表示生物经济平衡种群占饱和种群的比例数. 上面的结果可以写成

$$\begin{cases} E_R = (1 - Z_\infty)r/2 \\ x_R = (1 + Z_\infty)N/2 \\ h_R = (1 - Z_\infty^2)rN/4 \\ R_R = (1 - Z_\infty)^2 prN/4 \end{cases} \qquad (6.20)$$

仔细分析式(6.20),我们发现:

(1)只有当 $Z_\infty < 1$ 或 $x_\infty = c/p < N$ 时才能产生正的最大可持续利润的渔获量. 否则,当 $N \leqslant x_\infty = c/p$ 时意味着捕捞成本很高而价格又相对的低,从而产生了无法扭转的渔业生产的亏损局面.

(2)当 $Z_\infty < 1$ 时或当成本价格比不是太高从而渔业捕捞有利可图时,则有

$$E_R < r/2 = E_{\max}, x_R > N/2, h_R < rN/4 = H_{\max}$$

当 $Z_\infty = 0$(即当捕捞成本 $c = 0$)时,有

$$E_R = r/2 = E_{\max}, x_R = N/2, h_R = rN/4 = H_{\max}$$

结论表明,当考虑到捕捞成本、价格时,使人们能够得到持续最大经济利润的捕捞率要低于得到最大持续生物产量的捕捞率,其产量也低于最大持续渔获量. 其极端情形,即成本为零时的最优捕捞策略才相当于最大生物产量的捕捞.

模型分析的结果告诉我们,在固定的成本价格体系中以优化持续利润为目标将只会起到保护生物种群的作用,绝不可能刺激人们对资源进行掠夺式开发.

4. 种群的相互竞争模型

有甲乙两个种群,当它们独自在一个自然环境中生存时,数量的演变均遵从 Logistic 规

律. 记 $x_1(t)$、$x_2(t)$ 是两个种群的数量, r_1、r_2 是它们的固有增长率, N_1、N_2 是它们的最大容量. 于是, 对于种群甲有

$$\dot{x}_1(t) = r_1 x_1 \left(1 - \frac{x_1}{N_1}\right)$$

其中, 因子 $\left(1 - \frac{x_1}{N_1}\right)$ 反映由于甲对有限资源的消耗导致的对它本身增长的阻滞作用, $\frac{x_1}{N_1}$ 可解释为相对 N_1 而言单位数量的甲消耗的食物量(设食物总量为 1). 当两个种群在同一自然环境中生存时, 考察由于乙消耗同一种有限资源对甲的增长产生的影响, 可以合理地在因子 $\left(1 - \frac{x_1}{N_1}\right)$ 中再减去一项, 该项与种群乙的数量 x_2(相对于 N_2 而言)成正比, 于是, 种群甲增长的方程为

$$\dot{x}_1(t) = r_1 x_1 \left(1 - \frac{x_1}{N_1} - \sigma_1 \frac{x_2}{N_2}\right) \tag{6.21}$$

这里 σ_1 的意义是, 单位数量乙(相对 N_2 而言)消耗的供养甲的食物量为单位数量甲(相对 N_1)消耗的供养乙的食物量的 σ_1 倍, 类似地, 甲的存在也影响了乙的增长, 种群乙的方程应该是

$$\dot{x}_2(t) = r_2 x_2 \left(1 - \sigma_2 \frac{x_1}{N_1} - \frac{x_2}{N_2}\right) \tag{6.22}$$

对 σ_2 可作相应的解释.

在两个种群的相互竞争中, σ_1、σ_2 是两个关键的指标. 从上面对它们的解释可知, $\sigma_1 > 1$ 表示在消耗供养甲的资源中, 乙的消耗多于甲, 对 $\sigma_2 > 1$ 可作相应的理解. 一般说来, σ_1、σ_2 之间没有确定的关系, 在此我们仅讨论 σ_1、σ_2 相互独立的情形, 其他情形留给读者.

目的是研究两个种群相互竞争的结局, 即 $t \to \infty$ 时 $x_1(t)$、$x_2(t)$ 的趋向, 不必要解方程组 (6.21) 和 (6.22), 只需对它的平衡点进行稳定性分析. 为此我们解代数方程

$$\begin{cases} f(x_1, x_2) = r_1 x_1 \left(1 - \dfrac{x_1}{N_1} - \sigma_1 \dfrac{x_2}{N_2}\right) = 0 \\ g(x_1, x_2) = r_2 x_2 \left(1 - \sigma_2 \dfrac{x_1}{N_1} - \dfrac{x_2}{N_2}\right) = 0 \end{cases} \tag{6.23}$$

得到四个平衡点分别为 $P_1(N_1, 0)$, $P_2(0, N_2)$, $P_3\left(\dfrac{N_1(1-\sigma_1)}{1-\sigma_1\sigma_2}, \dfrac{N_2(1-\sigma_2)}{1-\sigma_1\sigma_2}\right)$, $P_4(0, 0)$.

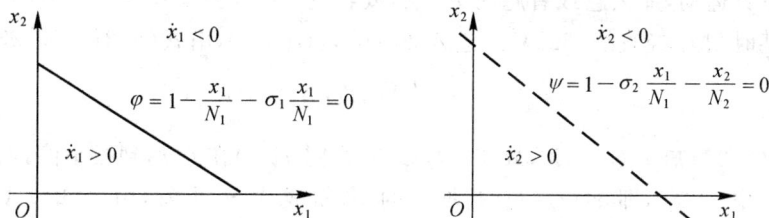

图 6.6

为分析这些平衡点的稳定性, 需使用相空间的技巧. 首先找出在 $x_1 x_2$ 平面上使 $\dfrac{\mathrm{d}x_i}{\mathrm{d}t} > 0$

或$<0(i=1,2)$的区域. 注意到,当$r_1 x_1\left(1-\dfrac{x_1}{N_1}-\sigma_1\dfrac{x_2}{N_2}\right)>0$时$\dot{x}_1>0$,但要使$x_1\geqslant 0$和$\dot{x}_1$为正,当且仅当

$$1-\frac{x_1}{N_1}-\sigma_1\frac{x_2}{N_2}>0,\ x_1>0$$

类似地$\dot{x}_1$是负的当且仅当

$$1-\frac{x_1}{N_1}-\sigma_1\frac{x_2}{N_2}<0,\ x_1>0$$

这样我们得到在$x_1 x_2$平面中,直线

$$1-\frac{x_1}{N_1}-\sigma_1\frac{x_2}{N_2}=0 \tag{6.24}$$

把平面划分为$\dot{x}_1>0$,和$\dot{x}_1<0$两个区域,如图 5.6 所示. 类似地,对x_2进行分析得到

(1)$\dot{x}_2>0$,当且仅当

$$1-\sigma_2\frac{x_1}{N_1}-\frac{x_2}{N_2}>0,\ x_2>0$$

(2)$\dot{x}_2<0$,当且仅当

$$1-\sigma_2\frac{x_1}{N_1}-\frac{x_2}{N_2}<0,\ x_2>0$$

(3)直线

$$1-\sigma_2\frac{x_1}{N_1}-\frac{x_2}{N_2}=0 \tag{6.25}$$

将$x_1 x_2$平面划分为$\dot{x}_2>0$和$\dot{x}_2<0$两个区域,如图 6.6 所示.

两直线((6.24)和(6.25))之间的位置关系可以由图 6.7 的四种情况来说明. 每种可能性对应于平衡点的稳定性说明如下:

(1)$\sigma_1<1,\sigma_2>1$ 由图 6.7(b)知,两直线将平面$(x_1\geqslant 0,x_2\geqslant 0)$划分为 3 个区域:

$$S_1:\dot{x}_1>0,\dot{x}_2>0 \tag{6.26}$$

$$S_2:\dot{x}_1>0,\dot{x}_2<0 \tag{6.27}$$

$$S_3:\dot{x}_1<0,\dot{x}_2<0 \tag{6.28}$$

可以说明不论轨线从哪个区域出发,$t\to\infty$时都将趋向$P_1(N_1,0)$. 若轨线从S_1出发,由(6.26)式可知随着t的增加轨线向右上方运动,必然进入S_2;若轨线从S_2出发,由(6.27)式可知轨线向下方运动,那么它或者趋向P_1点,或者进入S_3,但进入S_3是不可能的. 因为,如果设轨线在某时刻t_1经直线(6.24)式进入S_3,则$\dot{x}_1(t_1)=0$,由式(6.21)、(6.22)不难看出.

$$\ddot{x}_1(t_1)=-\frac{r_1\sigma_1}{N_2}x_1(t_1)\dot{x}_2(t_1)$$

由式(6.27)、(6.28)知$\dot{x}_2(t_1)<0$,故$\ddot{x}_1(t_1)>0$,表明$x_1(t)$在t_1达到极小值,而这是不可能的,因为在S_2中$\dot{x}_1>0$,即$x_1(t)$一直是增加的. 若轨线从S_3出发,由(6.28)式可知轨线向左下方运动,那么它或者趋向P_1点,或者进入S_2,而进入S_2后,根据上面的分析最终也将趋向P_1. 综合上述分析可以画出轨线示意图. 因为直线(6.24)式上$\mathrm{d}x_1=0$,所以在(6.24)式上轨线方向垂直于x_1轴;在(6.25)式上$\mathrm{d}x_2=0$,轨线方向平行于x_1轴.

(2)$\sigma_1>1,\sigma_2<1$ 类似的分析可知$P_2(0,N_2)$稳定.

(3)$\sigma_1<1,\sigma_2<1$ 由可以说明P_3稳定(习题).

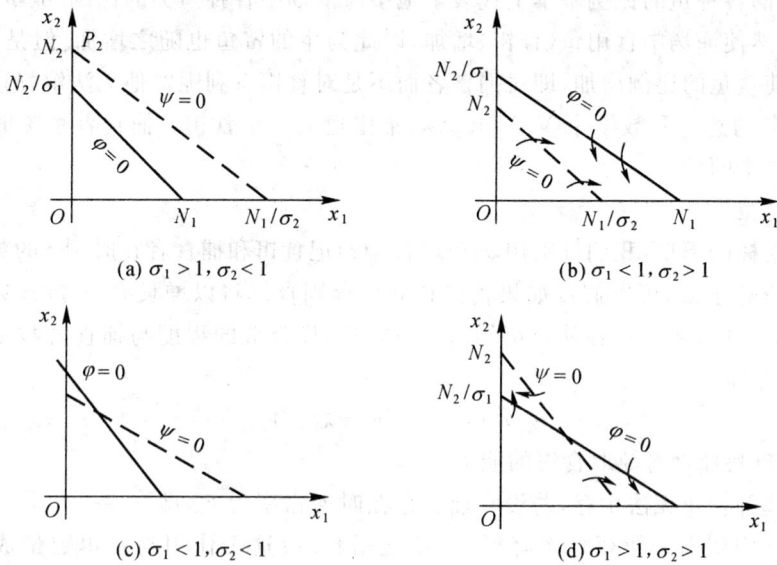

图 6.7

(4)$\sigma_1 > 1, \sigma_2 > 1$　P_3 不稳定(鞍点).因为轨线的初始位置不同,其走向也不同或趋于 P_1 或趋于 P_2.根据建模过程中 σ_1、σ_2 的含义,可以说明 P_1、P_2、P_3 点稳定在生态学上的意义:

①$\sigma_1 < 1, \sigma_2 > 1$——$\sigma_1 < 1$ 意味着在对供养的资源的竞争中乙弱于甲,$\sigma_2 > 1$ 意味着在对供养乙的资源的竞争中甲强于乙,于是种群乙终将灭绝,种群甲趋向最大容量,即 $x_1(t)$、$x_2(t)$ 趋向平衡点 $P_1(N_1, 0)$.

②$\sigma_1 > 1, \sigma_2 < 1$——情况与①正好相反.

③$\sigma_1 < 1, \sigma_2 < 1$——因为在竞争甲的资源中乙较弱,而在竞争乙的资源中甲较弱,于是可以达到一个双方共存的稳定的平衡状态 P_3,这是种群竞争中很少出现的情况.

④$\sigma_1 > 1, \sigma_2 > 1$——留作习题.

二、Volterra 模型

意大利生物学家 D'Ancona 曾致力于鱼类种群相互制约关系的研究,在研究过程中他无意中发现了第一次世界大战期间地中海各港口捕获的几种鱼类占捕获总量百分比的资料,从这些资料中他发现各种软骨掠肉鱼,如鲨鱼、鳐鱼等我们称之为捕食者的一些不是很理想的食用鱼占总渔获量的百分比,在 1914—1923 年期间,意大利阜姆港收购的捕食者所占的比例有明显的增加:

年代	1914	1915	1916	1917	1918
百分比	11.9	21.4	22.1	21.2	36.4
年代	1919	1920	1921	1922	1923
百分比	27.3	16.0	15.9	14.8	10.7

他知道,捕获的各种鱼的比例基本上代表了地中海渔场中各种鱼类的比例.战争中捕获量大幅度下降,当然使渔场中食用鱼(食饵)增加,以此为生的鲨鱼也随之增加.但是捕获量的下降为什么会使鲨鱼的比例增加,即对捕食者而不是对食饵有利呢?他无法解释这个现象,于是求助于著名的意大利数学家 V. Volterra,希望建立一个食饵—捕食者系统的数学模型,定量地回答这个问题.

1. 形成模型

为建立这样的模型,我们分别用 $x_1(t)$ 和 $x_2(t)$ 记食饵和捕食者在时刻 t 的数量.因为大海中鱼类的资源丰富,可以假设如果食饵独立生存则食饵将以增长率 r_1 按指数规律增长,即有 $\dot{x}_1 = r_1 x_1$.捕食者的存在使食饵的增长率降低,设降低的程度与捕食者数量成正比,于是 $x_1(t)$ 满足方程

$$\dot{x}_1(t) = x_1(r_1 - \lambda_1 x_2) \tag{6.29}$$

比例系数 λ_1 反映捕食者掠取食饵的能力.

捕食者离开食饵无法生存,若设它独自存在时死亡率为 r_2,即 $\dot{x}_2 = -r_2 x_2$,而食饵为它提供食物的作用相当于使死亡率降低,或使之增长.设这个作用与食饵数量成正比,于是 $x_2(t)$ 满足

$$\dot{x}_2(t) = x_2(-r_2 + \lambda_2 x_1) \tag{6.30}$$

比例系数 λ_2 反映食饵对捕食者的供养能力.

方程(6.29)和(6.30)是在没有人工捕获情况下自然环境中食饵与捕食者之间的制约关系,是 Volterra 提出的最简单的模型.这个模型没有引入竞争项.

2. 模型分析

与上例一样这是一个非线性模型,不能求出其解析解,所以我们还是通过平衡点的稳定性分析,研究 $x_1(t)$、$x_2(t)$ 的变化规律.容易得到方程(6.29)和(6.30)的平衡点为

$$P_0\left(\frac{r_2}{\lambda_2}, \frac{r_1}{\lambda_1}\right), P_1(0,0) \tag{6.31}$$

当然,平衡解 $P_1(0,0)$ 对我们来说是没有意义的.这个方程组还有一族解 $x_1(t) = C_1 e^{r_1 t}, x_2(t) = 0$ 和 $x_1(t) = 0, x_2(t) = C_2 e^{-r_2 t}$.因此,$x_1$ 轴和 x_2 轴都是方程组(6.29)、(6.30)的轨线.这意味着:方程(6.29)、(6.30)在 $t = t_0$ 是由第一象限 $x_1 > 0$、$x_2 > 0$ 出发的每一个解 $x_1(t)$、$x_2(t)$,在以后一切时间 $t \geq t_0$ 都保持在第一象限内.当 $x_1, x_2 > 0$ 时,方程(6.29)、(6.30)的轨线是一阶方程

$$\frac{dx_1}{dx_2} = \frac{x_1(r_1 - \lambda_1 x_2)}{x_2(-r_2 + \lambda_2 x_1)}$$

的解曲线.用分离变量方法解得

$$(x_1^{r_2} e^{-\lambda_2 x_1})(x_2^{r_1} e^{-\lambda_1 x_2}) = c \tag{6.32}$$

c 是任意常数.因此,方程(6.29)、(6.30)的轨线是式(6.32)定义的曲线族,我们来说明这些曲线是封闭的.为了研究由(6.32)式确定的相轨线的图形,记

$$\varphi(x_1) = x_1^{r_2} e^{-\lambda_2 x_1} \tag{6.33}$$

$$\psi(x_2) = x_2^{r_1} e^{-\lambda_1 x_2} \tag{6.34}$$

利用微积分方法可以作出 φ 和 ψ 的图形,如图 6.8 所示.

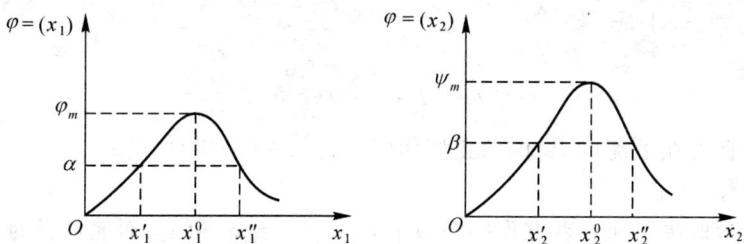

图 6.8

若它们的极大值分别记作 φ_m 和 ψ_m，则不难确定 x_1^0、x_2^0 满足

$$\varphi(x_1^0)=\varphi_m, \quad x_1^0=\frac{r_2}{\lambda_2} \tag{6.35}$$

$$\psi(x_2^0)=\psi_m, \quad x_2^0=\frac{r_1}{\lambda_1} \tag{6.36}$$

显然,仅当(6.32)式右端常数 $c\leqslant\varphi_m\psi_m$ 时相轨线才有定义.

当 $c=\varphi_m\psi_m$ 时,$x_1=x_1^0$,$x_2=x_2^0$,将式(6.35)和(6.36)与(6.31)式比较可知 (x_1^0,x_2^0) 正是平衡点 P_0,所以 P_0 是相轨线的退化点.

为了考察 $c<\varphi_m\psi_m$ 时($c>0$)轨线的形状,首先设 $c=\alpha\psi_m$($0<\alpha<\varphi_m$). 若令 $x_2=x_2^0$,则由 (6.32)—(6.36)式可得 $\varphi(x_1)=\alpha$. 而从图 6.8 知道,必存在 x_1' 和 x_1'' 使 $\varphi(x_1')=\varphi(x_1'')=\alpha$,且 $x_1'<x_1^0<x_1''$. 于是这条轨线应通过 $Q_1(x_1',x_2^0)$ 和 $Q_2(x_1'',x_2^0)$ 点(图 6.9).

接着,分析区间 (x_1',x_1'') 内的任一点 x_1. 因为 $\varphi(x_1)>\alpha$,代入 $\varphi(x_1)\psi(x_2)=\alpha\psi_m$ 可知 $\psi(x_2)<\psi_m$,记 $\psi(x_2)=\beta$ $(<\psi_m)$,从图 6.8 知道,存在 x_2' 和 x_2'' 使 $\psi(x_2')=\psi(x_2'')=\beta$,且 $x_2'<x_2^0<x_2''$. 于是这条轨线又通过 $Q_3(x_1,x_2')$ 和 $Q_4(x_1,x_2'')$ 点. 注意到 x_1 点是 (x_1',x_1'') 内的任意点,立即可知这条轨线必是如图所示的封闭曲线,同时它绝不会越出区间 $[x_1',x_1'']$. 对于不同的 c 值 $(0<\varphi_m\psi_m)$. 方程(6.29)和(6.30)的解(6.32)式确定的轨线是一族以平衡点 P_0 为中心的闭轨线族. 当 c 由 $\varphi_m\psi_m$ 变小时闭轨线向外扩展.

图 6.9

考察相平面上被 $x_1=x_1^0$ 和 $x_2=x_2^0$ 两条直线分成的 4 个区域内 $\dot{x}_1$、$\dot{x}_2$ 的正负、结合方程(6.29)和(6.30)可定出如图6.9箭头所示的闭轨线的方向. 闭轨线对应着方程的周期解 $x_1(t)$、$x_2(t)$,记周期为 T,如图6.10所示. 图中画出了周期解的示意图,其增减性是由图6.9闭轨线的方向决定的. 可以看出,食饵 $x_1(t)$ 的变化比捕食者 $x_2(t)$ 提前了 $T/4$.

闭轨线的存在说明 $P_0(x_1^0,x_2^0)$ 不是渐近稳定的. $x_1(t)$ 和 $x_2(t)$ 分别在 x_1^0 和 x_2^0 上下振动. 我们只能用 $x_1(t)$ 和 $x_2(t)$ 在一周期 T 内的平均值作为食饵和捕食者数量的近似度量. 记这两个平均值分别为 $\bar{x}_1$ 和 $\bar{x}_2$. 因为方程(6.30)可写作

$$x_1(t)=\frac{1}{\lambda_2}\left(\frac{\dot{x}_2}{x_2}+r_2\right)$$

易算出 $x_1(t)$ 在 T 内的平均值(利用 $x_2(T)=x_2(0)$)

$$\bar{x}_1=\frac{1}{T}\int_0^T x_1(t)\,\mathrm{d}t=\frac{r_2}{\lambda_2}$$

类似地可得 $\bar{x}_2 = \dfrac{r_1}{\lambda_1}$. 于是

$$\bar{x}_1 = x_1^0 = \frac{r_2}{\lambda_2}, \qquad \bar{x}_2 = x_2^0 = \frac{r_1}{\lambda_1} \tag{6.37}$$

表明食饵和捕食者在平衡点 P_0 的值正好代表了它们的（平均）数量.

3. 模型解释

食饵的数量取决于捕食者方程(6.30)中的两个参数 r_2 和 λ_2,而捕食者的数量取决于食饵方程(6.29)中的两个参数 r_1 和 λ_1. 当食饵的自然增长率 r_1 下降时捕食者的数量将减少. 这就是说,在弱肉强食情况下降低弱者的繁殖率可以使强者减少. 而当捕食者掠取食饵的能力 λ_1 提高时也会使捕食者减少. 另一方面,捕食者死亡率 r_2 的下降,或者食饵对捕食者供养能力 λ_2 的提高,都将导致食饵的减少.

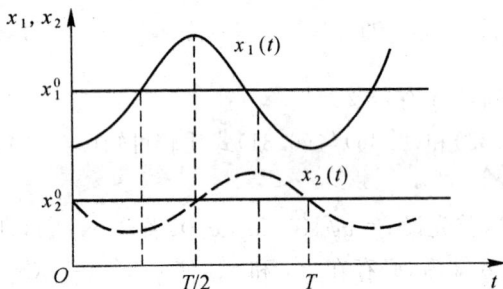

图 6.10

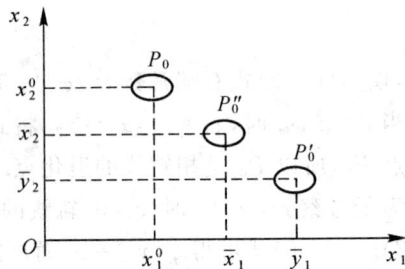

图 6.11

为了用 Volterra 模型解释本节开头提出的战争期间捕获量下降对鲨鱼比对食用鱼更有利的问题,需要在上述自然环境下所得结果的基础上考虑人工捕获的影响(图 6.11),而这相当于降低食饵的自然增长率,增加捕食者的死亡率. 我们用 e 来表示捕获能力的系数,则这时的食饵的自然增长率为 $r_1 - e$,捕食者的死亡率为 $r_2 + e$. 用 $y_1(t)$ 和 $y_2(t)$ 表示这种情况下食饵和捕食者的数量,平衡点由 P_0 变为 P'_0,可以利用(6.37)式的结果得到 $y_1(t)$ 和 $y_2(t)$ 的平均值为

$$\bar{y}_1 = \frac{r_2 + e}{\lambda_2}, \qquad \bar{y}_2 = \frac{r_1 - e}{\lambda_1} \tag{6.38}$$

战争期间捕获系数由 e 下降为 e_1,食饵 $z_1(t)$ 和捕食者 $z_2(t)$ 的平均值为

$$\bar{z}_1 = \frac{r_2 + e_1}{\lambda_2}, \qquad \bar{z}_2 = \frac{r_1 - e_1}{\lambda_1} \tag{6.39}$$

因为 $e_1 < e$,所以

$$\bar{z}_1 < \bar{y}_1, \qquad \bar{z}_2 > \bar{y}_2$$

平衡点又变为 P''_0. 这就是说,战争时期捕获能力的下降使食用鱼数量减少,而鲨鱼数量增加. Volterra 用他的模型解释了 D'Ancona 提出的问题.

值得注意的是 Volterra 模型是非常粗糙的,有兴趣的读者可以作进一步的探讨.

6.4 疾病的传染与防疫

我们考虑如下的情形:为数不多的一群传染病患者,分别到能够感染这种疾病的大量居民之中.试问:随着时间的推移会出现什么情况呢? 这种疾病是否会在居民中蔓延? 最终会有多少人传染上这种疾病呢? 若采取了防疫措施之后,是否还会蔓延?

为考虑这个问题,我们假设所考虑的这种疾病能使患过这种疾病而痊愈的任何人具有一定时期的免疫力,但过了这个时期以后仍有可能被感染;另外设这种疾病在潜伏期中也会传染.

这样一个问题其实是一个房室系统.我们可以把居民分成三类:第一类是正常、易被传染者,设 t 时刻总数为 $S(t)$;第二类是传染病患者,在 t 时刻这类人口数为 $I(t)$;第三类是不受感染者,以 $R(t)$ 来表示 t 时刻这类人口总数,包括病愈而具有免疫力者,采取预防措施后有一定免疫力者,以及在痊愈以前被隔离起来的人等.为方便我们用框图(图 6.12)来描述各类居民之间的关系.

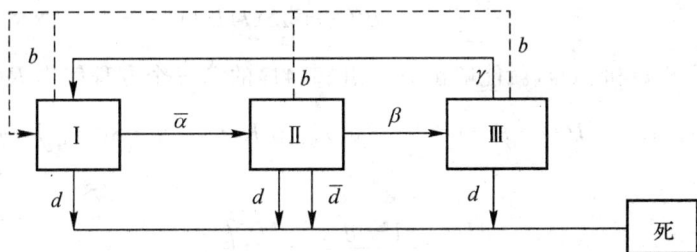

图 6.12

框图中 b 表示出生率,d 为自然死亡率,而因患传染病而死的死亡率为 $\bar{d}$,γ 为失去免疫率,为方便我们设它们均为常数.它们的意义(以 $\bar{d}$ 为例)为在 $[t,t+dt]$ 内传染病死亡数 $= \bar{d}I(t)dt$.注意到传染病的特点,我们可以假设发病率 $\hat{\alpha}$ 与患病人数成正比,即 $\hat{\alpha}=\alpha I(t)$.

从框图我们不难得到 $S(t)$,$I(t)$,$R(t)$ 满足的微分方程为

$$
\begin{cases}
\dfrac{dS(t)}{dt}=(b-d)S(t)+bI(t)+(b+\gamma)R(t)-\alpha S(t)I(t) \\[2mm]
\dfrac{dI(t)}{dt}=-(d+\bar{d}+\beta)I(t)+\alpha S(t)I(t) \\[2mm]
\dfrac{dR(t)}{dt}=\beta I(t)-(d+\gamma)R(t) \\[2mm]
t=t_0:S=S^0,I=I^0,R=R^0
\end{cases}
\qquad (6.40)
$$

其中 S_0、I_0、R_0 分别表示在初始时间 t_0 的易传者、传染者以及治愈的人数.这是一个非线性传染病的常微分方程模型.值得指出的是这样一个三次系统,人们对它的动力学性质了解得甚少,有待于数学家们作深入的研究.

为进一步探讨我们的问题,设在所考虑的时期内人口总数保持不变($b=0,d=0$).另外我们把因病死亡的人数并入第三类,且仅考虑具有长期免疫能力的疾病,即可设 $\bar{d}=0$,$\gamma=0$.这样方程组(6.40)就成为

$$\begin{cases} \dfrac{dS(t)}{dt}=-\alpha S(t)I(t) \\[2mm] \dfrac{dI(t)}{dt}=-\beta I(t)+\alpha S(t)I(t) \\[2mm] \dfrac{dR(t)}{dt}=\beta I(t) \\[2mm] t=t_0:S=S^0,I=I^0,R=R^0 \end{cases} \qquad (6.41)$$

注意到方程组(6.41)的前两个方程与 R 无关,只需考虑两个未知函数 $S(t)$ 和 $I(t)$ 的方程组

$$\begin{cases} \dfrac{dS(t)}{dt}=-\alpha S(t)I(t) \\[2mm] \dfrac{dI(t)}{dt}=-\beta I(t)+\alpha S(t)I(t) \end{cases} \qquad (6.42)$$

只要知道了 $S(t)$ 和 $I(t)$,就能够由方程组(6.41)的第三个方程解出 $R(t)$,或者注意到 $\dfrac{d}{dt}(S+I+R)=0,S(t)+I(t)+R(t)=N(常数)$ 得出 $R(t)=N-S(t)-I(t)$. (6.42)的轨线是一阶方程

$$\frac{dI}{dS}=\frac{\alpha SI-\beta I}{-rSI}=-1+\frac{\beta}{\alpha S}, \qquad (6.43)$$

的解曲线

$$I(t)=I_0+S_0-S+\rho\ln\frac{S}{S_0} \qquad (6.44)$$

其中 $\rho=\dfrac{\beta}{\alpha}$.(6.44)式的相图如图 6.13 所示.由(6.43)式知:当 $s>\rho$ 时, $I(t)$ 是减函数;当 $s<\rho$ 时, $I(t)$ 是增函数;当 $s=\rho$ 时,轨线取极大.

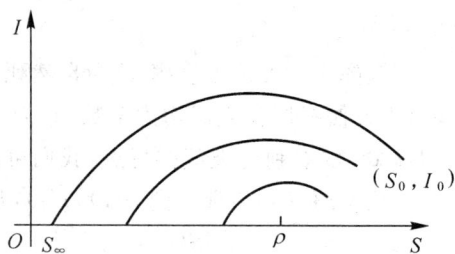

图 6.13

上述讨论对于疾病在居民中的传播说明了什么? 当 t 由 t_0 变化到 ∞ 时,点 $(S(t),I(t))$ 沿着曲线 (6.44)移动,并且是在使 S 减少的方向上移 ,因为 $S(t)$ 随时间增加而单调减小.因此,如果 S_0 小于 ρ ,则 $I(t)$ 单调减小到零, $S(t)$ 单调减小到 S_∞ .这说明,如果为数不多的一群传染者 I_0 分散到居民 S_0 中,且 $S_0<\rho$,则这种疾病将会很快被消灭.相反,如果 $S_0>\rho$,则随着 $S(t)$ 减少到 ρ 时, $I(t)$ 增加,且当 $s=\rho$ 时, $I(t)$ 达到最大值,仅当易受传染者人数降低到阀值 ρ 以下时, $I(t)$ 才开始减小.由此,我们可以得到下述结论:

(1)仅当居民中的受传染者人数超过阀值 $\rho=\dfrac{\beta}{\alpha}$ 时,才会发生传染病.

(2)疾病不是因为缺少易受传染者而停止传播,相反,只是因为没有传染者才停止传播.

(3)一个生物群体不会因为某种传染病而绝种.

说明:当因人口拥挤而易受传染者的密度高,且因无知、隔离不良和缺乏医疗而排除率低时,就会很快地发生传染病;相反,当因社会条件好,而使得易受传染者的密度低,且因公共卫生设施和管理很好而使得则排除率高时,则疾病只能在有限的范围内出现.

如果起初易受传染者的人数 S_0 大于或是接近于阀值 ρ ,那么,就能够估计出最终患病

的人数.可以证明,如果 $S_0-\rho$ 同 ρ 相比是小量,则最终患病的人数近似地为 $2(S_0-\rho)$.这就是著名的传染病学中的阀值定理.

为评价这个模型,即为了把数学模型所预示的结果同疾病实际传染的资料进行比较,必须把 $\dfrac{\mathrm{d}R}{\mathrm{d}t}$ 作为时间的函数求出它的量,因为只有那些来就医者才能被人知道,他们是得了病并排除传染的人.也即,公共卫生统计记录的只是每一天或每一星期新排除的人数,而不是新得病的人数.

注意到

$$\frac{\mathrm{d}R}{\mathrm{d}t}=\beta I=\beta(N-R-S)$$

$$\frac{\mathrm{d}S}{\mathrm{d}R}=\frac{-S}{\rho}$$

因此,$S(R)=S_0\mathrm{e}^{-R/\rho}$,且

$$\frac{\mathrm{d}R}{\mathrm{d}t}=\beta(N-R-S_0\mathrm{e}^{-R/\rho}) \tag{6.45}$$

如果传染病不很流行,则 R/ρ 是小量,于是可取 Taylor 级数

$$\mathrm{e}^{-R/\rho}=1-\frac{R}{\rho}+\frac{1}{2}\left(\frac{R}{2}\right)^2+\cdots$$

的前三项.通过这种近似分析,得

$$\frac{\mathrm{d}R}{\mathrm{d}t}=\beta\left\{N-S_0+\left(\frac{S_0}{\rho}-1\right)R-\frac{S_0}{2}\left(\frac{R}{\rho}\right)^2\right\}$$

其解是

$$R(t)=\frac{\rho_0^2}{S_0}\left[\frac{S_0}{\rho}-1+m\tanh\left(\frac{1}{2}m\beta t-\varphi\right)\right] \tag{6.46}$$

其中 $m=\left[\left(\frac{S_0}{\rho}-1\right)^2+\frac{2S_0(N-S_0)}{\rho}\right]^{1/2}$,$\varphi=\tanh^{-1}\frac{1}{m}\left(\frac{s_0}{\rho}-1\right)$.而双曲正切函数 $\tanh z$ 定义为

$$\tanh z=\frac{\mathrm{e}^z-\mathrm{e}^{-z}}{\mathrm{e}^z+\mathrm{e}^{-z}}.$$

不难证明

$$\frac{\mathrm{d}}{\mathrm{d}z}\tanh z=\mathrm{sech}^2 z=\frac{4}{(\mathrm{e}^z+\mathrm{e}^{-z})^2}$$

因此

$$\frac{\mathrm{d}R}{\mathrm{d}t}=\frac{\beta m^2\rho^2}{2S_0}\mathrm{sech}^2\left(\frac{1}{2}m\beta t-\varphi\right) \tag{6.47}$$

(6.47)式可用图 6.14 来描述,并称之为疾病传染曲线.

这条曲线说明了一个常见的事实:在许多实际发生的传染病中每天报告的新病案的数目逐渐上升到峰值,然后又减少下来.把它与取自 1905 年下半年至 1906 年上半年在孟买实际发生的瘟疫资料进行比较,设

$$\frac{\mathrm{d}R}{\mathrm{d}t}=890\mathrm{sech}^2(0.2t-3.4)$$

其中 t 按星期计,则实际值的散点图的拟合曲线(图 6.15)与疾病传染曲线非常一致.

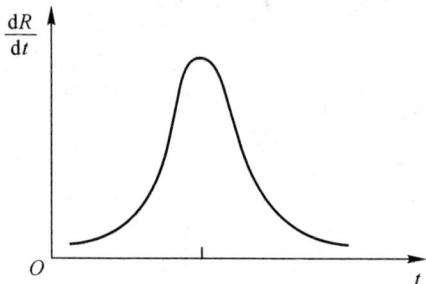

图 6.14

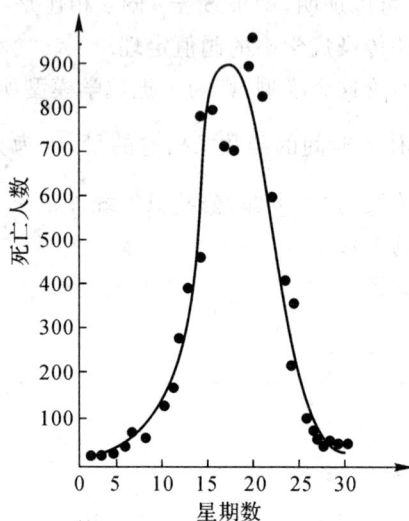

图 6.15

6.5　最优捕鱼策略问题的解答

在第 2 章中我们曾举了一个最优捕鱼策略问题的例子(例 2.2),并对该问题作了适当的假设,现在我们在那些假设的基础上来求解这个问题. 我们仍沿用原来的符号. 分析一下问题便知,问题 1 是一个以捕捞而获得的年产量为目标,以可持续捕捞为约束条件的优化问题,但这里的可持续捕捞的量化条件是由微分方程组的解来给出的;而问题 2 又是一个多目标的优化问题. 在回答这个问题时,有两点值得注意:(1)问题要求在五年中既得到最大的收益又不破坏鱼群的生产力. 在数学上来说应该是:五年后鱼群尽量接近可持续捕捞鱼群的条件下来达到产量最高. 如果把不破坏生产力处理为使鱼群回到初始状态,这样做是不可能实现收益最大的.(2)如何使用题目所要求的固定捕捞系数的捕捞方式,可以是在五年内以同样的捕捞系数捕捞,也可以在不同的年份以不同捕捞系数捕捞.

为便于建模我们给出一个比较直观的框图(图 6.16),供读者参考.

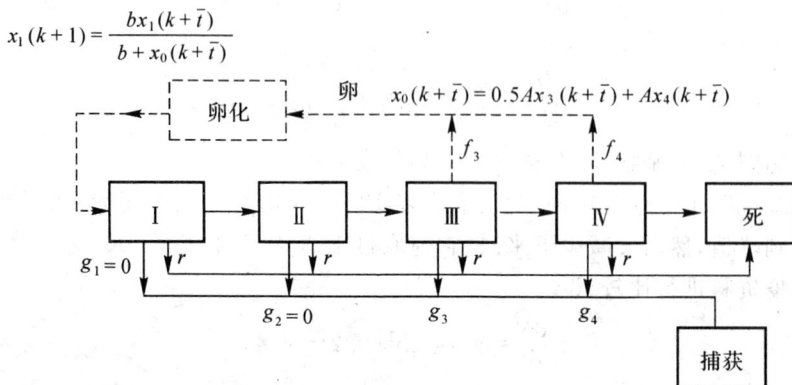

图 6.16

一、固定捕捞系数捕捞下的鱼群增长模型

$$
\begin{cases}
\dfrac{\mathrm{d}x_i(t)}{\mathrm{d}t} = \begin{cases}
-rx_i - q_i(E)x_i & k \leqslant t < k + \bar{t} \\
-rx_i & k + \bar{t} \leqslant t < k + 1 \\
i = 1,2,3,4, & k = 0,1,2,\cdots
\end{cases} \\
x_i(0) = x_i, \\
x_{i+1}(k+1) = x_i((k+1)^-), \quad i = 1,2,3 \\
x_1(k+1) = 1.22 \times 10^{11} x_0(k+\bar{t})/(1.22 \times 10^{11} + x_0(k+\bar{t}))
\end{cases}
\tag{6.48}
$$

其中 $x_0(k+\bar{t}) = 0.5Ax_3(k+\bar{t}) + Ax_4(k+\bar{t})$ 表示第 k 年的产卵数，$A = 1.109 \times 10^5$，而 $x_1(k+1)$ 就是第 $k+1$ 年进入 x_1 的幼鱼数.

求解初值问题(6.48)，得

$$x_{i+1}(k+1) = sl_i(E)x_i(k), i = 1,23 \tag{6.49}$$

$$x_1(k+1) = [b/(b+x_0(k))]x_0(k) \tag{6.50}$$

$$x_0(k+\bar{t}) = 0.5As^{2/3}l_3(E)x_3(k) + As^{2/3}l_4(E)x_4(k) \tag{6.51}$$

其中

$$s = \mathrm{e}^{-r} = 0.4493, l_1(E) = l_2(E) = 1$$

$$l_3(E) = \mathrm{e}^{-0.42iE} = p_3^E, l_4(E) = \mathrm{e}^{-iE} = p_4^E$$

$$p_3 = \mathrm{e}^{-0.42i} = \mathrm{e}^{-0.28} = 0.7558, p_4 = \mathrm{e}^{-i} = \mathrm{e}^{-2/3} = 0.5134$$

$$b = 1.22 \times 10^{11}$$

二、固定捕捞系数捕捞下的捕捞量

单位时间第 i 年龄组鱼的捕捞量(条数) $y_i(t) = q_i(E)x_i(t)$，$k \leqslant t < k + \bar{t}$. 第 k 年全年(8 个月)第 i 年龄组鱼的捕捞量(条数)

$$
\begin{aligned}
Y_i(k) &= \int_0^{\bar{t}} y_i(t)\mathrm{d}t = \int_0^{\bar{t}} q_i(E)x_i(t)\mathrm{d}t \\
&= [q_i(E)/(r+q_i(E))](1 - s^{\bar{t}}p_i^E)x_i(k)
\end{aligned}
$$

第 k 年总捕捞量(重量)

$$Y(k) = w_3 Y_3(k) + w_4 Y_4(k) \tag{6.52}$$

三、可持续捕捞的模型

可持续捕捞的概念意味着，如果每年通过自然死亡，捕捞和产卵繁殖补充，使得鱼群能够在每年年初捕捞开始时保持平衡不变，那么这样的捕捞策略就可以年复一年地一直持续下去，因此可持续捕捞的鱼群应该是模型(6.51)式的平衡解，即模型不依赖于时间的解 x_i^*. 由式(6.51)有

$$x_{i+1}^* = sl_i(E)x_i^*, i = 1,2,3$$

或

$$
\begin{aligned}
&x_2^* = sx_1^*, x_3^* = sx_2^* = s^2 x_1^*, x_4^* = sl_3(E)x_3^* = s^3 p_3^E x_1^* \\
&x_0^* = 0.5As^{2/3}l_3(E)x_3^* + As^{2/3}l_4(E)x_4^* \\
&x_1^* = [b/(b+x_0^*)]x_0^*
\end{aligned}
\tag{6.53}
$$

利用迭代关系式(6.53)的前两式中的 x_0^* 可以写为

$$x_0^* = 0.5As^i l_3(E)x_3^* + As^i l_4(E)x_4^*$$
$$= (0.5 + sp_4^E)As^{8/3}p_3^E x_1^*$$

代入式(5.53)的第三式可得

$$x_1^* = [b/(b+x_0^*)]x_0^*$$
$$= [b/(b+(0.5+sp_4^E)As^{8/3}p_3^E x_1^*)](0.5+sp_4^E)As^{8/3}p_3^E x_1^*$$

关于 x_1^* 求解这个非线性方程,有

$$x_1^* = b\{1 - 1/[0.5 + sp_4^*]As^{8/3}p_3^E]\} = b[1 - 1/B(E)]$$

其中 $B(E) = (0.5 + sp_4^E)As^{8/3}P_3^E$. 当 $B(E) \leqslant 1$ 时有 $x_1 \leqslant 0$,这意味着捕捞的强度过高致使鱼群不复存在. 满足这个条件的捕捞系数 E_0 将称为过度捕捞的捕捞系数. 我们将在 $E < E_0$ 的范围内讨论最优捕捞的问题,其中 $E_0 = 3.14$ 是方程 $B(E) = 1$ 的解.

四、最大可持续捕获量

在可持续捕捞的条件下,第 i 年龄组的年捕捞量(条数)

$$Y_i = [q_i(E)/(r+q_i(E))](1 - s^i p_i^E)x)x_i^*$$

整个鱼群的年捕捞量(重量)

$$Y(E) = w_3 Y_3 + w_4 Y_4$$
$$= w_3[q_3(E)/(r+q_3(E))](1-s^i p_3^E)x_3^*$$
$$\quad + w_4[q_4(E)/(r+q_4(E))](1-s^i p_4^E)x_4^*$$
$$= \left\{[w_3 0.42E/(r+0.42E)(1-s^i p_3^E)s^2\right.$$
$$\quad + [w_4 E/(r+E)](1-s^i p_4^E)s^3 p_3^E\Big\}x_1^*$$
$$= \left\{[w_3 0.42/(r+0.42E)](1-s^i p_3^E)\right.$$
$$\quad + [w_4/(r+E)](1-s^i p_4^E)sp_3^E\Big\}Es^2 b[1-1/B(E)] \qquad (6.54)$$

式(6.54)给出了年捕捞量 Y 和捕捞系数 E 之间的关系. 它是 Y 与 E 之间的一个非线性关系. 用计算机可以搜寻到使得可持续捕获量达到最大的捕捞系数 $E_* = 17.36$. 这就是最优可持续捕捞的捕捞系数. 由此可以求得:

最大捕捞量(重量)$Y_* = Y(17.36) = \max_{E < E_0} Y(E) = 38.87$ 万吨;

可持续捕捞鱼群的大小(条数)

$$x_1^* = 119,601,343,172(条), x_2^* = 53,740,347,635(条),$$
$$x_3^* = 24,147,094,734(条), \quad x_4^* = 84,025,418(条),$$

各年龄组鱼群的捕捞率 $c_1 = c_2 = 0$,由

$$c_i = Y_i/x_i^* = \{[q_i(E_*)/(r+q_i(E_*))](1 - s^i p_i^{E-})\}, i = 3,4$$

可得 $c_3 = 89.7\%, c_4 = 95.59\%$.

五、五年承包的最优捕捞量

由于承包时鱼群的年龄组成尚未处于可持续捕捞的状态,因此不能简单地采用前面所

得到的最优可持续捕捞的结果,问题中寻求收获量最高为捕捞策略的条件是鱼群的生产力不能受到太大的破坏,我们可以把这个条件理解为捕捞五年后鱼群的年龄组成尽量接近于可持续捕捞鱼群的年龄结构,这时最优收获的问题就化为寻找一个收获策略使得五年的鱼产量尽量高,而且五年后鱼群的年龄结构与可持续捕捞的年龄构成尽量接近,这是一个多目标规划的问题.

如果该公司在五年的捕捞作业中捕捞系数是固定不变的,利用前面得到的模型(6.51)式,并注意到初始鱼群为

$$x_1(0)=122\times10^9(条),\quad x_2(0)=29.7\times10^9(条),$$
$$x_3(0)=10.1\times10^9(条),\quad x_4(0)=3.29\times10^9(条).$$

就可以描述被捕捞的鱼群在五年中的动态变化.

第 k 年的鱼产量由(6.52)式给出,则五年的总产量为 $Y(E)=Y(1)+\cdots+Y(5)$.

五年后鱼群的年龄组成与可持续捕捞鱼群的年龄组成差异,可由这两个群体各年龄组差异之间的欧几里得距离来描述:

$$D(E)=\sqrt{(x_1(5)-x_1)^2+\cdots+(x_4(5)-x_4)^2}$$

综合这两个指标,令 $J(E)=Y(E)-D(E)$,则问题就归结为求 E,以及优化目标函数 $J(E)$.

基于上面的分析,可以得到问题的数值结果为:

最优捕捞系数 $E_*=17.84$;

被优化的最佳指标值 $J(E)=1,477,164,613,075$;

最优的五年总产量 $J(E_*)=160.5$ 万吨;

第五年的鱼产量 $Y(5)=38.17$ 万吨;

第五年鱼群的年龄构成:

$$x_1=119,172,969,564(条),\quad x_2=53,612,417,452(条),$$
$$x_3=23,649,689723(条),\quad x_4=71,038,025(条).$$

习　题

1.假定两个渔业公司只开发某一种渔业,但由于某原因,公司之间得不到协议,问在 Scheafer 模型下,在什么情况下达到生态平衡?

2.单棵树木的商品价值 V 是由这棵树能够生产的木材体积和质量所决定的.显然 $V=V(t)$ 依赖于树木的年龄 t.假设曲线 $V(t)$ 已知,c 为树木砍伐成本.试给出砍伐树木(更确切地说砍伐相同年龄的立木)的最优年龄.如果考虑到森林轮种问题,即一旦树木从某一处砍掉,这块土地便可以种植新树,假定各轮种周期具有相等的长度,试建模讨论最优砍伐轮种的森管理策略的问题.

3.已知英属哥伦比亚 Douglas 松树的净立木价值 $V(t)-c$ 随着树龄变化的资料如下:

t(年)	30	40	50	60	70	80	90	100	110	120
$V(t)-c$(美元)	0	143	143	303	497	650	805	913	1000	1075

利用上题的模型讨论 Douglas 松的最优砍伐轮种问题.

4. 如果两个种群都能独立生存,共处时又能相互提供食物,试建立种群依存模型并讨论平衡点及稳定性,解释稳定的意义.

5. 如果两个种群都不能独立生存,但共处时可以相互提供食物,试建模以讨论共处的可能性.

6. 如果在食饵－捕食者系统中,捕食者掠食的对象只是成年的食饵,而未成年的食饵因体积太小免遭捕获. 在适当的假设下建立这三者之间关系的模型,求平衡点.

7. 假设给第一类即易受传染者注射预防针,其注射的速度 λ 同这一类的人数成正比. 这时

$$\begin{cases} \dfrac{\mathrm{d}S(t)}{\mathrm{d}t} = -\alpha S(t)I(t) - \lambda S(t) \\ \dfrac{\mathrm{d}I(t)}{\mathrm{d}t} = -\beta I(t) + \alpha S(t)I(t) \end{cases} \tag{6.63}$$

(a)试求(6.63)的轨线. (b)由(a)推出下述结论:对于(6.63)的每一个解 $S(t)$、$I(t)$,当 t 趋向于无穷大时,$S(t)$趋向于零.

8. 20 世纪初期,在伦敦曾观察到这种现象:大约每两年爆发一次麻疹传染病. 生物学家 H. E. Soper 试图解释这种现象,他认为易受传染的人数因人口中增添新的成员而不断得到补充. 因此,他假设

$$\begin{cases} \dfrac{\mathrm{d}S(t)}{\mathrm{d}t} = -\alpha S(t)I(t) + \mu \\ \dfrac{\mathrm{d}I(t)}{\mathrm{d}t} = -\beta I(t) + \alpha S(t)I(t) \end{cases} \tag{6.64}$$

其中 α,β 和 μ 都是正的常数. 试求:(a)找出方程组(6.64)的平衡解. (b)证明方程组(6.64)的初始值足够接近这个平衡解的每一个解 $S(t)$、$I(t)$,当 t 趋向于无穷大时,都趋向于平衡解. (c)当 t 趋向于无穷大时,方程组(6.64)的每一个解 $S(t)$、$I(t)$都趋向于平衡解. 所以,我们得到结论:方程组(6.64)不能解释重复发生麻疹传染病这种现象. 相反,它表明,这种疾病最终将趋向于稳恒状态.

第7章　动态优化模型

动态过程中的另一类问题是所谓的动态优化问题,这类问题一般要归结为求最优控制函数使某个泛函达到极值.当控制函数可以事先确定为某种特殊的函数形式时,问题又简化为求普通函数的极值.求解泛函极值问题的方法主要有变分方法和最优控制理论方法.在此仅介绍一下变分方法,并把它用来解决建模问题.至于最优控制理论由于牵涉太多无意涉及.

7.1　变分方法简介

变分问题是求解能使某一个量的积分所表示的目标函数达到极小值的未知函数问题.可以说明求解这样的问题与求解与之对应的欧拉—拉格朗日微分方程是等价的.变分方法就是把变分问题转化为欧拉—拉格朗日微分方程来求解的一种方法.为此我们先引入几个概念.

一、泛函

设 S 为一函数集合,若对于每一个函数 $x(t) \in S$ 有一个实数 J 与之对应,则称 J 是定义在 S 上的泛函,记作 $J(x(t))$,并称 S 为 J 的容许函数集.

例如对于 xy 平面上过定点 $A(x_1, y_1)$ 和 $B(x_2, y_2)$ 的每一条光滑曲线 $y(x)$,绕 x 轴旋转得一旋转体,如图 7.1.

旋转体的侧面积是曲线 $y(x)$ 的泛函 $J(y(x))$.
由微积分知识不难写出

$$J(y(x)) = \int_{x_1}^{x_2} 2\pi y(x) \sqrt{1 + y'^2(x)} \, dx \quad (7.1)$$

容许函数集可表示为

$$S = \{y(x) \mid y(x) \in C^1[x_1, x_2],$$
$$y(x_1) = y_1, y(x_2) = y_2\} \quad (7.2)$$

变分问题的泛函一般可表为

$$J(x(t)) = \int_{t_1}^{t_2} F(t, x, \dot{x}) \, dt \quad (7.3)$$

被积函数 F 包含自变量 t,未知函数 x 及导数 $\dot{x}$.

二、泛函的极值

泛函 $J(x(t))$ 在 $x_0(t) \in S$ 取得极小值是指,对于任意一个与 $x_0(t)$ 接近的 $x(t) \in S$,都

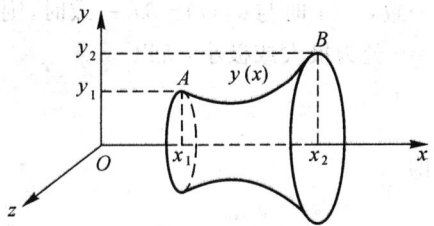

有 $J(x(t)) \geqslant J(x_0(t))$. 所谓接近可以用 $d(x(t), x_0(t)) < \varepsilon$ 来度量,而距离定义为

$$d(x(t), x_0(t)) = \max_{t_1 \leqslant t \leqslant t_2} \{ |x(t) - x_0(t)|, |\dot{x}(t) - \dot{x}_0(t)| \}$$

泛函的极大值可以类似地定义. $x_0(t)$ 称为泛函的极值函数或极值曲线.

三、泛函的变分

如同函数的微分是增量的线性主部一样,泛函的变分是泛函增量的线性主部. 作为泛函的自变量,函数 $x(t)$ 在 $x_0(t)$ 的增量记作

$$\delta x(t) = x(t) - x_0(t) \tag{7.4}$$

也称函数的变分. 由它引起的泛函的增量记作

$$\Delta J = J(x_0(t) + \delta x(t)) - J(x_0(t))$$

如果 ΔJ 可以表为

$$\Delta J = L(x_0(t), \delta x(t)) + r(x_0(t), \delta x(t))$$

其中 L 是 δx 的线性项,而 r 是 δx 的高阶项,则 L 称为泛函在 $x_0(t)$ 的变分,记作 $\delta J(x_0(t))$. 用变动的 $x(t)$ 代替 $x_0(t)$,就有 $\delta J(x(t))$.

为了求一个变分问题如(7.3)式的极值,可按如下进行:

对于泛函 $J(x(t))$ 存在变分,在 $x = x_0(t)$ 处为极大或极小时,在此 $x_0(t)$ 有

$$\delta J = 0 \tag{7.5}$$

当 $x_0(t), \delta_x$ 不变化时,$J(x_0 + \alpha \delta_x)$ 是 α 的函数. 将此写成 $\varphi(\alpha)$ 时,则 $\varphi(\alpha)$ 在 $\alpha = 0$ 处为极大或极小,所以

$$\frac{\partial}{\partial \alpha} \varphi(\alpha) \big|_{\alpha=0} = 0$$

即得

$$\frac{\partial}{\partial \alpha} J(x_0(t) + \alpha \delta x(t)) \big|_{\alpha=0} = 0 \tag{7.6}$$

(7.5)式是求极值的必要条件. 对于含有辅助变量 α 的函数 $x(t, \alpha)$,在 $\alpha = 0$ 时与 $x_0(t)$ 一致,$\alpha = 1$ 时与 $x_0(t) + \delta x$ 一致时,则 $J(x(t, \alpha))$ 仍是 α 的函数. 设它为 $\psi(\alpha)$ 时,则 $\psi(\alpha)$ 在 $\alpha = 0$ 处为极大或极小,所以

$$\frac{\partial}{\partial \alpha} \psi(\alpha) \big|_{\alpha=0} = 0$$

即

$$\frac{\partial}{\partial \alpha} J(x(t, \alpha)) \big|_{\alpha=0} = 0 \tag{7.7}$$

(7.7)式是比(7.6)式更为一般的条件. 为判断极值我们需要计算相当于函数为二阶可微的泛函的第二变分.

设

$$J(x + \delta x) - J(x)$$
$$= L(x, \delta x) + \frac{1}{2} B(x, \delta x) + \tau(x, \delta x)(\max |\delta x|)^2 \tag{7.8}$$

时,则第二变分按如下定义:

$$\delta^2 J = B(x, \delta x) \tag{7.9}$$

而 B 对于 $\delta x, \delta \dot{x}$ 二次项为线性部分, $\tau(x, \delta x)$ 在 $\delta x \to 0$ 时为收敛于 0 的部分. 为了与第二变分有所区别也称 δJ 为第一变分.

为计算泛函的第二变分,将 $J(x + \alpha \delta x)$ 对 α 偏微两次,令 $\alpha = 0$ 即可. 由式(7.8)得

$$\Delta J = J(x + \delta \alpha x) - J(x)$$

$$= \alpha L(x, \delta x) + \frac{1}{2} \alpha^2 B(x, \delta x)$$

$$+ \tau(x, \delta \alpha x) |\alpha|^2 (\max |\delta x|)^2$$

因此,得

$$\frac{\partial^2}{\partial \alpha^2} J(x + \delta \alpha x)) = B(x, \delta x) + \tau(x, \alpha \delta x)(\max |\delta x|)^2$$

这里,设 $\alpha \to 0$ 时第二项收敛于 0,所以

$$\delta^2 J = \frac{\partial^2}{\partial \alpha^2} J(x + \delta \alpha x)) |_{\alpha = 0} \tag{7.10}$$

这样在变分情况下,对于满足 $\delta J = 0$ 的函数 $x(t)$,有 $\delta^2 J > 0$ 时泛函为极小,$\delta^2 J < 0$ 时泛函为极大.

7.2　应用举例(极小旋转曲面)

关于这个问题,我们已经把它化为求泛函(7.1)式在允许集合 S 上的极小值问题. 设 $y(t)$ 是所求的解,则 $y(t)$ 满足欧拉方程

$$\frac{y(y')^2}{\sqrt{1 + (y')^2}} - y\sqrt{1 + (y')^2} = C_1$$

$$C_1 y' = \sqrt{y^2 - C_1^2}$$

解得

$$x = C_1 \ln\left[\frac{y + \sqrt{y^2 - C_1^2}}{C_1}\right] + C_2 \tag{7.11}$$

$$y = C_1 \operatorname{ch}\left(\frac{x - C_2}{C_1}\right)$$

这表明,若极小旋转曲面问题有解,则一定是由(7.11)式表达的一条悬链线. 但是当把 (x_1, y_1) 代入(7.11)式时,得 $y_1 = C_1 \operatorname{ch}\left(\frac{x_1 - C_2}{C_1}\right)$,由此解得 C_1,但 (x_2, y_2) 一定要满足 $y_2 = C_1 \operatorname{ch}\left(\frac{x_2 - C_2}{C_1}\right)$,不然极小旋转曲面问题无解.

一、速降曲线问题

求连接两定点 A、B 的光滑曲线,在不计摩擦力的情况下,使一质点在重力作用下沿该曲线以最短时间从 A 点滑到 B 点.

为建立这个数学模型,我们以 A 点为坐标原点,如图 7.2 建立坐标系. 设点 B 的坐标为 $B(x, y)$. 根据能量守恒定律,质点在曲线 $y(x)$ 上任一点处的速度 $\frac{ds}{dt}$ 满足

$$\frac{1}{2}m\frac{\mathrm{d}s}{\mathrm{d}t} = mgy$$

其中 s 为弧长. 这样由弧长的微元公式 $\mathrm{d}s = \sqrt{1+y'^2(x)}\,\mathrm{d}x$ 代入上式,立即可得

$$\mathrm{d}t = \sqrt{\frac{1+y'^2}{2gy}}\,\mathrm{d}x$$

于是质点滑行的时间可表示为 $y(x)$ 的泛函

$$J(y(x)) = \int_0^{x_1} \sqrt{\frac{1+y'^2}{2gy}}\,\mathrm{d}x \qquad (7.12)$$

图 7.2

约束条件为 $y(0)=0, y(x_1)=y_1$.

所以,最速降线问题就转化为寻求满足上述约束条件的泛函 $J(y(x))$ 的最小值问题.

用前面介绍的变分原理,我们不难得到(7.12)式满足的欧拉方程为

$$y(1+y'^2) = \frac{1}{c^2}$$

求解这个方程,得其解为

$$\begin{cases} x = y_1(t-\sin t) \\ y = y_1(1-\cos t) \end{cases}$$

这就是微积分中所遇到的圆滚线或摆线的参数方程.

二、再谈再生资源的管理和开发

在上一章我们所讨论的模型中,事实上并没有把经济学因素的影响考虑进去. 考虑经济行为的影响,一个重要的问题是要考虑在长期生产过程中的资金,即生产中以货币形式投入以及长期收获过程中资金的贴现值.

在渔业捕捞过程中,以货币来计量的捕捞率的投入以及捕获量的货币收益已经成为生产过程中的资金,时时刻刻都具有增值的能力. 正如我们手中的货币一旦存入银行就可以不断地产生利息一样. 如果记 δ 为单位资金的增值速率,则有

$$\dot{x}(t)/x = \delta, x(t) = x_0 \mathrm{e}^{\delta t} \qquad (7.13)$$

其中 $x(t)$ 为 t 时刻的资金量,$x_0 = x(0)$,这里我们是利用复利模型来计算资金的增值的. 由(7.13)式不难得到:对于现值为 P 的资金,经时间 t 后资金的增值应为 $P\mathrm{e}^{\delta t}$;而对于 t 时间后的资金 P 的现值就应该等于 $P\mathrm{e}^{-\delta t}$,这就是一个金融学中的资金贴现的问题,也就是说它相当于将在时间 t 到期、面值为 P 的票据提前向银行兑付以融通资金,由银行买入未到期票据的问题. 当银行贴现时当然要按一定的比率扣除贴现利息. 这个比率称为贴现率,即(7.13)式中的 δ.

这样,在考虑一个持续收获问题时,各年的净收益是不应该等同对待的,必须要将 t 时间的净收益转化为贴现值进行分析. 设鱼价为 p,在渔场鱼量为 x 的水平下,单位捕捞量的费用是 $c(x)$,$c(x)$ 是减函数. 因为单位时间的捕捞量是 $h(x)$,在贴现率 δ 下单位时间的利润为 $\mathrm{e}^{-\delta t}(p-c(x))h(x)$,所以长期效益可以表示为 $x(t)$ 的泛函

$$J(x(t)) = \int_0^\infty \mathrm{e}^{-\delta t}(p-c(x))h(x)\,\mathrm{d}t \qquad (7.14)$$

将(7.16)式代入上式,并令 $f(x)=rx(1-x/N)$,得

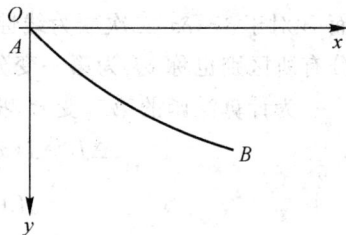

$$J(x(t)) = \int_0^\infty e^{-\delta t}(p - c(x))(f(x) - \dot{x}(t))dt \tag{7.15}$$

问题归结为求 $x(t)$ 使 $J(x(t))$ 达到最大,并由此可以确定单位时间最优捕捞量 $h(x(t))$. 最优解 $x(t)$ 应满足的欧拉方程为

$$e^{-\delta t}[(p - c(x))f(x) - (f(x) - \dot{x})c'(x)] + \frac{d}{dt}[e^{-\delta t}(p - c(x))] = 0$$

化简后可得

$$f'(x) = \frac{f(x)c'(c)}{p - c(x)} = \delta \tag{7.16}$$

当给定费用函数 $c(x)$ 并将 $f(x) = rx(1 - x/N)$ 代入(7.16)式以后,(7.16)式是关于 x 的代数方程,故由此求得的最优解 $x(t)$ 是一个常数(与 t 无关),从而单位时间捕捞量 $h(x(t))$ 也是常值,即我们得到的是持续最优产量.

为了对(7.16)式确定的最优解给出经济学上的边际解释,记

$$g(x) = (p - c(x))f(x)$$

则(7.16)式可以表为

$$\frac{1}{\delta}g'(x) = p - c(x)$$

又因为

$$\int_0^\infty e^{-\delta t}g'(x)dt = \frac{1}{\delta}g'(x)$$

所以(7.16)式等价于

$$\int_0^\infty e^{-\delta t}g'(x)dt = p - c(x) \tag{7.17}$$

可以看出,当最优解 $x(t)$ 为常数时 $\dot{x} = 0$, $f(x) = h(x)$, $g(x)$ 是单位时间利润,而 $g'(x)$ 则是渔场鱼量 x 增加一个单位(相当于捕捞量减少一个单位)引起的损失. 故(7.17)式左端是贴现率折算到 $t = 0$ 后的边际损失,而右端是单位捕捞量所得利润($t = 0$ 时),即边际得益. 它表明最优解处边际损失等于边际得益.

在这样的情况下也可以讨论捕捞过度的问题,我们把它留给读者.

习　题

1. 在生产设备或科学仪器中长期运行的零部件,如滚珠、轴承、电器元件等会突然生故障或损坏,即使是及时更换也已经造成了一定的经济损失. 如果在零部件运行一定时期后,就对尚属正常的零件做预防性更换,以避免一旦发生故障带来的损失,从经济上看是否更为合算? 如果合算,做这种预防性更换的时间如何确定呢?

2. 建立交货时间为随机变量的存储模型. 设商品订货费为 c_1,每件商品单位时间的储存费为 c_2,缺货费为 c_3,单位时间需求量为 r. 图 7.3 中 L 称订货点. 当储存量降至 L 时订货,而交货时间 x 是随机的,如图中的 $x_1, x_2, \cdots$,设 x 的概率密度函数为 $p(x)$. 订货量使下一周期初的储存量达到固定值 Q. 为了使总费用最小,选择合适的目标函数建立模型,确定最佳订货点 L.

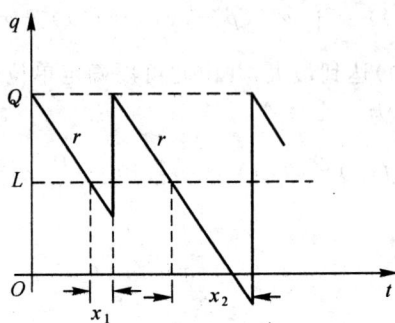

图 7.3

第 三 篇

一些典型实例的模型

第8章　中国人口预测问题

8.1　问题与资料

一、问题叙述

中国是世界人口第一大国,到 2007 年底全国大陆人口约为 13.2 亿,约占全球人口的五分之一,人口问题一直是制约中国社会和经济发展的关键因素和首要问题.新中国成立近 60 年来,我国人口发展经历了前 20 年高速增长和后 40 年低速增长两大时期.第一时期从建国初到 1970 年,中国人口再生产由旧中国的高出生、高死亡率进入高出生、低死亡率的人口高增长时期,这一时期最显著的特点就是死亡率迅速下降,而人口出生率始终居高不下,保持在 30‰以上,最高达到 37‰,其中 1959—1961 年三年自然灾害期间短暂的剧烈波动属于特殊例外.到 1970 年,中国人口年增长量达到第一高峰值 2321 万,总人口年增长率达 29‰.第二时期从 1971 年至今,其特点是出生率占主导型的时期,到 1987 年形成 1793 万的第二增长高峰值,死亡率已经降到 7‰以下的低水平上,人口过快增长的势头得到迅速扭转,人口出生率、自然增长率均有明显下降.进入 20 世纪 90 年代末期,中国人口再生产过程已实现低出生、低死亡、低增长的历史性转变,我国用近 30 年时间完成了国外近 200 年的历程.但是,由于中国人口基数太大,人口增长问题依然十分严峻.“十一五”时期,我国迎来第四次出生人口高峰.1990—1999 年平均每年净增人口约 1273 万,2000—2006 年平均每年净增人口约 809 万,每年新增人口大约要消耗掉新增 GDP 的 3～4 成,这对我国社会和经济产生巨大的压力.中国的现代化进程,必须实现人口与经济、社会、资源、环境协调发展和可持续发展.因此,科学准确地预测未来我国人口的发展,稳定低生育水平,提高人口素质,改善人口结构,引导人口合理分布,保障人口安全,实现人口大国向人力资本强国的转变,这是当前全面建设小康社会的基本战略任务.

根据已有数据,运用数学建模的方法,通过刻画内部机制,对中国人口做出分析和预测是一个重要问题.

二、数据集

数据集取自《中国统计年鉴》和国家统计局统计公报人口统计数据,参见表 8.1.

表 8.1　中国人口发展情况统计表(1949—2007)

年　份	总人口(万)	出生率(‰)	死亡率(‰)	自然增长率(‰)
1949	54167	36	20	16
1950	55196	37	18	19
1951	56300	37.8	17.8	20
1952	57482	37	17	20
1953	58796	37	14	23
1954	60266	37.97	13.18	24.79
1955	61456	32.6	12.28	20.32
1956	62828	31.9	11.4	20.5
1957	64653	34.03	10.8	23.23
1958	65994	28.22	11.98	17.24
1959	67207	24.78	14.59	10.19
1960	66207	20.86	25.43	−4.57
1961	65859	18.02	14.24	3.78
1962	67295	37.01	10.02	26.99
1963	69172	43.37	10.04	33.33
1964	70499	38.14	11.5	27.64
1965	72538	37.88	8.5	28.38
1966	74542	35.05	8.83	26.22
1967	76368	33.96	8.43	25.53
1968	78534	35.59	8.21	27.38
1969	80671	34.11	8.03	26.08
1970	82992	33.43	7.6	25.83
1971	85229	30.65	7.32	23.33
1972	87177	28.77	7.61	22.16
1973	89211	27.93	7.04	20.89
1974	90859	24.82	7.34	17.48
1975	92420	23.01	7.32	15.69
1976	93717	18.91	7.25	12.66
1977	94974	18.93	6.87	12.06
1978	96259	18.25	6.25	12
1979	97542	17.82	6.21	11.61

续表

年　份	总人口（万）	出生率（‰）	死亡率（‰）	自然增长率（‰）
1980	98705	18.21	6.34	11.87
1981	100072	20.91	6.36	14.55
1982	101654	22.28	6.6	15.68
1983	103008	20.19	6.9	13.29
1984	104357	18.9	6.82	13.08
1985	105851	21.04	6.78	14.26
1986	107507	22.43	6.86	15.57
1987	109300	23.33	6.72	16.61
1988	111026	22.37	6.64	15.73
1989	112704	21.58	6.54	15.04
1990	114333	21.06	6.67	14.39
1991	115823	18.68	6.7	12.98
1992	117171	18.24	6.64	11.6
1993	118517	18.09	6.64	11.45
1994	119850	17.7	6.49	11.21
1995	121121	17.12	6.57	10.55
1996	122389	16.98	6.56	10.42
1997	123626	16.57	6.51	10.06
1998	124761	15.64	6.5	8.14
1999	125786	14.64	6.46	8.18
2000	126743	14.03	6.45	7.58
2001	127627	13.38	6.43	6.95
2002	128453	12.86	6.41	6.45
2003	129227	12.41	6.4	6.01
2004	129988	12.29	6.42	5.87
2005	130756	12.4	6.51	5.89
2006	131448	12.09	6.81	5.28
2007	132129	12.1	6.93	5.17

8.2 基本模型

影响人口的因素除人口自身外,也要考虑资源(包括自然资源、环境条件等因素).随着人口的增长,资源量对人口开始起阻滞作用,因而人口增长率会逐渐下降.这里我们利用第5章5.2节介绍中 Logistic 方程模型来刻画人口的增长.

一、Logistic 方程

(一)模型建立

考虑 t 到 $t+\Delta t$ 时间内人口的增量,自然资源、环境条件等因素影响人口增长,增长率不会固定不变,而是呈下降趋势.所以有

$$\frac{\mathrm{d}x(t)}{\mathrm{d}t} = r(x)x(t), x(0) = x_0 \tag{8.1}$$

设 $r(x)$ 为 x 的线性函数,得到

$$r(x) = r(1 - \frac{x}{x_m}) \tag{8.2}$$

增长率 $r(x)$ 与人口尚未实现部分的比例成正比,比例系数为固有增长率 r.

将方程(8.2)代入方程(8.1)得

$$\begin{cases} \dfrac{\mathrm{d}x}{\mathrm{d}t} = rx\left(1 - \dfrac{x}{x_m}\right) \\ x(0) = x_0 \end{cases} \tag{8.3}$$

(二)参数估计

借助专家经验,中国人口固有增长率 $r=0.020$.又中国人口在 2005 年为 13.0756 亿,增长率为 0.589%,按方程(8.3)得,中国人口容量为 $x_m=13.0756/(1-0.0059/0.02)=18.54695$ 亿.

(三)模型应用

计算第 t 年的人口数(单位:亿):

$$x(t) = x(t-1) + \Delta x = x(t-1) + rx(t-1)[1 - x(t-1)/x_m]$$

$$= x(t-1) + 0.020x(t-1)\left[1 - \frac{x(t-1)}{18.54695}\right](亿)$$

1.对中短期做出预测

计算得到

年 份	2006	2007	2008	2009	2010
人口(亿)	13.1527	13.2293	13.3051	13.3803	13.4549

得到图形(见图8.1):

中短期的年总人口数量基本呈直线上升,而它们的差分一直下降,所以人口增长率下降直到为 0,那时人口数量最大.

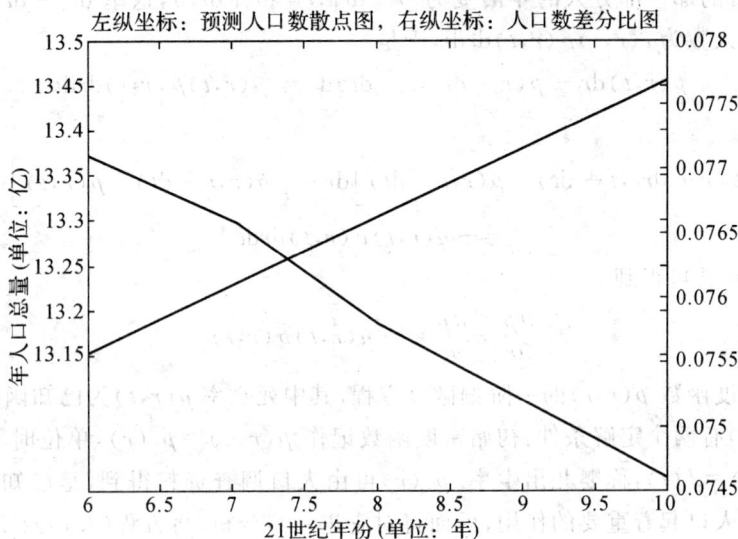

左纵坐标：预测人口数散点图，右纵坐标：人口数差分比图

图 8.1

2.对长期趋势做出预测

计算 2050 年人口数 $x(2050)=15.8623$ 亿；

到 $t=2563$ 年时,达到最大人口数 18.5469 亿,以后人口数保持不变.

(四)模型讨论

Logistic 方程模型可以被用来作相对较长时期的人口预测.根据我们的 Logistic 方程模型,直到 2563 年这一段时期内,我国的人口一直将保持增加的势头,到 2563 年前后我国人口将达到最大峰值 18.5469 亿,之后人口数保持不变.另外,影响人口增长的因素除了人口基数与可利用资源量外,还和医药卫生条件的改善,人们生育观念的变化等因素有关,特别在做中短期预测时,我们希望得到满足一定预测精度的结果,考虑引起的人口年龄结构就会变得相当重要,进而必须予以考虑.

二、Leslie 模型

根据第 5 章 5.2 节考虑人口问题的偏微分方程,为研究任意时刻不同年龄的人口数量,引入人口的分布函数和密度函数.令时刻 t 年龄小于 r 的人口称为人口分布函数,记作 $F(r,t)$,其中 t,r 为连续变量,设 F 是连续、可微的.时刻 t 的人口总数记作 $N(t)$,最高年龄记作 r_m,理论推导时设 $r_m \rightarrow \infty$,于是对于非负非降函数 $F(r,t)$,有

$$F(0,t)=0, F(r_m,t)=N(t) \tag{8.4}$$

人口密度函数定义为

$$p(r,t)=\frac{\partial F}{\partial r} \tag{8.5}$$

$p(r,t)dr$ 表示时刻 t 年龄在区间 $[r,r+dr)$ 内的人数.

记 $\mu(r,t)$ 为时刻 t 年龄 r 的人的死亡率,$\mu(r,t)p(r,t)dr$ 表示时刻 t 年龄在区间 $[r,r+dr)$ 内单位时间的死亡人数.

为了得到 $p(r,t)$ 满足的方程,考察时刻 t 年龄在 $[r,r+dr)$ 内的人到时刻 $t+dt$ 的情

况. 他们中活着的那一部分人的年龄变为 $[r+dr_1, r+dr+dr_1)$，这里 $dr_1 = dt$，而在 dt 这段时间内死亡的人数为 $\mu(r,t)p(r,t)drdt$，于是

$$p(r,t)dr - p(r+dr_1, t+dt)dr = \mu(r,t)p(r,t)drdt \tag{8.6}$$

上式可写作

$$\left[p(r+dr_1, t+dt) - p(r, t+dt)\right]dr + \left[p(r, t+dt) - p(r,t)\right]dr$$
$$= -\mu(r,t)p(r,t)drdt$$

注意到 $dr_1 = dt$ 就可得到

$$\frac{\partial p}{\partial r} + \frac{\partial p}{\partial t} = -\mu(r,t)p(r,t) \tag{8.7}$$

这就是人口密度函数 $p(r,t)$ 的一阶偏微分方程，其中死亡率 $\mu(r,t)$ 为已知函数.

方程(8.7)有两个定解条件：初始密度函数记作 $p(r,0) = p_0(r)$，单位时间出生的婴儿数记作 $p(0,t) = f(t)$，称婴儿出生率. $p_0(r)$ 可由人口调查资料得到，是已知函数；$f(t)$ 则对预测和控制人口起着重要的作用，后面将对它进一步分析，将方程(8.7)及定解条件写作

$$\begin{cases} \dfrac{\partial p}{\partial r} + \dfrac{\partial p}{\partial t} = -\mu(r,t)p(r,t) \\ p(r,0) = p_0(r) \\ p(0,t) = f(t) \end{cases} \tag{8.8}$$

这个连续人口发展方程描述了人口的演变过程，从这个方程确定出密度函数 $p(r,t)$ 以后，立即可以得到各个年龄的人口数，即人口分布函数

$$F(r,t) = \int_0^r p(s,t)ds \tag{8.9}$$

生育率和生育模式

在方程(8.8)中，$p_0(r)$ 和 $\mu(r)$ 可从人口统计数据得到，$\mu(r,t)$ 也可由 $\mu(r,0)$ 粗略估计. 这样，为了预测和控制人口的发展状况. 人们主要关注和可以用作控制手段的就是婴儿出生率 $f(t)$，下面对 $f(t)$ 作进一步分解.

记女性性别比函数为 $\kappa(r,t)$，即时刻 t 年龄在 $[r, r+dr]$ 的女性人数为 $\kappa(r,t)p(r,t)dr$，将这些女性在单位时间内平均每人的生育数记作 $b(r,t)$，设育龄区间为 $[r_1, r_1]$，则

$$f(t) = \int_{r_2}^{r_1} b(r,t)\kappa(r,t)p(r,t)dr \tag{8.10}$$

再将 $b(r,t)$ 定义为

$$b(r,t) = \beta(t)h(r,t) \tag{8.11}$$

其中 $h(r,t)$ 满足

$$\int_{r_2}^{r_1} h(r,t)dr = 1 \tag{8.12}$$

于是

$$\beta(t) = \int_{r_2}^{r_1} b(r,t)dr \tag{8.13}$$

$$f(t) = \beta(t)\int_{r_2}^{r_1} h(r,t)\kappa(r,t)p(r,t)dr \tag{8.14}$$

由(8.13)式可以看出,$\beta(t)$ 的直接含义是时刻 t 单位时间内每个女性的生育数. 如果所有育龄女性在她育龄期所及的时刻都保持这个生育数,那么 $\beta(t)$ 也表示平均每个女性一生总和的生育数,所以 $\beta(t)$ 称为总和生育率.

由(8.11),(8.12)两式及 $b(r,t)$ 的含义可以看出,$h(r,t)$ 是年龄为 r 女性的生育加权因子,我们称之为生育模式. 在稳定的环境下可以近似地认为它与 t 无关,即 $h(r,t)=h(r)$. $h(r)$ 表示了在哪些年龄生育率高,哪些年龄生育率低. 由人口统计资料可以知道当前实际的 $h(r,t)$. 作理论分析时人们常采用的 $h(r)$ 的一种形式是借用概率论中的 Γ 分布

$$h(r)=\frac{(r-r_1)^{\alpha-1}\mathrm{e}^{-\frac{r-r_1}{\theta}}}{\theta^\alpha \Gamma(\alpha)}, r>r_1 \tag{8.15}$$

并取 $\theta=2, \alpha=n/2$,这时有

$$r_c=r_1+n-2 \tag{8.16}$$

可以看出,提高 r_1 意味着晚婚,而增加 n 意味着晚育.

模型建立

Leslie 模型是一个向量形式的差分方程,可将微分函数离散化,在上世纪 40 年代用来描述女性人口变化规律. 这里,我们先建立了基本的 Leslie 模型,得到离散形式的女性人口模型,以之来预测女性的人口数量. 而后对基本的 Leslie 模型进行改进,用来预测男性的人口数量.

基本 Leslie 模型

下面先建立差分方程. 以 1 岁为一个年龄组,1 年为 1 个时段,即 k 年 i 岁的女性人数为 $x_i(k)$. 设生育率与年龄和时间有关,记 k 年 i 岁女性的生育率(每位女性平均生育的女儿数)为 $b_i(k)$,育龄区间为 $[i_1, i_2]$,同时设死亡率只与年龄有关,记 k 年 i 岁女性死亡率为 d_i,存活率为 s_i. 时间段 $k+1$ 第一年龄组人口数量是时段 k 各年龄组的生育数之和,即

$$x_1(k+1)=\sum_{i=i_1}^n b_i x_i(k) \tag{8.17}$$

时段 $k+1$ 第 $i+1$ 年龄组的人口数量是时段 k 第 i 年龄组存活下来的数量,即

$$x_{i+1}(k+1)=s_i x_i(k), i=1,2,\cdots,n-1 \tag{8.18}$$

记女性人口的按年龄的分布向量为

$$x(k+1)=[x_1(k),x_2(k),\cdots,x_n(k)]^{\mathrm{T}} \tag{8.19}$$

由生育率 b_i 和存活率 s_i 构成 L 矩阵

$$L=\begin{bmatrix} b_1 & b_2 & \cdots & b_{n-1} & b_n \\ s_1 & 0 & \cdots & & 0 \\ & & \ddots & & 0 \\ & s_2 & & \ddots & 0 & \vdots \\ 0 & & & s_{n-1} & 0 \end{bmatrix} \tag{8.20}$$

则式(8.17)、(8.18)可表示为

$$x(k+1)=Lx(k), \quad k=0,1,2,\cdots \tag{8.21}$$

当 L 矩阵和按年龄组的初始分布向量 $x(0)$ 已知时,可以预测任意时段 k 人口按年龄组的分布为

$$x(k)=L^k x(0), \quad k=1,2,\cdots \tag{8.22}$$

有了 $x(k)$,就不难算出时段 k 人口的总数.

由(8.11),(8.12)式,对$b_i(k)$进一步分解

$$b_i(k) = \beta(k)h_i, \quad \sum_{i=i_1}^{i_2} h_i = 1 \tag{8.23}$$

其中h_i为生育模式,而$\beta(k)$满足

$$\beta(k) = \sum_{i=i_1}^{i_2} b_i(k) \tag{8.24}$$

是k年所有育龄女性平均生育的女儿数,若女性在育龄期所及的时间内保持生育率不变,则$\beta(k)$就是k年i_1岁的每位女性一生平均生育的女儿数,即总和生育率,是控制人口数量的主要参数.

将(8.20)式的L矩阵分解为存活率矩阵A和生育模式矩阵B,以A_1分别表示女性生存率矩阵,那么女性的生存率矩阵和生育率矩阵可表示分别表示为:

$$A_1 = \begin{bmatrix} 0 & 0 & \cdots & & 0 & 0 \\ s_{11} & 0 & \cdots & & 0 & 0 \\ & & \ddots & & & 0 \\ & & s_{12} & \ddots & & 0 \\ 0 & & & s_{1(n-1)} & & 0 \end{bmatrix}, \quad B = \begin{bmatrix} 0 & \cdots & 0 & h_{i_1} & \cdots & h_{i_2} & 0 & \cdots & 0 \\ 0 & \cdots & \cdots & & \cdots & \cdots & \cdots & \cdots & 0 \\ \vdots & & & & & & & & \vdots \\ 0 & \cdots & \cdots & & \cdots & \cdots & \cdots & \cdots & 0 \end{bmatrix}$$

则模型(8.21)式,女性人口的递推方程可表示为

$$x(k+1) = A_1 x(k) + \beta_1(k) B x(k) \tag{8.25}$$

根据统计资料可以知道人口的初始分布$x(0)$,就可以用存活率和生育模式矩阵以及生育率$\beta(k)$来预测未来女性的人口数量.

改进的 Leslie 模型

同样可以得到男性的存活率矩阵,记

$$A_2 = \begin{bmatrix} 0 & 0 & \cdots & & 0 & 0 \\ s_{21} & 0 & \cdots & & 0 & 0 \\ & & \ddots & & & 0 \\ & s_{22} & \ddots & & 0 & \vdots \\ 0 & & & s_2(n-1) & & \end{bmatrix} \tag{8.26}$$

因为男性无生育能力,所以男性的数量由男性的生存率和女性生育的男婴数决定.则男性时段$k+1$的人数可表示为

$$y(k+1) = A_2 y(k) + \beta_2(k) B x(k) \tag{8.27}$$

这样就可得到男性和女性的人口数量,将两者相加,就可进而预测某一区域人口的总的人口数量.

模型求解及分析

1. 全国人口的预测

在正常情况下,出生性别比η,即女性生育男婴和女婴的比例是由生物学规律决定的,保持在$1.03\sim1.07$之间,根据我国的实际情况,我们取$\eta=1.2$.同时,根据国家的政策要求,我们取总和生育率为1.8,并假设全国人口的死亡率在一定范围内保持不变,处理人口统计资料,对5年的城、乡、镇死亡率取其总的平均值,作为全国人口的死亡率,利用模型中的女性和男性的人口递推方程式(8.25)和式(8.26),得出女性和男性的人口数量,并把两者

相加,即可以得到全国人口总量,用 MATLAB 编程实现对中国今后 50 年总人口的预测,表 8.1 给出了部分预测结果.

表 8.1　全国人口数量预测部分结果

年　份	2005	2010	2015	2020	2025
全国总人口(亿)	13.1074	13.6703	14.2197	14.5506	14.6294
年　份	2030	2035	2040	2045	2050
全国总人口(亿)	14.6726	14.7264	14.749	14.649	14.4274

全国总人口数的发展趋势结果如图 8.2 所示:

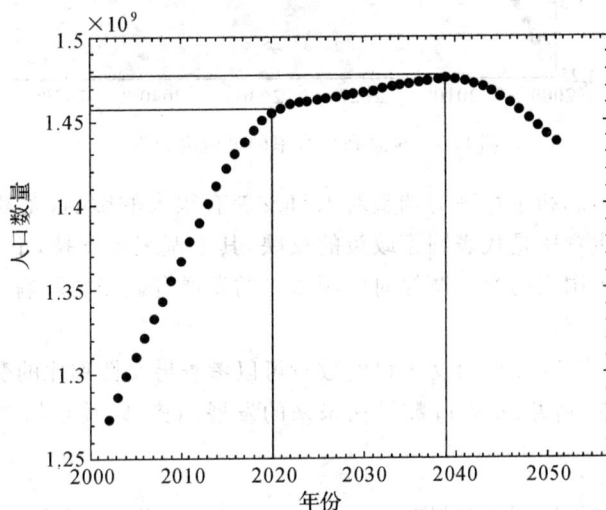

图 8.2　未来我国总人口数的预测

显然,2020 年与 2040 年为人口发展的两个转折点,于是我们将未来 50 年全国人口数的趋势分为三个阶段:

Ⅰ——现在到 2020 年;

Ⅱ——2020 年到 2040 年;

Ⅲ——2040 年 2050 年.

在Ⅰ期,全国总人口数迅速增长,突破 14.5 亿,截止到 2020 年,全国总人口数达到 14.55 亿.进入Ⅱ期后,增长速度明显减慢,但仍有缓慢增长的趋势,在 2039 年,全国总人口数达到 14.752 亿.进入Ⅲ期,增长率转为负值,人口数已不再继续增长,全国人口数缓慢减少.其实,三个阶段分别代表短期、中期和长期三个时期.其各自的特点表明,我国在中短期内人口数量仍会不断增长,而政府控制人口的政策其效果的滞后性所引起的中期的增长率减少.从长期的角度,我国人口会逐渐减少并趋于稳定,除政府的政策影响外,还为现在国内人口严重老龄化的现状所决定.

在求解过程中,我们先取定了女性的总和生育率为 1.8,但实际情况不一定如此,为了解生育率对人口发展的影响,我们对它做灵敏度分析,如图 8.3 所示.

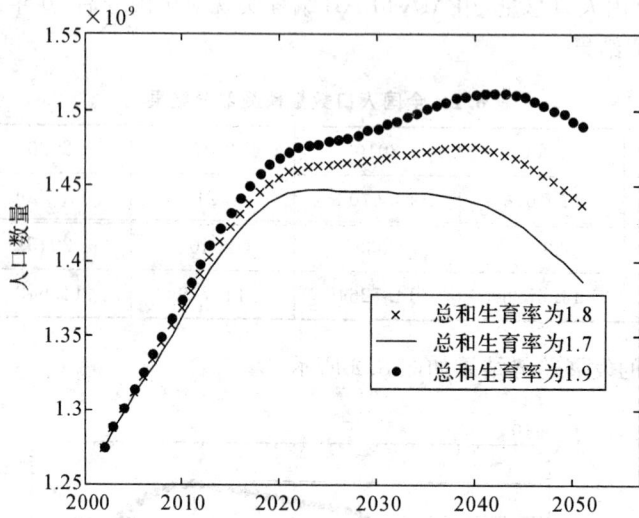

图 8.3 对总和生育率的灵敏度分析

由上图可以看出,总和生育率的调整对人口发展有很大的影响,尤其是在 2020 后其影响更为显著.而总和生育率是代表国家政策的反映,其上调表示支持,下调表示对生育的控制,因此上图也体现了国家的政策调控对中国人口的发展有显著的影响.

2.全国男女性别比的预测

利用已预测的未来 50 年的男女人口的数量可以考查男女性别比的变化趋势,用 MATLAB 分别求解,我们得到男、女人口数量在未来的发展趋势,以及它们之间的关系,结果如图 8.4 所示.

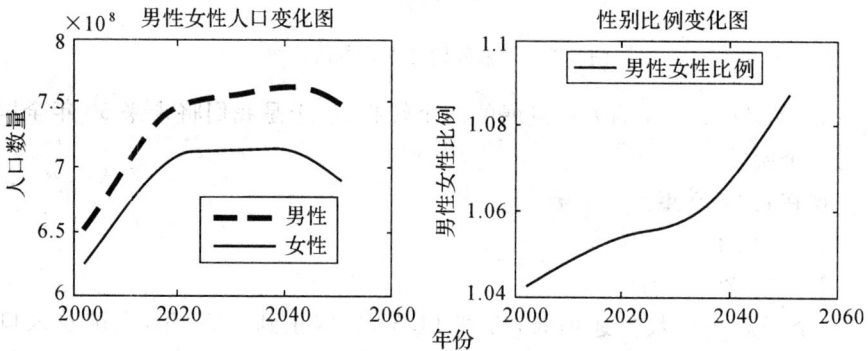

图 8.4 未来我国全国男性女性数量的预测

从图 8.4 可以看出我国未来男女人口的变化趋势和男女性别不平衡的现况.男性数量普遍多于女性数量,"性别比例"图清楚地显示了两者数量差距仍在逐渐扩大,这与近几次国内人口抽样调查中出生人口性别比(出生的男婴数与女婴数之比)不断升高的实情相吻合.

3.人口结构老龄化的预测

为了解人口结构老龄化对人口发展的影响,对于预测所得的结果,我们对每年 60 岁以上(无论男性女性,这里我们认为年龄达到 60 岁即为老龄人)的人口进行统计,统计结果用图 8.5 表示,体现了我国人口结构的老龄化趋势.

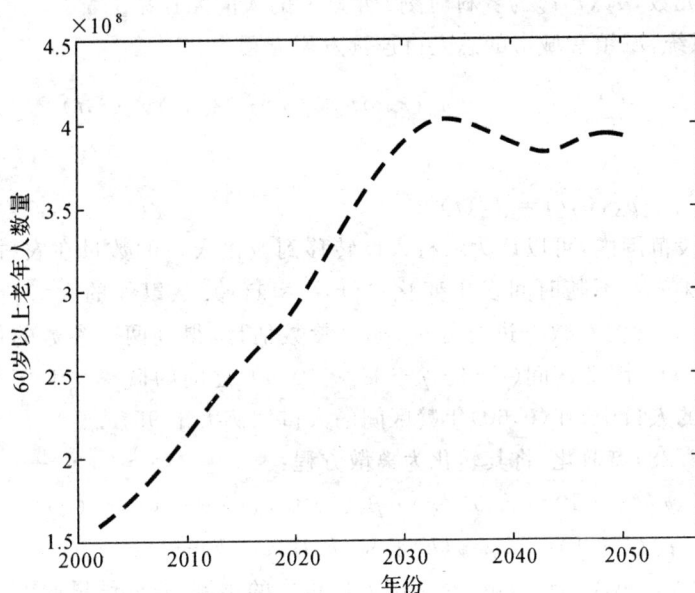

图 8.5　全国老龄人口 50 年内发展趋势的预测

由上图我们可以看出,在 2030 年前,全国老龄人口数量迅速增长,在 2034 年达到峰值 4.0081 亿,占当时全国总人口数 14.716 亿的 27.24%;在 2034 年后有所下降,并在 2040 到 2050 年期间基本保持稳定,总老龄人数在 4 亿附近做小范围的波动. 将图 8.4 和图 8.2 进行对比分析,老龄人口在 2030 年达到峰值后的下降,而全国人口在进入 II 期(2020 年到 2040 年)后,增长速度明显减慢,两者变化基本同步,可以看出老龄人口数量的变化对全国人口数的影响.

三、两元系统模型

模型建立及求解

上述的模型建立没有考虑城乡一体化,而把全国人口视为一个系统研究,下面将考虑乡村人口与城镇人口之间的迁移,使问题细化. 我们划分了两个子系统:

Δ——"城镇＋城市";

Ψ——"乡村".

用迁移率在原有的单系统的模型下将两个子系统联系."迁移率"是从 Δ 子系统转移到 Ψ 子系统的人口数占 Δ 的比例,其大小与时间有关,并且,根据实际情况,不同的年龄阶段,例如青年和老年之间,其迁移率会有较大的差别,因此,我们令 $\lambda(r,t)$ 为迁移率,表示迁移率是一个与时间、年龄相关的函数. 由此建立一个二元系统模型.

Ψ 子系统,乡村人口连续发展方程如下:

$$\begin{cases} \dfrac{\partial p_\Psi}{\partial r} + \dfrac{\partial p_\Psi}{\partial t} = -\mu_\Psi(r,t)p_\Psi(r,t) - \lambda(r,t)p_\Psi(r,t) \\ p_\Psi(r,0) = p_{\Psi 0}(r) \\ p_\Psi(0,t) = f_\Psi(t) \end{cases} \tag{8.28}$$

其中,$p_\Psi(r,t)$ 为乡村 t 时刻年龄为 r 的人的人口密度,$p_{\Psi 0}(r)$ 为初始密度函数,$f_\Psi(t)$ 为单

位时间出生的婴儿数, $\mu_\Psi(r,t)$ 为乡村时刻 t 年龄 r 的人的死亡率.

同理, $\triangle$ 子系统, 城镇和城市的总人口连续发展方程为:

$$\begin{cases} \dfrac{\partial p_\triangle}{\partial r} + \dfrac{\partial p_\triangle}{\partial t} = -\mu_\triangle(r,t)p_\triangle(r,t) + \lambda(r,t)p_\triangle(r,t) \\ p_\triangle(r,0) = p_{\triangle 0}(r) \\ p_\triangle(0,t) = f_\triangle(t) \end{cases} \tag{8.29}$$

在一定的时段范围内, 可以认为农村人口转移到城镇人口的数量在农村人口各个年龄阶段所占的比率 $\lambda(r,t)$ 不随时间发生变化: $\lambda(r,t) \approx \lambda(r)$. 从以往的人口转移数据可以得出: $\lambda(r) \sim N(\mu,\sigma^2)$. 我们对数据进行处理, 通过参数估计, 得到两个参数的估计值, 从而确定 $\lambda(r) \sim N(30,100)$, 因此区间 $(\mu-3\sigma, \mu+3\sigma) = (0,60)$ 之间的概率大于 95%, 即在由农村转移到城镇的总的人口中, 在 $(0,60)$ 年龄区间的人口比例大于 95%.

对 (8.27)、(8.28) 离散化, 将其转化为离散方程:

$$x_\triangle(k+1) = A_\triangle x_\triangle(k) + \beta_\triangle(k)B_\triangle x_\triangle(k) + \lambda(r)x_\triangle(k) \tag{8.30}$$

$$x_\Psi(k+1) = A_\Psi x_\Psi(k) + \beta_\Psi(k)B_\Psi x_\Psi(k) - \lambda(r)x_\triangle(k) \tag{8.31}$$

结合统计数据, MATLAB 编程求解, 对全国人口再次的预测, 部分结果如表 8.2 所示.

表 8.2 考虑"城镇一体化"全国总人口数的预测的部分结果

年　份	2005	2010	2015	2020	2025
全国总人口(亿)	13.0822	13.6444	14.2171	14.581	14.6957
年　份	2030	2035	2040	2045	2050
全国总人口(亿)	14.7861	14.917	15.04	15.0493	14.932

将两次结果比较如图 8.6 所示.

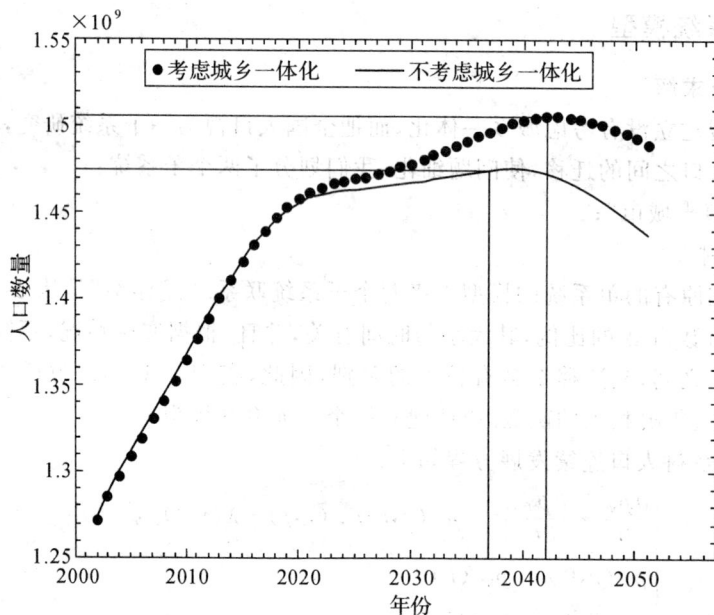

图 8.6 考虑"城乡一体化"前后全国人口发展趋势预测的比较

　　将本次对全国人口预测与不考虑迁移时的预测结果相比较,从上图可以看出,考虑乡村人口城镇化后,全国人口发展的整体趋势基本没有改变,但显然的,人口峰值的年份向后推移,在 2043 年达到峰值 15.064 亿,较原预测上升约 4000 万人口.因为将两个系统分开考虑,乡村人口向城镇迁移,加速了城镇人口的上升趋势,城镇化程度的加深使全国人口的平均生活水平提高,平均死亡率降低,即平均存活率上升,而使得人口峰值增高.因此,考虑乡村城镇化后对全国人口发展做出的预测更符合我国的实际情况,更为合理.

对两个子系统老龄人口的预测

　　对预测结果数据,若分别统计"乡村"和"城、镇"的总人口和大于 60 岁的人口数,就可分别预测两个系统总人口和老龄人口的变化趋势,结果如图 8.7 所示.

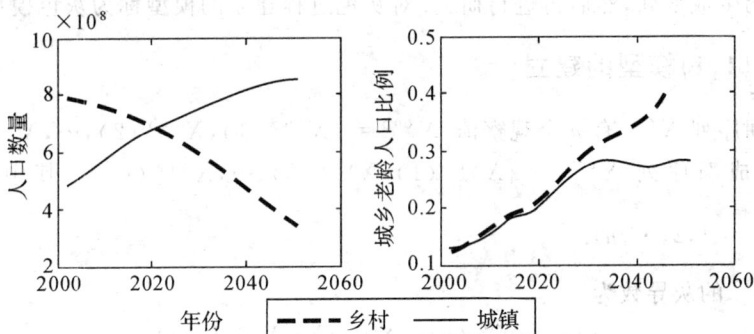

图 8.7　"乡村"、"城、镇"总人口和老龄人口的预测

　　由图 8.7 左图可以看出,在未来的 50 年中,由于"城乡一体化","乡村"和"城、镇"的总人口数会发生很大的变化.现今"乡村"的总人口数约占全国总人口数的 62.5%,但"乡村人口"的迅速减小和"城、镇人口"的迅速增长使两者在 2020 年数量相等,并在此后仍保持原有趋势发展.右图为"乡村"和"城、镇"两者各自老龄人口比例的比较.最初乡村老龄人口与"城、镇"的老龄人口各自所占的比例基本相同,而后乡村中老龄人口的比例急速增长.分析其原因,乡村向城镇转移的人口中,大部分为青年和中年,因为农村人口中老龄人会越来越多,同时,乡村人口总数急剧下降,使得乡村的老龄化现象日趋严重.

模型评价

　　先不考虑"乡村人口的城镇化",用连续微分方程建立了单系统的人口预测模型,考虑了老龄化这一因素;接着用 Leslie 模型对男女性别分别进行预测,进而预测全国人口.而后将"乡村人口的城镇化"考虑在内,建立了二元系统的预测模型,对全国的人口再次进行了预测.分析此模型的优点有:

　　①本模型将我国人口的三个显著特点,"老龄化进程加速"、"出生人口性别比持续升高"、"乡村人口城镇化"都考虑在内,使预测结果更符合我国的实际情况.

　　②分别采用了"单系统"和"二元系统"两个模型,对全国人口发展趋势进行了两次预测,两次预测结果的比较,体现了"乡村人口城镇化"对人口预测的影响.

　　③利用预测所得的数据,对全国的老龄化程度,男女性别比做出了预测,并提出了相应的政策建议.

　　但此模型也存在一些缺点.存活率在这里被视为定值,但真实情况是其会有微小的变化,这样长期预测的结果会受影响,可以将其设为一个随时间变化的函数,使结果更为准确.

8.3 灰色模型

灰色预测法是一种对含有不确定因素的系统进行预测的方法.灰色 GM(1,1)模型法由于具有所需数据少、计算量小的优点而得到了广泛的应用.部分信息已知、部分信息未知的系统称为灰色系统,灰色系统理论广泛地应用于机械、农业、电力和经济.灰色系统理论把一切随机过程看作是在一定范围内变化的、与时间有关的灰色过程,将离散的原始数据整理成具有规律性的生成数列,然后再进行研究.对灰色过程建立的模型称为灰色模型,即 GM.

一、GM(1,1)模型的建立

1.设时间序列 $X^{(0)}$ 有 n 个观察值,$X^{(0)}=\{X^{(0)}(1),X^{(0)}(2),\cdots,X^{(0)}(n)\}$,通过一阶累加生成新序列 $X^{(1)}=\{X^{(1)}(1),X^{(1)}(2),\cdots,X^{(1)}(n)\}$,其中 $X^{(1)}(k)=\sum_{i=1}^{n}X^{(0)}(i)(k=1,2,\cdots,n)$.

定义 $X^{(1)}$ 的灰导数为

$$d(k)=X^{(0)}(k)=X^{(1)}(k)-X^{(1)}(k-1)$$

令 $Z^{(1)}$ 为序列 $X^{(1)}$ 的均值序列,即

$$Z^{(1)}(k)=\frac{X^{(1)}(k)+X^{(1)}(k-1)}{2}(k=2,3,\cdots,n)$$

则 GM(1,1)的灰色方程模型为:

$$d(k)+aZ^{(1)}(k)=b,$$

即

$$X^{(0)}(k)+aZ^{(1)}(k)=b, \tag{8.32}$$

其中 a 称为发展灰数,b 称为灰作用量.

对于 GM(1,1)的灰色方程(8.32),如果将 $X^{(0)}(k)$ 的时刻 $k(k=2,3,\cdots,n)$ 视为连续的变量 t,则序列 $X^{(1)}$ 就可以看成时间 t 的函数,记为 $X^{(1)}(t)$.于是得到 GM(1,1)的灰微分方程对应的白微分方程

$$\frac{dX^{(1)}}{dt}+aX^{(1)}(k)=b \tag{8.33}$$

称之为 GM(1,1)的白化型.

将时刻 $k(k=2,3,\cdots,n)$ 代入式(8.32)中有

$$\begin{cases} X^{(0)}(2)+aZ^{(1)}(2)=b \\ X^{(0)}(3)+aZ^{(1)}(3)=b \\ \quad\cdots\cdots \\ X^{(0)}(n)+aZ^{(1)}(n)=b \end{cases}$$

令 $Y_N=(X^{(0)}(2),\cdots,X^{(0)}(n))^{\mathrm{T}},u=(a,b)^{\mathrm{T}},B=\begin{bmatrix}-Z^{(1)}(2)&1\\-Z^{(1)}(3)&1\\\cdots\cdots\\-Z^{(1)}(n)&1\end{bmatrix},$

称 Y_N 为数据向量,u 为参数向量,B 为数据矩阵,则 GM(1,1)可以表示为矩阵方程 $Y_N=B\cdot u$.

2. 对于参数 u 的确定方法:如果 $B^{\mathrm{T}}B$ 可逆,由最小二乘法,求使得 $J(\hat{u})=(Y_N-B\cdot\hat{u})^{\mathrm{T}}(Y_N-B\cdot\hat{u})$ 达到最小值 $\hat{u}=(\hat{a},\hat{b})^{\mathrm{T}}=(B^{\mathrm{T}}B)^{-1}\cdot B^{\mathrm{T}}Y_N.$

于是求解方程(8.33),得

$$\hat{X}^{(1)}(k+1)=\left[X^{(0)}(1)-\frac{b}{a}\right]\mathrm{e}^{-ak}+\frac{b}{a},k=0,1,2\cdots,n \tag{8.34}$$

且

$$\hat{X}^{(0)}(k+1)=\hat{X}^{(1)}(k+1)-\hat{X}^{(1)}(k)(k=2,3,\cdots,n)$$

3. 模型检验

灰色预测检验一般有残差检验、关联度检验和后验差检验等.常用的残差检验,令残差为 $e(k)$,计算

$$e(k)=\left|\frac{X^{(0)}(k)-\hat{X}^{(0)}(k)}{X^{(0)}(k)}\right|,k=1,2,\cdots,n$$

如果 $e(k)<0.2$,则可认为达到一般要求;如果 $e(k)<0.1$,则可认为达到较高的要求.

二、GM(1,1)人口模型的建立

利用 GM(1,1)的 5 维灰色预测模型和 15 维灰色预测模型,分别建立短期和中期预测.

5 维灰色预测模型

1. 设 $X^{(0)}=[x^{(0)}(1),x^{(0)}(2),\cdots,x^{(0)}(5)]$
$$=[1220559000,1258951000,1260498000,1253065000,1307560000]$$

为样本数据序列,分别表示 2001—2005 年的全国人口数,然后对序列 $X^{(0)}$ 进行一阶累加生成,生成序列 $X^{(1)}$,即 $x^{(1)}(k)=\sum_{i=1}^{k}x^{(0)}(i)(k=1,2\cdots,5)$

得到序列 $X^{(1)}=[122055900,2479510000,3740008000,4993073000,6300633000]$.

GM(1,1)预测模型是一阶单变量的灰色微分方程动态模型
$$x^{(0)}(k)+az^{(1)}(k)=b(k=1,2,\cdots,5)$$

其中 $z^{(1)}(k)$ 为 $x^{(1)}(k)$ 的紧邻均值生成,即 $z^{(1)}(k)=[x^{(1)}(k)+x^{(1)}(k-1)]/2$,上式白化方程形式为 $\dfrac{\mathrm{d}x^{(1)}}{\mathrm{d}t}+ax^{(1)}=b$.其中 a,b 为待定系数,a 的有效区间是 $(-2,2)$.

2. 应用最小二乘法可求得,
$$\hat{a}=(a,b)^{\mathrm{T}}=(B^{\mathrm{T}}B)^{-1}\cdot B^{\mathrm{T}}\cdot Y_5,$$

其中 $B=\begin{bmatrix}-1/2(x^{(1)}(1)+x^{(1)}(2)),&1\\-1/2(x^{(1)}(2)+x^{(1)}(3)),&1\\-1/2(x^{(1)}(3)+x^{(1)}(4)),&1\\-1/2(x^{(1)}(4)+x^{(1)}(5)),&1\end{bmatrix},$

代入数据得 $B = \begin{bmatrix} -1850034500, & 1 \\ -3109759000, & 1 \\ -4366540500, & 1 \\ -5646850300, & 1 \end{bmatrix}$.

又有 $Y_5 = [x^{(0)}(2), x^{(0)}(3), x^{(0)}(4), x^{(0)}(5)]$

$= [1258951000, 1260498000, 1253065000, 1307560000]$

求解得到 $a = -0.010988, b = 1.2289 * e + 009$,代入时间响应函数

$$\begin{cases} \hat{x}^{(1)}(k+1) = (x^{(0)}(1) - \dfrac{b}{a}) \cdot e^{-ak} + \dfrac{b}{a} \\ \hat{x}^{(0)}(k+1) = \hat{x}^{(1)}(k+1) - \hat{x}^{(1)}(k) \end{cases}$$

即可求得方程的解.

3. 模型检验:为确保所建灰色模型有较高的精度应用于预测实践,一般需要按下述步骤进行检验:

(1)求出 $x^{(0)}(k)$ 与 $\hat{x}^{(0)}(k)$ 之残差 $e^{(0)}(k)$、相对误差 Δ_k 和平均相对误差 $\bar{\Delta}$:

$$e^{(0)}(k) = x^{(0)}(k) - \hat{x}^{(0)}(k) = \begin{bmatrix} 286028.3 \\ 40123.1 \\ 164192.7 \\ 379604 \\ 227059 \end{bmatrix}, \Delta_k = \left| \frac{e^{(0)}(k)}{x^{(0)}(k)} \right| \times 100\% = \begin{bmatrix} 0.023434205 \\ 0.003187026 \\ 0.013026018 \\ 0.030294039 \\ 0.01736509 \end{bmatrix} 和$$

$$\bar{\Delta} = \frac{1}{n} \sum_{k=1}^{n} \Delta_k = 0.0139882576$$

(2)求出原始数据平均值 $\bar{x}$,残差平均值 $\bar{e}$:

$$\bar{x} = \frac{1}{5} \sum_{k=1}^{5} x^{(0)}(k) = 1260126600$$

$$\bar{e} = \frac{1}{5-1} \sum_{k=2}^{5} e^{(0)}(k) = 202744.7$$

(3)求出原始数据方差 s_1^2 与残差方差 s_2^2 的均方差比值 C 和小误差概率 P:

$$s_1^2 = \frac{1}{5} \sum_{k=1}^{5} [x^{(0)}(k) - \bar{x}]^2 = 77338171464$$

$$s_2^2 = \frac{1}{5-1} \sum_{k=2}^{5} [e^{(0)}(k) - \bar{e}]^2 = 14950609668$$

$$C = s_2/s_1 = 0.439675738, \quad p = P\{|e^{(0)}(k) - \bar{e}| < 0.6745 s_1\} > 93.7\%$$

通常 $e^{(0)}(k)$、Δ_k、C 值越小,p 值越大,则模型精度越好. 若 $\bar{\Delta} < 0.01$ 且 $\Delta_k < 0.01$,$C < 0.35$,$p > 0.95$,则模型精度为一级. 而我们所建立的模型虽达不到一级,但是也比较趋近于这些指标. 根据灰色系统理论,当发展系数 $a \in (-2,2)$ 且 $a \geqslant -0.3$ 时,则所建 GM(1,1) 模型则可用于中长期预测. 我们模型中的 $a = -0.010988 > -0.3$,故可用于短期预测. 预测的数据如下:

表 8.3 2001—2020 年中国人口预测(GM(1,1)动态预测模型)

年 份	2001	2002	2003	2004	2005	2006	2007	2008
总人口(万人)	125730	126870	128000	129100	130208	131320	133429	134903
增加值(万人)		1140	1130	1100	1108	1112	1110	1100
增长率(‰)		8.067	8.9067	8.593	8.5824	8.5401	8.4526	8.306
年 份	2009	2010	2011	2012	2014	2016	2018	2020
总人口(万人)	134670	135800	136910	138030	140250	142530	144730	144730
增加值(万人)	1140	1130	1110	1120	1110	1140	1100	900
增长率(‰)	8.5374	8.3909	8.1737	8.18	7.9775	8.0628	7.658	6.18

15 维的灰色预测模型

1. 取 1988 到 2002 年的全国人口总数得

$$X^{(0)} = [x^{(0)}(1), x^{(0)}(2), \cdots, x^{(0)}(15)]$$

$$= [11102600000, 1127040000, 1143330000, 1158230000, 1171710000,$$

$$1185170000, 1198500000, 1211210000, 1223890000, 1236260000,$$

$$1247610000, 1257860000, 1267430000, 1276270000, 1284530000]$$

为样本数据序列,一阶累加得

$$X^{(1)} = [11026000, 223730000, 338063000, 453886000, 571057000, 689574000,$$

$$809424000, 930545000, 1052934000, 1176560000, 1301321000, 1427107000,$$

$$1553850000, 1681477000, 1809930000]$$

代入数据得

$$B = [-167378000, 1; -280896500, 1; -3959745000, 1; -5124715000, 1; -6303155000, 1;$$

$$-7494990000, 1; -8699845000, 1; -9917395000, 1; -11147470000, 1; -12359405000, 1;$$

$$-1364214000, 1; -149047850000, 1; -1617663500, 1; -17457035000, 1]^{T}$$

和

$$Y_{15} = [x^{(0)}(2), x^{(0)}(3), x^{(0)}(4), \cdots, x^{(0)}(15)]$$

$$= [1127040000, 1143330000, 1158230000, 1171710000,$$

$$1185170000, 1198500000, 1211210000, 1223890000, 1236260000,$$

$$1247610000, 1257860000, 1267430000, 1276270000, 1284530000]$$

2. 利用最小二乘法估计,有

$$\hat{a} = (a, b)^{T} = (B^{T}B)^{-1} \cdot B^{T} \cdot Y_{15}$$

代入求解得到 $a = -9.9894\text{e}-005, b = 1.1195\text{e}+007$

3. 模型检验

(1) 求出 $x^{(0)}(k)$ 与 $\hat{x}^{(0)}(k)$ 之残差 $e^{(0)}(k)$、相对误差 Δ_k 和平均相对误差 $\overline{\Delta}$:

$$e^{(0)}(k) = x^{(0)}(k) - \hat{x}^{(0)}(k) = [974000\ 704000\ 2333000\ 3823000\ 5171000\ 6517000$$

$$7850000\ 9021000\ 10389000\ 11526000\ 12661000$$

$$13686000\ 15527000\ 16353000]^{T}$$

$$\Delta_k = \left| \frac{e^{(0)}(k)}{x^{(0)}(k)} \right| \times 100\% = [0.000877272\ 0.000624645\ 0.002040351\ 0.003300726$$

$$0.004413208 \quad 0.005498789 \quad 0.006549854 \quad 0.007447924$$
$$0.008488508 \quad 0.009323282 \quad 0.010148203 \quad 0.010880384$$
$$0.011553301 \quad 0.012165921 \quad 0.01273026]^T$$

$$\bar{\Delta} = \frac{1}{15}\sum_{k=1}^{15}\Delta_k = 0.00707$$

（2）求出原始数据平均值 $\bar{x}$，残差平均值 $\bar{e}$：

$$\bar{x} = \frac{1}{15}\sum_{k=1}^{15}x^{(0)}(k) = 1206620000, \bar{e} = \frac{1}{15-1}\sum_{k=2}^{15}e^{(0)}(k) = 9300285.714$$

（3）求出原始数据方差 s_1^2 与残差方差 s_2^2 的均方差比值 C 和小误差概率 P：

$$s_1^2 = \frac{1}{15}\sum_{k=1}^{15}\left[x^{(0)}(k) - \bar{x}\right]^2 = 2.92218E+15$$

$$s_2^2 = \frac{1}{15-1}\sum_{k=2}^{15}\left[e^{(0)}(k) - \bar{e}\right]^2 = 2.90743E+13$$

$$C = s_2/s_1 = 0.099747314$$

$$p = P\{|e^{(0)}(k) - \bar{e}| < 0.6745s_1\} > 99\%$$

由以上指标可知该模型的精度为一级，适用于中期的人口预测.

预测的数据如下：

表 8.4　2001—2020 年中国人口预测（GM(1,1)动态预测模型）

年　份	2001	2002	2003	2004	2005	2006	2007	2008
总人口（万人）	125730	126870	128000	129100	130208	131320	132430	133530
增加值（万人）		1140	1130	1100	1108	1112	1110	1100
增长率（‰）		8.985	8.828	8.52	8.5009	8.4678	8.3818	8.2378
年　份	2009	2010	2011	2012	2014	2016	2018	2020
总人口（万人）	134670	135800	136910	138030	140250	142530	144730	146530
增加值（万人）	1140	1130	1110	1120	1110	1140	1100	900
增长率（‰）	8.465	8.321	8.1075	8.114	7.9144	7.9983	7.6003	6.142

模型评价

通过实例表明 GM(1,1)模型预测方法有较高的拟合及预测精度.GM(1,1)模型是单变量一阶线性模型，它对样本含量和概率分布无严格要求且适应性强，人口预测分析是比较复杂的问题，它受多种因素的影响，其中有些属于确定因素，有些属于非确定因素，要想从已知信息的生成、开发中提取信息，灰色预测理论是一种有效的工具.

8.4　线性回归模型

根据 1948—2007 年的全国人口数量，画出人口曲线，如图 8.8 所示.

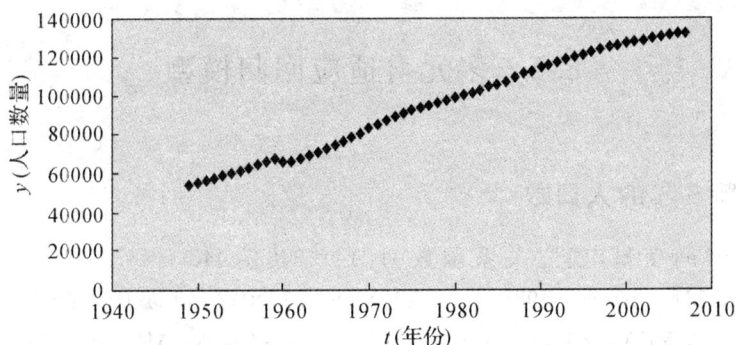

图 8.8

由图容易看出,全国人口数量持续上涨,且增长的速度变化不是非常大,大致关于时间呈线性.

利用最小二乘估计,得到线性回归方程

$$y = -2789212.6712 + 1458.0203t$$

列出方差分析表,进行 F 检验,见表 8.5.

表 8.5　方差分析表

变异来源	自由度	平方和	平均平方和	F 统计量	F 临界值	p 值	显著性
回　归	1	36372836815	36372836815	8935.586421	4.009867854	2.39968E-64	显著
离回归	57	232021895.5	4070558.57				
总变异	58	36604858711					

表明线性关系极显著的.

再计算相关指数 $R^2 = 0.9937$. 可知回归模型 $y = -2789212.6712 + 1458.0203t$,拟合非常理想.

根据上面的函数可以算出 2008—2010 年的全国总人口数(单位:亿人)

2008	2009	2010	2015	2020	2030	2050
13.84921695	13.99501898	14.14082102	14.86983119	15.59884136	17.05686169	18.97290237

模型评价

一元线性回归采用最小二乘法估计来拟合散点,简单易懂,R^2 接近于 1,F 值较高,P 值较低,拟合效果较好. 但若变量不呈规律性变化(不呈线性),则拟合的直线的精确度会很低. 如考虑非线性结构,可以考虑自适应回归样条函数.

8.5 多元自适应回归模型

一、预测跨 5 年的人口数

1. 只考虑时间变量, 建立关系函数为: $Y = 94637.445 + 467.232 \max(0, YEAR - 1988.000) - 838.531 * \max(0, 1988.000 - YEAR) + 737.042 * \max(0, YEAR - 1957.000) - 736.589 * \max(0, YEAR - 1968.000) - 348.518 * \max(0, YEAR - 1993.000) + 504.082 * \max(0, YEAR - 1961.000) + 214.282 * \max(0, YEAR - 1977.000)$.

图象如下:

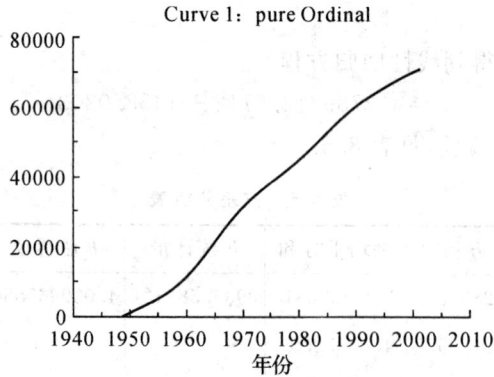

图 8.9

图象分析: 若只考虑年数对人口数的影响, 可认为该模型为单调递增的, 从 1957 年左右开始人口增长幅度比解放初期有略微上升, 以后增长率基本保持不变.

预测 2007—2010 年的结果, 并求出 1954—2006 年预测数和真实数据之间的误差率:

预测数	年份	$y = year + 5$	平均误差率
132458.6563	2002	2007	
133296.1875	2003	2008	0.002679
134133.7188	2004	2009	
134971.25	2005	2010	

2. 考虑时间、出生率和死亡率以及自然增长率跟人数之间的关系, 建立关系函数为

$Y = 92646.273 - 731.865 * \max(0, 1992.000 - YEAR) + 142.441 * \max(0, NGRATE - 18.570) + 1081.325 * \max(0, YEAR - 1957.000) - 305.802 * \max(0, YEAR - 1972.000)$.

图象如下:

Curve 2: pure Ordinal

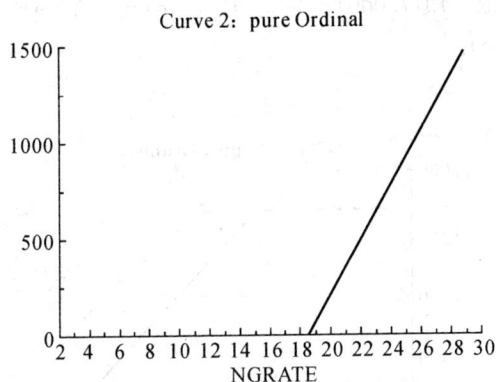

图 8.10

图象分析:自然增长率在 18.5% 之前其贡献率为零,而当过了该临界点后,其贡献率显著上升.

预测以后 5 年的结果和 1954 到 2006 年预测数和真实数据之间的误差率:

预测数	年份	$y=year+5$	平均误差率
132131.8281	2002	2007	
132907.3438	2003	2008	
133682.875	2004	2009	0.003653
134458.3906	2005	2010	

二、预测跨 10 年的人口数

1. 只考虑年数跟人数之间的关系,建立关系函数为 $Y=107758.586+973.492 * \max(0, YEAR-1981.000)-1353.071 * \max(0, 1981.000-YEAR)-425.027 * \max(0, YEAR-1965.000)-488.098 * \max(0, YEAR-1988.000)+1082.606 * \max(0, YEAR-1957.000)+305.102 * \max(0, YEAR-1973.000)-672.086 * \max(0, YEAR-1961.000)$.

图象与 5 年预测的相似:

预测以后 10 年的结果和 1959 到 2006 年预测数和真实数据之间的误差率:

预测数	年份	$y=year+10$	平均误差率
132260.3906	1997	2007	
133036.3906	1998	2008	
134588.3594	2000	2010	0.002841
138468.2969	2005	2015	

2. 考虑年数,出生率,死亡率,自然增长率跟人数之间的关系,建立关系函数为 $Y=112892.766+1116.262 * \max(0, YEAR-1982.000)-1454.302 * \max(0, 1982.000-YEAR)-793.549 * \max(0, YEAR-1967.000)-113.020 * \max(0, NGRATE-13.850)+$

441.327 ＊ max(0，YEAR－1977.000)－488.091 ＊ max(0，YEAR－1987.000)＋568.340 ＊ max(0，YEAR－1957.000).

图象如下：

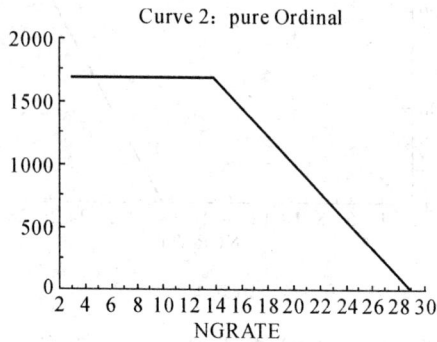

Curve 2：pure Ordinal

图 8.11

图象分析：自然增长率小于 13.85％时，人口增长数量保持在 1750 万左右；自然增长率大于 13.85％时，人口增加数量逐渐减少.

预测以后 10 年的结果和 1959 到 2006 年预测数和真实数据之间的误差率：

预测数	年份	$y=\text{year}+10$	平均误差率
132498.4688	1997	2007	
133342.7656	1998	2008	
135028.3438	2000	2010	0.003871
139245.7969	2005	2015	

三、预测跨 15 年的人口数

1. 只考虑时间因素，建立关系函数为：

$Y=125866.664+1677.940 ＊ \max(0, YEAR－1976.000)－2060.829 ＊ \max(0, 1976.000－YEAR)－187.011 ＊ \max(0, YEAR－1956.000)－487.150 ＊ \max(0, YEAR－1984.000)－545.246 ＊ \max(0, YEAR－1960.000)+317.705 ＊ \max(0, YEAR－1968.000).$

预测以后 15 年的结果和 1964 到 2006 年预测数和真实数据之间的误差数：

预测数	年份	$y=\text{year}+15$	平均误差率
132261.1406	1992	2007	
133037.375	1993	2008	
134588.8594	1995	2010	0.001361
138471.0469	2000	2015	
142352.2344	2005	2020	

2. 考虑年数，出生率，死亡率，自然增长率跟人口数之间的关系，建立关系函数为

$Y = 130195.414 + 1955.648 * \max(0, \text{YEAR} - 1977.000) - 2144.965 * \max(0, 1977.000 - \text{YEAR}) - 643.383 * \max(0, \text{YEAR} - 1957.000) - 442.449 * \max(0, \text{YEAR} - 1982.000) - 77.642 * \max(0, \text{NGRATE} - 16.000) + 107.974 * \max(0, \text{BIRTHRAT} - 35.350)$.

图象如下：

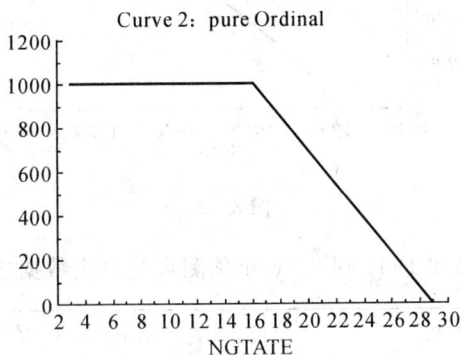

Curve 2: pure Ordinal

图 8.12

图象分析：当自然增长率小于 16%，对人口数都有相同的贡献率. 而当超过这个临界点后，对人口数的贡献率逐渐减小，到 29 后为零贡献率.

预测以后 15 年的结果和 1964 到 2006 年预测数和真实数据之间的误差率：

预测数	年份	$y = \text{year} + 15$	平均误差率
132587.2344	1992	2007	
133457.0469	1993	2008	
135196.6875	1995	2010	0.001383
139545.7656	2000	2015	
143894.8438	2005	2020	

四、预测跨 20 年的人口数

1. 只考虑年数和人数之间的关系，建立关系函数为

$Y = 130566.570 + 1793.788 * \max(0, \text{YEAR} - 1975.000) - 1917.708 * \max(0, 1975.000 - \text{YEAR}) - 597.396 * \max(0, \text{YEAR} - 1955.000) + 316.961 * \max(0, \text{YEAR} - 1963.000) - 405.562 * \max(0, \text{YEAR} - 1978.000) - 314.010 * \max(0, \text{YEAR} - 1971.000)$.

图象如图 8.13.

Curve 1: pure Ordinal

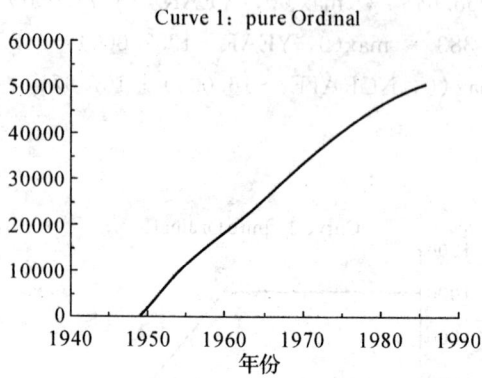

图 8.13

预测以后 20 年的结果和 1969 到 2006 年预测数和真实数据之间的误差率:

预测数	年份	$y=$ year$+20$	平均误差率
132313.7656	1987	2007	
133107.5469	1988	2008	
134695.1094	1990	2010	
138664.0156	1995	2015	0.001154
142632.9219	2000	2020	
146601.8281	2005	2025	

2. 考虑年数,出生率,死亡率,自然增长率跟人数之间的关系,建立关系函数为

$Y = 130735.961 + 1324.802 * \max(0, \text{YEAR} - 1977.000) - 1775.143 * \max(0, 1977.000 - \text{YEAR}) - 561.655 * \max(0, \text{YEAR} - 1957.000) + 386.295 * \max(0, \text{YEAR} - 1962.000) - 280.981 * \max(0, \text{YEAR} - 1972.000)$.

预测以后 20 年的结果和 1969 到 2006 年预测数和真实数据之间的误差率:

预测数	年份	$y=$ year$+20$	平均误差率
132577	1987	2007	
133445.4688	1988	2008	
135182.3906	1990	2010	
139524.7031	1995	2015	0.002166
143867	2000	2020	
148208.3125	2005	2025	

五、预测跨 30 年的人口数

1. 考虑时间变量,建立关系函数为

$Y = 120917.836 + 1391.346 * \max(0,\ \text{YEAR} - 1965.000) - 1481.213 * \max(0, 1965.000 - \text{YEAR}) - 412.713 * \max(0, \text{YEAR} - 1968.000) - 428.088 * \max(0, \text{YEAR} - 1961.000) + 242.423 * \max(0, \text{YEAR} - 1957.000).$

预测以后 30 年的结果和 1979 到 2006 年预测数和真实数据之间的误差率:

预测数	年份	$y = \text{year} + 30$	平均误差率
132311.3438	1977	2007	
133104.2969	1978	2008	
134690.2344	1980	2010	
138655.0781	1985	2015	0.006873
142618.9219	1990	2020	
146584.7656	1995	2025	
150548.6094	2000	2030	
154514.4531	2005	2035	

2. 考虑时间、出生率、死亡率和自然增长率跟人数之间的关系,建立关系函数为

$Y = 125006.164 + 1121.834 * \max(0,\ \text{YEAR} - 1967.000) - 1583.977 * \max(0, 1967.000 - \text{YEAR}) - 355.280 * \max(0, \text{YEAR} - 1963.000) + 654.366 * \max(0, 8.830 - \text{DEATHRAT}) + 105.021 * \max(0, \text{DEATHRAT} - 12.280).$

图象如图 8.14.

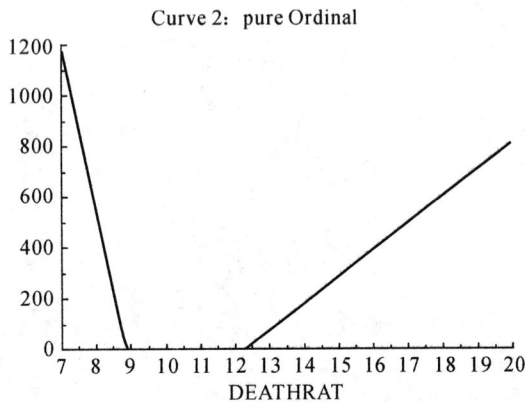

Curve 2: pure Ordinal

图 8.14

图象分析:当死亡率小于 8.83‰时对人口增长存在贡献率,且贡献随死亡率的增长呈线性地逐渐减弱,直至贡献率减小到零. 当死亡率处于 8.83‰至 12.28‰这个区间内死亡率的贡献率始终为零,直到死亡率大于 12.28‰时贡献率又开始随死亡率的增长线性地逐步增强,但增长的速度比之前减弱的速度要小.

预测以后 30 年的结果和 1979 到 2006 年预测数和真实数据之间的误差率：

预测数	年份	$y=\text{year}+30$	平均误差率
132533.1406	1977	2007	
133705.3906	1978	2008	
135178.6094	1980	2010	
138724.4531	1985	2015	
142628.2031	1990	2020	0.00096
146527.4063	1995	2025	
150438.7031	2000	2030	
154232.2031	2005	2035	

模型评价

相比线性回归,自适应回归样条模型能很好地捕捉非线性结构,并考虑多个影响人口增长的因素,包括时间、出生率和死亡率等,得到较好的模型,对短中期做出了预测,但因为长期数据较少,很难得到精度比较高的效果.

第9章 蠓的分类问题

9.1 问题的资料

一、问题叙述

问题选自美国大学生数学建模竞赛 1989 的 A 题——蠓的分类. 两类蠓 Af 和 Apf 已由生物学家 W. L. Grogan 和 W. W. Wirth(1981)根据它们的触角长和翼长加以区分(见图 9.1),9 只 Af 蠓用□标记,6 只 Apf 蠓用○标记,由给出的触角长和翼长识别一只标本属于 Af 还是 Apf 是很重要的.

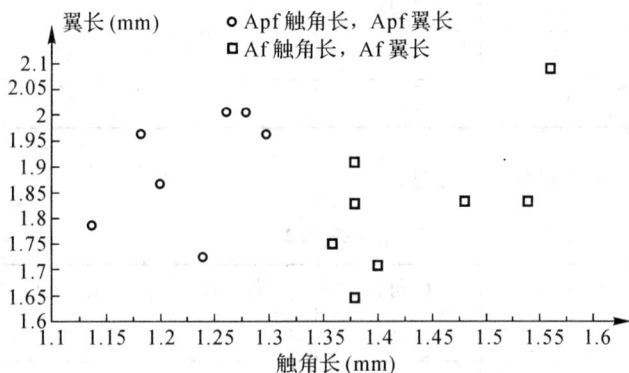

图 9.1 Grogan 和 Wirth(1981)收集的数据

1)给出一只属于 Af 或 Apf 类的蠓,你如何对它进行分类?

2)将你的方法用于(触角长,翼长)分别为(1.24,1.80)、(1.28,1.84)、(1.40,2.04)的 3 只标本.

3)如果 Af 是宝贵的传播花粉的益虫,而 Apf 是使人屠弱的疾病的载体,是否要修改你的分类方法,若要修改,如何改?

二、数据集说明

问题共含两个数据集.

训练数据集,含 9 只 Af 和 6 只 Apf 数据,见表 9.1.

表 9.1

ID	触角长	翼长	类别
1	1.14	1.78	Apf
2	1.18	1.96	Apf
3	1.20	1.86	Apf
4	1.26	2.00	Apf
5	1.28	2.00	Apf
6	1.30	1.96	Apf
7	1.24	1.72	Af
8	1.36	1.74	Af
9	1.38	1.64	Af
10	1.38	1.82	Af
11	1.38	1.90	Af
12	1.40	1.70	Af
13	1.48	1.82	Af
14	1.54	1.82	Af
15	1.56	2.08	Af

待识别数据集,含 3 只样本,见表 9.2.

表 9.2

ID	触角长	翼　长	类　别
1	1.24	1.80	?
2	1.28	1.84	?
3	1.40	2.40	?

三、背景知识

由于 Af 是益虫,Apf 是毒蟆,所以识别原则的目标是:最大限度地消灭 Apf,在此基础上,最大限度地保护 Af,因此,对蟆虫群体的识别模型的确定具有重要的意义.蟆的分类就是一个二元分类问题.我们这里通过比对 Af 和 Apf 类的数据(触角长和翼长),搜寻能够正确区分两类蟆的特征.

四、单变量卡方统计

卡方统计用于度量预测值与实际值之间的差异,公式是:

$$卡方值(\chi^2) = \frac{(期望值 - 实际值)^2}{期望值}$$

如果卡方值较大,则相对于卡方的 P 值就较小.P 值表示偶然事件发生的概率.卡方统计适用于许多建模过程的基本测试.

对训练数据集中触角长和翼长进行卡方统计:

变量名	卡方值	卡方概率
触角长	8.4160	0.0037
翼　长	3.5422	0.0598

触角长和翼长的卡方概率均低于 0.5,所以两变量具有较高的独立预测能力.

9.2　判别分析模型

设有 k 个类别 $G_1,G_2,\cdots,G_k$,对任意一个样本 $x\in G_i(i=1,2,\cdots,k)$,其变量 X(p 维)的值是可观测的.现给定一个由已知所属类别的一些样本 $x_1,x_2,\cdots,x_n$ 构成"学习样本",要求对一个来自这 k 个类别的某样本 x,根据其变量 X 的值做出其所属类别的判断.

当然,根据不同的方法,建立的判别法则也是不同的.常用的判别方法有:距离判别、Fisher 判别、Bayes 判别.

一、马氏距离判别法

利用距离的概念,若 x 距 Af 类的"距离"小于距 Apf 类的"距离",则判断 $x\in$ Af,反之则判断 $x\in$ Apf.在这个距离判别模型中,把每个样本视为二维空间中的一个点,我们可算得代表 Af 的 9 个点的集合与代表 Apf 的 6 个点的集合各自的中心(样本均值)

$$a_1=\begin{pmatrix}1.413\\1.803\end{pmatrix},\quad a_2=\begin{pmatrix}1.227\\1.927\end{pmatrix}$$

和样本离差矩阵

$$L_1=\begin{pmatrix}0.0784&0.0647\\0.0647&0.135\end{pmatrix},\quad L_2=\begin{pmatrix}0.0197&0.0217\\0.0217&0.0389\end{pmatrix}$$

显然这是样本离差阵 $L_1\neq L_2$ 的情形,判别函数 $w(i;x)=d^2(x,G_i)$ 是二次函数,其中 $d^2(x;G_i)=(x-a_i)^T V^{-1}(x-a_i)$,$V=L_i/(n_i-1)$,$i=1,2$.

由具体数据计算可得:

$$w(1;x)=189.9x_1^2-182x_1x_2+110.25x_2^2-208.33x_1-140.61x_2+274.02$$

$$w(2;x)=790.02x_1^2-881.4x_1x_2+400.08x_2^2-240.24x_1-460.42x_2+590.89$$

根据判别规则:若 $w(k;x)=\min(w(i;x)|i=1,2,\cdots,r)$,则 $x\in G_k$,回代检验所有的已知样本,结果都正确,对未知样本检验的结果如下:

$$w(1;1.24,1.80)=5.57<w(2;1.24,1.80)=6.47$$
$$w(1;1.28,1.84)=4.37<w(2;1.28,1.84)=9.30$$
$$w(1;1.40,2.04)=6.71<w(2;1.40,2.04)=11.56$$

结果:所检验的三个未知样本都属于 Af 类.

二、Fisher 判别法

Fisher 判别函数 $W(x) = u^T x$,其中 u 是矩阵 $E^{-1}B$ 的特征方程 $|E^{-1}B - \lambda I| = 0$ 对应于最大特征值 λ^* 且满足 $u^T E u = 1$ 的特征向量.

利用学习样本可计算得到:

$$E = \begin{pmatrix} 0.1 & 0.086 \\ 0.086 & 0.174 \end{pmatrix}, \quad B = \begin{pmatrix} 0.135 & 0.134 \\ 0.134 & 0.058 \end{pmatrix},$$

$$\lambda^* = 1.37, \qquad u = (2.93, 0.258)$$

从而有判别函数 $W(x_1, x_2) = 2.92 x_1 + 0.258 x_2$

记 $c_1 = W(a_1) = 4.6055, c_2 = W(a_2) = 4.0923$,

取判别阀值 $c = \dfrac{n_1 c_1 + n_2 c_2}{n_1 + n_2} = 4.4$

若 $W(x) > c$,则为 x 为 Af 类;否则,为 Apf 类.回代检验所有的已知样本,结果都正确.对未知样本检验的结果如下:

$$W(1.24, 1.80) = 4.0976 < c$$
$$W(1.28, 1.84) = 4.2287 < c$$
$$W(1.4, 2.04) = 4.6283 > c$$

故所检验的三个未知样本中:

样本 $(1.24, 1.80)$ 属于 Apf 族;

样本 $(1.28, 1.84)$ 属于 Apf 族;

样本 $(1.40, 2.04)$ 属于 Af 族.

三、模型评价

基于马氏距离和 Fisher 判别,在已知样本都做出了正确的判断,对三个未知样本结果略有不同,判别准则易于解释.

9.3 逻辑回归模型

我们用 C_1 和 C_2 分别表示蠓的 Af 和 Apf 类,用 x_1 和 x_2 分别表示蠓的触角长和翼长.

逻辑回归是应用最广的二元分类方法,从回归角度出发对后验概率建模得到分类器.假设样本点 x 属于 C_1 类的概率是

$$P(C_1 \mid x) = \frac{1}{1 + \exp(w_0 + w_1 x_1 + w_2 x_2)}$$

这里 w_0、w_1、w_2 为系数.

则 x 属于 C_2 类的概率是

$$P(C_2 \mid x) = \frac{\exp(w_0 + w_1 x_1 + w_2 x_2)}{1 + \exp(w_0 + w_1 x_1 + w_2 x_2)}$$

由此可得

$$\log \frac{P(C_2 \mid x)}{P(C_1 \mid x)} = w_0 + w_1 x_1 + w_2 x_2$$

这是关于 x 的线性函数.

一、模型建立

利用 SAS 统计分析,基于 Af 和 Apf 触角长和翼长训练数据,建立逻辑回归模型:

$$\log \frac{P(C_2 \mid x)}{P(C_1 \mid x)} = -23.4800 - 98.0777 x_1 + 80.3172 x_2$$

模型拟合优度如表 9.3 所示.

表 9.3

Test	Chi-Square	Pr>ChiSq
Likelihood Ratio	20.1796	<0.0001
Score	12.1690	0.0023
Wald	0.2409	0.8865

χ^2 概率值较小,意味着预测值与观测值之间没有显著的差别,表示逻辑回归模型有很好的拟合数据.

应用逻辑回归模型对训练样本进行筛选分类,如表 9.4 所示.

表 9.4

触角长	翼长	分类	属于 Apf 概率
1.14	1.78	Apf	0.999536
1.18	1.96	Apf	1
1.2	1.86	Apf	0.99973
1.26	2	Apf	0.999999
1.28	2	Apf	0.999991
1.3	1.96	Apf	0.998407
1.24	1.72	Af	0.000957
1.36	1.74	Af	3.69E-08
1.38	1.64	Af	1.69E-12
1.38	1.82	Af	3.21E-06
1.38	1.9	Af	0.001976
1.4	1.7	Af	2.94E-11
1.48	1.82	Af	1.77E-10
1.54	1.82	Af	4.91E-13
1.56	2.08	Af	8.1E-05

由上表可看出,对建模数据集的回验正确率为 100%.

应用逻辑回归模型对待识别样本进行筛选分类,如表 9.5 所示.

表 9.5

触角长	翼长	属于 Apf 概率	结果归属类
1.24	1.8	0.371593	Af
1.28	1.84	0.225167	Af
1.4	2.4	1	Apf

二、模型评价

基于触角长和翼长,建立具线性结构的逻辑回归模型,易于解释. 对于非线性结构,需要对变量做进一步的变换,且容易受孤立点影响.

9.4 决策树模型

因为建模样本相对较少,所以利用 5 折交叉验证,随机地将训练数据分成 5 个相等的部分. 学习方法拟合数据的五分之四,而预测误差在剩下的五分之一上计算. 依次对每份五分之一数据执行这一过程,并对五个预测误差估计取平均值.

一、模型建立

基于 Af 和 Apf 触角长和翼长数据,建立分类树模型,如图 9.2 所示.

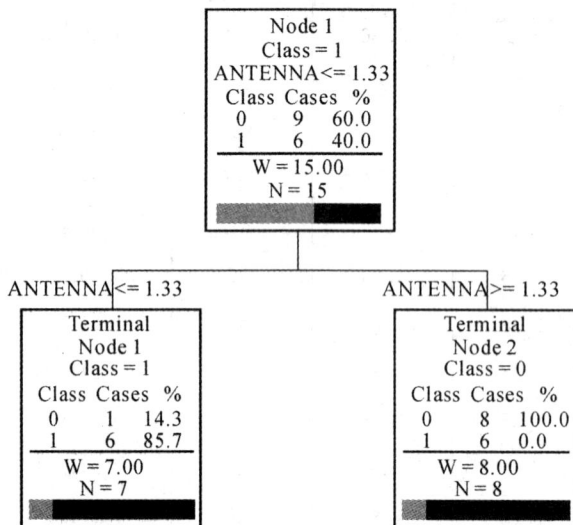

图 9.2

由分类树模型,有

规则 1：触角长≤1.33，属于 Af 类；

规则 2：触角长＞1.33，属于 Apf 类.

应用分类树模型对待识别样本进行筛选分类，如表 9.6 所示.

表 9.6

触角长	＞1.33	结果归属类
1.24	False	Af
1.28	False	Af
1.4	True	Apf

二、模型效果

模型预测效果如图 9.3 所示.

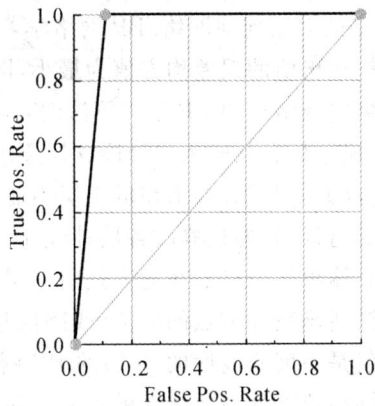

图 9.3

ROC 的面积＝0.944，所以分类树模型有很好的区分效果.

混淆矩阵如表 9.7 所示.

表 9.7

Actual Class	Total Cases	Percent Correct	Af N＝8	Apf N＝7
0	9	88.89	8	1
1	6	100.00	0	6
Total：	15.00			
Average：		94.44		
Overall% Correct：		93.33		

模型的平均分类精度＝94.44%，训练数据集正确率很高.

变量重要性如下：

变量	分数
触角长	100.00
翼长	46.83

三、模型评价

分类树模型属于非参数方法,不需要做任何先验假设,方法简单,容易理解.但对于小数据集,信息不够充分,样本很快学完,造成偏差,比如这里只有一个节点.

9.5　神经网络模型

BP(Back Propagation,误差反向传播)网络于 1986 年由 D. E. Rumelhart 和 J. L. Mc-Clelleand 提出,是一种有隐含层的多层前馈网络.BP 网络学习的基本原理是梯度最速下降法,使网络的实际输出值与期望输出值的误差均方值为最小,网络学习过程是一种误差边向后传播边修正权系数的过程.多层网络运用 BP 学习算法时,实际上包含了正向和反向传播两个阶段.在正向传播过程中,输入信息从输入层经隐含层逐层处理,并传向输出层,每一层神经元的状态只影响下一层神经元的状态.如果在输出层不能得到期望输出,则转入反向传播,将误差信号沿原来的连接通道返回,通过修改各层神经元的连接权值,使误差信号最小.除了输入层的节点外,隐含层和输出层节点的净输入是前一层节点输出的加权和.每个节点的激活程度由它的输入信号、激活函数和节点的偏值(或阈值)决定.

BP 网络的输入—输出映射是高度非线性的,3 层的 BP 网络即能很好地逼近任意连续函数.BP 网络的这种特性,能够高效地处理非线性模式分类问题,极大地简化了非线性问题的处理过程.

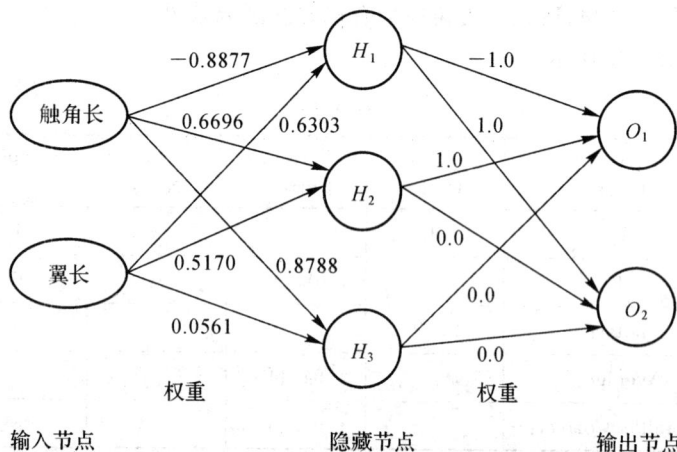

图 9.4　神经网络结构图

基于蠓的 15 个样本,建立三层 BP 神经网络训练过程如下:

1）将权值初始化为 0~1 之间的随机数；

2）从样本数中取变量触角长 I_1 和翼长 I_2，输入网络，指定期望输出 E_1 和 E_2；

3）计算中间隐含层输出 H_1、H_2 和 H_3，和网络实际输出 O_1 和 O_2；

4）计算实际输出与期望输出的误差：

$$\delta_k = (E_k - O_k) \cdot O_k \cdot (1 - O_k), (k = 1, 2)$$

计算隐含层误差：

$$\delta_j^* = H_j \cdot (1 - H_j) \cdot \sum_{k=1}^{2} \delta_k w_{jk}, (j = 1, 2, 3)$$

5）调整权值：

$$w_{jk}^{n+1} = w_{jk}^n + \eta \delta_k H_j$$
$$v_{ij}^{n+1} = v_{ij}^n + \eta \delta_j^* I_i$$

其中 η 为学习因子.

6）返回 5），用所有训练样本反复训练网络，多次迭代，直到权值达到稳定. 实际训练时，定义出反映实际输出与期望输出误差平方和的度量值：

$$EP^* = \frac{1}{2} \sum_{k=1}^{2} (E_k - O_k)^2$$

收敛条件为

$$Error = \frac{1}{15} \sum_{P=0}^{14} EP^* < \varepsilon$$

其中 ε 为给定误差范围，当满足 $Error < \varepsilon$ 时，训练结束.

BP 算法需注意的问题：

1. 隐含层个数的选择

增加网络层数可以提高识别精度，但会使网络复杂化，增加训练时间. 识别精度的提高还可以通过增加隐含层中神经元的数目来获得，一般情况下，应优先考虑增加隐含层中的神经元数.

2. 隐含层神经元个数的选择

隐含层神经元数目较少时，网络每次学习的时间较短，但有可能因为学习时间不足导致权值无法达到全局最小；隐含层神经元数目较大时，学习能力增强，但网络的存储容量随之变大，导致网络对未知输入的归纳能力下降，因此，隐含层神经元数的选择十分复杂.

对 BP 算法的改进问题：

BP 网络的最大缺点是训练的收敛速度慢. 为提高网络的收敛速度，又防止网络的振荡发散，采用以下两种改进方法.

1）定义学习速率

为保证系统的稳定性，学习速率一般取在 0.01~0.8 之间.

2）加入一动量项，以便于加快网络的收敛速率. 当加入了动量项后，权值由下式调整：

$$w_{jk}^{n+1} = \alpha \cdot w_{jk}^n + \eta \delta_k H_j$$
$$v_{ij}^{n+1} = \alpha \cdot v_{ij}^n + \eta \delta_j^* I_i$$

其中 α 为动量因子，且 $0 < \alpha < 1$.

实验结果与分析

应用神经网络模型对待识别 3 只蠓虫进行筛选分类，得到结果如表 9.8 所示.

表 9.8

待识别样本	属于 Apf 概率	属于 Af 概率	结果归属类
(1.24,1.80)	0.6097306481	0.3902693519	Apf
(1.28,1.84)	0.3250611287	0.6749388713	Af
(1.40,2.04)	0.9997812444	0.0002187556	Apf

模型评价

BP 网络模型属于黑盒模型,能捕捉复杂的结构,得到很高的精度,难以解释,但容易过度拟合.

9.6 支持向量机模型

设线性可分样本集为 (x_i, y_i), $i = 1, \cdots, n, x \in \mathbf{R}^d, y \in \{+1, -1\}$. d 维空间中线性判别函数的一般形式为 $g(x) = w \cdot x + b$,分类面方程可以表示为:$w \cdot x + b = 0$,归一化,使离分类面最近的样本的 $|g(x)| = 1$,分类间隔等于 $2 / \|w\|$,因此使间隔最大等价于使 $\|w\|^2$ 最小;而要求分类正确,就是要满足 $y_i [(w \cdot x_i) + b] - 1 \geqslant 0$, $i = 1, \cdots, n$. 因此满足这个条件且使 $\|w\|^2$ 最小的分类面就是最优分类面.

这样,求最优分类面的问题可归结为以下的二次规划问题:

$$\min_{w,b} \Psi(w) = \frac{1}{2}(w^T w)$$

对于样本不是线性可分的情况,可求

$$\Psi(w) = \frac{1}{2} w^T w + \gamma \sum_{i=1}^{l} \xi_i$$

的最小值, ξ 可理解为分类误差,利用 Lagrange 乘子法,最终可求得最优分类面的权系数向量 $w_0 = \sum_{i=1}^{l} \alpha_i y_i z_i$,决策函数为:$f(x) = \mathrm{sgn}\left[\sum_{i=1}^{n} \alpha_i y_i (x^T x_i) + b\right]$

根据泛函分析理论可知,一个非负定的对称函数 $K(u, v)$ 唯一确定一个 Hilbert 空间 H, K 是函数空间 H 的重建核:

$$K(u, v) = \sum_i \alpha_i \varphi_i(u) \varphi_i(v)$$

它表示了特征空间中的一个内积:

$$x_i^T x = \varphi(x_i)^T \varphi(x) = K(x_i, x)$$

从而决策函数可写为:

$$f(x) = \mathrm{sgn}\left[\sum_{i=1}^{l} \alpha_i y_i K(x_i, \boldsymbol{x}) + b\right]$$

支持向量机的基本思想就是:首先通过非线性变换将输入空间变换到一个高维空间,然后在这个新空间中求取最优线性分类面,而这种非线性变换是通过定义适当的内积函数实现的. 目前得到研究的内积函数形式主要有三类.

(1)多项式形式的内积函数 $K(x, x_i) = [(x, x_i) + 1]^q$,此时得到的支持向量机是一个 q

阶多项式分类器.

(2)采用核函数型内积 $K(x,x_i)=\exp\left\{-\dfrac{|x-x_i|^2}{\sigma^2}\right\}$，得到的支持向量机是一种径向基函数分类器.

(3)采用 S 形函数作为内积 $K(x,x_i)=\tanh(v(x\cdot x_i)+c)$，支持向量机实现的是一个两层的多层感知器神经网络.

实验结果与分析

选取参数 $C=10$，求解得：

$$a=(a1,a2,\cdots,a15)=(8.6697,10,0,10,10,10,10,10,0,10,10,0,0,0,8.6697).$$

然后利用模型求解权系数得

$$w=(w1,w2,)=(-7.2613,3.4991).$$

再求分类阈值得 $b=2.9769$. 从而，我们求得该问题的一个线性分类函数为：

$$y=\mathrm{sgn}(-7.2613\,触角长+3.4491\,翼长+2.9769)$$

该分类线恰好将它们分开. 因此，此方法的回验正确率为 100%，可信度较高.

模型评价

支持向量机模型具有全局最优、结构简单、推广能力强等优点，缺点在于，针对每个数据集的最佳核变换函数及其相应的参数都是不一样的，而且每当遇到新的数据集时都必须重新确定这些函数及其参数.

附　录

竞赛试题、论文选编及评价

A　国内外大学生数学建模竞赛试题选编

国际数学建模竞赛(The Mathematical Contest in Modeling,简称 MCM)始于 1985 年,由美国自然基金协会和美国数学应用协会共同主办,美国运筹学学会、工业与应用数学学会、数学学会等多家机构协办.其宗旨是鼓励大学生对范围并不固定的各种实际问题予以阐明、分析并提出解法.竞赛时每队在 4 天内对问题展开设计,要以清楚定义的格式写出解法论文.1999 年 COMAP(the Consortium for Mathematics and Its Application)推出了交叉学科建模竞赛(The Interdisciplinary Contest in Modeling,简称 ICM).近年来,MCM/ICM 比赛越来越具有影响力,已经成为一项重要的理工科大学生赛事.我国自 1989 年起参加这一竞赛,历届均取得优异成绩.经过数年参加美国赛表明,中国大学生在数学建模方面具有很强的竞争力和创新能力.

为使这一赛事更广泛地展开,1990 年由中国工业与应用数学学会与国家教委联合主办全国大学生数学建模竞赛(简称 CUMCM),该项赛事每年 9 月第三周进行.竞赛面向全国大专院校的学生,不分专业(分本科、专科两组,本科组竞赛所有大学生均可参加,专科组竞赛只有专科生(包括高职、高专)可以参加).大学生以队为单位参赛,每队 3 人,专业不限.竞赛期间参赛队员可以使用各种图书资料、计算机和软件,可以在互联网上浏览,但不得与队外任何人(包括在网上)讨论.各赛区组委会首先组织专家对本赛区的答卷进行评阅,评出本赛区的一、二、三等奖;然后,各赛区组委会按规定的比例(大约 12%)将本赛区的优秀答卷推荐到全国组委会,由全国组委会聘请专家评选出全国一、二等奖,获奖比例为全国参赛队数的 3%~7%左右.

数学建模竞赛题目一般来源于工程技术和管理科学等方面经过适当简化加工的实际问题.题目有较大的灵活性供参赛者发挥其创造能力.参赛者应根据题目要求,完成一篇包括模型的假设、建立和求解,计算方法的设计和计算机实现,结果的分析和检验,模型的改进等方面的论文.

以下选编的是部分历年国际和全国大学生数学建模比赛的典型问题,并根据解决方法作了一些归类,主要涉及微分方程、统计分析和数据处理、分类、拟合、优化等问题,便于读者有针对性地进行训练.

一、涉及方程问题

MCM 85 问题-A 动物群体的管理

在一个资源有限——即有限的食物、空间、水等等——的环境里发现天然存在的动物群体.

试选择一种鱼类或哺乳动物(例如北美矮种马、鹿、兔、鲑鱼、带条纹的欧洲鲈鱼)以及一个你能获得适当数据的环境,并形成一个对该动物群体的捕获量的最佳方针.

MCM 90 问题-A题 局部脑血流量测定

用放射性同位素测量大脑局部血流量的方法如下:由受试者吸入含有某种放射性同位素的气体,然后将探测器置于受试者头部某固定处,定时测量该处的放射性同位素的气体,然后将探测器置于受试者头部某固定处,定时测量该处的放射性记数率(简称记数率),同时测量他呼出气的记数率.

由于动脉血将肺部的放射性同位素输送至大脑,使脑部同位素增加,而脑血流又将同位素带离,使同位素减少.实验证明由脑血流引起局部地区计数率下降的速度与当时该处的记数率成正比.其比例系数反映该处的脑血流量,被称为脑血流量系数,只要确定该系数即可推算出脑血流量.动脉血从肺输送同位素至大脑引起脑部记数率上升的速度与当时呼出气的记数率成正比.

若某受试者的测试数据如下:

时间(分)	1.00	1.25	1.50	1.75	2.00	2.25	2.50	2.75
头部记数率	1534	1528	1468	1378	1272	1162	1052	947
呼出气记数率	2231	1534	1054	724	498	342	235	162
时间(分)	3.00	3.25	3.50	3.75	4.00	4.25	4.50	4.75
头部记数率	348	757	674	599	531	471	417	360
呼出气记数率	111	76	52	36	25	17	12	8
时间(分)	5.00	5.25	5.50	5.75	6.00	6.25	6.50	
头部记数率	326	288	255	225	199	175	155	
呼出气记数率	6	4	3	2	1	1	1	
时间(分)	6.75	7.00	7.25	7.50	7.75	8.00	8.25	
头部记数率	137	121	107	94	83	73	65	
呼出气记数率	1	0	0	0	0	0	0	
时间(分)	8.50	8.75	8.00	8.25	8.50	8.75	10.00	
头部记数率	57	50	41	39	35	31	27	
呼出气记数率	0	0	0	0	0	0	0	

试建立确定脑血流量系数的数学模型并计算上述受试者的脑血流系数.

CUMCM 96 问题-A 最优捕鱼策略

为了保护人类赖以生存的自然环境,可再生资源(如渔业、林业资源)的开发必须适度.一种合理、简化的策略是,在实现可持续收获的前提下,追求最大产量或最佳效益.

考虑对某种鱼(鲳鱼)的最优捕捞策略:

假设这种鱼分4个年龄组:称1龄鱼,……,4龄鱼.各年龄组每条鱼的平均重量分别为5.07,11.55,17.86,22.99(克);各年龄组鱼的自然死亡率均为0.8(1/年);这种鱼为季节性集中产卵繁殖,平均每条 4 龄鱼的产卵量为 1.109×105(个);3 龄鱼的产卵量为这个数的一半,2 龄鱼和 1 龄鱼不产卵,产卵和孵化期为每年的最后 4 个月;卵孵化并成活为 1 龄鱼,成活率(1 龄鱼条数与产卵总是 n 之比)为 $1.22 \times 1011/(1.22 \times 1011 + n)$.

渔业管理部门规定,每年只允许在产卵卵化期前的 8 个月内进行捕捞作业.如果每年投入的捕捞能力(如渔船数、下网次数等)固定不变,这时单位时间捕捞量将与各年龄组鱼群条数成正比.比例系数不妨称捕捞强度系数.通常使用 13mm 网眼的拉网,这种网只能捕捞 3 龄鱼和 4 龄鱼,其两个捕捞强度系数之比为 0.42∶1.渔业上称这种方式为固定努力量捕捞.

1)建立数学模型分析如何可持续捕获(即每年开始捕捞时渔场中各年龄组鱼群不变),并且在此前提下得到最高的年收获量(捕捞总重量).

2)某渔业公司承包这种鱼的捕捞业务 5 年,合同要求鱼群的生产能力不能受到太大的破坏.已知承包时各年龄组鱼群的数量分别为:122,28.7,10.1,3.29(×109 条),如果仍用固定努力量的捕捞方式,该公司采取怎样的策略才能使总收获量最高.

CUMCM 03 问题-A SARS 的传播

SARS(Severe Acute Respiratory Syndrome,严重急性呼吸道综合症,俗称:非典型肺炎)是 21 世纪第一个在世界范围内传播的传染病.SARS 的爆发和蔓延给我国的经济发展和人民生活带来了很大影响,我们从中得到了许多重要的经验和教训,认识到定量地研究传染病的传播规律、为预测和控制传染病蔓延创造条件的重要性.请你们对 SARS 的传播建立数学模型,具体要求如下:

(1)对附件 1 所提供的一个早期的模型,评价其合理性和实用性.

(2)建立你们自己的模型,说明为什么优于附件 1 中的模型;特别要说明怎样才能建立一个真正能够预测以及能为预防和控制提供可靠、足够的信息的模型,这样做的困难在哪里? 对于卫生部门所采取的措施做出评论,如:提前或延后 5 天采取严格的隔离措施,对疫情传播所造成的影响做出估计.附件 2 提供的数据供参考.

(3)收集 SARS 对经济某个方面影响的数据,建立相应的数学模型并进行预测.附件 3 提供的数据供参考.

(4)给当地报刊写一篇通俗短文,说明建立传染病数学模型的重要性.

CUMCM 03 问题-A 长江水质的评价和预测

水是人类赖以生存的资源,保护水资源就是保护我们自己,对于我国大江大河水资源的保护和治理应是重中之重.专家们呼吁:"以人为本,建设文明和谐社会,改善人与自然的环境,减少污染."

长江是我国第一、世界第三大河流,长江水质的污染程度日趋严重,已引起了相关政府部门和专家们的高度重视.2004 年 10 月,由全国政协与中国发展研究院联合组成"保护长江万里行"考察团,从长江上游宜宾到下游上海,对沿线 21 个重点城市做了实地考察,揭示了一幅长江污染的真实画面,其污染程度让人触目惊心.为此,专家们提出"若不及时拯救,长江生态 10 年内将濒临崩溃"(附件 1),并发出了"拿什么拯救癌变长江"的呼唤(附件 2).

附件 3 给出了长江沿线 17 个观测站(地区)近两年多主要水质指标的检测数据,以及干流上 7 个观测站近一年多的基本数据(站点距离、水流量和水流速).通常认为一个观测站(地区)的水质污染主要来自于本地区的排污和上游的污水.一般说来,江河自身对污染物都有一定的自然净化能力,即污染物在水环境中通过物理降解、化学降解和生物降解等使水中污染物的浓度降低.反映江河自然净化能力的指标称为降解系数.事实上,长江干流的自然净化能力可以认为是近似均匀的,根据检测可知,主要污染物高锰酸盐指数和氨氮的降解系数通常介于 0.1~0.5 之间,比如可以考虑取 0.2(单位:1/天).附件 4 是"1995—2004 年长江流域水质报告"给出的主要统计数据.下面的附表是国标(GB3838—2002)给出的《地表水环境质量标准》中 4 个主要项目标准限值,其中Ⅰ、Ⅱ、Ⅲ类为可饮用水.

请你们研究下列问题:

(1)对长江近两年多的水质情况做出定量的综合评价,并分析各地区水质的污染状况.

(2)研究、分析长江干流近一年多主要污染物高锰酸盐指数和氨氮的污染源主要在哪些地区?

(3)假如不采取更有效的治理措施,依照过去 10 年的主要统计数据,对长江未来水质污染的发展趋势做出预测分析,比如研究未来 10 年的情况.

(4)根据你的预测分析,如果未来 10 年内每年都要求长江干流的Ⅳ类和Ⅴ类水的比例控制在 20% 以内,且没有劣Ⅴ类水,那么每年需要处理多少污水?

(5)你对解决长江水质污染问题有什么切实可行的建议和意见.

附表:《地表水环境质量标准》(GB3838—2002)中 4 个主要项目标准限值　单位:mg/L

序号	标准值　分类 项　目	Ⅰ类	Ⅱ类	Ⅲ类	Ⅳ类	Ⅴ类	劣Ⅴ类
1	溶解氧(DO)　　　≥	7.5 (或饱和率90%)	6	5	3	2	0
2	高锰酸盐指数(CODMn)≤	2	4	6	10	15	∞
3	氨氮(NH3-N)　　≤	0.15	0.5	1.0	1.5	2.0	∞
4	PH 值(无量纲)	6~9					

(注:附件 1~4 位于压缩文件 A2005Data.rar 中,可从 http://mcm.edu.cn/mcm05/problems2005c.asp 下载)

CUMCM 07 问题-A 中国人口增长预测

中国是一个人口大国,人口问题始终是制约我国发展的关键因素之一.根据已有数据,运用数学建模的方法,对中国人口做出分析和预测是一个重要问题.

近年来中国的人口发展出现了一些新的特点,例如,老龄化进程加速、出生人口性别比持续升高,以及乡村人口城镇化等因素,这些都影响着中国人口的增长.2007 年初发布的《国家人口发展战略研究报告》(附录 1)还做出了进一步的分析.

关于中国人口问题已有多方面的研究,并积累了大量数据资料.附录 2 就是从《中国人口统计年鉴》上收集到的部分数据.

试从中国的实际情况和人口增长的上述特点出发,参考附录 2 中的相关数据(也可以搜索相关文献和补充新的数据),建立中国人口增长的数学模型,并由此对中国人口增长的中短期和长期趋势做出预测;特别要指出你们模型中的优点与不足之处.

附录1 《国家人口发展战略研究报告》

附录2 人口数据(《中国人口统计年鉴》中的部分数据)及其说明

二、涉及统计分析和数据处理问题

CUMCM 06 问题-A 出版社的资源配置

出版社的资源主要包括人力资源、生产资源、资金和管理资源等,它们都捆绑在书号上,经过各个部门的运作,形成成本(策划成本、编辑成本、生产成本、库存成本、销售成本、财务与管理成本等)和利润.

某个以教材类出版物为主的出版社,总社领导每年需要针对分社提交的生产计划申请书、人力资源情况以及市场信息分析,将总量一定的书号数合理地分配给各个分社,使出版的教材产生最好的经济效益.事实上,由于各个分社提交的需求书号总量远大于总社的书号总量,因此总社一般以增加强势产品支持力度的原则优化资源配置.资源配置完成后,各个分社(分社以学科划分)根据分配到的书号数量,再重新对学科所属每个课程作出出版计划,付诸实施.

资源配置是总社每年进行的重要决策,直接关系到出版社的当年经济效益和长远发展战略.由于市场信息(主要是需求与竞争力)通常是不完全的,企业自身的数据收集和积累也不足,这种情况下的决策问题在我国企业中是普遍存在的.

本题附录中给出了该出版社所掌握的一些数据资料,请你们根据这些数据资料,利用数学建模的方法,在信息不足的条件下,提出以量化分析为基础的资源(书号)配置方法,给出一个明确的分配方案,向出版社提供有益的建议.

[附录]

附件1:问卷调查表;

附件2:问卷调查数据(五年);

附件3:各课程计划及实际销售数据表(5年);

附件4:各课程计划申请或实际获得的书号数列表(6年);

附件5:9个分社人力资源细目.

CUMCM 06 问题-B 艾滋病疗法的评价及疗效的预测

艾滋病是当前人类社会最严重的瘟疫之一,从1981年发现以来的20多年间,它已经吞噬了近3000万人的生命.

艾滋病的医学全名为"获得性免疫缺损综合征",英文简称 AIDS,它是由艾滋病毒(医学全名为"人体免疫缺损病毒",英文简称 HIV)引起的.这种病毒破坏人的免疫系统,使人体丧失抵抗各种疾病的能力,从而严重危害人的生命.人类免疫系统的 CD4 细胞在抵御HIV 的入侵中起着重要作用,当 CD4 被 HIV 感染而裂解时,其数量会急剧减少,HIV 将迅速增加,导致 AIDS 发作.

艾滋病治疗的目的,是尽量减少人体内 HIV 的数量,同时产生更多的 CD4,至少要有效地降低 CD4 减少的速度,以提高人体免疫能力.

迄今为止人类还没有找到能根治 AIDS 的疗法,目前的一些 AIDS 疗法不仅对人体有副作用,而且成本也很高.许多国家和医疗组织都在积极试验、寻找更好的 AIDS 疗法.

现在得到了美国艾滋病医疗试验机构 ACTG 公布的两组数据.ACTG320(见附件 1)是同时服用 zidovudine(齐多夫定),lamivudine(拉美夫定)和 indinavir(茚地那韦)3 种药物的 300 多名病人每隔几周测试的 CD4 和 HIV 的浓度(每毫升血液里的数量).193A(见附件 2)是将 1300 多名病人随机地分为 4 组,每组按下述 4 种疗法中的一种服药,大约每隔 8 周测试的 CD4 浓度(这组数据缺 HIV 浓度,它的测试成本很高).4 种疗法的日用药分别为:600mg zidovudine 或 400mg didanosine(去羟基苷),这两种药按月轮换使用;600 mg zidovudine 加 2.25 mg zalcitabine(扎西他滨);600 mg zidovudine 加 400 mg didanosine;600 mg zidovudine 加 400 mg didanosine,再加 400 mg nevirapine(奈韦拉平).

请你完成以下问题:

(1)利用附件 1 的数据,预测继续治疗的效果,或者确定最佳治疗终止时间(继续治疗指在测试终止后继续服药,如果认为继续服药效果不好,则可选择提前终止治疗).

(2)利用附件 2 的数据,评价 4 种疗法的优劣(仅以 CD4 为标准),并对较优的疗法预测继续治疗的效果,或者确定最佳治疗终止时间.

(3)艾滋病药品的主要供给商对不发达国家提供的药品价格如下:600mg zidovudine 1.60 美元,400mg didanosine 0.85 美元,2.25 mg zalcitabine 1.85 美元,400 mg nevirapine 1.20 美元.如果病人需要考虑 4 种疗法的费用,对(2)中的评价和预测(或者提前终止)有什么改变.

CUMCM 08 问题-B 高等教育学费标准探讨

高等教育事关高素质人才培养、国家创新能力增强、和谐社会建设的大局,因此受到党和政府及社会各方面的高度重视和广泛关注.培养质量是高等教育的一个核心指标,不同的学科、专业在设定不同的培养目标后,其质量需要有相应的经费保障.高等教育属于非义务教育,其经费在世界各国都由政府财政拨款、学校自筹、社会捐赠和学费收入等几部分组成.对适合接受高等教育的经济困难的学生,一般可通过贷款和学费减、免、补等方式获得资助,品学兼优者还能享受政府、学校、企业等给予的奖学金.

学费问题涉及每一个大学生及其家庭,是一个敏感而又复杂的问题:过高的学费会使很多学生无力支付,过低的学费又使学校财力不足而无法保证质量.学费问题近来在各种媒体上引起了热烈的讨论.

请你们根据中国国情,收集诸如国家生均拨款、培养费用、家庭收入等相关数据,并据此通过数学建模的方法,就几类学校或专业的学费标准进行定量分析,得出明确、有说服力的结论.数据的收集和分析是你们建模分析的基础和重要组成部分.你们的论文必须观点鲜明、分析有据、结论明确.

最后,根据你们建模分析的结果,给有关部门写一份报告,提出具体建议.

三、涉及分类问题

MCM 98 问题-A 蠓的分类

两类蠓 Af 和 Apf 已由生物学家 W. L. Grogan 和 W. W. Wirth(1981)根据它们的触角长和翼长加以区分(图 A-8),9 只 Af 蠓用□标记,6 只 Apf 蠓用○标记,由给出的触角长和翼长识别一只标本属于 Af 还是 Apf 是很重要的.

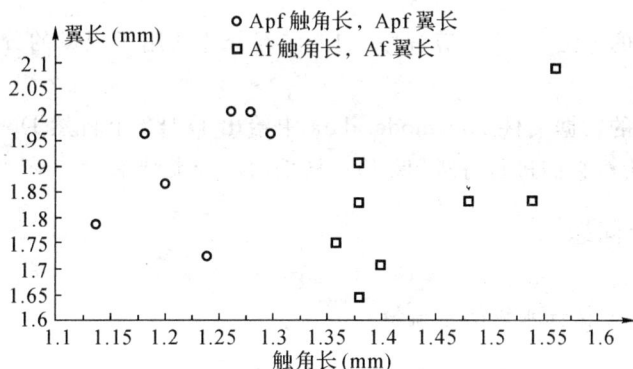

图 A-8　Grogan 和 Wirth(1981)收集的数据

1)给出一只属于 Af 或 Apf 类的蠓,你如何对它进行分类?

2)将你的方法用于(触角长,翼长)分别为(1.24,1.80)、(1.28,1.84)、(1.40,2.04)的 3 只标本.

3)如果 Af 是宝贵的传播花粉的益虫,而 Apf 是使人孱弱的疾病的载体,是否要修改你的分类方法,若要修改,如何改?

CUMCM 00 问题-A DNA 序列分类

2000 年 6 月,人类基因组计划中 DNA 全序列草图完成,预计 2001 年可以完成精确的全序列图,此后人类将拥有一本记录着自身生老病死及遗传进化的全部信息的"天书".这本大自然写成的"天书"是由 4 个字符 A,T,C,G 按一定顺序排成的长约 30 亿的序列,其中没有"断句"也没有标点符号,除了这 4 个字符表示 4 种碱基以外,人们对它包含的"内容"知之甚少,难以读懂.破译这部世界上最巨量信息的"天书"是 21 世纪最重要的任务之一.在这个目标中,研究 DNA 全序列具有什么结构,由这 4 个字符排成的看似随机的序列中隐藏着什么规律,又是解读这部天书的基础,是生物信息学(Bioinformatics)最重要的课题之一.

虽然人类对这部"天书"知之甚少,但也发现了 DNA 序列中的一些规律性和结构.例如,在全序列中有一些是用于编码蛋白质的序列片段,即由这 4 个字符组成的 64 种不同的 3 字符串,其中大多数用于编码构成蛋白质的 20 种氨基酸.又例如,在不用于编码蛋白质的序列片段中,A 和 T 的含量特别多些,于是以某些碱基特别丰富作为特征去研究 DNA 序列的结构也取得了一些结果.此外,利用统计的方法还发现序列的某些片段之间具有相关性,等等.这些发现让人们相信,DNA 序列中存在着局部的和全局性的结构,充分发掘序列的结构对理解 DNA 全序列是十分有意义的.目前在这项研究中最普通的思想是省略序列的某些细节,突出特征,然后将其表示成适当的数学对象.这种被称为粗粒化和模型化的方法往往有助于研究规律性和结构.

作为研究 DNA 序列的结构的尝试,提出以下对序列集合进行分类的问题:

1)下面有 20 个已知类别的人工制造的序列,其中序列标号 1～10 为 A 类,11～20 为 B 类.请从中提取特征,构造分类方法,并用这些已知类别的序列,衡量你的方法是否足够好.然后用你认为满意的方法,对另外 20 个未标明类别的人工序列(标号 21～40)进行分类,把结果用序号(按从小到大的顺序)标明它们的类别(无法分类的不写入):

A 类 _____; B 类 _____.

请详细描述你的方法,给出计算程序.如果你部分地使用了现成的分类方法,也要将方法名称准确注明.

2)在同样网址的数据文件 Nat-model-data 中给出了 182 个自然 DNA 序列,它们都较长.用你的分类方法对它们进行分类,像 1)一样地给出分类结果.

四、涉及拟合问题

MCM 91 问题-A 估计水塔的水流量

美国某州的各用水管理机构要求各社区提供以每小时多少加仑计的用水率以及每天所用的总水量.许多社区没有测量流入或流出水塔的水量装置,他们只能代之以每小时测量水塔中的水位,其精度不超过 0.5%.更重要的是,当水塔中的水位下降到最低水位 L 时水泵就启动向水塔输入直到最高水位 H,但也不能测量水泵的供水量.因此,当水泵下在输水时不容易建立水塔中水位和水泵工作时用水量之间的关系.水泵每天输水一次或两次,每次约两小时.

试估计任何时刻(包括水泵下在输水的时间内)从水塔流出的流量 $f(t)$,并估计一天的总水量.附表给出了某个小镇一天中真实的数据.

附表给出了从第一次测量开始的以秒为单位的时刻,以及该时刻的高度单位为百分之一英尺的水位测量值.例如,3316 秒后,水塔中水位达到 31.10 英尺,水塔是一个高为 40 英尺,直径为 57 英尺的正圆柱.通常当水塔降至约 27.00 英尺时水泵开始工作,当水位升到 35.50 英尺时水泵停止工作.

某小镇某天的水塔水位

时间(秒)	水位(0.01 英尺)	时间(秒)	水位(0.01 英尺)	时间(秒)	水位(0.01 英尺)
0	3 175	35 932	水泵工作	68 535	2 842
3 316	3 110	39 332	水泵工作	71 854	2 767
6 635	3 054	39 435	3 550	75 021	2 697
10 619	2 994	43 318	3 445	79 154	水泵工作
13 937	2 947	46 636	3 350	82 649	水泵工作
17 921	2 892	49 953	3 260	85 968	3 475
21 240	2 850	53 936	3 167	89 953	3 397
25 223	2 797	57 254	3 087	93 270	3 340
28 543	2 752	60 574	3 012		
32 284	2 697	64 554	2 927		

MCM 92 问题-A 题 施肥效果分析

某地区作物生长所需的营养素主要是氮（N）、钾（K）、磷（P）. 某作物研究所在该地区对土豆与生菜做了一定数量的实验，实验数据如下列表格所示，其中 ha 表示公顷，t 表示吨，kg 表示公斤. 当一个营养素的施肥量变化时，总将另两个营养素的施肥量保持在第七个水平上，如对土豆产量关于 N 的施肥量作实验时，P 与 K 的施肥量分别取为 196kg/ha 与 372kg/ha.

试分析施肥量与产量之间关系，并对所得结果从应用价值与如何改进等方面作出估价.

土豆产量与施肥量的关系

施肥量（N）(kg/ha)	产量（t/ha）	施肥量（P）(kg/ha)	产量（t/ha）	施肥量（K）(kg/ha)	产量（t/ha）
0	15.18	0	33.46	0	18.98
34	21.36	24	32.47	47	27.35
67	25.72	49	36.06	93	34.86
101	32.29	73	37.96	140	38.52
135	34.03	98	41.04	186	38.44
202	38.45	147	40.09	279	37.73
259	43.15	196	41.26	372	38.43
336	43.46	245	42.17	465	43.87
404	40.83	294	40.36	558	42.77
471	30.75	342	42.73	651	46.22

生菜产量与施肥量的关系

施肥量（N）(kg/ha)	产量（t/ha）	施肥量（P）(kg/ha)	产量（t/ha）	施肥量（K）(kg/ha)	产量（t/ha）
0	11.02	0	6.39	0	15.75
28	12.70	49	8.48	47	16.76
56	14.56	98	12.46	93	16.89
84	16.27	147	14.33	140	16.24
112	17.75	196	17.10	186	17.56
168	22.59	294	21.94	279	18.20
224	21.63	391	22.64	372	17.97
280	18.34	489	21.34	465	15.84
336	16.12	587	22.07	558	20.11
392	14.11	685	24.53	651	18.40

CUMCM 01 问题-A 血管的三维重建

断面可用于了解生物组织、器官等的形态. 例如,将样本染色后切成厚约 1.0 m 的切片,在显微镜下观察该横断面的组织形态结构. 如果用切片机连续不断地将样本切成数十、成百的平行切片,可依次逐片观察. 根据拍照并采样得到的平行切片数字图象,运用计算机可重建组织、器官等准确的三维形态.

假设某些血管可视为一类特殊的管道,该管道的表面是由球心沿着某一曲线(称为中轴线)的球滚动包络而成. 例如圆柱就是这样一种管道,其中轴线为直线,由半径固定的球滚动包络形成.

现有某管道的相继 100 张平行切片图象,记录了管道与切片的交. 图象文件名依次为 0. bmp、1. bmp、…、98. bmp,格式均为 BMP,宽、高均为 512 个象素(pixel). 为简化起见,假设:管道中轴线与每张切片有且只有一个交点;球半径固定;切片间距以及图象象素的尺寸均为 1.

取坐标系的 Z 轴垂直于切片,第 1 张切片为平面 $Z=0$,第 100 张切片为平面 $Z=99$. $Z=z$ 切片图象中象素的坐标依它们在文件中出现的前后次序为

$(-256,-256,z),(-256,-255,z),\cdots(-256,255,z),$

$(-255,-256,z),(-255,-255,z),\cdots(-255,255,z),$

……

$(255,-256,z),(255,-255,z),\cdots(255,255,z).$

试计算管道的中轴线与半径,给出具体的算法,并绘制中轴线在 XY、YZ、ZX 平面的投影图.

第 2 页是 100 张平行切片图象中的 6 张,全部图象请从网上下载.

关于 BMP 图象格式可参考:

1.《Visual C++数字图象处理》第 12 页 2.3.1 节. 何斌等编著,人民邮电出版社,2001 年 4 月.

2. http://www.dcs.ed.ac.ukhomemxr/gfx/2d/BMP.txt

五、涉及优化问题

CUMCM 05 问题-B DVD 在线租赁

随着信息时代的到来,网络成为人们生活中越来越不可或缺的元素之一. 许多网站利用其强大的资源和知名度,面向其会员群提供日益专业化和便捷化的服务. 例如,音像制品的在线租赁就是一种可行的服务. 这项服务充分发挥了网络的诸多优势,包括传播范围广泛、直达核心消费群、强烈的互动性、感官性强、成本相对低廉等,为顾客提供更为周到的服务.

考虑如下的在线 DVD 租赁问题. 顾客缴纳一定数量的月费成为会员,订购 DVD 租赁服务. 会员对哪些 DVD 有兴趣,只要在线提交订单,网站就会通过快递的方式尽可能满足要求. 会员提交的订单包括多张 DVD,这些 DVD 是基于其偏爱程度排序的. 网站会根据手头现有的 DVD 数量和会员的订单进行分发. 每个会员每个月租赁次数不得超过 2 次,每次获得 3 张 DVD. 会员看完 3 张 DVD 之后,只需要将 DVD 放进网站提供的信封里寄回(邮费

由网站承担),就可以继续下次租赁.请考虑以下问题:

1)网站正准备购买一些新的 DVD,通过问卷调查 1000 个会员,得到了愿意观看这些 DVD 的人数(表 1 给出了其中 5 种 DVD 的数据).此外,历史数据显示,60％的会员每月租赁 DVD 两次,而另外的 40％只租一次.假设网站现有 10 万个会员,对表 1 中的每种 DVD 来说,应该至少准备多少张,才能保证希望看到该 DVD 的会员中至少 50％在一个月内能够看到该 DVD? 如果要求保证在三个月内至少 95％的会员能够看到该 DVD 呢?

2)表 2 中列出了网站手上 100 种 DVD 的现有张数和当前需要处理的 1000 位会员的在线订单(表 2 的数据格式示例如下表 2,具体数据请从 http：//mcm.edu.cn/mcm05/problems2005c.asp 下载),如何对这些 DVD 进行分配,才能使会员获得最大的满意度?请具体列出前 30 位会员(即 C0001～C0030)分别获得哪些 DVD.

3)继续考虑表 2,并假设表 2 中 DVD 的现有数量全部为 0.如果你是网站经营管理人员,你如何决定每种 DVD 的购买量,以及如何对这些 DVD 进行分配,才能使一个月内 95％的会员得到他想看的 DVD,并且满意度最大?

4)如果你是网站经营管理人员,你觉得在 DVD 的需求预测、购买和分配中还有哪些重要问题值得研究?请明确提出你的问题,并尝试建立相应的数学模型.

表 1　对 1000 个会员调查的部分结果

DVD 名称	DVD1	DVD2	DVD3	DVD4	DVD5
愿意观看的人数	200	100	50	25	10

表 2　现有 DVD 张数和当前需要处理的会员的在线订单(表格格式示例)

DVD 编号		D001	D002	D003	D004	...
DVD 现有数量		10	40	15	20	...
会员在线订单	C0001	6	0	0	0	...
	C0002	0	0	0	0	...
	C0003	0	0	0	3	...
	C0004	0	0	0	0	...
	...	...	...	...	...	...

注:D001～D100 表示 100 种 DVD,C0001～C1000 表示 1000 个会员,会员的在线订单用数字 1,2,… 表示,数字越小表示会员的偏爱程度越高,数字 0 表示对应的 DVD 当前不在会员的在线订单中.

(注:表 2 数据位于文件 B2005Table2.xls 中,可从 http：//mcm.edu.cn/mcm05/problems2005c.asp 下载)

CUMCM 07 问题-B 乘公交,看奥运

我国人民翘首企盼的第 29 届奥运会明年 8 月将在北京举行,届时有大量观众到现场观看奥运比赛,其中大部分人将会乘坐公共交通工具(简称公交,包括公汽、地铁等)出行.这些年来,城市的公交系统有了很大发展,北京市的公交线路已达 800 条以上,使得公众的出行更加通畅、便利,但同时也面临多条线路的选择问题.针对市场需求,某公司准备研制开发一

个解决公交线路选择问题的自主查询计算机系统.

为了设计这样一个系统,其核心是线路选择的模型与算法,应该从实际情况出发考虑,满足查询者的各种不同需求.请你们解决如下问题:

1.仅考虑公汽线路,给出任意两公汽站点之间线路选择问题的一般数学模型与算法.并根据附录数据,利用你们的模型与算法,求出以下 6 对起始站→终到站之间的最佳路线(要有清晰的评价说明).

(1)S3359→S1828　　(2)S1557→S0481　　(3)S0971→S0485

(4)S0008→S0073　　(5)S0148→S0485　　(6)S0087→S3676

2.同时考虑公汽与地铁线路,解决以上问题.

3.假设又知道所有站点之间的步行时间,请你给出任意两站点之间线路选择问题的数学模型.

【附录 1】基本参数设定

相邻公汽站平均行驶时间(包括停站时间):3 分钟

相邻地铁站平均行驶时间(包括停站时间):2.5 分钟

公汽换乘公汽平均耗时:　　　　　5 分钟(其中步行时间 2 分钟)

地铁换乘地铁平均耗时:　　　　　4 分钟(其中步行时间 2 分钟)

地铁换乘公汽平均耗时:　　　　　7 分钟(其中步行时间 4 分钟)

公汽换乘地铁平均耗时:　　　　　6 分钟(其中步行时间 4 分钟)

公汽票价:分为单一票价与分段计价两种,标记于线路后;其中分段计价的票价为:0～20 站:1 元;21～40 站:2 元;40 站以上:3 元

地铁票价:3 元(无论地铁线路间是否换乘)

注:以上参数均为简化问题而作的假设,未必与实际数据完全吻合.

【附录 2】公交线路及相关信息(见数据文件 B2007data.rar)

CUMCM 09 问题-B 眼科病床的合理安排

医院就医排队是大家都非常熟悉的现象,它以这样或那样的形式出现在我们面前,例如,患者到门诊就诊、到收费处划价、到药房取药、到注射室打针、等待住院等,往往需要排队等待接受某种服务.

我们考虑某医院眼科病床的合理安排的数学建模问题.

该医院眼科门诊每天开放,住院部共有病床 79 张.该医院眼科手术主要分四大类:白内障、视网膜疾病、青光眼和外伤.附录中给出了 2008 年 7 月 13 日至 2008 年 9 月 11 日这段时间里各类病人的情况.

白内障手术较简单,而且没有急症.目前该院是每周一、三做白内障手术,此类病人的术前准备时间只需 1、2 天.做两只眼的病人比做一只眼的要多一些,大约占到 60%.如果要做双眼是周一先做一只,周三再做另一只.

外伤疾病通常属于急症,病床有空时立即安排住院,住院后第二天便会安排手术.

其他眼科疾病比较复杂,有各种不同情况,但大致住院以后 2—3 天内就可以接受手术,主要是术后的观察时间较长.这类疾病手术时间可根据需要安排,一般不安排在周一、周三.由于急症数量较少,建模时这些眼科疾病可不考虑急症.

该医院眼科手术条件比较充分,在考虑病床安排时可不考虑手术条件的限制,但考虑到手术医生的安排问题,通常情况下白内障手术与其他眼科手术(急症除外)不安排在同一天做.当前该住院部对全体非急症病人是按照 FCFS(First come, First serve)规则安排住院,但等待住院病人队列却越来越长,医院方面希望你们能通过数学建模来帮助解决该住院部的病床合理安排问题,以提高对医院资源的有效利用.

问题一:试分析确定合理的评价指标体系,用以评价该问题的病床安排模型的优劣.

问题二:试就该住院部当前的情况,建立合理的病床安排模型,以根据已知的第二天拟出院病人数来确定第二天应该安排哪些病人住院.并对你们的模型利用问题一中的指标体系作出评价.

问题三:作为病人,自然希望尽早知道自己大约何时能住院.能否根据当时住院病人及等待住院病人的统计情况,在病人门诊时即告知其大致入住时间区间.

问题四:若该住院部周六、周日不安排手术,请你们重新回答问题二,医院的手术时间安排是否应作出相应调整?

问题五:有人从便于管理的角度提出建议,在一般情形下,医院病床安排可采取使各类病人占用病床的比例大致固定的方案,试就此方案,建立使得所有病人在系统内的平均逗留时间(含等待入院及住院时间)最短的病床比例分配模型.

B 全国大学生数学建模竞赛获奖论文选编

本部分属于案例分析,共包括 4 篇论文,全部选自历年美国和全国大学生数学建模竞赛.其中前两篇论文是针对同一个问题分别给出的不同建模方法.后两篇是根据获国家奖的优秀论文加工而成,尽量保持了原文的主题内容、论文结构、建模方法、计算数据和结论等,并给出编者的简要点评.所选案例分析具有很好的应用性和实践针对性,采用不同的建模方法,加强深度和广度,拓展思路,从中可以进一步领略数学建模方法和技巧的精髓.

B1 艾滋病疗法的评价及疗效的预测

简要点评:

本文研究的问题是 2006 年全国大学生数学建模竞赛 B 题,需要基于美国艾滋病医疗试验机构 ACTG 公布的两组数据,对治疗艾滋病的不同疗效进行分析,预测继续治疗的效果,并确定最佳停止治疗时间. 本题解决思路是充分利用和分析数据,根据 CD4 和 HIV 浓度随时间变化的图形(折线),可以看出 CD4 大致有先增后减的趋势,HIV 有先减后增的趋势,启示应建立时间的二次函数模型,可以利用多种方法,比如回归分析等,相互比较,选取较优的. 疗效考虑患者的年龄,将患者按年龄分组. 利用相对有效性评价方法,建立分式规划模型并经过变换,转化为线性规划模型求解,对各年龄组患者在各阶段的治疗效率进行评价,并做出预测.

本文所选论文是全国大学生数学建模竞赛一等奖的论文,给出了药效与时间的关系、不同药物对艾滋病的治疗效果的影响以及对疗效的预测,并在这个基础上讨论药费对疗法优劣的影响. 对于药效与时间问题,基于数据,建立了自回归滑动平均和回归两个数学模型来分析最佳的治疗终止时间,并做了比较. 关于疗效,利用附件数据,建立了三个模型来分析各自的优劣情况. 模型一是用双向设计的方法估计的模型,估计出 $\log(CD4+1)$ 的理论值,然后进行优劣分析,但实际值和理论值之间的差值较大. 模型二是根据期望和方差的分析模型,分配不同的疗法,讨论了疗效和年龄之间的关系,年龄和治疗时间对疗效的共同作用的影响,得出最优的疗法为疗法四. 模型三为图示模型,将相同疗法的人按治疗时间的不同分成 6 类,画出箱形图,在图中直接按样本中值的分布情况,求得最优疗法为疗法四. 预测最优的终止治疗时间时,采用回归模型进行分析,得出最优的终止治疗时间. 本文考虑问题全面,使用有效的方法,针对相应的问题建立了合理的数学模型,求解得到了符合实际需求的结果,且结构严谨,表述清晰,可以算一篇较完美的论文.

摘要 本文研究的是药效与时间的关系、不同药物对艾滋病的治疗效果的影响以及对疗效的预测,并在这个基础上讨论药费对疗法优劣的影响.

对于问题一,着重分析 ACTG 的数据,建立了两个数学模型来分析最佳的治疗终止时间,模型一是一个时间序列模型中的自回归求和滑动平均(ARIMA)模型. 因为多次的差分运算以及用现成的算法求问题的解需要较大计算量,我们改换思路,根据疗效与时间的关系,将时间分成五等分,根据各个期望和方差,粗略地估计最佳的治疗终止时间的区间,然后细分该区间,得出最佳的治疗终止时间为 28.32 周. 模型二用回归拟合的方法找出各个变量之间的最佳关系,进行残差分析,得出一个估计值,然后引入 CD4/HIV 来表示疗效,得到最佳的治疗终止时间为 27 周. 本题采用两种完全不同的模型,都得到了相同的最优解,从某一方面,相互验证了模型的可靠性. 模型二的计算量比较大,但在拟合的情况下得出缺失数据

---

① 本篇根据浙江科技学院裘威威、陈丽、徐黎明 2006 年获全国一等奖的论文整理

的模型中,比模型一可靠.

对于问题二,我们分析了 193A 的数据,建立了三个模型来分析各自的优劣情况.模型一用双向设计的方法估计的模型,估计出 log(CD4+1)的理论值,然后进行优劣分析,但实际值和理论值之间的差值已经超过了 40%,因此不能用此模型进一步分析.模型二是根据期望和方差的分析模型,分配不同的疗法,我们讨论了疗效和年龄之间的关系,年龄和治疗时间对疗效的共同作用的影响,得出最优的疗法为疗法 4.模型三为图示模型,将相同疗法的人按治疗时间的不同分成 6 类,画出箱形图,在图中直接按样本中值的分布情况,求得最优疗法为疗法 4.预测最优的终止治疗时间时,采用问题一的回归模型进行分析,得出最优的终止治疗时间是在服药 17.25～28.4326 周后.本题的模型三比模型二分析方法直观,但如果遇到相近的值就应该用模型二来分析.

对于问题三,我们在分析问题一和二的基础上,进一步分析在考虑药费的情况下,分析问题二中的分析方法.我们引入了一个新的名词"愿意度",和一个规则来分析优劣度和预测,得出最优的疗法为疗法三.然后由回归拟合得出最优的终止治疗时间为 13.4644～24.9315 周后.

一、问题重述

艾滋病是当前人类社会最严重的瘟疫之一,从 1981 年发现以来的 20 多年间,它已经吞噬了近 3000 万人的生命.

艾滋病的医学全名为"获得性免疫缺损综合征",英文简称 AIDS,它是由艾滋病毒(医学全名为"人体免疫缺损病毒",英文简称 HIV)引起的.这种病毒破坏人的免疫系统,使人体丧失抵抗各种疾病的能力,从而严重危害人的生命.人类免疫系统的 CD4 细胞在抵御 HIV 的入侵中起着重要作用,当 CD4 被 HIV 感染而裂解时,其数量会急剧减少,HIV 将迅速增加,导致 AIDS 发作.

艾滋病治疗的目的,是尽量减少人体内 HIV 的数量,同时产生更多的 CD4,至少要有效地降低 CD4 减少的速度,以提高人体免疫能力.

迄今为止人类还没有找到能根治 AIDS 的疗法,目前的一些 AIDS 疗法不仅对人体有副作用,而且成本也很高.许多国家和医疗组织都在积极试验、寻找更好的 AIDS 疗法.

现在得到了美国艾滋病医疗试验机构 ACTG 公布的两组数据.ACTG320(见附件 1)是同时服用 zidovudine(齐多夫定),lamivudine(拉美夫定)和 indinavir(茚地那韦)3 种药物的 300 多名病人每隔几周测试的 CD4 和 HIV 的浓度(每毫升血液里的数量).193A(见附件 2)是将 1300 多名病人随机地分为 4 组,每组按下述 4 种疗法中的一种服药,大约每隔 8 周测试的 CD4 浓度(这组数据缺 HIV 浓度,它的测试成本很高).4 种疗法的日用药分别为:600mg zidovudine 或 400mg didanosine(去羟基苷),这两种药按月轮换使用;600mg zidovudine 加 2.25mg zalcitabine(扎西他滨);600mg zidovudine 加 400mg didanosine;600mg zidovudine 加 400mg didanosine,再加 400mg nevirapine(奈韦拉平).

请你完成以下问题:

(1)利用附件 1 的数据,预测继续治疗的效果,或者确定最佳治疗终止时间(继续治疗指在测试终止后继续服药,如果认为继续服药效果不好,则可选择提前终止治疗).

(2)利用附件 2 的数据,评价 4 种疗法的优劣(仅以 CD4 为标准),并对较优的疗法预测继续治疗的效果,或者确定最佳治疗终止时间.

(3)艾滋病药品的主要供给商对不发达国家提供的药品价格如下:600mg zidovudine 1.60 美元,400mg didanosine 0.85 美元,2.25 mg zalcitabine 1.85 美元,400 mg nevirapine 1.20 美元.如果病人需要考虑 4 种疗法的费用,对(2)中的评价和预测(或者提前终止)有什么改变?

二、基本假设

(1)我们所测的所有病人都处于相同的症状期.
(2)所有病人的身体状况基本相同.
(3)当 CD4 持续减少时,药已失效.
(4)表中的数据是病人患病情况的真实反映.
(5)数据不受测量仪器和人员的影响.

三、符号说明与概念引进

1. 符号说明

t_{n1} 为测试 CD4 的时刻;

t_{n2} 为测试 HIV 的时刻;

Δt_{n1} 为相邻近的两个 CD4 测试时间间隔;

Δt_{n2} 为相邻近的两个测 HIV 的时间间隔;

Δc 为服药以后相邻近的两个 CD4 的绝对变化量;

$\overline{\Delta c}$ 为在 Δt_{n1} 时间内 Δc 的变化的快慢,即为 CD4 的相对变化率;

Δh 为服药以后相邻近的两个 HIV 的绝对变化量;

$\overline{\Delta h}$ 为在 Δt_{n2} 时间内 Δh 的变化的快慢,即为 HIV 的相对变化率;

μ_i 为某一时段的 $\overline{\Delta c}$ 的平均值;

μ_j 为某一时段的 $\overline{\Delta h}$ 的平均值;

std_i 为某一时段的 $\overline{\Delta c}$ 的标准差;

std_j 为某一时段的 $\overline{\Delta h}$ 的标准差;

a 为 $t_{n1}=0$ 时刻 CD4 的含量.

2. 概念引进

疗效:在药物作用下,CD4 或 HIV 在单位时间内的变化率.

四、问题分析

分析附件 1 和附件 2 的数据后,我们发现 CD4 和 HIV 都与时间和药物有关,但是在问题一中,300 多名病人所用的药物相同,且在假设 2 的基础上,我们认为 CD4 和 HIV 只与时间有关.由于数据的不稳定性和只与时间相关的特性,我们采取自回归求和滑动平均(ARIMA)模型(文[3]pp.194~195).通过简单计算后,我们发现此方法需要计算大量数据,比较烦琐,故我们改变了思路.在发现 CD4 和 HIV 都是时间的函数时,我们引入了一个新的变量:相对变化率,减少了关于时间的数据.因为患者的数量不随年龄而成均匀分布,所以我们将时间分成不均匀的五等分,分别计算出各个时间段里 CD4 和 HIV 含量的均值和标准差,通过分析均值的变化情况和对标准差进行的验证,来粗略地估计最佳的治疗终止时间.在此基础上,我们再将该时间段划分为若干个更小的时间段,增加我们分析的精确度.与此同时,我们还注意到 CD4 的数量与 HIV 的个数和时间 T 都相关,故我们通过 MATLAB 进行统计、拟合,得到三者的函数关系,从而得出结论.

对问题二,首先要评价四种疗法的优劣,故我们采用与问题一类似的方法,分别计算出各种疗法的 CD4 数量的变化率的变化,并以此为依据来评判四种疗法的优劣.并且我们又通过了 MATLAB 进行统计、拟合,得到了 log(CD4+1)关于年龄和时间的函数,从而得出了预测.我们增加了箱形图的图谱分析,更有直观的意义.我们分析和使用双向回归模型,讨论其对数据拟合的可行性.

对问题三,由于药品的价格的关系,原来的考虑还不够,不仅要考虑治疗的有效性,还要考虑病人是否能接受药物的价格,因而要综合考虑两者.我们定义了一个优劣程度的一个标准,使得同时考虑到两种因素的影响.我们制定一些规则,分析说明增加药费对最佳的治疗终止时间.

五、模型的建立和求解

问题一 根据附件 1,预测继续治疗的效果或确定最佳的终止时间.
模型一

对附件 1 的数据进行分析后,可以得出所有的数据都是关于时间的模型,所以我们初步决定采取 ARIMA 模型,而 ARIMA 模型的重点是通过差分运算将原来的不稳定序列 $\{x_t\}$ 转化为稳定的新序列 $\{\nabla x_t\}$,稳定的新序列就可以用 ARMA(p,q)序列来处理.

利用参考文献[3]中的计算公式:

$$\nabla x_t = x_t - x_{t-1}, t \geqslant 1$$
$$x_t' = x_t - \bar{x}$$
$$\hat{r}_k = \hat{r}_{-k} = \frac{1}{N}\sum_{t=1}^{N-k} x_t' x_{t-k}', k=0,1,2,\cdots,N-1(样本自协方差函数)$$
$$\hat{p}_k = \frac{\hat{r}_k}{r_0}, k=0,1,2,\cdots,N-1(样本自相关函数)$$

在本题中不稳定序列 $\{x_t\}$ 为每次检测得到的 HIV 和 CD4 的含量.

($\hat{r}_k$ 的计算公式非常复杂,为了能简单地计算,我们编写了一个 MATLAB 程序,具体程序见附录 1).

得出的计算结果表明,原序列的一阶差分的自相关函数 $\hat{p}_k$ 的值都大于 0.4,且衰减得很缓慢,图形大致呈正弦波,这说明 $\{\nabla x_t\}$ 仍是不稳定序列,故需再进行一次一阶差分,并计算 $\nabla\nabla x_t$ 的相关函数,但结果表明 $\{\nabla\nabla x_t\}$ 仍是不稳定序列.又进行了几次一阶差分后,我们发现差分前后序列的自相关函数变化不大,并且计算量比较大,所以我们换了一种做题思路进行分析.

我们按服药时间不同,把上述的时间函数用变化率代替,并将疗效分成五个时段:1~6周、6~12 周、12~25 周、25~40 周及 40 周以后.

由 $\overline{\Delta c}$、$\overline{\Delta h}$ 的定义知：$\overline{\Delta c} = \dfrac{\Delta c}{\Delta t_{n1}}$

$$\overline{\Delta h} = \dfrac{\Delta h}{\Delta t_{n2}}$$

经计算,我们得到这五个时间段的均值和方差分别如表 B1.1 所示.

表 B1.1

	1～6 周	5～12 周	12～25 周	25～40 周	≥40 周
μ_i	11.6016	5.9028	1.4469	0.5207	1.0411
μ_j	−0.3931	−0.0619	−0.0014	0.007	0.0292
std_i	14.5787	20.4547	5.7334	6.0370	7.4603
std_j	0.5825	0.2181	0.0649	0.0539	0.0736

由表 B1.1,我们可以看出,CD4 和 HIV 的相对变化率在 12～25 周到 25～40 周时发生了变化:CD4 相对变化率的平均值从 1.4469 变到 0.5207,几乎已经趋于稳定,而 HIV 的相对变化率平均值由 −0.0014 变到 0.007 在逐渐上升.这说明此药对抑制 HIV、增加 CD4 的作用力已经减小,故我们应该考虑在这时更换新药,以抑制 HIV 上的 gp120 继续与细胞膜上的 CD4 结合而攻击正常的细胞.

我们粗略地估计最佳的治疗终止时间在 12～25 周范围内,然后在此基础上进一步确认最佳的终止服药时间.把 12～25、25～40 处的时间细分,并得到如表 B1.2 所示的范围的期望和标准差.

表 B1.2

时间	12～18	18～25	25～32	32～40
μ_i	−4.59861	1.6172	−1.21341	1.004593
μ_j	4.525	−0.0531	−0.0085	−0.0775
std_i	10.85409	5.4612	8.091119	5.253827
std_j	0.97765	0.388587	0.573149	0.403237

对表 B1.2 的数据进行分析可以归结出以下结论:这些时间段的期望分布不能很明显地显示出它们的最佳终止时间,所以我们再进行一次细分,其结果如下:

表 B1.3

时间	18～23	23～25	25～29	28～32	32～38	38～40	40～43	43～45
μ_i	2.1151	1.3973	−0.4778	−6.3629	0.9215	1.0194	1.4844	0.2137
μ_j	−0.0479	−0.0554	0.1157	−0.8367	−0.151	−0.0645	−0.124	−0.691
std_i	6.4128	4.9860	6.8395	13.9795	7.0207	4.90430	7.8599	6.6988
std_j	0.4239	0.3729	0.4870	0.39987	0.5398	0.37536	0.6632	0.5291

由表 B1.3 中的数据可得,CD4 的总体的变化开始是显著增加,到后期其数量也有一定的增长,但此时 HIV 的数量已从开始时的负增长变为正增长.由表 B1.3 的数据分析可得出

在 28~32 周到 32~38 周这个范围内,CD4 的变化率的平均值发生了显著的变化.而在25~29 周到 28~32 周这个范围内,HIV 的数量的均值发生了显著性的变化.所以结合以上的两类变化分析,我们可以得出最佳的治疗终止时间为 28~32 周这个时间段.

模型二

从背景资料中我们可以了解到,CD4 的数量与 HIV 的个数成一定的反比关系,所以我们从这里入手,并且将数据进行了修改,删除了 HIV 没有测量的行.经过一步步拟合、改进后,我们得到了以下多元线性回归模型:

$$y = a_1 x_1 + a_2 x_1 x_2 + a_3 x_1 x_3 + a_4 x_1^2 x_3 + \varepsilon$$

其中:a_1, a_2, a_3, a_4 分别为待估计的回归系数;ε 是随机误差;x_1 为测 CD4 的时刻;x_2 为 HIV 的含量;x_3 为 HIV 含量的倒数;y 为 CD4 的含量.

利用 MATLAB 统计工具箱中的 regress 函数,可以得到回归系数和残差以及它们的置信区间、检验统计量 R^2, F, p 的结果,见表 B1.4(其余和程序见附录 2).

表 B1.4

参数	参数估计值	置信区间
a_1	18.919	$[14.208 \quad 25.63]$
a_2	-2.5821	$[-3.4826 \quad -1.6816]$
a_3	10.071	$[1.953 \quad 18.189]$
a_4	-0.72717	$[-0.80083 \quad -0.65352]$

$$R^2 = 0.8014 \quad F = 358.8842 \quad p = 0$$

从表 B1.4 的结果来看,参数的置信区间不包括零点,$R^2 = 0.8014$,即因变量(CD4 的数量)的 80.14% 可由模型确定,F 值远远超过 F 检验的临界值,p 远小于 α,因而从整体来看是可用的,但是将所得到的残差进行分析后发现,数据中有许多异常点,如图 B1.1 所示.

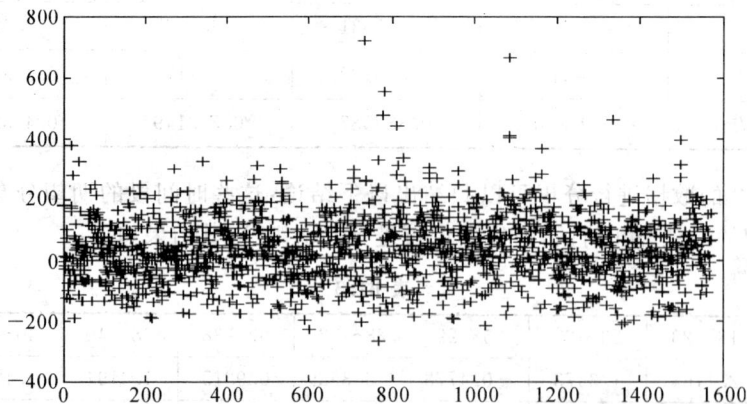

图 B1.1

在将这些异常点(49 个)删除后,可以发现结果又有改善,如表 B1.5 和图 B1.2 所示.

表 B1.5

参数	参数估计值	置信区间
a_1	18.663	$[14.659 \quad 24.666]$
a_2	-2.537	$[-3.3247 \quad -1.7493]$
a_3	8.4943	$[1.3817 \quad 15.607]$
a_4	-0.69804	$[-0.7633 \quad -0.63277]$

$$R^2 = 0.9585 \quad F = 408.6341 \quad p = 0$$

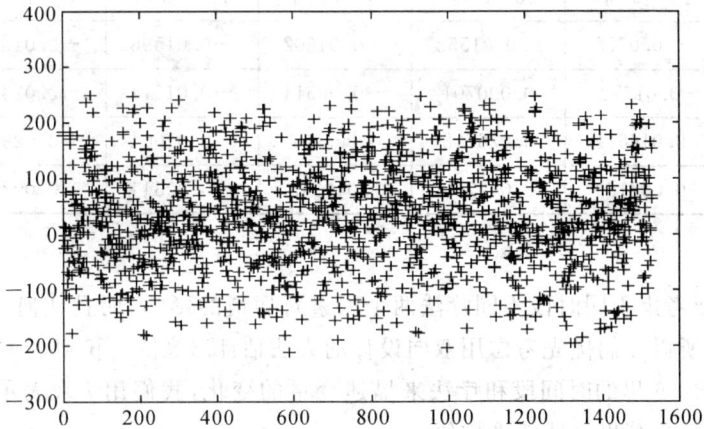

图 B1.2

从而我们得到了较好的拟合函数:

$$y = 19.663x_1 - 2.537x_1x_2 + 14.659x_1x_3 - 0.69804x_1^2x_3$$

根据拟合,我们得出了一个新的 CD4 含量的拟合值 $\hat{y}$.

我们的目的是预测继续治疗的效果或者确定最佳治疗终止时间,所以我们认为在同一时间 CD4 的数量越多,HIV 的个数越少,则治疗效果越好;反之则差.因而我们引入一个新的变量 $E = \hat{y}/x_2$,E 为治疗效果,在同一时间,E 越大越好.观察 E 的值后,我们发现在 $22 \sim 26$ 周它的值比较大,然后往两边递减,在 $39 \sim 41$ 周时 E 又有短暂的回升.所以我们认为最佳治疗终止时间是在服药 26 周后的比较近的几周内,当然如果条件允许的话可以在服药 41 周后再终止治疗.

问题一的结论:

由两个模型的综合分析可以看出,模型一分析得出在 $28 \sim 32$ 周这个范围内可终止治疗,模型二分析得出在服药 26 周后的比较近的几周内达到最佳的终止治疗,两者的分析都得出相近的答案,互相验证了模型的正确性.但模型一具有普遍性的计算含义,可以在数据量很大的情况下对模型进行简化处理.相比于模型一,模型二的计算量比较大,但在有部分数据缺失的模型中,比模型一更可靠.

问题二 评价四种疗法的优劣及对最优疗法进行预测.

4 种疗法的日用药分别为:

疗法 1:600mg zidovudine 或 400mg didanosine(去羟基苷),这两种药按月轮换使用;

疗法 2:600 mg zidovudine 加 2.25 mg zalcitabine(扎西他滨);

疗法 3:600 mg zidovudine 加 400 mg didanosine;

疗法 4:600 mg zidovudine 加 400 mg didanosine,再加 400 mg nevirapine(奈韦拉平).

因为 193A 是将 1300 多名病人随机地分为 4 组,每组按上述 4 种疗法中的一种服药,所以我们可以根据测试 CD4 的浓度的时间不同将每个疗法分成 6 个部分:0～6 周,6～8 周,8～14 周,14～18 周,18～34 周,34～40 周求出各时间段内的疗效平均值如表 B1.6 所示.

表 B1.6

	0～6 周	6～8 周	8～14 周	14～18 周	18～34 周	34～40 周
疗法 1	−0.0775	−0.01553	−0.01602	−0.01596	−0.01805	−0.02964
疗法 2	0.01772	0.000701	−0.00614	−0.01614	−0.02394	0.000321
疗法 3	0.016611	0.026713	0.006075	−0.01004	−0.02393	−0.0058
疗法 4	0.067169	0.049735	0.040343	−0.00844	−0.00211	−0.00962

模型一

因为我们要考虑不同时段不同疗法两个因素对病情的影响,而且任何一个因素都由两个以上的分类,所以我们优先考虑用双向设计的方法估计.(文[5]pp.455～458)

我们用表 B1.6 里的时间段和疗法来描述变量的变化,我们用 i 来表示时间段,j 来表示疗法坐标,然后先算出总体的平均值:

$$\hat{\mu} = \overline{Y_{..}} = \frac{1}{24} \sum_{i=1}^{6} \sum_{j=1}^{4} Y_{ij} = -0.00223$$

这个式子给出每周的疗效.

再对每个时间段求平均值:

$$\overline{Y_{1.}} = 0.006$$

$$\overline{Y_{2.}} = 0.015404$$

$$\overline{Y_{3.}} = 0.006064$$

$$\overline{Y_{4.}} = -0.01264$$

$$\overline{Y_{5.}} = -0.01701$$

$$\overline{Y_{6.}} = -0.01118$$

我们可以看出每个时间段的各个疗法的疗效不同于它们的平均值和总体的平均值;所以我们增加 $\hat{\alpha}_i$,其中 $i=1,\cdots,6$,来表示它们之间的变量关系.

$$\hat{\alpha}_1 = \overline{Y_{1.}} - \overline{Y_{..}} = 0.00823$$

$$\hat{\alpha}_2 = \overline{Y_{2.}} - \overline{Y_{..}} = 0.017634$$

$$\hat{\alpha}_3 = \overline{Y_{3.}} - \overline{Y_{..}} = 0.008296$$

$$\hat{\alpha}_4 = \overline{Y_{4.}} - \overline{Y_{..}} = -0.01041$$

$$\hat{\alpha}_5 = \overline{Y_{5.}} - \overline{Y_{..}} = -0.0143675$$

$$\hat{\alpha}_6 = \overline{Y_{6.}} - \overline{Y_{..}} = -0.00895$$

由上可知,在 $0\sim6$ 周时间段内增加了 0.00823 个单位的 $\log(CD4+1)$,其他同理.

各疗法的平均值分别为:

$$\overline{Y_{.1}} = -0.0287800090009$$

$$\overline{Y_{.2}} = -0.00458$$

$$\overline{Y_{.3}} = 0.001606$$

$$\overline{Y_{.4}} = 0.022847$$

各疗效间的变量关系分别为:

$$\hat{\beta}_1 = \overline{Y_{.1}} - \overline{Y_{..}} = -0.02655$$

$$\hat{\beta}_2 = \overline{Y_{.2}} - \overline{Y_{..}} = -0.00235$$

$$\hat{\beta}_3 = \overline{Y_{.3}} - \overline{Y_{..}} = 0.003836$$

$$\hat{\beta}_4 = \overline{Y_{.4}} - \overline{Y_{..}} = 0.025077$$

我们用 $\hat{Y}_{ij}$ 来表示以上各变量的关系:

由 $\qquad\qquad Y_{ij} = \mu + \alpha_i + \beta_j$(文[5]pp. 455~458)

故 $\qquad\qquad \hat{Y}_{ij} = \hat{\mu} + \hat{\alpha}_i + \hat{\beta}_j$

所以观测值与实际疗效之差值 $Y_{ij} - \hat{Y}_{ij}$ 可表示如表 B1.7 所示.

表 B1.7

	0~6 岁	6~8 岁	8~14 岁	14~18 岁	18~34 岁	34~40 岁
疗法 1	−0.02055	−0.01115	−0.02049	−0.0392	−0.04356	−0.03774
疗法 2	0.00365	0.013054	0.003714	−0.01499	−0.01936	−0.01353
疗法 3	0.009836	0.01924	0.0099	−0.00881	−0.01317	−0.00735
疗法 4	0.031077	0.040481	0.031141	0.012433	0.008069	0.013895

由表 B1.6 和表 B1.7 我们可以看出 Y_{ij} 和 $\hat{Y}_{ij}$ 两者之间的相对影响很大,所以不能用双向设计这种方法判定任何一种方法的可行性. 继而我们重新考虑用模型二对此问题进行分析.

模型二

考虑到影响 CD4 的变化率的因素有年龄因素,我们就将数据按年龄进行分类. 人的年龄的划分应该按人的体质情况进行,而实际上不同的人有不同的体质,我们根据题目所给的数据并结合一般情况下人的身体特性,将其划分成如下的几类:

14~30 岁;

30~45 岁;

45~60 岁;

60 岁以后.

为了评价各种疗法的优劣,我们把各种疗法都独立拿出,分别考虑.

这种方法是分得越仔细,越接近实际情况.

表 B1.8

疗法一				
	14～30 岁	30～45 岁	45～60 岁	60 岁～
log(CD4＋1)平均变化率	−0.0187	−0.0161	−0.0192	−0.0301
std	0.0082	0.0094	0.0072	5.4531e−004

疗法二				
	14～30 岁	30～45 岁	45～60 岁	60 岁～
log(CD4＋1)平均变化率	−0.0139	−0.0132	−0.0101	−0.0410
std	0.0058	0.0095	0.0149	0.0086

疗法三				
	14～30 岁	30～45 岁	45～60 岁	60 岁～
log(CD4＋1)平均变化率	−0.0113	−0.0091	−0.0090	−0.0034
std	0.0162	0.0200	0.0085	0.0012

疗法四				
	14～30 岁	30～45 岁	45～60 岁	60 岁～
log(CD4＋1)平均变化率	0.0086	8.0692e−004	0.0031	0.0106
std	0.0099	0.0080	0.0123	0.0106

分析表 B1.8 数据：从 log(CD4＋1)平均变化率来看，疗法四的疗效最有效，其 log(CD4＋1)在各个年龄段都一直保持着增长，而其他的疗法总体的变化率小于 0，也就是相对应的 log(CD4＋1)变小.疗法对应的方差也还较稳定.疗效第二的是疗法三，log(CD4＋1)的变小的速度都比其他的疗法小.

考虑到不同的年龄段对药物可能存在的不同反应，于是我们讨论在分组后各个年龄段的 log(CD4＋1)的变化率，并分析其期望和方差，见表 B1.9.

表 B1.9

期望				
	4～12 周	12～20 周	20～28 周	28～40 周
14～30 岁	0.0420	0.0022	−0.0025	−0.0095
30～45 岁	0.0402	−0.0051	−0.0172	−0.0143
45～ 岁	0.0700	−0.0098	−0.0214	−0.0183

方差				
	4～12 周	12～20 周	20～28 周	28～40 周
14～30 岁	0.0111	0.0089	0.0086	0.0098
30～45 岁	0.0105	0.0081	0.0069	0.0046
45～ 岁	0.0148	0.0078	0.0114	0.0098

分析表 B1.9 中的数据可知,在后期,变化将会很小,药物的作用会大大削弱.方差比较小,稳定性比较好.为了得到更好的结果,我们将时间的跨度分得更小.

将 20～40 周时间段的时间进行细致的分析,得出表 B1.10 所示结果.

表 B1.10

期望					
	20～24 周	24～28 周	28～32 周	32～36 周	36～40 周
14～30 岁	−0.0230	−0.0140	0.0382	−0.0306	−0.0192
30～45 岁	−0.0181	−0.0164	−0.0252	−0.0030	−0.0170
45 岁～	−0.0353	−0.0075	−0.0092	−0.0417	−0.0080

方差					
	20～24 周	24～28 周	28～32 周	32～36 周	36～40 周
14～30 岁	0.0088	0.0073	0.0163	0.0067	0.0074
30～45 岁	0.0080	0.0058	0.0042	0.0059	0.0030
45 岁～	0.0111	0.0118	0.0147	0.0048	0.0091

由表 B1.10 可以得到,在大部分时间段 CD4 的数量都在减少,不过减少的速度在变化,这说明药物的医疗作用还是存在的,而且也比较稳定(方差比较小).但无法判断出变化趋势.

模型三

1.四种疗法优劣的评价

根据测试 CD4 的浓度的时间不同将每个疗法分成 6 个部分:0～6 周,6～8 周,8～14 周,14～18 周,18～34 周,34～40 周.

绘制箱形图如图 B1.3,四个箱形图分别表示疗法 1、2、3、4 在各个时间段的疗效分布情况(具体的程序参见附件 4).

1)箱形上、下的横线为样本的 25% 和 75% 的分位数,箱形的顶部和底部的差值为内四分位极值;

2)箱形中间的横线为样本的中值,若该横线没在箱形中央,则说明存在偏度;

3)箱形向上或向下延伸的直线称为"触须",若没有异常值,样本的最大值为上触须的顶部,样本的最小值为触须的底部;默认情况下,距离箱形顶部或底部大于 1.5 倍内四分极值的值称为异常值;

4)图中顶部的加号表示该处数据为一异常值,该值的异常可能是由于输入错误,测量失误或系统误差引起的;

5)箱形两侧的 V 形槽口对应于样本中值的置信区间.

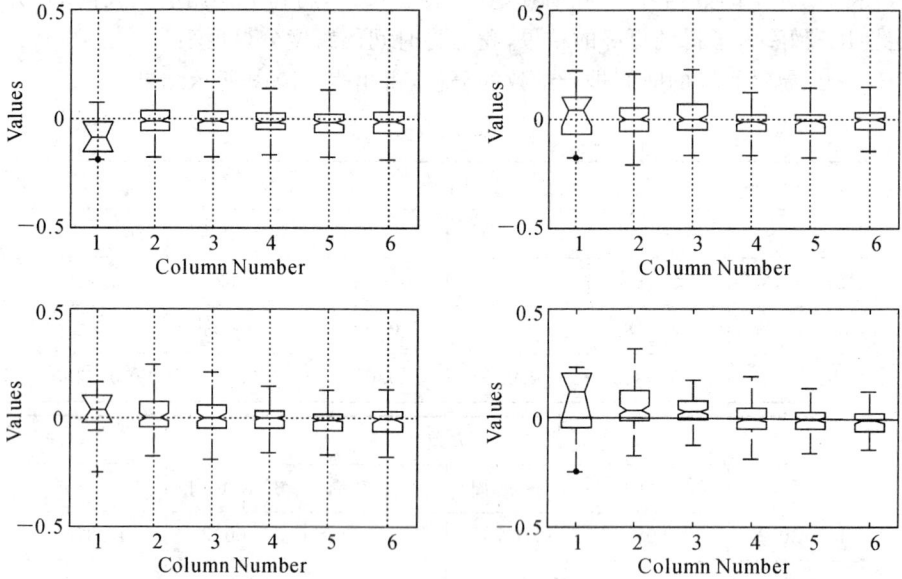

图 B1.3

对图 B1.3 进行分析,我们可以得出以下结论:

观察样本中值,我们可以明显地看出疗法 1 的大部分样本中值在零刻度线以下,药效不明显,或者已经达不到降低 CD4 减少速率的作用.疗法 2 和疗法 3 的样本中值基本在零刻度线上,而疗法 4 的样本中值前三个都在零刻度以上.所以从样本中值来看疗法 2 的疗效强于疗法 1,与疗法 3 不相上下,疗法 4 的疗效最好.

2.对较优疗法继续治疗效果的预测

对第 4 种疗法:

观察 193A(附件 2)数据,我们可以知道年龄、时间和 log(CD4+1)之间存在着相互关系,同样经过统计、拟合,不断改进后我们得到了以下多元线性回归模型:

$$y = a_1 x_2^2 + a_2 x_1 x_2 + a_3 x_2 + a_4 x_1^3 + \varepsilon$$

其中 a_1, a_2, a_3, a_4 是待估计的回归系数,ε 是随机误差.

利用 MATLAB 统计工具箱中的 regress 函数,可以得到回归系数和残差以及它们的置信区间、检验统计量 R^2, F, p 的结果,部分见表 B1.11.(程序同问题一的模型二)

表 B1.11

参数	参数估计值	置信区间
a_1	-0.0032149	$[-0.0037658 \quad -0.002664]$
a_2	-0.0048861	$[-0.0054793 \quad -0.0042929]$
a_3	0.32967	$[0.30639 \quad 0.35295]$
a_4	$2.763e-005$	$[2.5779e-005 \quad 2.9481e-005]$
$R^2=0.8530 \quad F=218.7546 \quad p=0$		

从结果上看,参数的置信区间不包括零点,$R^2=0.8530$,即因变量(CD4 的数量)的

85.3%可由模型确定,F 值远远超过 F 检验的临界值,p 远小于 α,因而从整体来看是可用的,但是将所得到的残差进行分析后发现,数据中有许多异常点,如图 B1.4.

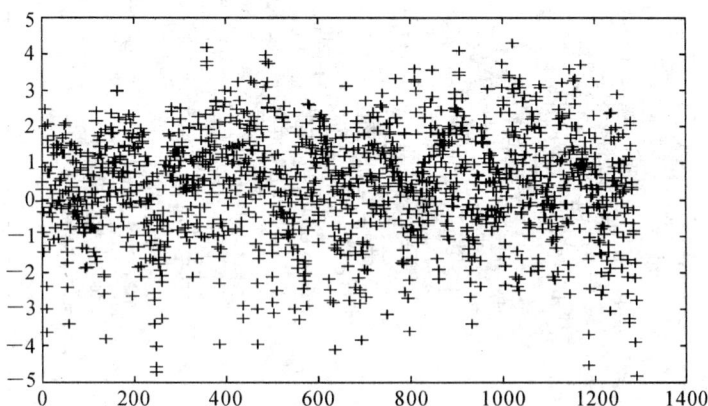

图 B1.4

在将这些异常点(4 个)删除后,可以发现结果又有改善,如要 B1.12 和图 B1.5 所示.

表 **B1.12**

参数	参数估计值	置信区间
a_1	-0.003211	$[-0.0037613 \quad -0.0026607]$
a_2	-0.0047872	$[-0.0053836 \quad -0.0041908]$
a_3	0.32621	$[0.30278 \quad 0.34965]$
a_4	$2.7628e-005$	$[2.5782e-005 \quad 2.9474e-005]$
	$R^2=0.8689 \quad F=220.4243 \quad p=0$	

从而我们得到了较好的拟合函数:

$$y=-0.003211x_2^2-0.0047872x_1x_2+0.32621x_2+2.7628\times 10^{-5}x_1^3$$

根据以上公式,我们知道 $\log(CD4+1)$ 的量不仅与时间有关,还与年龄有关.对同一个人来说其年龄是一定的,只与时间有关,符合一元二次方程($y=ax^2+bx+c$),因此我们就可以进行预测,在时间到达 $t=-\dfrac{b}{2a}$ 之前治疗效果比较好,而到达以后就开始下降了.通过对数据的观察和拟合函数的计算,我们认为一般在服药 17.2510~28.4326 周后 $\log(CD4+1)$ 的量到达最大值,可以在这以后相近的一段时间内终止治疗.

疗法 4 的进一步分析继续治疗的效果.

1. $\text{Log}(CD4+1)$ 的变化率与年龄的关系

我们将病人分成 3 个年龄段,14~30 岁,30~45 岁,45 岁以后.

然后我们可以得出个年龄段的 $\log(CD4+1)$ 变化率的均值和标准差,如表 B1.13 所示.

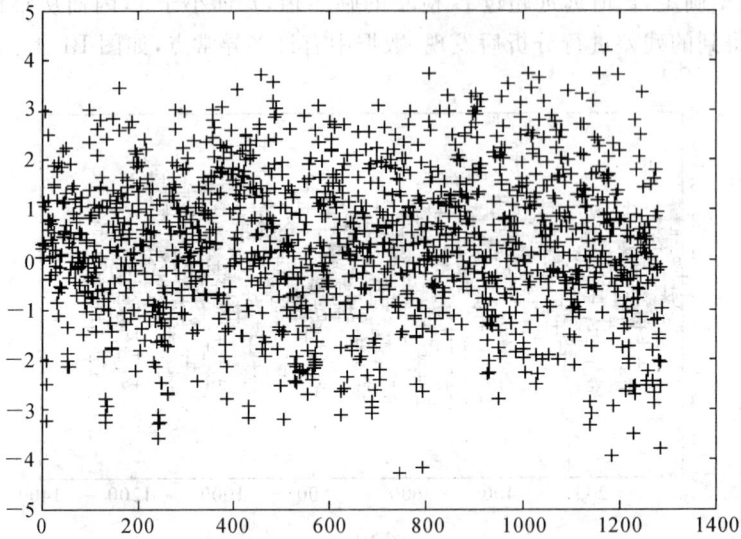

图 B1.5

表 B1.13

	15~30	30~45	45~
u	0.0086	−0.0014	0.0307
std	0.0997	0.1243	0.4273

由表 B1.11 的数据分析可得出:

1)根据均值分析,我们可以得出年龄段为 45 岁以后的均值最大,年龄段为 30~45 范围内的均值变为负值,从表观上来看,该药已经对这年龄段不起作用了.

2)在分析标准差数据时,我们可以观测出 15~30 岁这个年龄段最稳定,但均值最大的 45 岁以后的时间段却有很高的标准差,从而我们应该进一步对该问题分析研究.

为了进一步分析各具体时间段的具体的药效情况,我们分析得出各年龄段的 $\log(CD4+1)$ 变化率在各时间段的均值和标准差,如表 B1.14 所示:

表 B1.14

15~30 岁			
4~12 周	12~20 周	20~28 周	28~40 周
u	0.0420	0.0022	−0.0025	−0.0095
std	0.1053	0.0945	0.0926	0.0991

30~45 岁			
4~12 周	12~20 周	20~28 周	28~40 周
u	0.0441	−0.0176	−0.0172	−0.0143
Std	0.1127	0.1816	0.0828	0.0681

	45 岁以上			
	4~12 周	12~20 周	20~28 周	28~40 周
u	0.0700	−0.0098	0.1211	−0.0206
std	0.1217	0.0885	0.9402	0.0972

对表 B1.12 进行分析,可得出以下结论:

1)15~30 岁这个年龄段:由表 B1.12 的数据分析可知,在 20~28 周这段时间内 log(CD4+1)变化率平均值出现负值,所以我们把终止治疗时间标定在 20~28 周,以确保所有的患者都能得到很好的治疗.

2)30~45 岁这个年龄段:由表 B1.12 的数据分析可知,在 12~20 周的时间段里,log(CD4+1)变化率平均值出现负值,而在其后的很长时间内,均值将是同样的低于 0 的水平.所以在分析这一年龄段的时候,我们将重心放置于 12~20 周.

3)在 45 岁以上的年龄段里,均值开始出现负值的时刻在 12~20 周,但在接下来的时间段里出现正值,考虑到它的标准差已超过一定的范围,我们不考虑将这一时间段内的任何时刻作为它的治疗终止时间.所以,同样的,我们将治疗终止时间定位在 12~20 周内.

问题二的结论:

由三个模型的分析可以得出以下结论:四种疗法中最好的是第 4 种疗法,它在 17.2510～28.4326 周范围内 log(CD4+1)达到最大值,其最佳治疗终止时间是在 17.2510～28.4326 周以后相近的一段时间.

问题三　如果考虑药品的价格,问题二中的评价和预测会有什么改变?

事实上,在实际的生活中,我们的病人大部分是在经济条件允许的情况下去治疗,如果价格超过他所能承受的范围,病人会拒绝去接受治疗,也就是说病人不会接受高昂的医疗费用,即当他投入很大,但疗效却不很明显时他会放弃治疗.

1.评价模型

我们采用了多目标规划的方法,要求病人得到治疗后有明显的效果,而且所花的医疗费用最少.

两个目标间的矛盾:一个要求病人经过治疗后有好的效果,这样很明显所需的费用就大,于是我们的目标就是在有好的疗效的基础上,找到一个点,在这个点上,病人的医疗投入也在他能接受的范围内.

目标:max 疗效;

　　　min 治疗的花费.

因在前面的讨论中没有涉及疗效的函数,而在此时写出构建函数比较麻烦,时间又不允许.

由问题二的数据表 B1.8 可得到一个结论就是疗法三的作用是其次于疗法四的,而且在价格上也是比较便宜的.方法二的疗效不如方法三,但其价格却高于疗法三,于是我们放弃疗法二.方法一的价格是最低的,但其疗效也是最差的,当然病人对待一种对自己的病情无多大效果的药物是不会接受的,我们排除了方法二和方法一,现在着重讨论疗法三和疗法四.

定义:

愿意程度:由数据可得,越到后期药物的医疗效果就越差,当然病人越到后期,就越不想多付出更多的钱用于治疗,所以我们提出了愿意程度的概念,来描述病人在初期愿意出钱,到后来因疗效不明显就不愿意花更多的钱用于治疗上.

同时我们引入了标准来判定不同的疗法的优劣.

标准:疗法的得分/医疗费用.

用此作为评判的原理是:疗法的得分越高,说明该疗法的效果越好,与优成正比.但医疗所花费的费用越少,对病人就越有利,所以费用与优成反比.于是我们定义了这个式子来计算优劣程度.

我们根据 CD4 含量的变化率的值对其进行打分,规定如表 B1.15 所示.

表 B1.15

CD4 的变化率>0	变化率的绝对值比较大	CD4 的数量在迅速增加	非常好	4
	变化率的绝对值很小	CD4 的数量在缓慢增加	很好	3
CD4 的变化率≈0		CD4 的数量基本保持不变	比较好	2
CD4 的变化率<0	变化率的绝对值很小	CD4 的数量在减少,但却被药物有效地控制着	不会有大碍	1
	变化率的绝对值比较大	CD4 的数量减少得比较快,可能已被 HIV 病毒感染	情况比较糟糕	0

由 193A(附件 2)的数据可以得出:

表 B1.16

疗法 3:期望				
	1~12 周	12~20 周	20~28 周	28~40 周
Log(CD4+1)相对变化率	0.0183	−0.0143	−0.0164	−0.0174

得分=3+1+1+1=6

表 B1.17

疗法 4:期望				
	1~12 周	12~20 周	20~28 周	28~40 周
Log(CD4+1)相对变化率	0.0447	−0.0051	−0.0156	−0.0144

得分=4+2+1+1=8

所以

疗法 3 的优劣度=6/2.45=2.4490

疗法 4 的优劣度=8/3.65=2.1918

因而我们判定疗法 3 更好.

2.对较优疗法继续治疗效果的预测

规定:增加药品价格跟最佳的停止治疗时间成 15% 的影响.

对第 3 种疗法：

观察 193A(附件 2)数据，我们可以知道年龄、时间和 log(CD4＋1)之间存在着相互关系，同样经过统计、拟合，不断改进后我们得到了以下多元线性回归模型：

$$y = a_1 x_2^2 + a_2 x_1 x_2 + a_3 x_2 + a_4 x_1^3 + \varepsilon$$

其中 a_1, a_2, a_3, a_4 是待估计的回归系数，ε 是随机误差.

利用 MATLAB 统计工具箱中的 regress 函数，可以得到回归系数和残差以及它们的置信区间、检验统计量 R^2, F, p 的结果，部分见表 B1.18(程序同问题一的模型二).

表 B1.18

参数	参数估计值	置信区间
a_1	-0.0028926	$[-0.0034772 \quad -0.002308]$
a_2	-0.0052031	$[-0.005893 \quad -0.0045131]$
a_3	0.32578	$[0.29864 \quad 0.35292]$
a_4	$2.7796e-005$	$[2.5842e-005 \quad 2.975e-005]$
	$R^2=0.8715 \quad F=175.5237 \quad p=0$	

从结果上看，参数的置信区间不包括零点，$R^2 = 0.8715$，即因变量(CD4 的数量)的 87.15％可由模型确定，F 值远远超过 F 检验的临界值，p 远小于 α，因而从整体来看是可用的.

从而我们得到了较好的拟合函数：

$$y = -0.0028926 x_2^2 - 0.0052031 x_1 x_2 + 0.32578 x_2 + 2.7796 \times 10^{-5} x_1^3$$

根据以上公式，我们知道 log(CD4＋1)的量不仅与时间有关，还与年龄有关. 对同一个人来说其年龄是一定的，只与时间有关，符合一元二次方程 $y = ax^2 + bx + c$，因此我们就可以进行预测，在时间到达 $t = -\dfrac{b}{2a}$ 之前治疗效果比较好，而到达以后就开始下降了. 通过对数据的观察和拟合函数的计算，我们认为一般在服药 15.8405～28.3312 周后 log(CD4＋1)的量到达最大值，可以在这以后相近的一段时间内终止治疗.

所以由我们的规定，及上述回归拟合，得出在 13.4644～24.9315 时，log(CD4＋1)的量到达最大值，可以在这以后相近的一段时间内终止治疗.

六、模型的评价及改进方向

1. 评价

1) 对于问题一我们采用了两种方法，其优缺点如下：

(1) 方法一容易想到，但计算量比较大，改进后可以得出粗糙的结论；

(2) 方法二比较好，容易理解，但拟合时比较盲目，带有一定的随机性.

2) 对于问题二我们建立三种模型分析

(1) 模型一用双向设计模型，该模型的分析方法是用于拟合出一个理论值，与实际的值进行比较，根据它们之间的偏差，分析是否采用该双向设计的估值. 该模型适用于方差较为整齐的数的估计，对本题的离散随机分布情况不是很适合.

(2)模型二是根据期望和方差的分析模型,该模型的优点是对任何的大型数据计算可以将它们先分组然后进行计算,这样的算法比较简单化,但有较大的系统误差,而且计算量大.

(3)模型三采用回归模型进行分析,它有比较麻烦的拟合过程,但在拟合的情况下得出缺失数据的关系时比较确切,有很好的代表性的作用.

问题二通过这三个模型的共同分析得出了相近的点,减少了单个模型引起的误差.

3)对于问题三建立的模型分析

问题三的分析基本是建立在问题一二的基础上的,不过我们引入了意愿度来分析具体花费问题,简化了原本复杂的问题;用打分的方法来评判疗法的优劣,虽然其理论基础不扎实,但还是比较符合实际情况的,而且浅显易懂.在实际生活当中,我们也可以经常碰到这种情况,用评分的方法应用于很多的场合,而且用分数能更直观体现事物,衡量一个事物的好坏,也更符合人的常规思维.

4)对于整个模型的评价

我们对问题一二都给出了好几种计算模型的方法,通过相互比较,我们可以相对较准确地分析所有的数据.

我们为了简化模型,假设在CD4含量持续减少的同时就认为药已失效,但在实际的生活中,我们少考虑了一种情况,就是在停止治疗以后CD4会以更快的速度减少,这时就不是药失效的问题,而是药效降低的问题.

2.改进方法

为了便于计算,我们对病人的身体情况做了统一,使他们对同一药物有相同的反应,但在实际情况中,这是不可能达到的,实际的艾滋病患者可分为以下几类:(1)病毒传播;(2)原发性HIV感染;(3)血清转阳;(4)早期HIV病;(5)无症状性感染:此期病毒数量逐渐增加,CD4数目逐渐减少;(6)早期症状性HIV感染;(7)艾滋病期;(8)艾滋病进展期:此期病人的CD4计数$<50mm^3$,进入此期的病人平均生存期为12~18个月.实际上,几乎所有的死于艾滋病并发症的CD4计数都在这一数值范围.

我们继续考虑病人的疗效期因初始CD4的含量不同而不同,所以我们CD4的含量分为$\geq200,150\sim200,100\sim150,50\sim100,0\sim50$五个阶段,CD4的变化速率也近似服从正态分布,所以我们得到如下的数据:

表 B1.19

均值	1~6周	7~12周	12~25周	26~40周
$a>200$	8.3377	3.1860	0.2219	1.2135
$150<a<200$	8.7855	6.1057	2.8794	1.0943
$100<a<150$	17.0188	6.8460	1.0645	1.0319
$50<a<100$	12.9919	7.1612	1.1518	1.1643

由表B1.18我们可以清晰地得出艾滋病患者同时服用zidovudine(齐多夫定),lamivudine(拉美夫定)和indinavir(茚地那韦)3种药物的具体疗效和他们本身所处的病期有关,也就是和在他们就疗之前的疾病程度有关.

七、模型的推广及应用

更好地预测继续治疗的效果,或确定最佳治疗终止时间,采集数据时需注意:

(1)每隔一或两周采集一次数据,并对病情分早、中、晚三种情况;

(2)分地区采集数据,减小环境等对病情的影响,并且可以减少地方性的检测偏差.

1. 解决问题的其他方法

(1)运用计算机仿真;

(2)运用数据拟合的神经网络方法.

2. 应用

实际的药物疗效是受多方面因素影响的,如各种病毒的交叉感染,或者体内各种细胞对病毒的交叉作用,但其中的每个作用都可以用这种方法来考虑,只是要多考虑一下各个病毒或细胞之间的联系.

参考文献

[1] 艾滋病相关知识, http://www. h15z. netqcjkShowArticle. asp? ArticleID = 1689&Page=5,2006.7.15

[2]George,E. P. Box. 时间序列分析预测与控制. 现代外国统计学优秀著译丛,0211.61/B82:33—35,1997

[3]吴今培,孙德山. 现代数据分析. 北京:机械工业出版社,2006

[4]姜启源,谢今星,叶俊. 数学模型(第三版). 北京:高等教育出版社,2003

[5]John A. Rice. 数理统计与数据分析. 北京:机械工业出版社,2003

[6]苏金明,张莲花,刘波. MATLAB 工具箱应用. 北京:电子工业出版社,2004

B2　艾滋病疗法的评价及疗效的预测分析

简要点评：

本文选自另一篇 2006 年全国大学生数学建模竞赛 B 题一等奖的论文,主要探讨了艾滋病的疗法及疗效的问题,在一定时期内,根据在艾滋病治疗过程中对于 CD4 细胞数量、HIV 浓度及检测人数的统计量及四种疗法的相对重要程度的研究,最终提出了关于艾滋病疗法的方案和建议.针对问题一,通过观测按时间作出的散点图得出对其做拟合会导致较大误差,运用 DPS 数据处理系统去除异常数据.并分别利用回归和三次样条插值拟合,对模型结果进行统计分析,得出浓度随时间关系的变化情况,对药物的治疗效果进行了评价、预测和确定最佳治疗终止时间.问题二,基于层次分析法的模糊评价方法,给出了 4 种疗法的相对重要程度.问题三,根据费用对病人各种疗法的不同需求,对各种疗法的相对重要程度进行定量评价.将费用对各类疗法的需求程度分级并赋权,利用对其进行客观性评价,得出一种较为可行的治疗方案,具有实际推广价值.

该篇论文总体思路清晰,考虑问题全面,使用较为有效的方法,针对相应的问题建立了合理的数学模型,求解得到了较为符合实际需求的结果.但基于层次分析法的评价,带有很大的主观性,需要尽量从实际出发,客观地定量评价各种疗法.本文处理数据的手法和上一篇论文有些不一样,供大家参考.

摘要　本文主要探讨了艾滋病的疗法及疗效的问题,在一定时期内,根据在艾滋病治疗过程中对于 CD4 细胞数量、HIV 浓度及检测人数的统计量及四种疗法的相对重要程度的研究,最终提出了关于艾滋病疗法的方案和建议,根据问题,依次建立了以下几种模型:

模型 I:经验模型

针对问题一,考虑到研究对象为随机数据,为克服现有方法的主观局限性,我们采用经验模型,进行合理的统计分析,寻找或选择适当的函数拟合变量之间的关系成为了本问题的关键.考虑到人体起始 CD4 或 HIV 的浓度对治疗效果的影响,我们统计了起始周(0 周)的数据,经观察分析各类数据的集中位置以及它们的波动性,选取起始 CD4 浓度为 0~20 的人群为研究对象,通过观测按时间作出的散点图得出对其做拟合会导致较大误差,故运用 DPS 数据处理系统剔除一些特异的个体,进而进一步得到研究人群.运用 MATLAB 拟合线性模型和二次函数模型.通过时间序列残差分析,以二次函数模型作为短期的预测;根据所求的线性模型,随时间的推移,CD4 是上升的,它也说明了药物的治疗是有效果的.运用时间序列模型,得最佳终止时间为 33~37 周.

再根据其适用性,对于问题二进行初步分析:为消除不同年龄人群自身抵抗力的差异,选取年龄在 26 到 30 岁之间的数据,由于它们第 0 周的 CD4 浓度的波动性不大.从而忽略年龄的影响,进行拟合分析,发现拟合效果不佳,于是对它采用三次样条插值分析.因题中没有给出药效的评判标准,我们定义了当 CD4 下降速度小于 -0.8 时认为药物的效果不大,此时可以停止用药.对问题一,得出在开始一段时间内,CD4 下降速度大于 -0.8,所以药物治疗是有效果的,且当 41.3552 周左右时应该停止使用药.经求解,采用疗法 4 为最优,并且在第 46 周左右停止用药.

模型Ⅱ:基于层次分析法的模糊评价方法

考虑到疗效对各种疗法的相对重要程度的评价属于多属性、不确定性决策问题,对其评价带有模糊性和较大的主观局限性.为了克服现有方法的主观局限性,针对问题二,我们基于对趋向值、显著性、复诊率和稳定性的分析,运用层次分析法(AHP 法)的模糊评价方法,将所需考虑的四种侧重点尽量做到客观性定量评价,将此种方法计算出来的相对权重 B' 作为最终权重的一部分.进一步分析得此时优先考虑疗法三,26.4～27.2 周视为最佳治疗终止时间.

模型Ⅲ:基于费用的实际需求赋权模型

根据费用对病人各种疗法的不同需求,对各种疗法的相对重要程度进行定量评价.我们将费用对各类疗法的需求程度分级并赋权,利用对其进行客观性评价,得到相对重要程度向量 B''.

模型Ⅳ:模型Ⅱ和Ⅲ的线性组合赋权法评价疗效相对重要程度计算模型

结合两方面的评价指标进行加权取平均,根据 Shannon 熵最大原理得到 4 种疗法相对重要程度的综合评价向量 B.对问题二的评价和预测不产生影响.

基于以上分析,我们给出了一个该病人治疗的决策方案,并作简要阐述.最后,结合实际对模型提出了进一步的改进方案.

一、问题综述

(一)问题背景

艾滋病是当前人类社会最严重的瘟疫之一,从 1981 年发现以来的 20 多年间,它已经吞噬了近 3000 万人的生命.

艾滋病的医学全名为"获得性免疫缺损综合征",英文简称 AIDS,它是由艾滋病毒(医学全名为"人体免疫缺损病毒",英文简称 HIV)引起的.这种病毒破坏人的免疫系统,使人体丧失抵抗各种疾病的能力,从而严重危害人的生命.人类免疫系统的 CD4 细胞在抵御 HIV 的入侵中起着重要作用,当 CD4 被 HIV 感染而裂解时,其数量会急剧减少,HIV 将迅速增加,导致 AIDS 发作.

艾滋病治疗的目的,是尽量减少人体内 HIV 的数量,同时产生更多的 CD4,至少要有效地降低 CD4 减少的速度,以提高人体免疫能力.

迄今为止人类还没有找到能根治 AIDS 的疗法,目前的一些 AIDS 疗法不仅对人体有副作用,而且成本也很高.许多国家和医疗组织都在积极试验、寻找更好的 AIDS 疗法.

现在得到了美国艾滋病医疗试验机构 ACTG 公布的两组数据.ACTG320(见附件 1)是同时服用 zidovudine(齐多夫定),lamivudine(拉美夫定)和 indinavir(茚地那韦)3 种药物的 300 多名病人每隔几周测试的 CD4 和 HIV 的浓度(每毫升血液里的数量).193A(见附件 2)是将 1300 多名病人随机地分为 4 组,每组按下述 4 种疗法中的一种服药,大约每隔 8 周测试的 CD4 浓度(这组数据缺 HIV 浓度,它的测试成本很高).4 种疗法的日用药分别为:600mg zidovudine 或 400mg didanosine(去羟基苷),这两种药按月轮换使用;600mg zidovudine 加 2.25mg zalcitabine(扎西他滨);600mg zidovudine 加 400mg didanosine;600mg zidovudine 加 400mg didanosine,再加 400mg nevirapine(奈韦拉平).

（二）要解决的问题

（1）利用附件 1 的数据,预测继续治疗的效果,或者确定最佳治疗终止时间(继续治疗指在测试终止后继续服药,如果认为继续服药效果不好,则可选择提前终止治疗).

（2）利用附件 2 的数据,评价 4 种疗法的优劣(仅以 CD4 为标准),并对较优的疗法预测继续治疗的效果,或者确定最佳治疗终止时间.

（3）艾滋病药品的主要供给商对不发达国家提供的药品价格如下:600mg zidovudine 1.60 美元,400mg didanosine 0.85 美元,2.25mg zalcitabine 1.85 美元,400mg nevirapine 1.20 美元.如果病人需要考虑 4 种疗法的费用,对(2)中的评价和预测(或者提前终止)有什么改变.

二、基本假设

基本假设一:被检测统计的人群在检测期间内,仅患有艾滋病,即没有其他疾病的影响;

基本假设二:体内 CD4 随时间的变化是连续函数且充分光滑;

基本假设三:病人选择疗法时不考虑其供不应求,需要考虑以下四种侧重点,即主观评价的四种指标:趋向值、显著性、复诊率和稳定性;

基本假设四:各种疗法的重要程度在客观上与各个病人对它们的费用直接相关;

基本假设五:CD4 中其浓度的判别为 200,HIV 其浓度的判别为 3.8;

基本假设六:艾滋病病人在医治期间,不与其他患者相传染.

三、符号约定

y	CD4 的浓度
t	第 t 周
y_i	对 i 种疗法 CD4 的浓度,$i=1,2,3,4$
β_i	为参数,$i=0,1,2$
Q_1	上四分位数
Q_3	下四分位数
$\overline{X}$	平均值
M	中位数
ε	误差变量
Ω_1	CD4 所测值的样本空间
Ω_2	HIV 所测值的样本空间
$P(A)$	发生 A 事件的概率
N	发生 A 事件的情况种类
i	发生 A 事件的第 i 种情况
E	数学期望

$U=[u_1,u_2,\cdots,u_n](n=4)$	模型 I 中影响各种疗法相对重要程度的四种因素构成的集合
$W=[w_1,w_2,\cdots,w_n](n=4)$	各因素的重要程度的权重集向量
$V=[v_1,v_2,\cdots,v_n](n=4)$	模型 II 中 4 种疗法的评价集向量
$B'=[b'_1,b'_2,\cdots,b'_n](n=4)$	模型 II 求出的相对重要程度向量
$V'=[v'_1,v'_2,\cdots,v'_n](n=4)$	模型 III 中 4 种疗法的评价集向量
$Q=[q_1,q_2,\cdots,q_n](n=4)$	费用集
$B''=[b''_1,b''_2,\cdots,b''_n](n=4)$	模型 III 求出的相对重要程度向量
$B=[b_1,b_2,\cdots,b_n](n=4)$	综合求得的相对重要程度向量
$A(A$ 为 4×4 阶矩阵$)$	四种因素两两比较的判断矩阵
$\tilde{R}(\tilde{R}$ 为 4×4 矩阵$)$	单因素评价隶属度矩阵
$R(R$ 为 4×4 矩阵$)$	四级需求程度矩阵
θ	B' 和 B'' 的偏好系数

四、问题分析

此题给出了同时服用 3 种药物的 300 多名病人和按 4 种疗法服药的 1300 多名病人的治疗效果统计,要求我们根据统计数据对艾滋病疗法进行评价及作出预测.

如何对这附件 1 中 300 多病人和附件 2 中 1300 多病人的数据进行处理是我们面临的困难.针对各人群,是否考虑年龄、性别等差异造成各自自身抵抗力的不同对疗效的影响,及由于统计初始(0 周,其中有一个为−2 周的那组数据不作为本问题的研究)的浓度(CD4 或 HIV)的不同,对疗效的影响.另外,在统计分析中如何剔除与整体有差异的数据;在治疗过程中,当 CD4 减少时通过什么标准才能判断达到了治疗目的或已经失去了治疗效果.这些都是我们要考虑与解决的.在处理关于治疗效果与治疗费用上如何进行分析.

这里我们进行探索,对各问题做出了不同模型,并比较它们各自的优劣程度.

五、模型的建立与求解

模型 I

问题一:建模和求解

题中附件 1 只给出了 CD4 和 HIV 的浓度随时间变化而变化的数据,因此我们作出补充假设:忽略因个体而产生的性别、年龄等的差异.

我们的目的是分析药物是否减少病人体内 HIV 的数量,同时产生更多的 CD4,或至少有效地降低 CD4 减少的速度.我们分析 CD4 的浓度 y 在第 t 周的变化.

考虑到人起始的健康状况对药物的疗效有很大影响,所以我们以初始时刻(0 周)CD4 的浓度,作为检测标准,从而对题所给的数据进行初始化.以 20 为单位,把 0 周时 CD4 的浓度的范围分成:0～20,21～40,41～60,61～80 这四类,并对各类 0 周时的数据,得出 CD4 数据的平均值以及方差,如表 B2.1:

表 B2.1 第 0 周时 CD4 的平均值及方差

	0～20	21～40	41～60	61～80	81～100	15～35
所含数量	323	182	150	136	96	228
平均值	11	27.59459	48.6129	70.06667	88.75	23.95833
方差	25.35	32.02553	44.55984	88.75	28.987	31.1649

通过表 B2.1，易知 0～20 时起始人体内 CD4 的浓度方差为 25.35，它小于其他的区间段，其稳定性最好，因此，我们选取这一组数据进行研究.

为了大致地分析 y 与 t 的关系，首先对数据分别作出 y 与 t 的散点图（图 B2.1）.

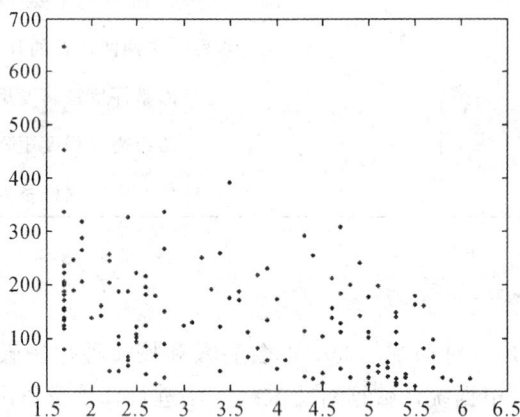

图 B2.1

我们发现数据是散乱的分布，若用它进行拟合，误差较大，为此我们剔除了那些异常值如第 23641 号以及 23467 号，得出最终数据（见附录 1）.

考虑到平均值的抗干扰性差，易受异常值的影响，即稳定性差，而三个均值则充分利用样本信息，又有较强的稳定性. 所以取 $\overline{X}=\hat{M}=\dfrac{1}{4}Q_1+\dfrac{1}{2}M+\dfrac{1}{4}Q_3$

求得：它的上四分位数 $Q_1=7$，下四分位数 $Q_3=16$，中位数 $M=11$，即有 $\overline{X}=11.25$.

并求出此时方差减少到 23.5，我们认为此时已达到误差要求.

由图 B2.2 中可以发现，y 与 t 呈现二次函数或线性关系，先考虑二次线性模型：$y=\beta_0+\beta_1 t+\beta_2 t^2+\varepsilon$ 拟合（其中 ε 是随机误差），通过 MATLAB，得出：

$$\beta_0=25.5026,\quad \beta_1=5.3123,\quad \beta_2=-0.0739$$

即此时：$y=-0.0739t^2+5.3123t+25.5026$ （B2.1）

为了检验此二次函数模型的拟合效果，我们作出它的时间序列分布残差图：

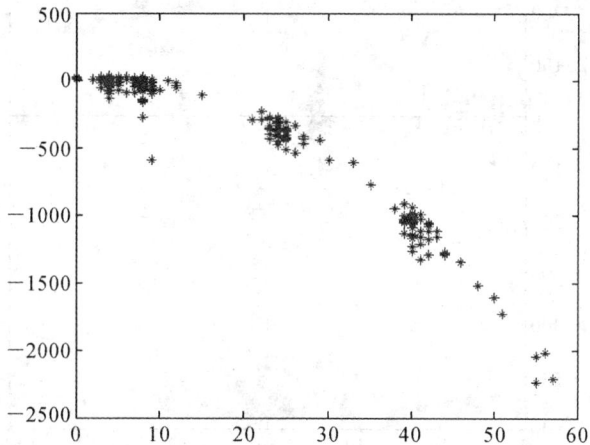

图 B2.2

通过上图分析,在开始的一段时间内,残差值落在以时间轴为中轴线的带状区域内,且无明显的趋势性,但是,随着时间的推移,残差值逐渐偏离时间轴,因此,它只能作为短期的预测.现在先定义一个标准:当 CD4 下降速度小于 -0.8 时认为药物的效果不大,此时可以停止用药.对该二次函数,显然它是先上升后下降的,当上升时它说明药物是有效的,当下降时,可得出它的导数为:

$$\frac{\mathrm{d}y}{\mathrm{d}t} = -0.1478t + 5.3123 \tag{B2.2}$$

对(B2.2)式,令 $\frac{\mathrm{d}y}{\mathrm{d}t}=0$ 求得 $t=35.9425$

令 $\frac{\mathrm{d}y}{\mathrm{d}t}=-0.8$ 求得 $t=41.3552$

综上得到:开始一段时间内,CD4 下降速度大于 -0.8,所以药物治疗是有效果的,且当 41.3552 周左右时应该停止使用药.

考虑到随着时间推移,二次函数拟合的误差较大,这里不妨采用线性模型:

$$y = \beta_0 + \beta_1 t + \varepsilon$$

进行拟合(其中 ε 是随机误差),通过 MATLAB(见附录—程序 1(2)),得出:

$$\beta_0 = 38.5150, \beta_1 = 2.1026$$

即有:

$$y = 2.1026t + 38.5150 \tag{B2.3}$$

由一次函数的性质有:随时间的推移,CD4 是上升的,它也说明了药物是有效果的.

同样作出它的时间序列分布残差图,来检验此一次函数模型的拟合效果:

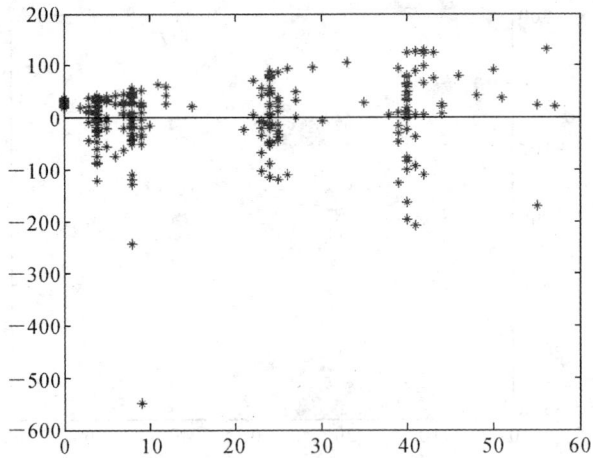

图 B2.3

通过上图发现残差值关于时间轴呈现对称分布，当忽略边界的一些孤立点时，可以认为它大致为带状分布，从而达到预期效果.

从而得到，最佳治疗终止时间应不迟于在未消除时间滞后性的治疗终止时间 $t = 41.3552$ 周，考虑到时间的滞后性，为消除其趋势性，随机截取每个病人的 10 组数据在 DPS 数据处理系统中，进行 ARMA 的序列的预报，得到最佳治疗终止时间为 33～37 周之间.

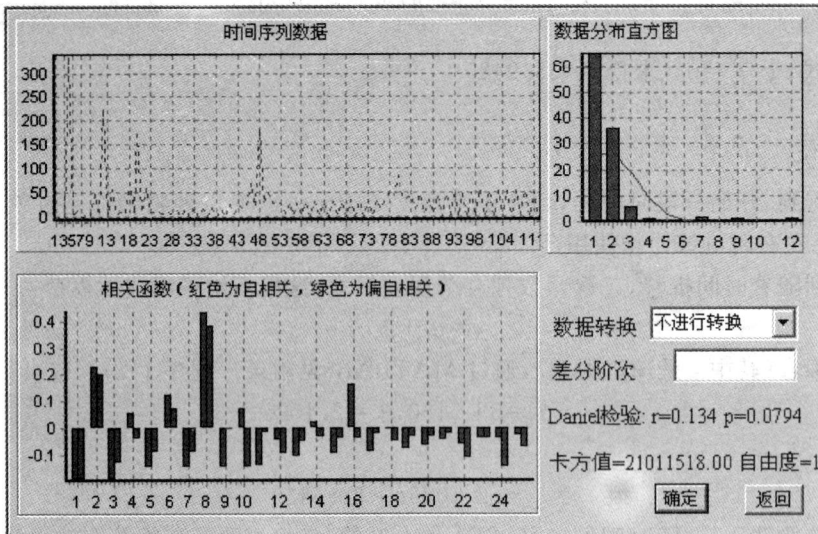

$p = 0.0794$，可见较好地符合了该区间.

模型 I 中对于问题一所求解的验证与分析：

CD4 和 HIV 的浓度测试作为艾滋病病人治疗时对于治疗疗效的检测对象，是较为精确且比较直观的，在此基础上，由已知道的数据经过 DPS 数据处理系统的处理，可以得到关于 CD4 和 HIV 关于时间——周次的浓度测量人数统计表，如表 B2.2 和 B2.3 所示.

表 B2.2　CD4 关于时间的人数统计表

周次	−2	0	1	2	3	4	5	6
人数	1	336	14	5	53	231	61	11
周次	7	8	9	10	11	12	14	15
人数	61	208	64	10	4	5	2	2
周次	16	17	18	20	21	22	23	24
人数	2	1	1	1	6	16	64	138
周次	25	26	27	28	29	30	31	32
人数	59	26	8	3	5	1	3	2
周次	33	34	35	36	37	38	39	40
人数	4	1	1	1	3	16	52	94
周次	41	42	43	44	45	46	47	48
人数	34	16	6	8	1	5	1	2
周次	49	50	51	53	54	55	56	57
人数	1	1	1	1	3	3	2	1

表 B2.3　HIV 关于时间的人数统计表

周次	−2	0	1	2	3	4	5
人数	1	334	13	5	51	230	59
周次	6	7	8	9	10	11	12
人数	11	61	203	61	8	4	5
周次	14	16	18	20	21	22	23
人数	2	2	1	1	7	14	62
周次	24	25	26	27	28	29	31
人数	135	57	23	7	3	5	1
周次	32	33	34	37	38	39	40
人数	1	2	1	5	14	48	84
周次	41	42	43	44	45	46	
人数	28	11	4	5	2		

　　由该表格数据在 MATLAB 中分别得到对应的曲线,如图 B2.4、B2.5 所示;(见附录一程序 2,3).

　　可见,图 B2.4 可大致分为 6 个区间:[−2,2],[3,6],[7,18],[20,34],[35,50],[51,57],而 B2.5 五可大致分为 5 个区间:[−2,2],[3,6],[7,20],[21,31],[32,46].其分割的依据为两端趋向于 0,而中间有一个峰值.

CD4 关于时间的人数统计图

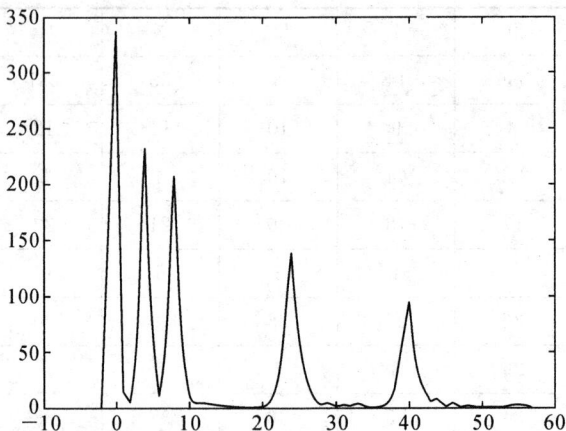

图 B2.4

HIV 关于时间的人数统计图

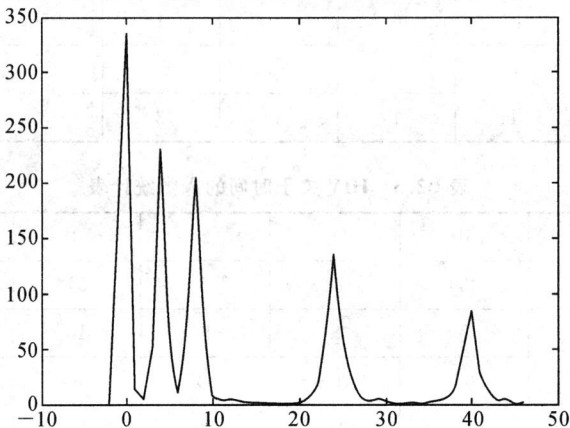

图 B2.5

由表 B2.2 的数据可见关于 CD4 的峰值产生于 0、4、8、24、40、55 这六个点. 而由表 B2.3 的数据可见关于 HIV 的峰值产生于 0、4、8、24、40，与表 B2.2 相近.

已知 ACTG320(附件 1)是同时服用 zidovudine(齐多夫定),lamivudine(拉美夫定)和 indinavir(茚地那韦)3 种药物的 300 多名病人每隔几周测试的 CD4 和 HIV 的浓度(每毫升血液里的数量),所以在未知隔几周的情况下,可视为该 300 多名病人对于 CD4 和 HIV 的浓度测试均落入相对应的区间内.

在该情况下,视其量为随机变量.

离散随机变量的概率性质:

(1)非负性,$0 \leqslant f(A) \leqslant 1$

(2)规范性,$P(\Omega) = 1$

(3)有限可加性,$P\left(\sum_{i=1}^{n} A_i\right) = \sum_{i=1}^{n} P(A_i)$

数学期望的性质:

(1)若 C 是常数,则 $E_{(C)}=C$

(2)若 k 是常数,则 $E_{(k\xi)}=kE_{(\xi)}$

(3)$E_{(\xi_1+\xi_2)}=E_{(\xi_1)}+E_{(\xi_2)}$

离散型数学期望为 $E_{(\xi)}=\sum\limits_{i=1}^{\infty}X_iP_i$

根据表 B2.2 和表 B2.3 的数据,运用 MATLAB(见附录—程序 4,5)求其数学期望,分别求得期望值如表 B2.4 所示.

表 B2.4

	区间一	区间二	区间三	区间四	区间五	区间六
CD4	0.0618	4.0843	8.2981	24.4243	40.3760	54.5455
HIV	0.0595	4.0855	8.2816	24.1048	38.9029	

根据所求得的期望值,分别在 MATLAB(见附录—程序 6,7)中对其做多项式拟合得图 B2.6 和图 B2.7.(可近似作为艾滋病病人的人数)

CD4 人数趋势图

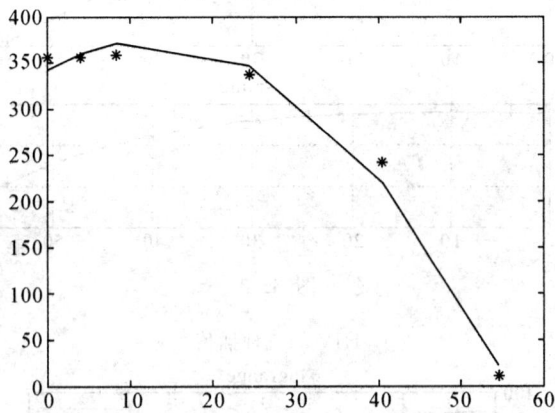

图 B2.6

HIV 人数趋势图

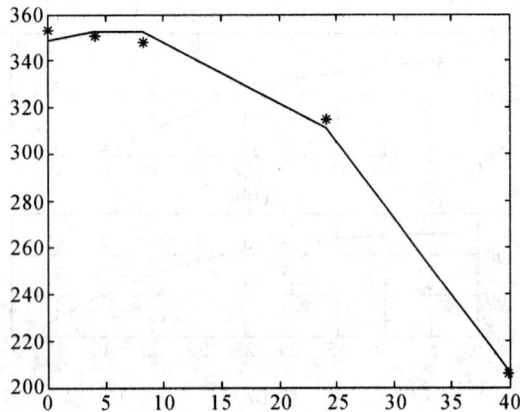

图 B2.7

得到对应两个函数

$$y_{CD4} = -0.2020 \times x^2 + 5.1267 \times x + 342.2686 \qquad (B2.4)$$

$$y_{HIV} = -0.1255 \times x^2 + 1.4521 \times x + 349.1022 \qquad (B2.5)$$

假定 y 不超过 50 人时可看成该医疗效果成功,依次对函数(B2.4)和函数(B2.5)求得其时间为 52.78856 周和 54.945748 周,比较相近.

由于所拟合值较少,故再采用拉格朗日插值、分段线性插值和样条插值做计算.图 B2.8、B2.9 为运用 MATLAB 实现的图象(见附录—程序 8,9).

CD4 的三种插值

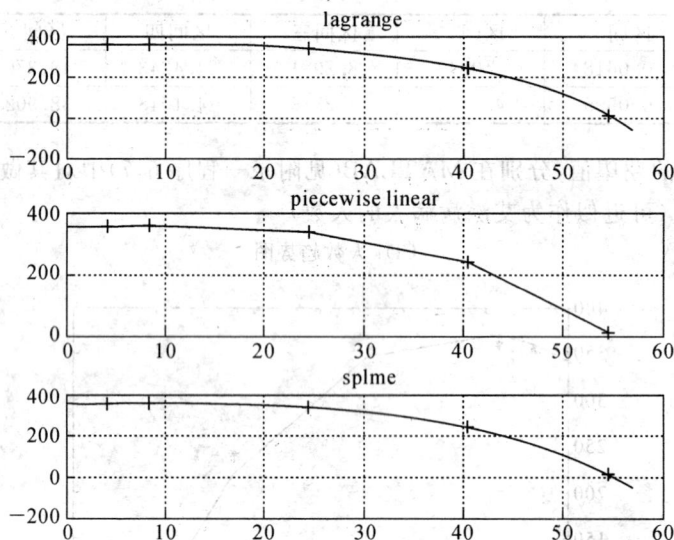

图 B2.8

HIV 的三种插值

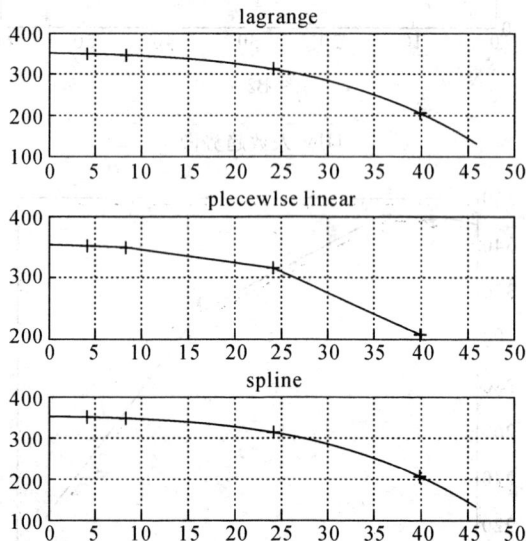

图 B2.9

计算得:

针对 CD4 的三种插值方法,前两种插值均在 52.1 周和 52.2 周时达到 50.8681 人和 48.2378 人,第三种插值在 52.8 周和 52.9 周时达到 50.0402 人和 47.8945 人,即 52~53 周可视为该医疗效果成功,与 CD4 所做的多项式拟合比较接近.

针对 HIV 的三种插值方法,前两种插值均在 42.9 周和 43.0 周时达到 50.2784 和 48.5723 人,第三种插值在 51.2 周和 51.3 周时达到 50.3054 和 48.5643 人,即 43~52 周可视为该医疗效果成功,但与 HIV 所做的多项式拟合不是很接近.

故分析,CD4 的测量能更有效地评价和预测艾滋病的疗法.

与前面建立的模型分析,发现图 B2.8 和图 B2.9 很明显地多了一个高峰,大概在 40 左右,与前面建立的模型不是很符合,考虑到实际生活当中,病人可能还需要复症看其是否稳定,故有此高峰.

模型 Ⅱ

问题二(方法 1):建模和求解

首先我们对题中的附件 2 的数据按照疗效进行分类,我们先忽略年龄的限制,对整体进行线性拟合模型,得:

疗法 1:

$$y_1 = -0.0144t + 2.9736$$

疗法 2:

$$y_2 = -0.0121t + 2.9874$$

疗法 3:

$$y_3 = -0.0051t + 2.9885$$

疗法 4:

$$y_4 = 0.0010t + 3.0038$$

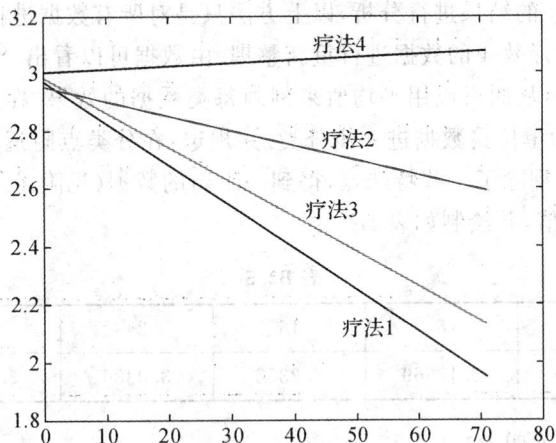

图 B2.10

如图 B2.10,对比发现,疗法 4 随时间的推移上升最明显,说明它的药效最好.它们的疗效排序依次为:疗法 4、疗法 2、疗法 3、疗法 1.

再考虑年龄的影响,为了便于分析各疗法,选取 26 到 30 之间的数据,对它们进行回归

分析,可以得到:

疗法1:
$$y_{11} = -0.0013t + 2.7058$$

疗法2:
$$y_{22} = -0.0053t + 2.8052$$

疗法3:
$$y_{33} = -0.0007t + 2.6282$$

疗法4:
$$y_{44} = -0.0029t + 2.8402$$

绘制它们的图形如下:

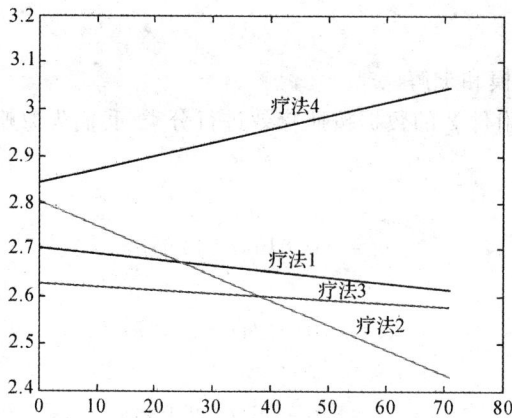

图 B2.11

该图进一步显示出疗法 4 的效果最好,它们疗效依次为:疗法 4、疗法 3、疗法 1、疗法 2.

最后单独对疗效 4 的结果进行分析,以上方法只是对所有数据进行简单的考虑,为了更进一步的研究问题,对疗效 4 的数据进行重新整理.由数据可以看出,第 0 周的 CD4 值(在 0 到 5 之间)的波动不大,从而可以用平均值来刻画每类数据的效果.在忽略年龄影响的前提下,以 0 周为起点,8 为单位将数据进一步分类.并规定:在分类点附近 2 周内(包括 2 周)的数据规定为此类.从而剔除了一些特殊点,得到一组新的数据(见附录2).对 0,8,16,24,32,40 分别求出它的平均值,并绘制如表 B2.5.

表 B2. 5

周次	0	8	16	24	32	40
CD4 平均值	2.83565	3.18669	3.2353	3.0386	3.0011	2.9388

可得它的散点图(如图 B2.12):

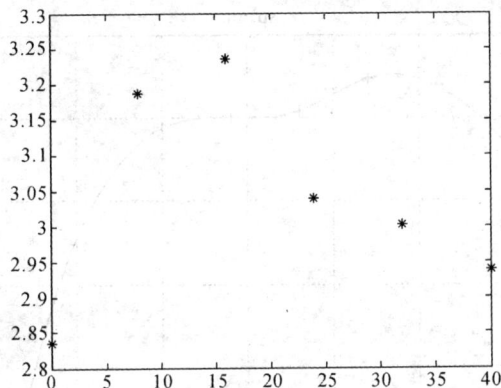

图 B2.12

从图中,可以看出它大致呈二次分布,所以对它建立二次函数模型:

$$y = \beta_0 + \beta_1 t + \beta_2 t^2 + \varepsilon$$

先用 MATLAB 拟合(如图 B2.13):

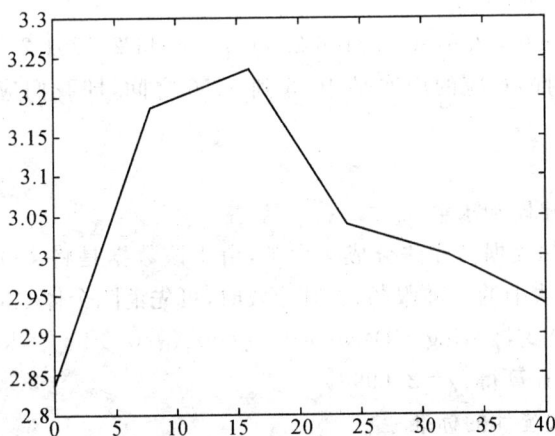

图 B2.13

从而可得:$y = -0.0007t^2 + 0.0261t + 2.9128$　　　　　　　(B2.6)

求得:$\dfrac{\mathrm{d}y}{\mathrm{d}t} = -0.0014t + 0.026$

令　　$\dfrac{\mathrm{d}y}{\mathrm{d}t} = 0$　　有 $t = 18.64286$

　　　$\dfrac{\mathrm{d}y}{\mathrm{d}t} = -0.8$　有　$t = 590$

即第 18 周时疗效开始下降.通过三次样条插值分析,得到它的渐进效果如下图:

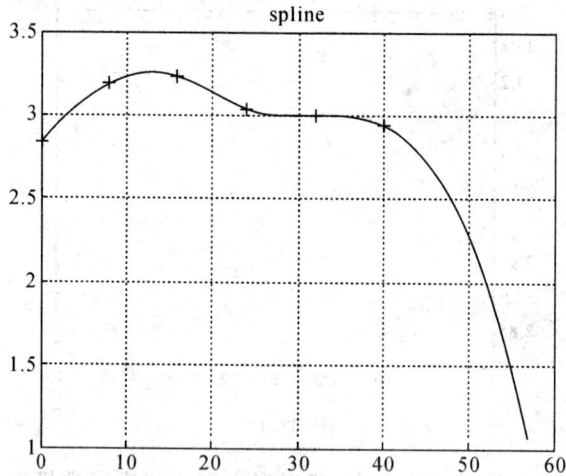

图 B2.14

上图我们得到 MATLAB 中部分运行结果：

Columns 463 through 473

2.6418 2.6342 2.6264 2.6186 2.6106 2.6026 2.5944 2.5861 2.5777 2.5692 2.5606

得出斜率为 0.8 时的对应的周次是 46.5 到 46.6 之间，即我们应该在 46 周左右停止用药.

模型Ⅲ

问题二(方法 2)：建模和求解

根据附件 2，将已知数据按疗法分成 4 大类，由于该数据是将 1300 多名病人随机地分为 4 组，每组按 4 种疗法中的一种服药，看其疗效时，可先消除个体之间的差异.

已知所给的计算公式：$\gamma = \log(CD4count + 1) = \log(\alpha'/0.2 + 1) = \log(5\alpha' + 1)$

已知 $\alpha' = 200$，计算得：$\gamma = 2.6998$，

把 γ 的值作为此次统计的标准.

大约每隔 8 周测试 CD4 浓度，所以建立该模型时，我们以时间作为考虑的第一要素，对其进行统计，如表 B2.6 所示：

B2.6　周期人数统计表

		$0 \leqslant t < 8$	$8 \leqslant t < 16$	$16 \leqslant t < 24$	$24 \leqslant t < 32$	$32 \leqslant t \leqslant 40$
疗法一	总计(人)	395	238	225	192	189
	正常(人)	262	140	129	95	85
	不正常(人)	133	98	96	97	104
疗法二	总计(人)	405	242	231	177	196
	正常(人)	255	152	115	88	98
	不正常(人)	150	90	116	89	98

续表

		$0 \leqslant t < 8$	$8 \leqslant t < 16$	$16 \leqslant t < 24$	$24 \leqslant t < 32$	$32 \leqslant t \leqslant 40$
疗法三	总计（人）	401	237	237	191	188
	正常（人）	268	153	139	110	104
	不正常（人）	133	84	98	81	84
疗法四	总计（人）	408	238	236	198	212
	正常（人）	252	164	157	119	123
	不正常（人）	156	74	79	79	89

ⅰ 模型建立

基于层次分析法的模糊评价方法建模步骤如下：

1.确定评价指标集，指标集影响评价对象的各种因素所组成的一个集合

$$U = [u_1, u_2, \cdots, u_n].$$

在本题中，由基本假设一，我们确定评价指标集，即所有影响各种疗法相对重要程度的因素构成的集合 $U = \{u_i | i = 1,2,3,4\}$，其中：

$$u_1 \text{ 表示趋向值}$$
$$u_2 \text{ 表示显著性}$$
$$u_3 \text{ 表示复诊率}$$
$$u_4 \text{ 表示稳定性}$$

2.用 AHP 法建立权重集.

在一个评价方案中，各因素对它的影响程度是不一样的.反映各因素的重要程度的权重集为：

$$W = [w_1, w_2, \cdots, w_n].$$

依次分析疗法 1、疗法 2、疗法 3、疗法 4 各周期的检测人数、正常人数、不正常人数：

(1)检测人数

运用 MATLAB 做出相关的 spline 图.

分析图 B2.15，由其总量的趋势可得到该 4 种疗法的稳定性:疗法 1>疗法 3>疗法 4>疗法 2.

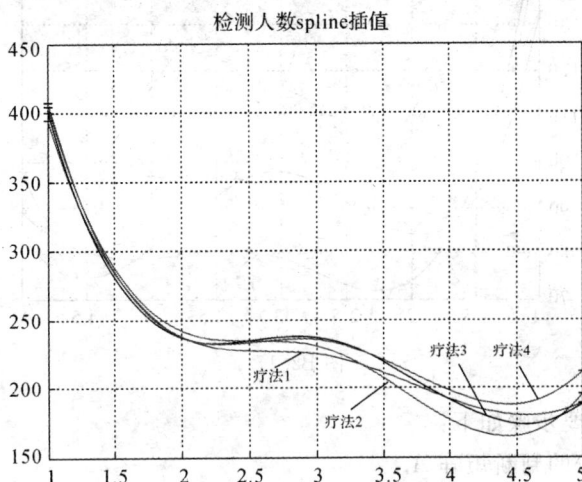

图 B2.15

（2）正常人数

分析图 B2.16,由其总量的趋势可得到该 4 种疗法复诊的稳定值的高低（值越低稳定性越好）:疗法 1＞疗法 3＞疗法 4＞疗法 2.

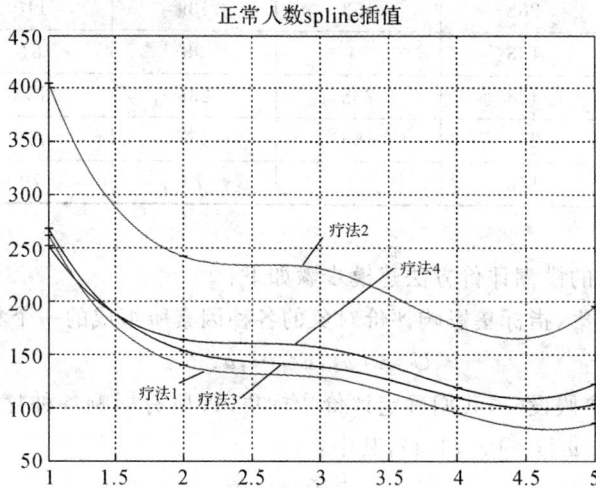

图 B2.16

（3）不正常人数

分析该图 B2.17,由其总量的趋势可得到该 4 种疗法的疗效的显著性:疗法 4＞疗法 2＞疗法 3＞疗法 1.疗法 1、疗法 2、疗法 3、疗法 4 在 $0 \leqslant t < 8$ 时药效达到最显著.

再分析其趋向值的高低:疗法 1＞疗法 2＞疗法 4＞疗法 3.但由于起初分配的人数上的差异,分析其起始点与平衡点的差异,可见疗法 4＞疗法 2＞疗法 3＞疗法 1.

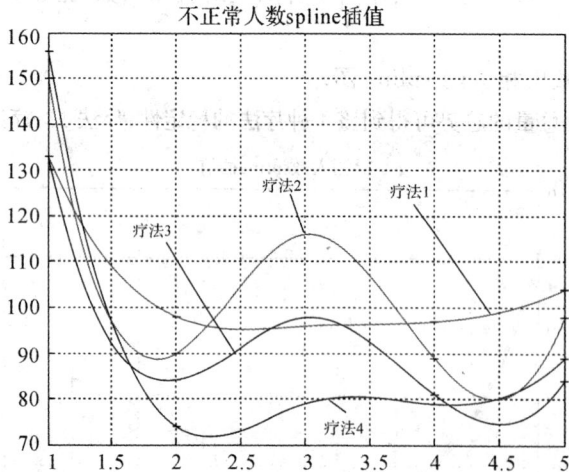

图 B2.17

3.计算权重的主要步骤如下:

（1）构造两两比较的判断矩阵 A.

$$A = \begin{bmatrix} a_{11} & a_{12} & \cdots & a_{1n} \\ a_{21} & a_{22} & \cdots & a_{2n} \\ \vdots & \vdots & \vdots & \vdots \\ a_{n1} & a_{n2} & \cdots & a_{nn} \end{bmatrix}$$

其中 $a_{ij} > 0, a_{ij} = 1/a_{ji}, a_{ii} = 1$.

根据 CD4 对四种因素的侧重程度的大小比较,我们构造出两两比较的判断矩阵 A:

使用美国 Saaty 教授创造的标度表构成判断矩阵,将每一层次的各要素进行两两比较判断,其计分标度表分 1~9 级.

1 分:两个元素相比同等重要;

3 分:两个元素相比,一个比另一个稍微重要;

5 分:两个元素相比,一个比另一个明显重要;

7 分:两个元素相比,一个比另一个强烈重要;

9 分:两个元素相比,一个比另一个绝对重要;

2、4、6、8 分是上下两分数的过度值.

$$A = \begin{bmatrix} 1 & 2 & 3 & 4 \\ 1/2 & 1 & 2 & 3 \\ 1/3 & 1/2 & 1 & 2 \\ 1/4 & 1/3 & 1/2 & 1 \end{bmatrix}$$

(2)计算权重向量 $W = [w_1, w_2, \cdots, w_n]$.

$$w_i = \frac{e_i}{\sum_{j=1}^{n} e_j}$$

$$e_i = \sqrt[n]{a_{i1} \cdot a_{i2} \cdot \cdots \cdot a_{in}} \quad (i = 1,2,3,4) \tag{B2.7}$$

(3)计算最大特征根

$$\lambda_{\max} = \frac{1}{n} \sum_{i=1}^{n} \frac{(A \cdot W)_i}{w_i}$$

式中,A 为判断矩阵,W 为特征向量.$(A \cdot W)_i$ 表示 $A \cdot W$ 矩阵的第 i 个元素.

(4)一致性检验

一致性指标:$CI = \frac{\lambda_{\max} - n}{n - 1}$

随机一致性指标:$CR = \frac{CI}{RI}$,其中 RI 为平均随机一致性指标,

其数值如下表:

表 B2.7

矩阵阶数	1	2	3	4	5	6	7	8	9
RI	0	0	0.58	0.90	1.12	1.24	1.32	1.41	1.45

当判断矩阵具有完全一致性时,$CI = 0$,当 $CR < 0.1$,判断矩阵 A_k 可以接受,否则,应当重新调研或征求专家意见,对 A_k 进行审定,修正判断矩阵,使之达到一致性.

4. 建立评价的对象集 $V=[v_1,v_2,\cdots,v_n]$.

在本题中,建立 4 种疗法的评价集 $V=[v_1,v_2,v_3,v_4]$.

分析各疗法的优缺点:由于每一类疗法并不一定完全符合指标 $u_i(i=1,2,3,4)$,为此我们经过反复讨论研究,决定建立 4 类疗法对 4 种指标的四级符合程度,通过优、良、中、差 3 种级别来大致衡量 4 种疗法对 4 条指标的符合程度.

表 B2.8 4 种疗法对 4 种指标的四级符合程度表

	u_1	u_2	u_3	u_4
v_1	差	差	优	差
v_2	良	良	差	优
v_3	中	中	良	中
v_4	优	优	中	良

从 U 到 V 的一个模糊映射 f 的向量 $R(u_i)=[r_{i1},r_{i2},\cdots,r_{ij},\cdots,r_{in}]$ 叫做单因素评估向量. 它是 V 的一个模糊子集合,其中:$0\leq r_{ij}\leq1$,r_{ij} 表示因素 u_i 能评为 v_j 隶属度. 将模糊映射 f 的全体向量并列起来即可得到单因素评价矩阵 $\tilde{R}$.

确定隶属函数的方法很多,一般常用的有模糊统计法、德尔菲法、对比排序法、综合加权法等等. 在此为了计算上的简便和易于推广,同时也是根据对实际情况的简化,我们采用主观赋权法构造其隶属函数.

u_i 的隶属度通过一个隶属函数给出:

$$\mu(u_i)=\begin{cases}0.9(优)\\0.6(良)\\0.4(中)\\0.1(差)\end{cases}$$

由此得隶属度矩阵为:

$$\tilde{R}=\begin{bmatrix}0.1 & 0.1 & 0.9 & 0.1\\0.6 & 0.6 & 0.1 & 0.9\\0.4 & 0.4 & 0.6 & 0.4\\0.9 & 0.9 & 0.4 & 0.6\end{bmatrix}$$

5. 最终多因素综合评判,其结果为:

$$\tilde{B}=W\cdot\tilde{R}=[\tilde{b}_1,\tilde{b}_2,\cdots,\tilde{b}_n].$$

6. 求解相对重要程度向量

$$B'=[b'_1,b'_2,\cdots,b'_n]$$

$$b'_i=\frac{b_i}{\sum_{j=1}^{n}b_j}(i=1,2,3,4)$$

ii. 模型求解

通过(B2.8)中公式,计算得权重向量为

$$W=[0.4669,0.2776,0.1603,0.0929]$$

然后求得最大特征根为 $\lambda_{\max}=4.0309$. 再根据一致性检验指标求得 $CI=0.0103,CR=$

0.0127,所以判断矩阵可以接受,亦即各因素的相对权重设置是较为合理的.

最终进行多因素综合评判后,求出 4 种疗法的相对重要程度向量为:

$$B' = [21.59\%, 21.59\%, 33.18\%, 23.64\%]$$

可见,疗法 3 的疗效比较好,疗法 1 和疗法 2 的疗效一样,也是最差的,疗效 4 居于当中.根据图 B2.18,当需测试的量达到 100 以下,且维持 2 周期都在该值以下,可自动视其测试终止后继续服药,得到唯一点(1.361577456,100),则在 3.3～3.4 周期(即 26.4～27.2 周),可视为最佳治疗终止时间.但若病人的 CD4 浓度在 2 周内一直为能到达 2.3 者,则可自动视其提前终止.

对于疗法三不正常人数的spline插值

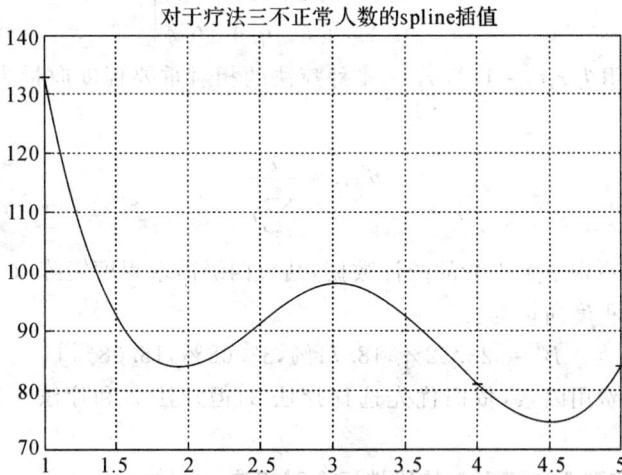

图 B2.18

问题三(方法 1):建模和求解

由已知艾滋病药品的主要供给商对不发达国家提供的药品价格如下:600mg zidovudine 1.60 美元,400mg didanosine 0.85 美元,2.25 mg zalcitabine 1.85 美元,400 mg nevirapine 1.20 美元.

则分别对于疗法 1、疗法 2、疗法 3 和疗法 4,其使用的价格分别为 1.225 美元/日、3.45 美元/日、2.45 美元/日、3.65 美元/日.

模型建立:

1.首先,我们需要对各个费用对每一种疗法的情况进行大致的分级评价.在这里我们仍然采用四级分级方案,将不同费用对不同种疗法的需求程度分为优、良、中、低四个级别.设 $V' = [v'_1, v'_2, \cdots, v'_n]$ 为疗法评价集,$Q = [q_1, q_2, \cdots, q_n]$ 表示价格集.

我们建立 4 个费用对 4 种疗效的四级评价表:

表 B2.9　4 种价格对 4 种疗法的需求情况四级评价表

	q_1	q_2	q_3	q_4
v'_1	良	差	中	差
v'_2	差	中	优	中
v'_3	中	中	良	良
v'_4	优	良	优	中

2. 对以上四级分级评价法,采用主观赋权法对四种级别进行大致赋权.

$$\mu(u_i) = \begin{cases} 0.9(优) \\ 0.6(良) \\ 0.4(中) \\ 0.1(差) \end{cases}$$

由此得到四级需求程度矩阵 R 为

$$R = \begin{bmatrix} 0.6 & 0.1 & 0.4 & 0.1 \\ 0.6 & 0.4 & 0.9 & 0.4 \\ 0.4 & 0.4 & 0.6 & 0.6 \\ 0.9 & 0.6 & 0.9 & 0.4 \end{bmatrix}$$

3. 设第 i 个费用为 $r_i(i=1,2,3,4)$. 4 种疗法的相对重要程度向量为 $B'' = [b''_1, b''_2, \cdots, b''_n]$. 则:

$$b''_{ki} = \frac{r_i}{\sum\limits_{j=1}^{n} r_j}$$

根据题目中各系别学生人数的统计数据,结合四级需求程度矩阵 R,由以上公式求得第二种疗法相对重要程度向量为:

$$B'' = [28.52\%, 18.71\%, 33.68\%, 18.08\%]$$

可见若仅考虑费用因素,依旧优先选择疗法 3,但疗法 2 和疗法 4 则被考虑在较低的位置.

模型Ⅳ:综合模型Ⅱ和模型Ⅲ的线性组合赋权法

问题三(方法 2):建模和求解

以上通过模型Ⅱ和模型Ⅲ所得到的两种相对权重向量各有侧重点,前者更多地体现了主观评价指标所决定的相对重要程度,后者侧重于顾客客观需求状况.我们采用线性组合赋权法对这两种赋权方法进行综合考虑.

1)模型建立

我们设最终的相对重要程度向量为 $B = \theta B' + (1-\theta)B''$,其中 θ 为偏好系数,$\theta \in [0,1]$,θ 代表决策者对两者的偏好程度.在本题中,我们取 $\theta = 1/2$,即认为两种赋权法对于相对重要程度是同等的.

另一方面,视 θ 为随机变量,$B(\theta)$ 可认为是关于 θ 的函数,由组合赋权法的理论我们知道,应尽量消除组合系数向量 X 的不确定性.根据 Jaynes 最大熵原理,确定的指标综合权系数应使 Shannon 熵取极大,即

$$\max H = -\sum_{k=1}^{l} x_k \ln x_k$$

$$s.t. \sum_{k=1}^{l} x_k = 1, x_k \geqslant 0$$

令 $y = -\{\theta ln\theta + (1-\theta)ln(1-\theta)\}$,使得 $\begin{cases} y' = 0 \\ y'' \leqslant 0 \end{cases}$

解得 $\theta = 1/2$

因此在题目条件下,取 $\theta = 1/2$ 是合理的.

所以,我们得到最终的相对重要程度向量为

$$B = \frac{1}{2}(B' + B'')$$

2)模型求解

按照以上确定的相对重要程度向量计算式,将模型 I 和模型 II 中求出的向量 B' 和 B'' 代入,求出最终的 4 种疗法的相对重要程度向量为(保留两位小数):

$$B = [27.17\%, 20.65\%, 33.43\%, 20.85\%]$$

则依旧优先考虑疗法 3,其次考虑疗法 1,疗法 4,疗法 2. 与(B2.7)中的评价仅有疗法 1 和疗法 4 位置的改变,没有其他(包括评价及预测)的改变.

六、模型的进一步改进

1.问题二中,我们采用了层次分析法,并结合了模糊数学给出了 4 种疗法的相对重要程度向量,但该方法带有很大的主观性.运用层次分析法进行相对重要程度的确定时,在条件允许的情况下,最好是能够经过专家评分或者进行大量统计调查,这样才能更好地减少由建模者自身的主观性带来的误差,使模型结果更具有实际客观性和权威性.由于时间等因素的制约,我们还有待于进一步改进之处.

2.问题三中,我们认为原来的模型从一定程度上反映了一种疗法的治疗效果,其结果是完全量化的,即给出治疗的情况,就能直接算出一种疗法的治疗效果.其实对于一种疗法而言,精确计算其治疗效果是没有什么意义的,对于出借时间和流通量大致相同的疗法,区分哪一种治疗效果大是没有意义的.因此我们提出一种更为合乎实际的做法:可以根据出借时间和流通量,对 4 种疗法进行组合,每一组具有相近的治疗效果和治愈时间,并取其平均值作为该组的特征值,以其特征值为基准,引入合适的度量来确定各组间的距离,以此对各组进行分级,并给出每组的价值.

七、模型的评价

1.模型的优点:

(1)问题一中,通过 MATLAB 拟合的经验模型,结合三次样条插值作的图形处理,能较为直观地反映各量(CD4、HIV)浓度随时间变化而产生的变化,便于我们研究对药物的治疗效果进行评价、预测和确定最佳治疗终止时间.

(2)问题二中,我们将四种疗法所需考虑的侧重点等定性而抽象的指标用比较量化的方法来进行处理,尽量做到客观性定量评价,使得结果较为明确直观、易于接受,而且也在一定程度上较好地符合了实际情况.

(3)问题三中,我们综合考虑了费用因素,较为恰当地处理了不同因素,得出一种较为可行的治疗方案,具有实际推广价值.我们基于较为严格的分析推导,最终给出了一种相对比较客观的衡量四种疗法的方法.

2.模型的缺点:

(1)问题的处理中,尽管我们作了很大的努力以减少主观性,但是仍然不可避免地带有很大的主观成分.

（2）问题中，我们主要从微观的角度对一种疗法的疗效进行分析，但是题目中给出的数据多，总体平均疗效同个体使用价值之间的差别仍然不能忽视.

参考文献

[1]姜启源,谢金星,叶俊编著.数学建模（第三版）.浙江:高等教育出版社,2003.

[2]叶其孝主编.大学生数学建模竞赛辅导教材.长沙:湖南教育出版社,2001.

[3]薛毅编著.数学建模基础.北京:北京工业大学出版社,2004.

[4]杨启帆,方道元.数学建模.杭州:浙江大学出版社,1998.

[5]范金城,梅长林.数据分析.北京:科技出版社,2002.

[6]张瑞丰等.MATLAB 6.5.北京:中国水利水电出版社,2003.

[7]李鸿吉编著.模糊数学基础及实用算法.北京:科学出版社,2005.

[8]中国红丝带网.艾滋病的临床表现与诊断方法. http://www. chain. net. cn/articles. php? articleID=1022,2006. 8. 16.

B3 高等教育学费标准探讨

简要点评:

本文所研究问题选自 2008 年全国大学生数学建模竞赛 B 题,需要根据国情,收集相关数据,并据此通过数学建模的方法,就几类学校或专业的学费标准进行定量分析,得出明确、有说服力的结论.高等教育学费标准是社会关注的热点之一,是一个相当开放的问题.需要广收集充分的、有根据、有说服力的数据,比如国民经济增长数据,教育经费的比例,国家生均拨款和其他教育投入,培养一个大学生平均每年所需费用、学校每年的运营开支、每年报考大学的人数和录取人数、学生分布结构,家庭经济收入分布、困难学生的人数、每个学生每年的学费、生活费、奖学金、助学金、贷款、捐赠款等,支持建模的结论.另外,应多角度、全面、综合地考虑学费标准问题,可以结合多种因素,例如培养成本、成本分担、承受能力、长远收益、国际比较、历史比较等方面.

本文所选论文是获 2008 年全国大学生数学建模竞赛一等奖的论文,考虑了影响高等教育学费的几大因素,如生均培养成本、家庭收入、人均国内生产总值等数据进行分析,建立了简单学费模型和综合模型来制定高等教育学费标准.简单学费模型侧重考虑了生均培养费用和家庭年收入,根据调查数据预测应交学费,结合现有学费制定标准,通过计算并分析预测学费与实际收费间的差异.综合模型综合考虑了生均培养成本和家庭人均收入,并且根据基本国情将全国各地区分为四部分,即发达地区、东部、中部、西部,结合每个地区的家庭收入和人均生产总值对学费标准进行制定.同时还考虑到地区内各专业之间存在的差异,对理工科、文史、艺术、师范四大类专业根据生均培养成本的不同,对其学费标准进行探讨,得到了各地区各类院校学费预测结果.本文存在的问题是数据收集还不够齐全,考虑因素还可再细致一些,还可以做出更好的预测分析.

摘要　高等教育事业关系国家的发展与人民生活水平提高,而学费又是生均培养成本的重要组成部分,根据中国的国情及各地区的发展状况,确定合理的高等教育学费标准,既能减轻国家财政对教育事业的负担,又能兼顾到贫困学生上学难的问题,从而更好地体现教育的公平性.

本文通过对影响高等教育学费的几大因素,如生均培养成本、家庭收入、人均国内生产总值等数据进行处理、分析,建立了两个模型(简单学费模型和综合模型)来制定高等教育学费标准,且本文主要以本科教育作为研究对象.

本文首先对全国范围的相关教育费用进行了一定统计分析,并运用 MATLAB 作曲线图定性观测,通过分析我们认为我国对教育事业的平均经费投入相对不足,应该加大投入.针对现有的高校收入标准本文引进简单学费模型(模型一),该模型中有两个学费标准,它们分别侧重考虑了生均培养费用和家庭年收入,从中我们可以根据调查数据预测应交学费,结合现有学费制定标准,通过计算并分析预测学费与实际收费间的差异,我们得到以下结论:

(1)国家生均拨款增长速度低于学费增长速度,即国家生均拨款严重不足.

（2）全国各地区平均学费水平相差很大，学费标准应考虑分地区进行.

（3）实际平均学费超出预计平均学费，现高校学费过高.

针对简单学费模型存在的不足我们又引进了综合模型（模型二），即综合考虑生均培养成本和家庭人均收入，并且我们根据中国的基本国情将全国各地区分为四部分，即发达地区、东部、中部、西部，结合每个地区的家庭收入和人均生产总值对学费标准进行制定.同时本文还考虑到地区内各专业之间存在的差异，对理工科、文史、艺术、师范四大类专业根据生均培养成本的不同，对其学费标准进行探讨，我们得到各地区各类院校学费预测结果（此处仅以 2003 年为例）：

单位:元

区域	西部地区	中部地区	东部地区	发达地区
工科	1598.525452	1877.661756	3031.384752	5030.846
文史	1530.617452	1810.695506	2921.659752	5038.473
艺术	1838.254452	2167.558256	3641.802252	5161.211
师范	1586.806452	1870.133006	2990.382252	5015.744

本文在所建立模型结论条件下结合我国实际情况作了相应的报告，并就我国目前高等教育学费方面提出了一些相关的建议，进而更好地体现教育的公平性，更好地促进高等教育事业的发展.

一、问题的重述

1. 问题背景

高等教育是一种准公共产品，在给个人提供各种收益的同时，还会对社会民主和精神文明建设产生积极的推动作用.高等教育准公共产品性质必然对教育服务的定价产生影响.一方面，由于个人是高等教育的直接受益者，因而个人愿意为接受高等教育而支付费用，学费正是个人为获得高等教育服务支付的市场价格.从这个角度而言，学费和一般物品价格在性质上没有区别，学费由高等教育供需关系决定.另一方面，高等教育的外部性特征意味着人们在高等教育消费时可以不付费而坐享其成，这种"搭便车"行为使教育部门无法从教育受益者那里获得足够补偿，最终造成教育供给不足.高等教育外部性所造成的损失只能通过非市场途径来进行补偿，非市场途径主要包括政府拨款、社会团体及个人自愿捐赠和受教育者所交付的学费等.高等教育的这种定价方式正体现了美国学者布鲁斯·约翰斯通（D. Bruce Johnstone）提出的教育成本分担原理的基本要义，该理论主张"谁受益，谁付费"原则，个人、社会和国家都是高等教育的受益者，都应该承担高等教育费用.

在现实中，学费定价会掺杂很多的其他因素，体现出其复杂性.教育服务与一般商品提供存在的重要区别，就是教育生产者包含消费者——学生能力和素质的参与，学校在确定个人学费时常常会综合权衡学生素质、成绩、专业类别等因素对学费进行适当折算，例如对优秀学生进行减免学费、奖励资助；对家庭经济困难的学生进行贷款和学费减、免、补等方式，这实质上是对学生优秀素质在教育生产中的额外作用做一种扣除.

在高等教育收费改革实践中，我国逐步参照国际流行做法，确立了以教育成本为依据来制定学费标准的收费制度模式.1994 年颁布的《国务院关于〈中国教育改革和发展纲要〉的实施意见》第十六条则明确提出:"学生实行缴费上学制度.缴费标准由教育行政主管部门按生均培养成本的一定比例和社会及学生家长承受能力因地、因校(或专业)确定."1996 年颁发的《高等学校收费管理暂行办法》第四条和第五条明确规定:"学费标准根据年生均教育培养成本的一定比例确定.不同地区、不同专业、不同层次,学校的学费收费标准可以有所区别.学费占年生均教育培养成本的比例和标准由国家教委、国家计委、财政部共同做出原则规定.在现阶段,高等学校学费占年生均教育培养成本的比例最高不得超过 25%".在学费具体管理上,我国高等教育实行中央和地方两级收费管理模式.根据 1996 年国务院关于《高等学校收费管理暂行办法》的规定,高等教育收费实行中央、省两级管理,承办部门是各省教育厅、财政厅、计委及所在地的高校.具体程序是,学费标准由高等学校提出意见,经学校主管部门同意后,报学校所在省、自治区、直辖市教育部门,按上述程序,由学校所在省、自治区、直辖市人民政府批准后执行.在具体实施上,政府委托财政、物价部门办理审核手续.

2. 问题的提出

高等教育质量需要有相应的经费保障,学费是教育经费中的一个重要组成部分,且学费问题涉及每一个大学生及其家庭,是一个敏感而又复杂的问题:过高的学费会使很多学生无力支付,过低的学费又使学校财力不足而无法保证质量,所以探讨高等教育学费标准有利于促进我国高等教育事业的发展.

a. 根据中国国情,收集相关数据(如生均拨款、培养费用、家庭收入等),并依此数据通过数学建模的方法就几类学校或专业的学费标准进行定量分析,得出明确、有说服力的结论.

b. 根据所得出的结论给有关部门写一份观点鲜明、分析有据、结论明确的报告.

二、模型假设

(1)对生均培养成本的计算以学生在高校整个培养周期作为一个单位.

(2)在对生均培养成本各地区核算时,以该地区的某个高校的情况,近似地具有代表性.

(3)生均培养成本在 5 年内保持平稳.

(4)处理家庭年均收入时,考虑每户家庭平均人数为 3.

(5)每一位适龄高校受教育者在择校时不会因为家庭经济状况而选择学校或专业类型.

(6)社会捐赠直接以额外的奖学金的方式转到学生手中,不考虑社会捐赠产生的对学校经费来源的影响.

三、符号说明

X3	使用费分摊设
X1	土地定价
X2	生均占地面积
X4	生均教学行政用房标准
X5	建房成本(元/平方米)
X7	每年房屋分摊及维修费用

续表

P	平均家庭年均收入
$P1$	城镇居民家庭平均收入
$K1$	城镇家庭数占总家庭数比例
$P2$	农村居民家庭平均收入
$K2$	农村家庭数占总家庭数比例
$T1$	生均培养成本×政府确定的收费比例
$T2$	家庭年均收入×国际平均标准
$T3$	发达地区人均GDP×国际平均标准

其他符号说明均在正文中给出.

四、建模前的准备

(一)衡量一个国家对高等教育投入的大小主要是通过国家财政性教育经费占国内生产总值比例、预算内教育拨款增长与财政经常性收入增长比较、预算内教育经费支出与占财政支出的比例和高等学校预算内生均事业费、公用经费增长等情况反映出来.通过比较可以得出以下几点:

(1)由表B3.1知,我国财政性教育经费占国内生产总值比例较低,仅为2.5%左右,而且增长缓慢.

(2)通过表B3.2和表B3.3知,大部分年份预算内教育拨款增长低于财政经常性收入增长,而预算内教育经费支出与占财政支出的比例也逐年下降,这在一定程度上说明我国没有真正把教育投资放在优先投资的地位来考虑.

(3)由表B3.4知,国家对高等学校的拨款大大低于高校的实际教育成本.两者之间的差额需要通过学生交纳学费来分担.这也就是近年来高等教育收费比较高的原因.

表 B3.1 1995—1999 年国内生产总值与国家财政性教育经费占国内生产总值比例

年份	GDP(亿元)	比例(%)	比上一年增长
1995	57277	2.41	−0.11
1996	68594	2.44	0.03
1997	74772	2.49	0.05
1998	79553	2.55	0.06
1999	81911	2.79	0.24

表 B3.2 全国 1995—1999 年预算内教育拨款增长与财政经常性收入增长比较

年份	预算内教育拨款比上年增长(1)	经常性财政收入比上年增长(2)	(1)—(2)
1995	16.34	18.58	−2.24
1996	17.85	18.01	−0.16
1997	12.03	16.70	−4.67
1998	15.13	18.30	1.41
1999	15.98	15.88	0.10

表 B3.3　全国 1995—1999 年预算内教育经费支出教育支出与占财政指出的比例

年份	预算内教育经费支出（亿元）	增长（%）	占财政支出的比例	与上一年比较
1995	1092.95	17.38	16.05	−0.02
1996	1288.08	17.85	16.28	0.23
1997	1441.27	11.89	15.67	−0.56
1998	1654.02	14.76	15.36	−0.31
1999	1815.76	15.98	14.49	−0.83

表 B3.4　全国 1995—1999 年高等学校预算内生均事业费、公用经费统计

年份	事业性（元）	增长（%）	公用经费（元）	增长（%）
1995	5442.09	7.28	2338.73	13.39
1996	5956.7	8.46	2604.39	11.31
1997	6522.91	8.51	2856.60	10.03
1998	6775.19	3.87	2892.65	0.94
1999	7201.24	6.29	2962.37	2.41

（资料来源：根据《中国教育统计年鉴》各年的数据经过整理得出）

（二）由于我国幅员辽阔，各地经济发展情况不一致，教育事业的发展和教育质量水平也不一致，培养出来的人才在人才市场上的价值也明显地表现出来．从表 B3.5 中可以看出，各地区教育经费情况（2004）．

表 B3.5　2004 年全国各地区教育经费情况

单位：元

地区	教育经费总计	地区	教育经费总计
北京	4492628.4	湖北	2985501.9
天津	1239681.8	湖南	2724014
河北	2700904.1	广东	7087101
山西	1548847.8	广西	1605768.3
内蒙古	1115216.2	海南	389305.1
辽宁	2700788.4	重庆	1434395.3
吉林	1454418.1	四川	3091286.6
黑龙江	2118830.8	贵州	1142161.9
上海	3832690.6	云南	1750840.6
江苏	5570008.3	西藏	234498.5
浙江	5001700	陕西	2047443
安徽	2216290.6	甘肃	1031445.1
福建	2224558.2	青海	225275.2
江西	1566028.1	宁夏	296236.7
山东	4267089	新疆	1331540.1
河南	2999488.5		

（资料来源：《中国教育统计年鉴》(2005)）

由表 B3.5 可得以下结论:我国在各省的教育经费来源和支出存在着很大的差异,这种差异的存在,需要我们关注到的问题是高等教育的收费标准也应该按区域进行分块讨论.

由我国各地经济发展和人均国民收入水平,可将地域分为:

(1)发达地区:北京、上海、广东;

(2)东部地区:天津、河北、辽宁、浙江、福建、山东、广西、海南9个省(区、市);

(3)中部地区:山西、内蒙古、吉林、黑龙江、安徽、江西、河南、湖北、湖南9个省(区、市);

(4)西部地区:四川、重庆、贵州、云南、西藏、陕西、甘肃、青海、宁夏、新疆9个省(区、市).

目前,大学收费分为固定费和变动费两类.固定费是指高校每年向学生固定收取的学杂费,变动费是指除学费以外的一切可能性费用,这部分费用因人而异、弹性较大.另外,在收取学杂费中,又分文、理、师范、艺术等大类,这都为学生制定了不同的收费标准.现就北京、东北三省、华东、华南、华中、西部地区 2007 年高校学费标准进行比较,如表 B3.6.

表 B3.6 全国各地 2007 年高校收费基本情况(固定费用)

单位:元

地区	一般理工类	一般文史类	艺术类	农业、师范类
北京	≤5500	4800	≤10000	部分免费
东北三省	2500～5200	3800～4500	9000～10000	部分免费
华东	4300～5500	6700 左右	10000	部分免收学费、住宿费
华南	3900～4800	3900～4800	7000～8000	4000 左右
华中	3900～5800	4500	7800～8000	
西部	2800～4400	2500～5000	6500	

表 B3.7 不同类型大学生消费水平基本状况(变动费用)

单位:元

用途 类别/费用	伙食费(月)	衣着费(年)	购书费(年)	娱乐(年)	其他(年)
趋时型	500～700	1600～3000	500～1000	1500～4000	1000～3000
温饱型	300～400	700～1500	200～1000	1000～2000	500～1500
贫困型	80～150	100～200	20～100		300～500

(资料来源:《高等教育研究》(2000))

根据表 B3.6 和表 B3.7,得出高校收费的特点:

(1)专业不同收费不同,一般热门专业收费较高;

(2)发达地区收费较高,不发达地区收费略低;

(3)艺术类院校收费相对较高,普通院校收费略低.

综合考虑以上的地域和专业情况,高等教育收费标准应该兼顾到公平性.

五、模型的建立及求解

模型一(简单学费模型)

1. 针对现有的普通高校学费收入情况进行定性的分析

随着我国经济的发展,普通高校教育经费收入逐年增加,普通高校教育经费的收入主要包括:国家拨款、学校自筹、社会捐助、学生所交学费.国家拨款很大程度上为高校能够正常运行提供了很大的支柱,但是近年来随着高校学费的持续较高水平,也为高校作了一定的贡献.现通过表 B3.8 对高校教育经费收入进行对比分析.

表 B3.8 高等教育经费收入的对比分析[2]

年份	普通高校教育经费收入		普通高校预算内拨款		普通高校学费收入	
	收入总额(亿元)	与上年相比增减幅度(%)	拨款金额(亿元)	与上年相比增减幅度(%)	学费金额(亿元)	与上年相比增减幅度(%)
1995	262.28865		202.31624		35.60371	
1996	310.73252	18.47	232.14683	14.74	44.76637	25.74
1997	375.58758	20.87	268.95366	16.29	58.0268	31.86
1998	544.79928	45.05	355.07005	24.12	73.11341	23.86
1999	704.23300	28.26	444.49568	32.66	120.78355	65.20
2000	904.42715	28.43	528.74031	18.18	192.61018	58.47
2001	1145.16898	26.62	606.06831	14.41	282.44174	46.64

根据表 B3.8,我们运用 MATLAB 软件,将其绘制成下图,从中更为直观地对数据进行分析.

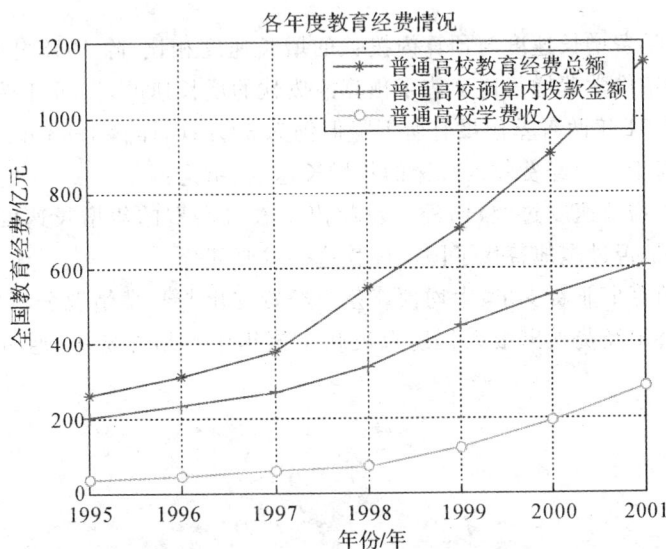

图 B3.1

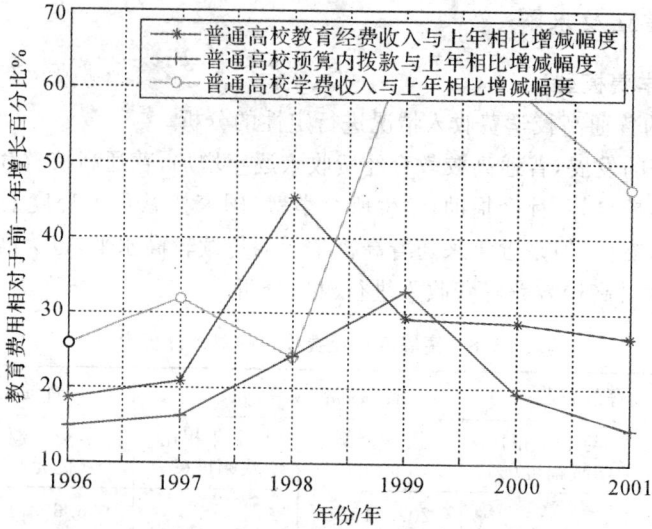

图 B3.2

从图 B3.1 和图 B3.2 的数据中可以看出：

（1）教育经费收入总额各年增长速度较快，特别是在 1999 年普通高校扩招后，教育经费收入总额比上年都有较大的增长幅度，各年的年增长速度均高于 1996 年的年增长速度．

（2）国家财政对普通高校教育预算内经费拨款各年虽呈增长态势，但不难看出，教育经费收入的快速增长是由于学费收入大幅度增长而带来的，只有 1999 年预算内拨款的增长幅度高于教育经费收入的增长幅度，而其余各年国家对高校预算内拨款的年增长速度均低于高校教育经费收入总额的年增长速度．如 2001 年普通高校教育经费年增长速度约为 27％，而国家对普通高校预算内拨款的年增长速度约为 14％，两者相差约为 13％，2000 年两者相差约为 9％．

（3）普通高校学费增长速度与预算内拨款的增长速度相比，除 1998 年两者的增长速度大体相当外，其余年份学费增长速度快于预算内拨款的增长速度，1996 年两者之差为 11％，2000 年为 40％，2001 年两者差额虽有所下降但仍为 32％；同样除 1998 年外，普通高校各年学费增长速度均高于教育经费收入总额的年增长速度．结论：

学费收入的年增长速度过快，已经严重超出了教育经费的年增长速度．这就让我们质疑：现在收费标准是否过多地替代了国家拨款这一重要部分．

2．针对生均预算事业费支出、生均预算公用经费支出与学费情况分析生均预算事业费支出和生均预算公用经费支出很大程度上反映了该年生均培养费用，通过表 B3.9 分析其与学费的联系．

表 B3.9

单位:元

年份	生均预算事业费支出	生均预算公用经费支出	生均预算经费支出总计	学费
1995	5442.09	2338.73	7781.82	1300
1996	5956.70	2604.36	8561.06	1500
1997	6522.91	2865.60	9388.51	2000
1998	6775.19	2892.65	9667.84	2600
1999	7201.24	2962.37	10163.61	3200
2000	7308.58	2921.23	10230.81	5000
2001	6816.23	2613.56	9428.79	5000
2002	6177.96	2453.47	8631.43	5000
2003	5772.58	2352.36	8124.94	5000
2004	5552.50	2298.41	7850.91	5000
2005	5375.94	2237.57	7613.51	5000
2006	5868.53	2513.33	8381.86	5000

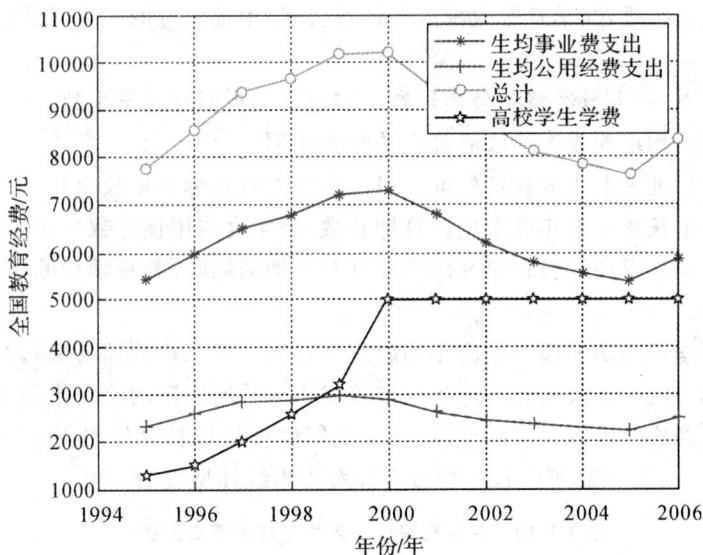

图 B3.3

从表 B3.9 和图 B3.3 反映的数据可以看出我国普通高等教育预算内事业费与公用经费的实际执行情况有 3 个特点:

(1)生均预算内公用经费支出占事业费支出的比例并没有随着我国经济发展水平的提高而不断增大;

(2)2001 年和 2002 年的生均预算内事业费支出都低于上年水平,生均预算内公用经费支出从 2000 年开始均低于上年水平,2002 年与 1995 年相比生均公用经费支出仅增长了 4.86%；

(3)2000 年以后年学费标准基本没有发生变动.

由于我国普通高等教育事业经费支出和公用经费支出增长速度慢或出现负增长,高校在校生增长速度却非常快,经费收入总额和预算内拨款与学费收入及在校生增长速度不成正比例变动,在这一现状下,只有连年增加高校生师比.1995—2002 年,我国普通高校生师比分别为:8.71、10.32、10.80、11.63、13.67、16.04、18.47、20.60.通过这些事实不难看出:我国财政预算内拨款已不能满足高校日益增长的需求,特别是难于满足全社会适龄人口接受高等教育的强烈愿望.在国家财政不能满足高校学生日益增长的需求时,高校只能依靠自身努力通过各项服务收费,包括学费收入来弥补办学经费的不足,即便这样也不能完全弥补国家预算内拨款的缺口,因此只能依靠不断提高教师工作量来解决办学经费短缺的矛盾,但是这些举措却不能从根本上解决高等教育经费短缺的矛盾.

结论:

学费标准的制订影响到一个学校的教学质量,若根据图 B3.3 中显示,生均预算内公用经费支出和事业费支出都有所下降,但是学费却保持不变,这样又让我们质疑:现在学费标准有无提高的必要.

3. 现有学费制定标准模型[3]

对于我国普通高校学费制定的标准,已有学者做过些许研究,但多数学者讲得很笼统、很宽泛,量化的公式比较少.目前我们只看到两个量化的公式:

第一个公式是陈雄在《学费收取标准的计算公式》中提出过的一个学费收费标准的计算公式:

生均培养成本＝(人员经费＋公用经费＋固定资产折旧费)/学生数

收费标准＝生均培养成本×政府确定的收费比例

本年度收费标准＝上年度收费标准×(1＋本年度收费标准增长率)

本年度收费增长率＝本年度费用预算增长数/上年度费用预算数×100%

第二个公式是上海高等教育研究所的晏开利在他的《高等教育学费的制衡因素》中提出的,公式如下:

下年度高校学费的基准额＝家庭年均收入×15%＋年末户均储蓄额×20%

(1)对学费标准公式:收费标准＝生均培养成本×政府确定的收费比例进行定量分析.

由于生均培养成本难以较准确计算,这里我们假设生均教育经费支出近似于生均培养成本.1996—2003 年普通高等学校生均教育经费支出统计见表 B3.10.

表 B3.10　普通高等学校生均教育经费支出统计

单位:元

年份	教育经费支出				
	合计	事业性经费支出			基建支出
		小计	个人部分	公用部分	
1996	6736.32	5688.28	3126.44	2561.84	1048.04
1997	9531.55	7940.79	3957.16	3983.63	1590.76

年份	教育经费支出				
	合计	事业性经费支出			基建支出
		小计	个人部分	公用部分	
1998	11182.07	9081.91	4667.97	4413.93	2100.16
1999	12077.62	9715.45	4928.80	4786.65	2362.17
2000	12743.42	10398.23	5163.23	5235.00	2435.19
2001	12216.37	9791.54	5034.77	4756.77	2424.83
2002	12262.01	9955.27	5008.28	4945.99	2306.74
2003	12167.35	9721.18	4768.44	4952.74	2446.17

按照国家教育部规定,学费应为学生培养成本的 25%.根据公式一可以得到全国普通高校平均收费,具体见表 B3.11.

表 B3.11　全国普通高校平均收费

单位:元

年份	1996	1997	1998	1999	2000	2001	2002	2003
平均学费	1684.1	2382.9	2795.5	3018.4	3185.9	3054.1	3065.5	3041.8
增长速度		0.415	0.147	0.173	0.055	0.0037	0.0077	

根据表 B3.11 得:从 1996—2003 年期间,全国普通高校平均收费水平大致呈现增长状况,但是其增长速度却由 1997 年的 0.415 降低到 2003 年的 −0.007.

再结合具体 2002 年分地区地方普通高等学校生均预算内教育经费支出情况,计算其收费标准.

表 B3.12　中国 2002 年普通高等学校生均预算内教育经费支出及学费预测与实际学费对比表

单位:元

地区	合计	预计平均学费	实际平均学费	地区	合计	预计平均学费	实际平均学费
北京	26858.857	6714.964	4800	湖北	11132.98	2783.245	4300
天津	13878.79	3468.698	4800	湖南	10288.16	2572.29	4500
河北	11461.28	2865.32	3750	广东	20521.04	5130.26	4800
山西	10793.33	2698.333	3300	广西	12026.04	3006.51	3850
内蒙古	8527.17	2131.793	3200	海南	11642.55	2910.638	2900
辽宁	11054.02	2763.505	4600	重庆	12698.47	3174.868	3800
吉林	9882.91	2470.728	4000	四川	10074	2518.5	4300
黑龙江	10482.66	2620.665	3500	贵州	7203.07	1800.768	3750
上海	17547	4386.75	5000	云南	11851.41	2962.853	3100

续表

地区	合计	预计平均学费	实际平均学费	地区	合计	预计平均学费	实际平均学费
江苏	12117.54	3028.385	4300	西藏	21611.14	5402.785	
浙江	20362.39	5090.598	4400	陕西	10727.03	2681.758	4000
安徽	8365.92	2091.48	3750	甘肃	9897.37	2474.343	4600
福建	14303.02	3575.755	4000	青海	9338.03	2334.508	3150
江西	9645.4	2411.35		宁夏	13016.77	3254.193	3000
山东	10606.33	2651.583		新疆	11274.41	2818.603	3500

由表 B3.12 数据可得:除北京、浙江、广东、宁夏这四个省(区、市)以外,其他省(区、市)2002 年已交平均学费都超过了预计平均学费. 从中我们还得到,2002 年全国各省市中预计差距最大达到 1200 元,最小差距的是海南省,其预计较为准确.全国平均预计差距为 800 元左右.这样从一定意义上可以说明现定的学费收取情况有些偏高.

(2)对第二个公式,即下年度高校学费的基准额＝家庭年均收入×15％＋年末户均储蓄额×20％进行定量分析.

现分别从家庭年均收入和年末户均储蓄额两个方面着手计算高校学费基准额. 表 B3.13 表示城镇居民家庭年收入. 表 B3.14 表示年末户均储蓄额.

表 B3.13 城镇居民家庭年收入

单位:元

年份	城镇居民家庭人均可支配收入		城镇居民家庭年均收入
	绝对数(元)	指数(上年＝100)	
1995	4283.0		14516.7
1996	4838.9	103.8	15480.9
1997	5160.3	103.4	16275.3
1998	5425.1	105.8	17562
1999	5854.0	108.3	18840
2000	6280.0	106.4	20578.8
2001	6858.6	108.5	23108.4
2002	7702.8	113.4	25416.6
2003	8472.2	108.0	28264.8
2004	9421.6	107.0	31479
2005	10493.0	108.6	35277
2006	11758.0	112.0	41358
2007	13786.0	117.2	45493.8
2008	15164.6	110.0	12849

表 B3.14　年末户均储蓄额

年份	1996	1997	1998	1999	2000
城乡居民储蓄年底余额(亿元)	38520.	46278.8	53407	59621	64332.4
全国总户数(户)	335517000	340256000	341957000	337348000	348370000
年末户均储蓄额(元)	11481	13601	15618	17673	18466
年份	2001	2002	2003	2004	2005
城乡居民储蓄年底余额(亿元)	73762	86910	103617	119555	141051
全国总户数(户)	351233000	365083000	370919000	370785000	528655400
年末户均储蓄额(元)	21000.988	23805.7099	27935.29	32243.86	26681.08564

根据上两个表结合公式,得到表 B3.15,即 1997—2006 各年核算的学费标准.

表 B3.15　1997—2006 核算的预测学费标准

单位:元

年份	1997	1998	1999	2000	2001
该年学费标准	4473.711	2296.506	3937.403	4412.836	4635.338
该年实收学费	2000	2600	3200	5000	5000
年份	2002	2003	2004	2005	2006
该年学费标准	5228.138	5916.562	6857.888	7862.012	6910.167
该年实收学费	5000	5000	5000	5000	5000

通过对表 B3.15 的分析得到以下结论:

a)学费标准呈逐年增长趋势,并且将其与该年实收学费作对比,从 2000 年后学费呈现了稳定的状况.

b)2002 年后学费标准高于实际收费标准,从中说明该学费标准考虑到了能力支付原则,随着我国经济的发展,国民生产总值的提高,国民对教育成本的分担能力也提高.

对于这两个制定标准,应该说它们在某种程度上填补了我国在学费制定标准方面的空白,其作用不可小视.但是它们都存在一些缺陷,只考虑了影响学费制定的某一方面的个别因素.如陈雄提出的公式只考虑了生均培养成本和历年费用两个指标,不够全面,没有考虑到居民的支付能力问题.而晏开利提出的公式却只考虑了能力支付原则.这种以能力为基础提出的收费标准是倾向于保证教育公平性的,充分考虑到了家庭的支付能力问题.可是我们还必须使其建立在分担一定教育教学成本的基础之上.因为当初之所以提出收取学费,一个很重要的原因就是国家财政紧缩,拿不出那么多钱来办高等教育了,所以只能把部分培养成本让学生及其家庭来承担.

模型二(综合模型)

在模型一的基础上,我们从考虑公平性,对高等教育收费标准建立承受能力(能力支付)原则和利益获得原则、机会均等(公平性)原则.本文认为必须始终以这三个原则为基础来共同地决定学费标准的制定问题,不能只顾其一,不顾其二,以免造成片面性.

所谓能力支付原则的含义是,根据利益获得者的付款能力来确定负担主体及负担程度.教育资源最终来源于国民收入,国民收入通过初次分配和再分配被各社会群体所占有.从理论上说,谁占有国民收入,谁就应当负担教育资源.但是由于国民收入在分配上存在着不均等的现象,各群体的付款能力不同,教育资源的负担应根据付款能力不同确定负担的程度与比例.

所谓利益获得原则,简言之,谁受益谁负担,获益多者多负担.用于教育的资源支出就其性质而言是一种可获得预期收益的投资.由于教育所具有的经济功能,用于教育的资源是可以获得预期的经济与非经济收益的一种投资.由于教育的公共物品或准公共物品的特性,教育投资可以产生外部效益,不仅受教育者可以获益,全社会都可从中获益.因而社会各成员应根据其所获得的利益,分摊教育资源的负担.基于以上两个基本原则的考虑,下面我们来具体构建学费制定标准的公式模型.

所谓机会均等(公平性)原则:不管学生家境富足还是贫穷,政府和社会都应最大限度地确保学生的受教育机会.教育的绝对公平是不存在的,但要做到教育机会和教育过程基本平等.也就是说,教育要最大限度地克服由于种族、性别、生理、心理和地区文化、经济等因素所造成的差别,使每一个人都享有受到最基本的高等教育的权利.

由此本文综合考虑三方面原则,得出收费标准的公式如下:

收费标准 = 生均培养成本×政府确定的收费比例×a＋家庭年均收入×国际平均标准×b＋人均 GDP×国际平均标准×$c(a、b、c$ 为权重)

其中:《高等学校收费管理暂行办法》中制订的标准为学费占生均教育培养成本的比例不得超过 25％;国际平均标准:学费占家庭平均年收入的 15％～20％左右;学费占人均GDP 的 10％左右.

对公式的说明:公式的第一部分体现了利益获得原则,不同地区、不同专业的获得的利益不同,故其生均培养成本不同;第二部分和第三部分体现了能力支付原则和机会均等原则,家庭年均收入的不同直接影响收费标准.

根据收费标准公式,本文将从以下几方面来具体刻画公式中的参数.

(一)生均培养成本

1.高等学校生均标准培养成本的概念及分类

本文界定的高等教育学生培养成本是指在高等教育过程中为培养高等专门人才而耗费的物化劳动和活劳动的价值总和.将学生培养总成本除以在校学生人数就得到生均标准培养成本.在高等教育过程中,为开展教学、科研及其他活动,必然要发生人力、物力和财力的耗费,这些耗费的货币表现(现行财务制度称其为经费支出)归集到一定的培养对象上,即为该对象的培养成本.

高等教育生均标准培养成本一般可分以下四类:①资产类,包括土地分摊、房屋分摊及维修、仪器设备折旧、图书购置及折旧;②日常教学维持费用,包括能源保障(水、电、供暖)、物业、绿化和保安、教学维持费用;③学生事务,包括奖、助学金、学生教育军训、困难补助、医疗费;④生均人员经费,包括生均在职人员的收入、生均在职人员的各类住房补贴、生均在职人员的五险.

2.要核算高等学校生均标准培养成本,就应当依据国家有关的办学条件等文件,才能使核算的生均标准培养成本符合培养合格人才所实际需要的资源耗费.

这些文件主要有:

(1)《普通高等学校本科教学工作评估方案》(教育部高教司 2002 年 6 月)

(2)《普通高等学校基本办学条件指标》(教育部高教司 2004 年)

(3)《普通高等学校建筑规划面积指标》(中华人民共和国国家教育委员会 1992 年修订)

(4)《关于完善在京中央和国家机关住房制度的若干意见》(厅字[2005]8 号)

(5)关于发布国家标准《城市居民生活用水量标准》的公告(中华人民共和国建设部公告 60 号)

3.确定教育成本核算的主体、对象和核算原则

成本核算的主体必须从产品生产者或提供者的角度考虑.从理论上讲,学校、院(系)、专业三个级次的组织单位可以成为成本核算主体.但从实践上来看,院(系)和专业都不能成为完整意义上的核算主体.从总体成本核算的需要出发,以院(系)、专业为单位组织内部成本核算,提供管理所需的成本信息,以考核、控制院(系)和专业的成本支出是可行的.因此,可将高校作为对外提供成本信息的主体,院(系)、专业作为提供内部成本信息的来源.

根据高校的特点,应分别按各专业、各地区的学生作为成本核算对象,编制成本计算单,反映各专业、各地区学生生均教育成本.高校成本核算对象按专业性质划分为理工、文史、艺术、师范等;按地区划分为发达地区、东部地区、中部地区、西部地区.

生均教育成本核算应遵循五个基本原则:

(1)实际成本计价原则.实际成本指培养不同层次人才实际投入的人、财、物的货币表现值,按实际成本计价方法核算,方法简便,成本计算结果也较准确.

(2)会计期间学年制原则.这一原则要求教育成本核算期间的划分不同于企业会计期间的划分,不采用日历年制,而采用培养周期.这与西方国家高校以学年为会计期间保持了一致.

(3)权责发生制原则.在学生培养期间,教育投入与受益对象的培养进度往往是不同步的.如教学仪器、设备、房屋、图书等,在一定时期内,均为一次性投入,这些投入可以培养很多期(届)学生.一般情况下,投入在先,实施培养在后.因此,先开支的费用应按比例计入当期和以后各期教育成本中去,而不能将当期开支的所有费用全部计入当期的教育成本中去.为此,须增设"待摊费用"、"预提费用"、"累计折旧"三个总账科目.

4.高等学校生均标准培养成本计量与核定

高等学校生均标准成本可以分为固定资产、日常教学维持费用、学生事务和生均人员经费四大类.设生均成本为 X,则 $X =$ 固定资产 + 日常教学维持费用 + 学生事务 + 生均人员经费.

(1)固定资产类

①土地费用分摊

A.计算土地价值的方式,按照某地出让国有土地使用权基准地价的相关文件及相应政策,根据该学校所在位置,得到基准地价,综合该校的土地情况(学校占地面积较大,土地分几部分),假设平均地价为 $X1$ 元/平方米,土地使用年限按照 70 年计算.

B.一个标准本科生占地面积按照《普通高等学校本科教学工作水平评估方案》中"监测办学条件指标"合格要求(附表),六类学校生均占地面积为 54~88 平方米.设该校属于某类院校,生均占地面积为 $X2$ 平方米.

C. 计算得出:

该校一个标准本科生每年土地使用费分摊设为 $X3$

$X3 = X1$(土地定价)$* X2$(生均占地面积)$/70$(折旧年限)(元/年.生)

②房屋分摊及维修分摊

A. 依据《普通高等学校本科教学工作水平评估方案》中"基本办学条件指标"合格要求,六类学校的生均教学行政用房标准为 $9\sim22$ 平方米/生.设该校属于某类院校,生均教学行政用房标准为 $X4$ 平方米/生.

B. 依据《普通高等学校建筑规划面积指标》和《普通高等学校本科教学工作水平评估方案》,生均宿舍面积为 6.5 平方米,生均食堂面积为 1.3 平方米,生均生活设施面积为 0.53 平方米(浴室 0.13 平方米、校医院 0.22 平方米、学生活动用房 0.18 平方米),合计学生生活用房面积为 8.33 平方米/生.

每个标准本科生拥有的建筑面积等于:生均教学行政用房+生均生活用房(8.33 平方米/生).

C. 综合多种因素,确定某地区的建房成本:$X5$ 元/平方米;建筑使用年限:50 年.

D. 一个标准本科生每年房屋分摊值的计算公式:

[生均教学行政用房+8.33(生均生活用房)]$*$ 建房成本$/50$

E. 根据《某地普通居住小区物业管理服务收费标准》及相关规定,确定修缮平均值 $X6$ 元/每平方米·年的标准,暂定为维修费用.该项标准是否合适,可以研究修正.

一个标准本科生每年维修费用=[生均教学行政用房+8.33(生均生活用房)]$* X6$

F. 设该院校一个标准本科生的每年房屋分摊及维修费用 $X7$

若建房成本按 $X5$ 元/平方米计算

$X7 = (X4+8.33) * X5/50 + (X4+8.33) * X6$(元/生、年)

对于研究型大学或"985"、"211"院校,可以考虑生均教学行政用房在原有基础上,增加 10%,即综合院校 $1.1 * X4$ 米,则综合院校一个标准本科生每年房屋分摊及维修费用为:

$(1.1 * X4+8.33) * X5/50 + (1.1 * X4+8.33) * X6$(元/生·年)

③仪器设备购置费分摊

A. 根据《普通高等学校本科教学工作水平评估方案》中"基本办学条件指标"和"监测办学条件指标"的合格标准,生均教学科研设备值设为 $X8$ 为 $3000\sim5000$ 元/生.

B. 设备折旧按照平均折旧法,折旧年限定为 4 年.该校标准本科生的每年仪器设备折旧值费设为 $X9$,$X9 = X8/4$(元/年·生).对于研究型大学或"985"、"211"院校,可以考虑生均设备折旧值在原有基础上增加 50%,即综合院校一个标准本科生每年仪器设备折旧值为 $3 * X9$ 元/年·生,比一般院校增加$(X9)/2$ 元.

④图书购置及分摊

A. 根据《普通高等学校本科教学工作水平评估方案》中"基本办学条件指标"和"监测办学条件指标"的合格标准,将生均图书费用分为纸质图书购置费分摊和电子图书购置两类.

B. 按照平均每本图书 30 元计算,图书使用年限定为 20 年,电子图书购置按照每年每生 40 元考虑.该校一个标准本科生的每年图书购置及折旧值 $X10$,$X10 =$ 生均图书量 $* 30/20 + 40 = 100 * 30/20 + 40 = 190$(元/年·生).对于研究型大学或"985"、"211"院校,可以考虑生均图书购置及折旧值在原有基础上,增加 50%,即综合院校标准本科生的每年图书购置及折旧值为 285 元/年·生,比一般院校增加 95 元.

（2）日常维持费用

①能源保障（水、电）

A. 高等学校学生每年耗费水、电量的标准没有明确规定,根据某地某校几年的水、电流量（剔减了单独计算的科研家属及校内经营单位耗费的水电）,按年分摊在当年全日制在校学生（用学生当量数）身上,即每年耗费水量除以在校学生折合数,再做三年的平均值,得出某地区一个标准本科生年耗费水量为 $X11$ 吨,以此方法得到某地区一个标准本科生年耗费电量为 $X12$ 度.

目前的水费标准按照居民用生活用水收费标准平均值（$X13$ 元/吨）;电费标准按照居民用生活用电收费标准平均值:（$X15$ 元/度）计算.

设该校一个标准本科生一年耗费水费为 $X17$,

$$X17 = X11 * X13（元/年）$$

设该校一个标准本科生一年耗费电费为 $X18$,

$$X18 = X12 * X15（元/年）$$

设该校一个标准本科生一年耗费水电费为 $X19$,

$$X19 = X11 * X13 + X12 * X15（元/年）$$

②物业、绿化、保安

A. 物业项目

根据《北京市物业服务收费政府指导价收费标准》（征求意见稿）的规定,物业项目收费基准价标准为:综合管理费 0.32 元/建筑平方米·月,物业共用部位和共用设施设备日常运行维护费 0.31 元/建筑平方米·月、清洁卫生费 0.08 元/建筑平方米·月、智能化技防系统维护费 0.05 元/建筑平方米·月. 以上四项合计 0.76 元/建筑平方米·月. 年标准为 0.76 元/月×12＝8.12 元/建筑平方米·年. 按每生占用 $X2$ 平方米计算,以上四项费用每生每年需要:$8.12 * X2$ 元/年.

结论:一个标准本科生每年物业费用合计为 $X20$,

$$X20 = 8.12 * X2 元/年$$

B. 绿化费

根据北京市市政管理委员会《关于提高城市绿化养护经费投资标准的通知》（京政管字〔1998〕136 号）的规定,绿化养护费 6.50 元/建筑平方米·年,绿化面积占土地面积的 37%. 一个标准本科生每年需要绿化费用的计算公式:

该校每生每年需要的绿化费用为 $X21$,

$$X21 = 6.5 * 生均占地面积 * 37\% = 6.5 * X2 * 37\%（元/生）$$

C. 保安费

根据相关文件的要求,每 1000 名学生配一名保安干部,5 名保安员,即每 200 名学生要求配 1 名保安员. 而保安干部的费用在学校编制内核算,所以 5 名保安员的费用应在保安经费中反映. 目前一名男保安员费用 1200 元/月,女保安员 1350 元/月. 男女平均标准为:（1200＋1350）/2＝1275 元/月,年标准 1275 元 * 12 月＝15300 元/年.

一个标准本科生年保安费用 $X22$,

$$X22 = 15300 元/200 = 76.5 元/年.$$

该校物业、绿化和保安三项合计，一个标准本科生每年需要 $X23$，

$X23 = 8.12 * X2$ 元/年 $+ 6.5 * X2 * 37\%$ 元/生 $+ 76.5$ 元/年

③教学维持费用

为了使得生均教学维持费用更符合标准，笔者采用北京已通过教学评估的三所大学近三年来的教学维持费用的平均值，作为北京综合类院校一个标准本科生每年教学维持费用 $X24 = 2940$ 元/年.

对于研究型大学或"985"、"211"院校，在原有基础上增加 15%，即教学维持费用为 3381 元/年. 比一般院校增加 441 元.

(3)学生事务

①奖、助学金

该校奖学金按设为 $X25$，照生均 100 元标准计算. 一般院校学生的物价补贴为 60 元/月，全年助学金 720 元，合计 820 元.

$X25 = 820$（元）

对于研究型大学或"985"、"211"院校，在原有基础上增加 15%，年生均奖、助学金 943 元；比一般院校增加 123 元. 师范、农林、体育专业学生还另有专业奖学金，按照实际情况计算.

②学生教育、军训费用 $X26$

一般校年生均学生教育、军训费用 200 元.

$X26 = 200$（元）

对于研究型大学或"985"、"211"院校，在原有基础上增加 15%，学生教育、军训年生均费用 230 元，比一般院校增加 30 元.

③困难补助 $X27$

设校年生均困难补助 150 元.

$X27 = 150$（元）·

对于研究型大学或"985"、"211"院校，在原有基础上增加 15%，年生均困难补助 173 元，比一般院校增加 23 元.

④医疗费 $X28$

按照北京市对高校师生医疗补贴的基本标准为 90 元/年.

$X28 = 90$ 元/年

设涉及学生事务的上述四项合计为 $C29$，

$X29 = X25 + X26 + X27 + X28 = 1260$ 元.

对于研究型大学或"985"、"211"院校，学生事务所涉及的上述四项合计 1436 元，比一般院校增加 176 元.

(4)人员经费

①在职人员的工资

按照北京市改革后的标准，参照北京市部属高等学校的平均标准定为：平均每个教职工年收入为 $X30$，根据各地区的不同进行取值计算.

三个参考数据.

根据《普通高等学校本科教学工作水平评估方案》"基本办学条件指标"中的生师比

13∶1～18∶1 作为参考标准;由于上述指标中不含学生与教职工的比例,可以根据不同地区的不同比例进行计算,设专人教师占教职工比例为:$X31$

一个标准生每年承担的职工收入等于:年薪收入/(生师比值 * 专人教师占教职工比例)

其中,年薪收入、专任教师占教职工比例均为变量.

对于研究型大学或"985"、"211"院校,生师比应该降低 1～2,即综合院校和财经等院校为 16∶1,医学院校 14∶1,艺术、体育院校为 10∶1

该校一个标准生每年承担的职工收入等于 $X32$,

$X32＝X30/(18 * X31\%)$(元/年)

对于研究型大学或"985"、"211"院校,生师比应该降低后,上述三组数字分别为:

$X15/(16 * X16\%)$元/年.

②在职人员的各类住房类补贴 $X33$

住房公积金为收入的 10%;房租补贴为 70～120 元/月·人,按照平均数计算,人均[(70＋120)/2] * 12 月＝1080 元/年;购房补贴根据 2005 年下发的《关于完善在京中央和国家机关住房制度的若干意见》[厅字(2005)8 号]中的标准,科级以下 9600 元/年·人,副科级 10800 元/年·人,正科级 12000 元/年·人,副处级 13200 元/年·人,正处级 14400 元/年·人副司级 16800 元/年·人,正司级 19200 元/年·人.高等学校的平均标准按照 14400元/年,高等学校的平均标准为 $X14$ 元人计算.

则一个教师的住房补贴:$X33＝$年薪收入 * 10%＋1080＋14400＝年薪收入 * 10%＋15480(元/年)

③在职人员的五险 $X34$

北京、上海地区的五险比例分别是:养老保险 20%或 22%;医疗保险 10%或 12%;失业保险 1.5%或 2%;生育保险 0.8%或 0.5%;工伤保险 0.4%或 0.5%.按照合计数 37%计算一个职工每年的五险总额需要支付:年薪收入 * 32.5%.

结合上述三项,一个标准本科生每年承担的在职人员费用为:

$X34＝$(年薪收入＋年薪收入 * 10%＋1080＋14400＋年薪收入 * 32.5%)/(生师比值 * 专人教师占教职工比例)＝(年薪收入 * 1.47＋15480) * (生师比值 * 专人教师占教职工比例)

其中,年薪收入、专任教师占教职工比例均为变量.

一般某类院校,一个标准生每年承担的在职人员费用

$(X30 * 1.47＋15480)/(18 * X31\%)$ 元/年,

对于研究型大学或"985"、"211"院校,调整生师比后,上述三组数字分别为:

$(X30 * 1.47＋15480)/(16 * X31\%)$ 元/年,

设生均人员费用为 $X35$

$X35 ＝ X32＋X33＋X34$

将以上测算过程简单用表 B3.16 表示.

表 B3.16

项目		金额（元）
生均成本合计		X
一	固定资产类	$X3+X7+X9+X10$
1	土地分摊	$X3$
2	房屋分摊及维修	$X7$
3	仪器设备折旧	$X9$
4	图书购置及折旧	$X10$
二	日常教学维持费用	$X19$
1	其中:用水	$X17$
	用电	$X18$
2	物业、绿化、保安	$X23$
	其中:物业	$X20$
	绿化	$X21$
	保安	$X22$
3	教学维持费	$X24$
三	学生事务	$X29$
1	奖学金、助学金	$X25$
2	勤工助学、困难补助	$X26$
3	学生教育、军训及就业费用	$X27$
4	医疗费	$X28$
四	生均人员费用	$X35$
1	生均在职人员收入	$X32$
2	生均在职人员的各类住房类补贴	$X33$
3	生均在职人员的五险	$X34$

　　根据上述的生均成本核算模式,我们取各地区具有代表性的省份对其进行生均成本核算,并假设这些数据能够代表各地区的生均培养成本.以下以北京的生均培养成本核算数据为例.

表 B3.17　发达地区生均培养成本(以北京为例)相关参数

发达地区生均培养成本(以北京为例)相关参数								
$X1$ (平均地价) 元／平方米	$X5$ (建房成本) 元／平方米	$X6$ (修缮费用) 元／平方米	$X9$ (生均耗费水量)吨	$X10$ (生均耗费电量)千瓦时	$X11$ (平均水费) 元／吨	$X13$ (平均电费) 元／千瓦时	$X14$ (年购房补贴)元	$X30$ (教师平均年薪)元
4500	3000	7.6	40	880	4.575	0.6	14400	50000

其他相关参数见《普通高等学校基本办学条件指标(试行)》.

表 B3.18　北京生均培养成本核算

项目		金额(元)			
		工科	文史	艺术	师范
生均成本合计		21755	20723	23421	21562
一	固定资产类	6556	5582	6441	6421
1	土地分摊	3471	3471	3471	3471
2	房屋分摊及维修	1645	1344	1780	1510
3	仪器设备折旧	1250	750	1000	1250
4	图书购置及折旧	190	190	190	190
二	日常教学维持费用	4304	4246	4637	4246
1	能源保障	608	608	608	608
	其中:用水	80	80	80	80
	用电	528	528	528	528
2	物业、绿化、保安	756	698	1089	698
	其中:物业	538	492	802	492
	绿化	142	130	211	130
3	保安	76	76	76	76
	教学维持费	2940	2940	2940	2940
三	学生事务	1260	1260	1260	1260
1	奖学金、助学金	820	820	820	820
2	勤工助学、困难补助	150	150	150	150
3	学生教育、军训及就业费用	200	200	200	200
4	医疗费	90	90	90	90
四	生均人员费用	9635	9635	11083	9635
1	生均在职人员收入	5555	5555	9091	5555
2	生均在职人员的各类住房类补贴	2275	2275	3723	2275
3	生均在职人员的五险	1805	1805	2954	1805

(二)家庭年均收入

根据我国近几年的城镇居民家庭平均收入情况和农村家庭平均收入情况的统计数据,再结合城镇和农村总家庭数所占比例,得到各地区平均家庭年均收入.

P:平均家庭年均收入;

$P1$:城镇居民家庭平均收入;

$K1$:城镇家庭数占总家庭数比例;

$P2$：农村居民家庭平均收入；

$K2$：农村家庭数占总家庭数比例.

即可表示为：

$$P = P1 \times K1 + P2 \times K2$$

根据《中国统计年鉴》中城镇居民与农村居民人口数比例，结合家庭数，确定 $K1$ 与 $K2$ 的比值为 $4:6$. 从而平均家庭年均收入 $P = 0.4 \times P1 + 0.6 \times P2$

根据地区划分的不同，得到 1999—2005 年各地区平均家庭年均收入，具体见表 B3.19.

表 B3.19　1999—2005 年各地区平均家庭年均收入

单位：元

年份		1999	2000	2001
发达地区	平均家庭年收入	18057.351	19272.88	20728.24
	与西部相对相差程度	1.26756891	1.292543914	1.300451233
东部	平均家庭年收入	11617.89067	12208.02678	13144.11256
	与西部相对相差程度	0.458927596	0.452166853	0.458682998
中部	平均家庭年收入	8675.834333	9141.912	9602.247889
	与西部相对相差程度	0.089476092	0.087446957	0.065620496
西部	平均家庭年收入	7963.3086	8406.7659	9010.9452

年份		2002	2003	2004	2005
发达地区	平均家庭年收入	21928.03	23756.19667	26106.26333	29518.54
	与西部相对相差程度	1.269997988	1.282679328	1.275408391	1.50110054
东部	平均家庭年收入	14234.46111	15438.08111	17096.22889	18892.35333
	与西部相对相差程度	0.47348962	0.483506463	0.490098455	0.600691444
中部	平均家庭年收入	10537.52978	11360.81111	12854.49111	14260.04444
	与西部相对相差程度	0.090799338	0.091634702	0.120390787	0.208210048
西部	平均家庭年收入	9660.3742	10407.1546	11473.221	11802.6203

（该数据根据《中国统计年鉴》(2000—2006) 提供的数据整理而得）

由于各地区家庭人均年收入存在着一定的差异，学费标准又与其密切相关，故根据国际标准的家庭年均收入占学费的 15%～20%，定出各地区不同的标准.由上表中，以西部地区作为基准，通过比较其他地区的人均年收入与西部地区的相对差异，可以看出：

（1）发达地区、东部地区、中部地区与西部地区的相对差异分别为：1.28，0.47，0.09；

（2）中部地区与西部地区的差异极小，在这里可以近似为相等.即可将国际标准的家庭年均收入占学费的 15%～20% 分为 3 个档次，其中发达地区为：20%；东部地区：18%；中部地区和西部地区均为 15%.

（三）人均国内生产总值

人均国内生产总值，也称作"人均 GDP"，常作为发展经济学中衡量经济发展状况的指标，是重要的宏观经济指标之一，它是人们了解和把握一个国家或地区的宏观经济运行状况的有效工具.将一个国家核算期内(通常是一年)实现的国内生产总值与这个国家的常住人口(目前使用户籍人口)相比进行计算,得到人均国内生产总值.它是衡量各国人民生活水平的一个标准,为了更加客观地衡量,经常与购买力平价结合.

人均国内生产总值也关系到学费的收取标准,若人均国内生产总值增加,说明人民生活水平提高,那就可以适当考虑增加学费来减少国家的负担,这就体现了能力支付原则.下表 B3.20 表示的是 1996—2005 年我国人均国内生产总值逐年增长的情况.

表 B3.20　1996—2005 年我国人均国内生产总值逐年增长的情况

年份	1996	1997	1998	1999	2000	2001	2002	2003	2004	2005
人均国内生产总值(元/人)	5576	6054	6308	6551	7086	7651	8241	9111	10561	12336

但是,由于人均 GDP 的平均值没有考虑到中国地区的差异的严重性,如果用其去制订学费标准,很大程度上不能体现高等教育的公平原则.故为了考虑到高校教育的公平性,考虑各地区的人均生产总值对学费标准的影响.下表 B3.21 为 1995—2005 年各地区人均生产总值.

表 B3.21　1995—2005 年各地区人均生产总值

单位:元

年份	1999	2000	2001	2002	2003	2004	2005
发达地区	20793	23297.33	25545	28041.67	31997.33	37357.33	40451
东部	9521.889	10498.33	11418.22	12638.33	14576	17355.67	20026.56
中部	5551	6045.222	6571.667	7207.889	8292.333	10036.44	11991.78
西部	4384.1	4758.2	4714.7	5850.7	6493.3	7786	9281.1

根据上表 B3.21,以西部地区作为基准,根据各地区人均生产总值的不同分析其增长速度和跟西部地区相比较的相差程度,用百分比来刻画,从而得到下表 B3.22.

表 B3.22　各地区人均生产总值增长情况及与西部相对相差程度

年份		1999	2000	2001	2002	2003	2004	2005
发达地区	增长比例	0.12	0.09	0.098	0.14	0.17	0.083	
	与西部相对相差程度	3.74282	3.896249	4.41816	3.79287	3.92778	3.798013	3.3584
东部	增长比例	0.103	0.088	0.107	0.15	0.19	0.154	
	与西部相对相差程度	1.17191	1.206366	1.42183	1.16031	1.24478	1.229087	0.8657
中部	增长比例	0.0889	0.087	0.097	0.15	0.2	0.19	
	与西部相对相差程度	0.26616	0.270485	0.39386	0.23197	0.27706	0.289037	0.29206
西部	增长比例		0.085	−0.01	0.24	0.11	0.20	0.2

根据国际平均标准:学费占人均 GDP 的 10% 左右.但是本文考虑不同地区的人均生产总值,对国际平均标准进行范围上的扩展,将其定为 8%～12% 之间.由于西部地区人均生产总值较低,考虑到其中有部分贫困家庭的存在,故将其学费占人均生产总值的比例定为 8%.

由表 B3.22 可得：

(1)1999—2005 年各地区人均生产总值的增长幅度都比较平稳，这说明不考虑各地区发展不平稳的状况

(2)发达地区与西部相差程度大致稳定在 3.7 左右，东部与西部相差程度大致稳定在 1.1 左右，中部地区与西部相差程度大致为 0.28.由其比例可大致将各地区的学费占各地区人均生产总值的比例定为：

发达地区：12%；东部地区：10.5%；中部地区：9%；西部地区：8%.

（四）a、b、c 各参数的确定（权重的确定）

由学费标准的公式结合生均培养成本、家庭年均收入、人均生产总值，通过主成分分析法，得出决定学费标准的"新变量"，再通过对"新变量"的分析，确定权重.

(1)发达地区

表 B3.23　发达地区生均预算内教育经费支出

单位：元

年份	1999	2000	2001	2002	2003	2004	2005
生均预算内教育经费支出	18518.5	20616.7	20083.5	21642.7	17595	17262.3	13496

结合发达地区的家庭年均收入和发达地区的人均生产总值，运用 SAS 软件对权重进行主成分分析.

收费标准＝生均培养成本×政府确定的收费比例×a＋家庭年均收入×国际平均标准×b＋发达地区人均 GDP×国际平均标准×c

其中，政府确定的收费比例为 25%，发达地区的家庭年均收入占学费比例的标准为 20%，发达地区人均生产总值占学费的比例为 12%，生均培养成本按照生均预算内教育经费支出/75%计算.

记 $T1$ 为生均培养成本×政府确定的收费比例，$T2$ 为家庭年均收入×国际平均标准，$T3$ 为发达地区人均 GDP×国际平均标准

$T1$、$T2$、$T3$ 的各年数据，整理如下表 B3.24：

表 B3.24

单位：元

年份	1999	2000	2001	2002	2003	2004	2005
$T1$	6172.833	6872.233	6694.5	7214.233	5865	5754.1	4498.667
$T2$	3611.47	3854.576	4145.848	4385.806	4751.239	5221.253	5903.908
$T3$	2495.16	2795.68	3065.4	3365.0004	3838.6796	4482.8796	4854.12

利用 SAS 软件进行主成分分析.

通过分析得到以下结果，见表 B3.25：

表 B3. 25

相关系数矩阵的特征值

	特征值	前后特征值的差值	贡献率	累计贡献率
1	2.70540658	2.41787710	0.9018	0.9018
2	0.28752947	0.28046552	0.0958	0.9976
3	0.00706395		0.0024	1.0000

特征值所对应的特征向量

	Prin1	Prin2	Prin3
T1	0.543219	0.837438	0.060086
T2	0.596927	0.334898	0.729055
T2	0.590416	0.431903	−.681813

对上述表 B3.23 中的数据进行说明：

Prin1～Prin3 为新产生的变量，Prin1 为第一主成分，Prin2 为第二主成分，Prin3 为第三主成分。从特征值来看，第一主成分的值大于 1，第二主成分、第三主成分的值均小于 1，尤其是第三主成分远小于 1，可考虑保留第一主成分和第二主成分。进一步考虑贡献率，第一主成分的贡献率为 0.9018，由选取主成分时考察的指标知，此时累计贡献率大于 80%，只需保留第一主成分。故得：

$$\text{Prin1} = 0.543 \times T1 + 0.597 \times T2 + 0.59 \times T3.$$

由第一主成分的表达式知其与 $T1$、$T2$、$T3$ 的关系。由于此时只有一个主成分决定收费标准，而这个主成分又是由 $T1$、$T2$、$T3$ 构成，故可近似地认为第一主成分中的系数直接与收费标准相关。为了满足 $a+b+c=1$，对系数进行一定的处理，得到 $a=0.313$，$b=0.343$，$c=0.343$，将其代入学费收费标准中得：

$$\text{发达地区学费收费标准} = 0.313 \times T1 + 0.343 \times T2 + 0.343 \times T3.$$

讨论上式中 a、b、c 取值的准确性：

(1)发达地区人均生产总值明显高于其他地区，人民生活水平高，对教育的重视程度也相对较高，那么他们就会比较不计较学费的收取情况。根据能力支付原则，对他们收取的学费在人均生产总值这项中比例较大也是合理的。

(2)发达地区各高校在师资力量和教学设备方面都比较完善，故其生均培养费用会相对较高，但是同时发达地区的家庭年均收入也较高，故这两项在学费标准中所占的比例不亚于发达地区的人均生产总值。

利用本文得到的发达地区的学费收费标准，对发达地区的学费进行制定。

生均培养成本没有固定的计算方法，本文就生均培养成本的大致组成部分给出了核算模式，并利用该模式得到发达地区、东部、中部、西部各地区典型院校的生均培养成本。

现利用发达地区核算的生均培养成本，计算学费标准。由表 B3.18 知发达地区平均生均培养成本为 21865.3 元，假设 5 年内生均培养成本的波动不大，我们将它近似于一个近期的常数。

发达地区学费收费标准 = 0.313 × 生均培养成本 × 政府确定的收费比例 + 0.343 × T2

$+0.343 \times T3.$

表 B3.26　发达地区学费标准分析表

年份	2002	2003	2004	2005
发达地区学费标准(元)	4368.48241	4657.640892	5038.473	5400.959
实际收费(元)	4800	4998		
实际与预算差额(元)	430	340		
城镇家庭可支配收入(元)		41647	46913	52956
农村家庭可支配收入(元)	16195	16804	18510	22038
城镇与农村家庭收入差额(元)		24843	28403	30918
预算学费占农村家庭总收入比例(%)	27	27.7	27.2	24.5
预算学费占城镇家庭总收入比例(%)		11.2	10.7	10.2
实际学费占农村家庭总收入比例(%)	28.6	28.7		
实际学费占城镇家庭总收入比例(%)		12		

　　我们通过表 B3.26 的对比分析可以得出按照我们所建立的模型标准,实际学费相对高出了应该收取的学费值,从 2002 年和 2003 年对比便可知道平均高出 385 元左右,根据国家规定的标准,学费占家庭收入比例不应该大于 25%,而实际中 2002 年至 2005 年预测的结果中从农村家庭考虑,学费收取均略高于该标准的限定,更何况实际生活学费的收取一般较预测值要高,虽然从城镇方面考虑分析收取的学费公为 11% 左右,但现实生活中农村人口与城镇人口是相当的,即使城镇人口都能承受得起学费,也有一定的满意度.

　　但从总体来看,还有大部分的农村人口很难承受这样高的学费标准,因为农村人口本来年收入就较城镇人口少很多,从上面的对比中可以看出 2003 年至 2005 年城镇与农村就相差 25000 元左右,可见同一地区其收入的差别,因而我们可以认为城乡差距是人们认为学费较高的一个重要因素,要消除这种因城乡差距而引起的认为学费高问题可以通过加强学校内部的助学金与其他一些贷款制度加以初步解决.

　　但要从根本上消除人们认为学费高的观点就必须很好地解决城乡差距,这样才能将我们的学费标准与家庭收入及其他一些相关因素做出对应关系的一个通用学费算法,不然对于学费的制定还会是一大难题,因为若只是按照农村标准来收取学费,想想近一半的学生会是城镇人口,则国家对本科生教育的补助会迅猛上长,虽然片面说有利于教育事业的发展,也能更好地体现教育的公平性,但这不利于国家经济的发展,也会导致城乡差距的进一步扩大.

　　在同一个地区由于专业的不同,生均培养费用也不相同,一些热门专业的学生毕业后的就业前景会相对较好,而冷门专业的学生毕业后收益相对会减少.故从专业不同角度制定学费标准是具有一定依据的.

　　我们将专业分成四大类,即:工科、文史、艺术、师范.利用其不同的生均培养成本得出发达地区高校学生的学费标准.

表 B3. 27 发达地区分专业学费标准

单位:元

时间	2002	2003	2004
工科	4648.01383	5030.846	5392.332
文史	4568.25983	5038.473	5311.578
艺术	4778.37833	5161.211	5522.697
师范	4633.91158	5015.744	5377.23
工科高于文史值(元)	80.754	−8.642	80.754
艺术高于文史值(元)	211.1185	121.738	211.119
师范高于文史值(元)	65.65175	−23.729	65.652

我们通过对上述不同专业的对比发现同一年份中各专业的学费预测收取值没有太大的差距,这主要是因为不同专业的费用差别主要体现于生均培养费用上,而学费的折算中生均成本是其中一部分的比例,至于不同专业的生均培养费用差别我们可以从生均成本模型中加以对比分析,因为不同的专业其就业后的回报也是不同的,从上面的学费对比中我们可以大至得出哪些专业相对于其他专业学费应该适当高些,如艺术类学生其就业后工资相对文史类高出较多,因而学费可以适当地提高.

结合专业生均成本我们可以认:如艺术类可高出文史类 2500 左右,因为从生均成本考虑艺术较文史高出 8000 多元,国家对艺术类的投入相对于文史也相应的高,所以综合考虑专业之间的学费收费标准还是应该有一定档次之分的.而且不同年份不同专业学费的差额可以根据专业预测学费相互之间的差额做出一定的调整,如上述表中 2003 年较其他年份专业之间的差额相对较低,因而该年份专业之间学费就应该做一定的调整.

(1)东部地区

收费标准=生均培养成本×政府确定的收费比例×a+家庭年均收入×国际平均标准×b+发达地区人均 GDP×国际平均标准×c

其中,政府确定的收费比例为 25%,东部地区的家庭年均收入占学费比例的标准为 18%,东部地区人均生产总值占学费的比例为 10.5%,生均培养成本按照生均预算内教育经费支出/75%计算.

表 B3. 28 发达地区生均预算内教育经费支出

单位:元

年份	1999	2000	2001	2002	2003	2004	2005
生均预算内教育经费支出	12358.88	13517.2	13850.75	13050.22	5168.581	6592.258	12358.88

$T1$、$T2$、$T3$ 的各年数据,整理如表 B3.29.

表 B3.29

年份	1999	2000	2001	2002	2003	2004	2005
$T1$	4120.0	4505.7	4616.92	4350.07	1722.86	2197.42	4118.96
$T2$	2091.22	2197.4	2365.94	2562.20	2778.03	3077.32	3400.62
$T3$	998.80	1102.33	1198.91	1327.13	1530.48	1822.35	2102.79

表 B3.30

相关系数矩阵的特征值

	特征值	前后特征值的差值	贡献率	累计贡献率
1	2.29105760	1.58479633	0.7637	0.7637
2	0.70626127	0.70358013	0.2354	0.9991
3	0.00268114		0.0009	1.0000

特征值所对应的特征向量

	Prin1	Prin2	Prin3
$T1$	0.430598	0.902460	0.012274
$T2$	0.639512	0.295483	0.709729
$T2$	0.636875	0.313457	$-.704368$

对上述表 B3.29 与表 B3.30 中的数据进行说明：

从特征值来看，第一主成分的值大于 1，第二主成分、第三主成分的值均小于 1，尤其是第三主成分远小于 1，可考虑保留第一主成分和第二主成分。进一步考虑贡献率，第一主成分的贡献率为 0.7637，不足 80%，故考虑同时保留主成分二。

Prin1＝0.43×$T1$＋0.64×$T2$＋0.64×$T3$

Prin2＝0.9×$T1$＋0.295×$T2$＋0.313×$T3$

由第一主成分的表达式知其与 $T1$、$T2$、$T3$ 的关系。由于此时只有一个主成分决定收费标准，而这个主成分又是由 $T1$、$T2$、$T3$ 构成，故可近似地认为第一主成分和第二主成分中的系数直接与收费标准相关。为了满足 $a+b+c=1$，对系数进行一定的处理，得到 $a=0.33, b=0.33, c=0.33$，将其代入学费收费标准中得：

东部地区学费收费标准＝0.33×人均培养费用×政府确定的收费比例＋0.33×$T2$＋0.33×$T3$

表 B3.31

年份	2002	2003	2004	2005
东部地区学费标准（元）	3007.64721	3146.307252	3341.058	3540.294
实际收费（元）	4400	7264.9		
实际与预算差额（元）	1393	4118		
城镇家庭可支配收入（元）		39538.5	43639	48881

年份	2002	2003	2004	2005
农村家庭可支配收入（元）	14821	16167	17832	19980
城镇与农村家庭收入差额（元）		23371	25807	28901
预算学费占农村家庭总收入比例%	20.3	18.46	18.73	17.7
预算学费占城镇家庭总收入比例%		8	7.7	7.25
实际学费占农村家庭总收入比例%	28.7	44.9		
实际学费占城镇家庭总收入比例%		18.37		

我们通过上述表格的对比分析可以得出按照我们所建立的模型标准，实际学费相对高出了应该收取的学费值，从 2002 年和 2003 年对比便可知道平均高出 2500 元左右，根据国家规定的标准，学费占家庭收入比例不应该大于 25%，而实际中 2002 年至 2005 年预测的结果中从农村家庭考虑，学费收取均在该标准的限定内，城镇与农村都能较好地接受高等教育.

但从 2003 年实际来看，实际所收入学费远高于预测标准，因而现实中会导致农村人口的大为不满，因为 2003 年的平均学费水平占到农村家庭收入的 45%，这一数字非常可观，对于原本收入就不高的农村人口来说这在很大程度上意味着农村家庭很难支付学费，可以认为实际学费收费较高，我们必须减少这一地区的学费收取值，这样才能更发解决农村人口的承受能力从而更好地推进教育事业的发展.

表 B3. 32 各个专业学费标准

时间	2002	2003	2004	2005
工科	2892.72471	3031.384752	3226.135	3425.371
文史	2782.99971	2921.659752	3116.41	3315.646
艺术	3503.14221	3641.802252	3836.553	4035.789
师范	2851.72221	2990.382252	3185.133	3384.369
工科高于文史值（元）	108.7	108.74	110	110
艺术高于文史值（元）	720	720	720	720
师范高于文史值（元）	68.7	69	69	69

我们通过对上述不同专业的对比发现同一年份中除艺术类外的其他专业学费预测收取值没有太大的差距，这主要是因为不同专业的费用差别主要体现于生均培养费用上，而学费的折算中生均成本是其中一部分的比例，至于不同专业的生均培养费用差别我们可以从生均成本模型中加以对比分析，我们可以适当地设定不同专业学费的差别，从上表中可以看出不同年份各专业的差值基本上一样，这样我们认为可以在这几年基本上在专业之间学费的差距不做太大的变动.

（2）西部地区

表 B3. 33

年份	1999	2000	2001	2002	2003	2004
生均预算内教育经费支出	10872.71	11665.35	11497.8	11768.27	5911.093	6054.421

结合西部地区的家庭年均收入和西部地区的人均生产总值，运用 SAS 软件对权重进行主成分分析.

收费标准＝生均培养成本×政府确定的收费比例×a＋家庭年均收入×国际平均标准×b＋西部地区人均 GDP×国际平均标准×c

本文中，取政府确定的收费比例为 25%，两个国际平均标准前后分别为 15%，8%. 生均培养成本按照生均预算内教育经费支出/75% 计算.

记 $T1$ 为生均培养成本×政府确定的收费比例，$T2$ 为家庭年均收入×国际平均标准，$T3$ 为西部地区人均 GDP×国际平均标准

$T1$、$T2$、$T3$ 的各年数据，整理如表 B3.34

表 B3. 34

年份	1999	2000	2001	2002	2003	2004
$T1$	3624.237	3888.45	3832.6	3923.09	1970.364	2018.14
$T2$	1194.49629	1261.0149	1351.6418	1448.0561	1561.0732	1720.9832
$T3$	350.728	380.656	377.176	468.056	518.464	622.88

表 B3. 35

相关系数矩阵的特征值			
	特征值	前后特征值的差值	贡献率	累计贡献率
1	.75341992	2.52627720	0.9178	0.9178
2	0.22714272	0.20770535	0.0757	0.9935
3	0.01943736		0.0065	1.0000

特征值所对应的特征向量		
	Prin1	Prin2	Prin3
$T1$	0.553224	0.832087	0.039687
$T2$	0.587397	0.423434	0.689687
$T2$	0.590684	0.358239	0.723019

对表 B3.34 与表 B3.35 中的数据进行分析得：

$$Prin1 = 0.553 \times T1 + 0.587 \times T2 + 0.591 \times T3$$

由第一主成分的表达式知其与 $T1$、$T2$、$T3$ 的关系. 由于此时只有一个主成分决定收费标准，而这个主成分又是由 $T1$、$T2$、$T3$ 构成，故可近似地认为第一主成分中的系数直接与收费标准相关. 为了满足 $a+b+c=1$，对系数进行一定的处理，得到 $a=0.323$，$b=0.337$，

$c = 0.340$,将其代入学费收费标准中得：

西部地区学费收费标准＝0.322×人均培养费用×政府确定的收费比例＋0.333×T2 ＋0.345×T3

表 B3.36

年份	2002	2003	2004
西部地区学费标准(元)	1584.01351	1638.050952	1727.979
实际收费(元)	3750	3213.57	
实际与预算差额(元)	2166	1574	
城镇家庭可支配收入(元)		19708	21966
农村家庭可支配收入(元)	4470	4694	5165
城镇与农村家庭收入差额(元)		15014	16801
预算学费占农村家庭总收入比例%	35.4	34.9	33.4
预算学费占城镇家庭总收入比例%		8.3	7.9
实际学费占农村家庭总收入比例%	48.4	68.4	
实际学费占城镇家庭总收入比例%		16.3	

我们通过表 B3.36 的对比分析可以得出按照我们所建立的模型标准,实际学费相对高出了应该收取的学费值,从 2002 年和 2003 年对比便可知道平均高出 1700 元左右,根据国家规定的标准,学费占家庭收入比例不应该大于 25%,而实际中 2002 年至 2005 年预测的结果中从农村家庭考虑,学费收取均高于该标准的限定,更何况实际生活学费的收取一般较预测值要高,虽然从城镇方面考虑分析收取的学费公为 8% 左右,但现实生活中农村人口与城镇人口是相当的,即使城镇人口都能承受得起学费,也有一定的满意度.

但从总体来看,还有大部分的农村人口很难承受这样高的学费标准,因为农村人口本来年收入就较城镇人口少很多,从上面的对比中可以看出 2003 年至 2004 年城镇与农村就相差 15000 元左右,可见同一地区其收入的差别,因而我们可以认为城乡差距是人们认为学费较高的一个重要因素,要消除这种因城乡差距而引起的认为学费高问题可以通过加强学校内部的助学金与其他一些贷款制度加以初步解决.

要从根本上消除人们认为学费高的观点就必须很好地解决城乡差距,这样才能将我们的学费标准与家庭收入及其他一些相关因素做出对应关系的一个通用学费算法,不然对于学费的制定还会是一大难题,因为若只是按照农村标准来收取学费,想想近一半的学生会是城镇人口,则国家对本科生教育的补助会迅猛上长,虽然片面说有利于教育事业的发展,也能更好地体现教育的公平性,但这不利于国家经济的发展,也会导致城乡差距的进一步扩大.当然由于该地区经济相对落后,国家应该在该地区加大教育的投入,使高等教育更好地得以普及.

表 B3.37　各个专业学费标准

时间	2002	2003	2004
工科	1544.48801	1598.525452	1688.454
文史	1475.58001	1530.617452	1618.546
艺术	1784.21701	1838.254452	1928.183
师范	1531.76901	1586.806452	1675.735
工科高于文史值(元)	69	69	69
艺术高于文史值(元)	309	309	309
师范高于文史值(元)	56	56	56

我们通过对上述不同专业的对比发现同一年份中(除艺术类外)的其他专业学费预测收取值没有太大的差距,这主要是因为不同专业的费用差别主要体现于生均培养费用上,而学费的折算中生均成本是其中一部分的比例,至于不同专业的生均培养费用差别我们可以从生均成本模型中加以对比分析,我们可以适当的设定不同专业学费的差别,从上表中可以看出不同年份各专业的差值基本上一样,这样我们认为可以在这几年基本上在专业之间学费的差距不做太大的变动.

(3)中部地区

表 B3.38

年份	1999	2000	2001	2002	2003	2004
生均预算内教育经费支出	10828.33	10627.35	10228.23	11768.27	3655.246	4323.098

结合中部地区的家庭年均收入和发达地区的人均生产总值,运用 SAS 软件对权重进行主成分分析.

收费标准=生均培养成本×政府确定的收费比例×a＋家庭年均收入×国际平均标准×b＋发达地区人均 GDP×国际平均标准×c

本文中,取政府确定的收费比例为 25%,两个国际平均标准前后分别为 20%,10%. 生均培养成本按照生均预算内教育经费支出/75%计算.

记 $T1$ 为生均培养成本×政府确定的收费比例,$T2$ 为家庭年均收入×国际平均标准,$T3$ 为发达地区人均 GDP×国际平均标准

$T1$、$T2$、$T3$ 的各年数据,整理如表 B3.39.

表 B3.39

年份	1999	2000	2001	2002	2003	2004
$T1$	3608.777	3542.45	3408.743	3923.09	1218.415	1441.033
$T2$	1301.3751	1371.287	1440.337	1580.629	1704.122	1928.174
$T3$	498.59	544.07	591.45	648.71	746.31	903.2796

表 B3. 40

	相关系数矩阵的特征值			
	特征值	前后特征值的差值	贡献率	累计贡献率
1	2.75456174	2.51192482	0.9182	0.9182
2	0.24263692	0.23983558	0.0809	0.9991
3	0.00280134		0.0009	1.0000

	特征值所对应的特征向量		
	Prin1	Prin2	Prin3
$T1$	0.549304	0.834193	0.048859
$T2$	0.588590	0.427757	0.685993
$T2$	0.593150	0.348061	0.725966

对表 B3.39 与表 B3.40 中的数据进行分析得：

$$Prin1 = 0.549 \times T1 + 0.589 \times T2 + 0.593 \times T3$$

由第一主成分的表达式知其与 $T1$、$T2$、$T3$ 的关系. 由于此时只有一个主成分决定收费标准, 而这个主成分又是由 $T1$、$T2$、$T3$ 构成, 故可近似地认为第一主成分中的系数直接与收费标准相关. 为了满足 $a+b+c=1$, 对系数进行一定的处理, 得到 $a=0.317$, $b=0.340$, $c=0.343$, 将其代入学费收费标准中得：

中部地区学费收费标准 $=0.317 \times$ 人均培养费用 $\times$ 政府确定的收费比例 $+0.34 \times T2 + 0.343 \times T3$

表 B3. 41

年份	2002	2003	2004
西部地区学费标准（元）	1856.3408	1931.512131	2061.059
实际收费（元）	4500	5646.18	
实际与预算差额（元）	2644	3715	
城镇家庭可支配收入（元）		23022	25852
农村家庭可支配收入（元）	7194	7599	8514
城镇与农村家庭收入差额（元）		15423	17338
预算学费占农村家庭总收入比例％	25.8	25.4	24.2
预算学费占城镇家庭总收入比例％		8.4	8
实际学费占农村家庭总收入比例％	62.5	74.3	
实际学费占城镇家庭总收入比例％		24.5	

我们通过上述表格的对比分析可以得出按照我们所建立的模型标准, 实际学费相对高出了应该收取的学费值, 从 2002 年和 2003 年对比便可知道平均高出 3000 元左右, 根据国家规定的标准, 学费占家庭收入比例不应该大于 25％, 而实际中 2002 年至 2004 年预测的

结果中从农村家庭考虑,预测学费收取较好地符合于该标准的限定,但实际生活学费的收取较高地偏离了这一标准,使农村人口无法承担高等教育费用,我们认为应该根据该地区的情况根据预测学费来收取高等教育学费,国家应该对该地区加大教育经费的投入,从而更好地体现高等教育的公平性原则.

表 B3.42 各个专业学费标准

时间	2002	2003	2004
工科	1802.49042	1877.661756	2007.209
文史	1735.52417	1810.695506	1940.243
艺术	2092.38692	2167.558256	2297.106
师范	1794.96167	1870.133006	1998.68
工科高于文史值(元)	67	67	67
艺术高于文史值(元)	357	357	357
师范高于文史值(元)	59	60	59

我们通过对上述不同专业的对比发现同一年份中(除艺术类外)的其他专业学费预测收取值没有太大的差距,这主要是因为不同专业的费用差别主要体现于生均培养费用上,而学费的折算中生均成本是其中一部分的比例,至于不同专业的生均培养费用差别我们可以从生均成本模型中加以对比分析,我们可以适当地设定不同专业学费的差别,特别是艺术类学费在该地区可以稍高于其他专业学费,从上表中可以看出不同年份各专业的差值基本上一样,这样我们认为可以在这几年基本上在专业之间学费的差距不做太大的变动.

表 B3.43

年份	2002	2003	2004	2005
发达地区学费预测标准(元)	4368.48241	4657.640892	5038.473	5400.959
西部地区学费预测标准(元)	1584.01351	1638.050952	1727.979	
中部地区学费预测标准(元)	1856.3408	1931.512131	2061.059	
东部地区学费预测标准(元)	3007.64721	3146.307252	3341.058	3540.294

通过表 B3.43 的分析可以发现西部和中部地区的预测学费没有很大的差异,两者大致相差 280 元左右,而发达地区和东部地区预测学费以及西部地区和东部地区预测学费有一定的差异,两地区之间平均相差 1400 元左右,而西部地区和发达地区有显著差异,两地区预测学费平均相差 3000 元左右,因而不同区域预测存在着较大的差异,这主要是因为不同地区发展程度不同,像西部和中部地区土地均价就相对较便宜,而东部地区和发达地区地价就相对较高,因而学费的预测定价应该很好地考虑区域特性,这样才能适应中国的国情,以期更好地促进教育事业的发展.

表 B3.44

区域	西部地区	中部地区	东部地区	发达地区
工科	1598.525452	1877.661756	3031.384752	5030.846
文史	1530.617452	1810.695506	2921.659752	5038.473
艺术	1838.254452	2167.558256	3641.802252	5161.211
师范	1586.806452	1870.133006	2990.382252	5015.744

我们通过表 B3.44 可以分析不同地区间相同类别院校之间的预测学费以及不同类别院校预测学费之间的差别,通过分析可以得知不同地区同一类别的院校预测学费相差较大,如工科类中西部还好相差 270 元左右,但东西部就相差 1400 元左右了,而发达地区预测学费相差就更大了,像西部地区和发达地区预测学费两者相差近 3400 元左右,所以不同专业在不同地区其预测学费应该根据该地区的经济发展状况来定,而不能全国搞平均,这样对于大部分人来说是不公平的,因为差异太大,取高取低都有失偏颇。

六、模型的评价

(一)优点

1)模型中收集并处理了大量的可信数据,通过各种数学方法与 MATLAB,SAS 等数学软件将数据资料转化成理论,使模型求解更符合事实,分析有据,更有可靠性。

2)通过划分不同地区、不同学校或专业、不同时域地收集与处理数据,减少盲目性,使得出的结果便于分析、更加准确、更加具有一般性。

3)本模型具有普遍应用性,适合绝大多数中国省份求解学费标准,通过改变变量值可以应用到其他国家的学费标准求解与其他费用求解(如:国家对医疗费用的投入、社会公基金标准等)。

4)在对家庭年均收入数据分析中,考虑到城镇与农村户口的比例,较为准确地对数据进行了处理。

(二)缺点

1)收集到的数据大多在 2005 年之前,与当前时间相距较远,在对当前或今后几年的各类所需项目进行分析时后产生一定偏差。

2)没有考虑政府对收费标准的比例按区域进行细分。

(三)报告分析

高等教育事关高素质人才培养、国家创新能力增强、和谐社会建设大局,因此受到了社会各界的高度重视和广泛关注。培养质量是高等教育的一个核心指标,而培养经费需要有相应的经费保障,因而培养费用的分担就是一个重要的问题,本文结合相应的文献对教育成本及教育成本分担做出一定的说明,并结合所建的模型给出 2002 年相应地区应该收取的学费,并结合当年各地区的所收取的学费做了一定的对比分析,另外我们对现有的收费做了相应的分析进而提出了一些有利于更好地促进教育事业发展的建议,从而让教育更公平,更合理,让更多的人受益于教育,让教育事业更好服务于人类社会。

首先我们通过陈雄在《学费收取标准的计算公式》中提出过的一个学费收费标准的计算

公式:收费标准＝生均培养成本×政府确定的收费比例,从而得 2002 年各地的预算学费,并结合 2002 年的实际学费作了一定的对比分析:

表 B3.45

单位:元

地区	合计	预计平均学费	已交平均学费	地区	合计	预计平均学费	已交平均学费
北京	26858.857	6714.964	4800	湖北	11132.98	2783.245	4300
天津	13878.79	3468.698	4800	湖南	10288.16	2572.29	4500
河北	11461.28	2865.32	3750	广东	20521.04	5130.26	4800
山西	10793.33	2698.333	3300	广西	12026.04	3006.51	3850
内蒙古	8527.17	2131.793	3200	海南	11642.55	2910.638	2900
辽宁	11054.02	2763.505	4600	重庆	12698.47	3174.868	3800
吉林	9882.91	2470.728	4000	四川	10074	2518.5	4300
黑龙江	10482.66	2620.665	3500	贵州	7203.07	1800.768	3750
上海	17547	4386.75	5000	云南	11851.41	2962.853	3100
江苏	12117.54	3028.385	4300	西藏	21611.14	5402.785	
浙江	20362.39	5090.598	4400	陕西	10727.03	2681.758	4000
安徽	8365.92	2091.48	3750	甘肃	9897.37	2474.343	4600
福建	14303.02	3575.755	4000	青海	9338.03	2334.508	3150
江西	9645.4	2411.35		宁夏	13016.77	3254.193	3000
山东	10606.33	2651.583		新疆	11274.41	2818.603	3500

由表 B3.45 数据可得:除北京、浙江、广东、宁夏这四个省(区、市)以外,其他省(区、市)2002 年已交平均学费都超过了预计平均学费.从中我们还得到,2002 年全国各省市中预计差距最大达到 1200 元,最小差距的是海南省,其预计较为准确.全国平均预计差距为 800 元左右.这样从一定意义上可以说明现定的学费收取情况有些偏高.

另外我们综合考虑了生均培养成本和家庭收入以及各地区的人均 GDP 作了一个综合的学费预算模型,通过该综合模型我们对划分的区域(发达地区、东部地区、西部地区、中部地区)以及不同类型院校作了一定的分析:

表 B3.46

地区	预测模型的好坏程度	实际学费高出预测学费平均值(元)	城镇与农村每户年收入差额(元)	实际学费收取是否合理		采取措施
				对农村户口而言	对城镇户口而言	
发达地区	较好	385	25000	较合理	合理	缩小城、农收入差距,助学补助
东部地区	较好	2500	25000	偏高	合理	降学费,缩小城、农收入差距,助学补助
西部地区	不太好	1700	15000	偏高	合理	降学费,缩小城、农收入额,助学补助,加大教育投入
中部地区	较好	3000	16000	偏高	合理	缩小城、农收入差距,助学补助,加大教育投入

年份	2002	2003	2004	2005
发达地区学费预测标准(元)	4368.48241	4657.640892	5038.473	5400.959
西部地区学费预测标准(元)	1584.01351	1638.050952	1727.979	
中部地区学费预测标准(元)	1856.3408	1931.512131	2061.059	
东部地区学费预测标准(元)	3007.64721	3146.307252	3341.058	3540.294

通过上表的分析可以发现西部和中部地区的预测学费没有很大的差异,两者大致相差 280 元左右,而发达地区和东部地区预测学费以及西部地区和东部地区预测学费有一定的差异,两地区之间平均相差 1400 元左右,而西部地区和发达地区有显著差异,两地区预测学费平均相差 3000 元左右,因而不同区域预测存在着较大的差异,这主要是因为不同地区发展程度不同,像西部和中部地区土地均价就相对较便宜,而东部地区和发达地区地价就相对较高,因而学费的预测定价应该很好地考虑区域特性,这样才能适应中国的国情,以期更好地促进教育事业的发展.

表 B3.47

区域	西部地区	中部地区	东部地区	发达地区
工科	1598.525452	1877.661756	3031.384752	5030.846
文史	1530.617452	1810.695506	2921.659752	5038.473
艺术	1838.254452	2167.558256	3641.802252	5161.211
师范	1586.806452	1870.133006	2990.382252	5015.744

我们通过上表可以分析不同地区间相同类别院校之间的预测学费以及不同类别院校预测学费之间的差别,通过分析可以得知不同地区同一类别的院校预测学费相差较大,如工科类中西部还好相差 270 元左右,但东西部就相差 1400 元左右了,而发达地区预测学费相差就更大了,像西部地区和发达地区预测学费两者相差近 3400 元左右,所以不同专业在不同地区其预测学费应该根据该地区的经济发展状况来定,而不能全国搞平均,这样对于大部分人来说是不公平的,因为差异太大,取高取低都有失偏颇.

因而从整体上讲我们模型二得到的预测学费模型还是能较好地预测出各地区相对合理的预测学费的:

收费标准=生均培养成本×政府确定的收费比例× a +家庭年均收入×国际平均标准× b +人均 GDP×国际平均标准× c

其中:《高等学校收费管理暂行办法》中制定的标准为学费占生均教育培养成本的比例不得超过 25%;

国际平均标准:学费占家庭平均年收入的 15%~20% 左右;

学费占人均 GDP 的 10% 左右;

a,b,c 为权重量,可根据不同地区情况选取;

从我们所做的模型中可以看出生均成本对于预测学费起了很大的作用,特别是不同类别的院校之间的预测学费差距. 为了更好地制定学费收取,我们对生均成本进行了一些探讨,并就所出现的问题给出相应对策,从这些方面努力,从而更好地推进教育事业发展,让教育普及更多的人,让高等教育的合理性从根本上真正地深入人心.

高等教育生培养成本是指在高等教育过程中为培养高等专门人才而耗费的物化劳动和活劳动的价值总和除以该校学生人数.

高等教育生均标准培养成本一般可分以下四类,如下表所示:

表 B3.48

项目(生均培养成本)	
一	固定资产类:(土地分摊、房屋分摊及维修、仪器设备折旧、图书购置及折旧)
二	日常教学维持费用:(用水、用电、物业、绿化、保安、教学维持费)
三	学生事务:(奖学金、助学金、勤工助学、困难补助、学生教育、军训及就业费用、医疗费)
四	生均人员费用:(生均在职人员收入、生均在职人员的各类住房类补贴、生均在职人员的五险)

根据教育成本分担理论,教育成本是制定收费标准的基本依据之一. 教育收费标准的制定除了要考虑教育成本以外,居民的支付能力、教育的社会需求和供给状况也是十分重要的因素.

目前我国经济尚不发达,各地居民收入尤其是农村人均收入普遍较低,而高等教育相对成本又很高,也就是说高等教育处于一种教育高成本和社会低承受能力的阶段,这一状况决定了我国目前只能是优先考虑居民的普遍经济承受能力,以居民收入作为确定收费标准的主要参照系数,首先通过对我国居民一般经济承受能力的分析,确定一个收费基准,然后在此基础上考虑教育成本以及教育供给与教育需求的情况做适当的调整,使得收费标准符合大多数人承受能力. 当人们对高等教育成本分担能力有了提高之后,高等教育收费标准可做相应的提高. 只有在我国经济发展到较高水平,高等教育生均收费标准相对水平调整到比较合理的前提下,收费标准的确定才可以不受支付能力的制约,才能考虑仅仅以成本或收益作为制定收费标准的主要依据.

既然教育成本是制定收费标准的基本依据之一,也是最重要的依据之一,那么教育成本要进行合理核算. 很好地进行教育成本核算的优点:

(1)有利于高等学校收费标准的确定.

(2)有利于优化高等教育资源的配置.

(3)有利于建立社会主义市场经济条件下的高等教育管理体制.

(4)使国家、学校和学生对各自的权利和义务有更清晰的认识.

我们可以做到:

1. 算管结合,算为管用

进行教育成本核算,首先要根据国家有关的法规和制度,以及学校的经费预算和相应的消耗定额,对发生的各项费用进行审核和控制,看应不应该开支;已经开支的,是否应该计入成本.

2. 正确确定教育成本的计算对象

教育活动的特点决定了培养不同类别、不同层次、不同专业的学生,其实验手段、设备配置、实习要求等等都是不同的,因而培养每类学生的成本费用也不相同. 为了便于加强控制和管理,笔者主张分别按院、系分专业和层次的学生作为成本计算对象,编制成本计算单,全面反映各系各专业各层次学生的教育总成本和单位成本.这样可以比较实际地反映每个学生的培养成本,保持教育计划与会计核算的一致性.

3.正确确定成本计算期

从理论上讲,成本的计算期应当与学生培养的周期一致.企业会计制度规定:产品成本按月进行核算.但教育成本与企业产品成本不同,因为培养一个大学生的周期一般为四年,有些专业长达六、七年.因此,教育成本的计算期不能向企业那样按月进行成本核算,但也不能跟学生的培养周期一样长,现行高校会计制度规定会计年度采用历年制,为了使教育成本的计算期与现行高校会计制度取得一致,教育成本的计算可按年进行.

4.根据教育成本的特点合理确定成本项目

5.正确划分各种费用界限

各系、各专业间的费用界线

6.教育费用的归集和分配

(1)教育成本核算的一般程序

①设立成本计算单;

②原始凭证的审核与汇总;

③登记总账与明细账;

④计算总成本与单位成本;

⑤编制成本报表.

(2)高等教育成本分担理论

高校收取国家规定范围内的学费,是代表国家意志的,是法律行为.我国实行高等教育收费制度主要依据有两点:一是高等教育成本分担理论,二是我国的实际国情.

7.建立有效的、可持续的国家助学贷款回收模式

对偿还国家助学贷款的方式和期限应该更加灵活一些.对于这些申请助学贷款的贫困学生来说,他们求学本身就是背负着家庭的生活重负或者原来已经有很重的债务负担,应该对贫困学生放宽贷款政策.

8.实行高校收费听证会制度

在以政府为主导制定收费标准的基础上,采用高校收费听证会制度以保证形成的收费政策的合理性和实施的可行性.高等教育收费改革是关系到千千万万个家庭的大事,与人民的生活密切相关,涉及政府、高校、学生及家长等各个方面,为避免"暗箱操作",使高校收费与人民群众承受力相适应,政府在确定收费标准之前必须经过充分的信息收集,了解各方面的情况.通过由政府有关部门、学校和学生家长代表和有关专家学者组成收费听证会,充分听取各方的声音,征求各方意见,从形式上保证政府为决策收集足够的信息和决策的依据,从制度上保证收费标准制定的合理性,使收费更为合理,易于为各方所接受,维护各方特别是处于弱势地位的学生及家长的利益.

如果能从上述方面好好地努力且国家公开出台相应的标准,则能让高等教育学费更深入人心,让更多的人信报高等教育实际所需的经费,在科学的指导下,在大家共同的努力下,并结合我国的实际我们能让教育事业更好地发展,让教育更好地体现公平性及教育的效率性,从而在根本上发挥高等教育的真正作用.

参考文献

〔1〕姜启源.数学模型(第三版).北京:高等教育出版社,2003

〔2〕李佩,马利华,陈立群.对我国今年普通高等教育经费投入的分析.北京工业大学学报(社会科学版)第5卷,第1期:2005.3

〔3〕周莹.高校收费标准的探讨.科技情报开发与经济,18(3):2008

〔4〕梅长林.数据分析方法.北京:高等教育出版社,2006

〔5〕阮桂角.SAS统计分析实用大全.北京:清华大学出版社,2003

〔6〕郑阿奇.MATLAB实用教程.北京:电子工业出版社,2005

〔7〕金兆丰,朱维盛.2006中国统计摘要.北京:中国统计出版社,2006

〔8〕中国教育统计年鉴2005.北京:人民教育出版社,2006

〔9〕中国统计年鉴2005.北京:中国统计出版社,2005

〔10〕王培根.高等教育经济学.北京:经济管理出版社,2004

〔11〕中国教育统计年鉴2006.北京:人民教育出版社,2006

〔12〕浙江统计年鉴2003.北京:中国统计出版社,2003

〔13〕张磊,姜孟瑞.教育统计分析方法.北京:科学出版社,2007

〔14〕宗文龙.高等教育成本核算与控制研究.北京:中国财政经济出版社,2006

〔15〕陈华亭.中国教育筹资问题研究.北京:中国财政经济出版社,2006

〔16〕廖楚晖.教育财政学.北京:北京大学出版社,2006

〔17〕李晶.高等学校生均标准培养成本研究.厦门大学硕士研究生论文,2008

B4　眼科病床安排模型

简要点评：

本文所研究问题选自 2009 年全国大学生数学建模竞赛 B 题，考虑人们司空见惯的日常生活现象——医院住院排队问题．问题本身比较容易理解，学生很自然地会将其归类于排队论问题，但由于问题本身存在较多的细节需要处理，如直接应用排队论理论解决问题可能会比较困难，可以考虑应用仿真和模拟计算方法去解决问题．

本文所选论文是获全国大学生数学建模竞赛二等奖的论文，根据提供的数据，对病人预约排队的分布以及手术后住院时间的分布作适当拟合和检验，得出病人的到达率服从 Poisson 分布，而不同类别的病人在住院接受治疗期间的服务时间并不一定服从负指数分布．利用排队论方法对医院原有的排队系统分析得到当前医院采用的排队系统是非强占式优先系统．将病人按照所患疾病类别进行整合的方法，建立三类不同容量的无损失 M/M/c 排队模型，给出了一个实际可行的病床分配方案．对于问题一，利用层次分析法（AHP）构建病床分配评价指标体系．对于问题二，利用排队系统确定出第二天拟出院病人以及第二天应安排入院的病人；借助于问题一中的评价指标体系，可评估得新模型较原来的模型平均缩短病人看病总时间 2.7 天的结论．对于问题三，根据当前医院的病床安排和病人等待入院的情况可以预测病人的大致入院时间区间．对于问题四，排队模型并不能起到很大的作用，要尽量减少病人逗留时间值的可行方案是改变手术时间．对于问题五，将病人分为白内障、其他眼科疾病和外伤，最终的排队模型中三类病人所占用的病床数分别为 26、42 和 11 张，且可得系统内所有病人平均逗留时间为 35.4 天．

本文对全部五个问题进行了充分的分析，并且得到了相应的结果和解决方案，特点是对于不同类别的病人建立了三个相互独立 M/M/c 模型，并确立了最优化的病床分配方案．本文中存在的主要问题是基于层析分析法构建评价指标体系，带有很大的主观性，公平性考虑不足，需要尽量从实际出发，客观地定量给出评价指标．

摘要　本文解决的是医院病床安排问题，目的在于得出最优化的病床分配方案．首先在实际调研数据的基础上对来医院就诊的各类病人进行统计分析，得出病人的到达率服从 Poisson 分布，而不同类别的病人在住院接受治疗期间的时间并不一定服从负指数分布．利用排队论方法对医院原有的排队系统分析可知当前医院采用的排队系统是非强占式优先模型．对此文中提出将病人按照所患疾病类别进行整合的方法，可得三类不同容量的无损失 M/M/c 排队模型．

本文利用上述方法较好地解决了问题，并得出了一个实际可行的病床分配方案．

对于问题一，文中引进由层次分析法（AHP）所构建的病床分配评价指标体系．

对于问题二，利用此模型的排队系统可以确定出第二天拟出院病人（表 B4.8）以及第二天应安排入院的病人（表 B4.9）；借助于问题一中的评价指标体系，可评估得新模型较原来的模型平均缩短病人看病总时间 2.7 天的结论．

对于问题三,根据当前医院的病床安排和病人等待入院的情况可以预测病人的大致入院时间区间(表 B4.13、表 B4.14).

对于问题四,排队模型并不能起到很大的作用,要尽量减少病人逗留时间值的可行方案是改变手术时间.

对于问题五,将病人分为白内障、其他眼科疾病和外伤,最终的排队模型中三类病人所占用的病床数分别为 26、42 和 11 张,且可得系统内所有病人平均逗留时间为 35.4 天.

总之,本文对全部五个问题进行了充分的分析,并且得到了相应的结果或解决方案.特点是对于不同类别的病人建立了三个相互独立 M/M/c 模型,并确立了最优化的病床分配方案.

一、问题的提出

医院就医排队是大家都非常熟悉的现象,它以这样或那样的形式出现在我们面前,例如,患者到门诊就诊、到收费处划价、到药房取药、到注射室打针、等待住院等,往往需要排队等待接受某种服务.

某医院眼科门诊每天开放,住院部共有病床 79 张.该医院眼科手术主要分四大类:白内障、视网膜疾病、青光眼和外伤.

白内障手术较简单,而且没有急症.目前该院是每周一、三做白内障手术,此类病人的术前准备时间只需 1、2 天.做两只眼的病人比做一只眼的要多一些,大约占到 60%.如果要做双眼是周一先做一只,周三再做另一只.

外伤疾病通常属于急症,病床有空时立即安排住院,住院后第二天便会安排手术.

其他眼科疾病比较复杂,有各种不同情况,但大致住院以后 2~3 天内就可以接受手术,主要是术后的观察时间较长.这类疾病手术时间可根据需要安排,一般不安排在周一、周三.由于急症数量较少,建模时这些眼科疾病可不考虑急症.

该医院眼科手术条件比较充分,在考虑病床安排时可不考虑手术条件的限制,但考虑到手术医生的安排问题,通常情况下白内障手术与其他眼科手术(急症除外)不安排在同一天做.

当前该住院部对全体非急症病人是按照 FCFS(First come, First serve)规则安排住院,但等待住院病人队列却越来越长,医院方面希望能通过数学建模来帮助解决该住院部的病床合理安排问题,以提高对医院资源的有效利用.

问题一:试分析确定合理的评价指标体系,用以评价该问题的病床安排模型的优劣.

问题二:试就该住院部当前的情况,建立合理的病床安排模型,以根据已知的第二天拟出院病人数来确定第二天应该安排哪些病人住院.并对你们的模型利用问题一中的指标体系作出评价.

问题三:作为病人,自然希望尽早知道自己大约何时能住院.能否根据当时住院病人及等待住院病人的统计情况,在病人门诊时即告知其大致入住时间区间.

问题四:若该住院部周六、周日不安排手术,请你们重新回答问题二,医院的手术时间安排是否应作出相应调整?

问题五:有人从便于管理的角度提出建议,在一般情形下,医院病床安排可采取使各类病人占用病床的比例大致固定的方案,试就此方案,建立使得所有病人在系统内的平均逗留时间(含等待入院及住院时间)最短的病床比例分配模型.

二、问题的分析

2.1 病床服务系统的模型

2.1.1 系统结构

将该医院的眼科病床服务系统作为一个大系统,其各类眼科手术的病床安排系统作为子系统,眼科病床服务系统的服务对象是各类眼科手术病人中需接受住院的治疗者.就诊者经过门诊排队服务系统,一部分离院,一部分来到病床安排系统,在相应眼科手术排队接受服务.若将病床作为服务台,则该眼科病床服务系统形成一个多队列、多服务台并联的排队服务系统,其结构见图 B4.1.

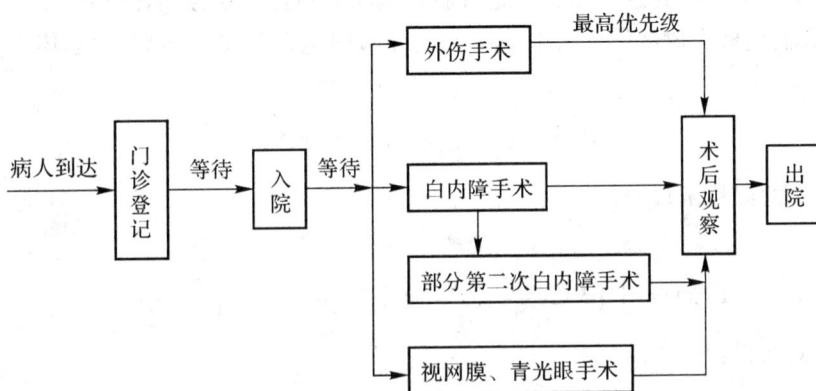

图 B4.1 病人就医排队系统

2.1.2 系统特征

由于每类眼科手术病床安排系统(即各子系统 $S1, S2, \cdots, S_m$)的输入过程、排队过程及服务过程都相似,所以下面分析的特征对每个子系统都适用.

(1)输入过程.病床服务系统的患者来自全社会,患者相对于病床数量是无限的,即客源无限.服务对象需先经门诊服务,因此到达方式是单个的.患者的到达又是相互独立的.患者到达的时间间隔是随机的,其分布函数具有以下性质:

①患者的到达是相互独立的;

②患者到达具有无后效性,且在充分小的时间内到达 2 个或 2 个以上患者的概率极小;

③对充分小的 Δt,在时间区间 $[t, t+\Delta t]$ 内有一个患者到达的概率与 Δt 成正比关系,在 1s 或更短的时间内,可以近似看作与 t 无关,因此在处理时,假设与 Δt 无关.依据以上分析,可认为住院病人的到达理论上服从泊松分布.

(2)排队过程.对于各类眼科手术的病床安排系统,患者到达后若病床有空,则立即接受服务;若服务台都不空,则病人或是转院,或是离去.离去者可能以后再来就诊.为简化问题,将这一部分再来的患者,认为是另外一些患者,即考虑排队服务系统是损失制的.

(3)服务过程.各类眼科病床安排系统服务台是并联的,每个病床每次只服务 1 个病人.服务时间是随机的,其分布较复杂,但可从历史资料中提取经验分布.

2.2 数据分析

数据显示自 2008 年 7 月 13 日到 2008 年 9 月 11 日这段时间各类病人的情况,从进入门诊登记到最后出院的整个过程,依此我们可以得出新的病人到来的模式,并得出不同病人住院以后在医院进行术后观察的时间分布情况.

2.2.1 到达情况

数据显示 2008 年 7 月 13 日到 2008 年 9 月 11 日这段时间内在门诊处登记的病人为530 例,其中白内障 233 例(含双眼 133 例),青光眼 63 例,视网膜疾病 170 例,外伤 64 例,平均每天到达的病人数为 8.69 人. 由下面拟合的直方图可以明显看出,每天到达的病人数和参数为 8.69 的 Poisson 分布很接近,由此可以假设之后到来的病人服从参数 $\lambda = 8.69$ 的Poisson 分布.

我们对单位时间内到达的顾客数是否服从泊松分布进行卡方拟合检验[5].

首先,我们用极大似然估计法来估计泊松分布中包含的未知参数. 设总体 X 服从泊松分布.

$$P(X=k)=\frac{\lambda^k}{k!}\mathrm{e}^{-k},k=0,1,2,\cdots$$

则参数 λ 的似然函数为:

$$L(\lambda) = \prod_{i=1}^{n} P(X=x_i) = \prod_{i=1}^{n} \frac{\lambda^{x_i}}{x_i!}\mathrm{e}^{-\lambda} = \frac{\lambda^{\sum_{i=1}^{n} x_i}}{x_1!\cdots x_n!}\mathrm{e}^{-n\lambda}$$

两边取对数得:

$$\ln L(\lambda) = -n\lambda + \sum_{i=1}^{n} x_i \ln(\lambda) - \sum_{i=1}^{n} \ln(x_i!)$$

得似然方程:

$$\frac{\mathrm{d}\ln L(\lambda)}{\mathrm{d}\lambda} = -n + \frac{1}{\lambda}\sum_{i=1}^{n} x_i = 0$$

解得:

$$\hat{\lambda} = \frac{1}{n}\sum_{i=1}^{n} x_i = \bar{x}$$

又由计算知:

$$\frac{\mathrm{d}^2 \ln L(\lambda)}{\mathrm{d}\lambda^2}\bigg|_{\lambda=\bar{x}} = \frac{-n\bar{x}}{\lambda^2}\bigg|_{\lambda=\bar{x}} = -\frac{n}{\bar{x}} < 0$$

故参数 λ 的极大似然估计量为:

$$\hat{\lambda} = \bar{x}$$

患者的平均到达率为 8.69,由卡方检验可知单位时间内到达的客户服从 λ 为 8.69 的Poisson 分布. 进一步的,使用该 Poisson 分布拟合实际过程中到达的患者数,其结果如图B4.2 所示.

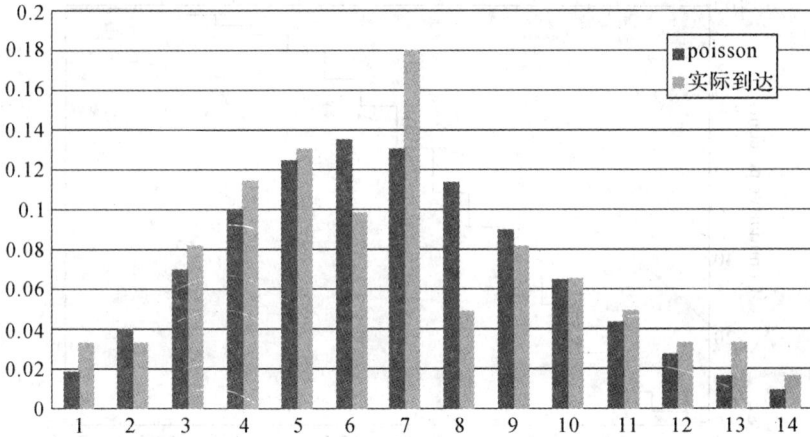

图 B4.2　Poisson 分布拟合实际过程中到达的患者数

　　从图中可以看出 Poisson 分布可以很好地拟合实际中到医院就医的病人数目,这和使用卡方分布检验所得的结果是一致的.由此可以假设医院病人到达过程服从 Poisson 分布.

2.2.2 服务时间

　　为了研究系统中病人接受服务时间的概率分布,根据调查的原始数据用极大似然估计法来估计理论分布中包含的未知参数 μ.

　　设患者的服务时间 T 服从负指数分布

$$\varphi(t) = \begin{cases} \mu e^{-\mu t}, t > 0 \\ 0, t \leqslant 0 \end{cases} (\lambda > 0)$$

　　则参数 μ 的似然函数为:

$$L(\mu) = \prod_{i=1}^{n} \varphi(t_i) = \prod_{i=1}^{n} \mu e^{-\mu t} = \mu^n e^{-\mu \sum_{i=1}^{n} t_i}$$

　　两边取对数得:

$$\ln L(\mu) = n\ln\mu - \left(\sum_{i=1}^{n} t_i\right)\mu = n(\ln\mu - \bar{t}\mu)$$

　　似然方程为:

$$\frac{\mathrm{d}\ln L(\mu)}{\mathrm{d}\mu} = n\left(\frac{1}{\mu} - \bar{t}\right) = 0$$

　　可算得:

$$\frac{\mathrm{d}^2 \ln L(\mu)}{\mathrm{d}\mu^2}\bigg|_{\mu=\frac{1}{\bar{t}}} = \frac{n}{\mu^2}\bigg|_{\mu=\frac{1}{\bar{t}}} < 0$$

　　故参数 μ 的极大似然估计量为:

$$\hat{\mu} = \frac{1}{T}$$

　　检验可知实际服务时间并不符合负指数分布.为了确定服务时间的分布,采用 SAS 的 capability 过程[10]对其进行经验分布函数曲线拟合.可得在指数分布和正态分布曲线时两种曲线的拟合结果如图 B4.3,B4.4 所示:

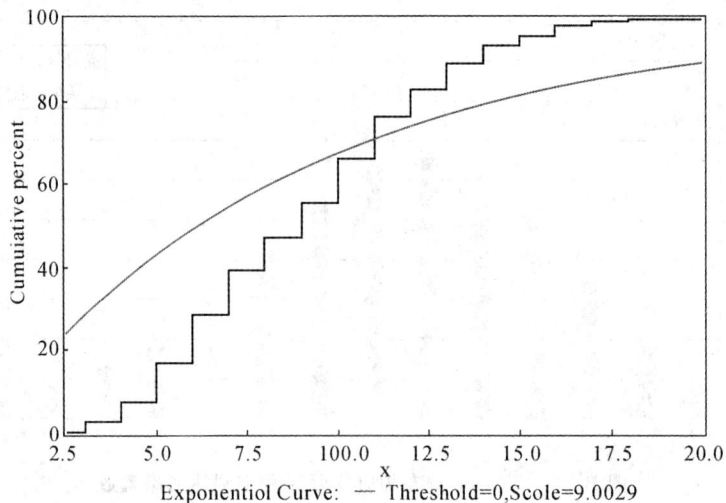

图 B4.3　指数分布经验拟合图

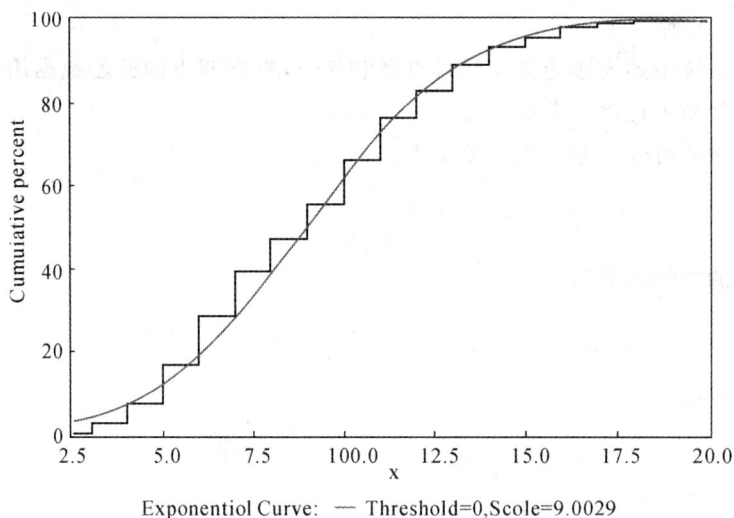

图 B4.4　正态分布经验拟合图

可见指数分布的经验拟合图拟合程度非常差,而正态分布的经验拟合图的拟合程度则相当好,故而可假设所有的病人在住院期间接受服务的时间是服从正态分布的.同样的,可以拟合得出不同类别患者接受服务的时间分布,白内障、外伤疾病以及其他眼科疾病均符合负指数分布.

2.2.3 等待规则

对于不同的眼科病患者来说,他们需要面对不同的治疗.鉴于医院的资源配置和患者的实际情况,可将患者分为三类:白内障(含双眼白内障),外伤疾病(急症)和其他眼科疾病(青光眼和视网膜疾病).对于三类疾病予以以下不同的治疗方案:

●白内障:每周一和周三进行手术,准备时间为 1～2 天,且双眼白内障患者占总患者的 60%左右;

●外伤:急症,有床位空缺则立即安排住院,住院第二天进行手术;

●其他眼科疾病:住院后 2~3 内接受手术,且观察时间较长,一般手术时间不在周一和周三.

2.2.4 等待情况分布

一个病人在从住院接受治疗开始到他离开医院的这段时间被称为 LOS(Length Of Stay). 因此,可以将病人平均的住院时间记为 ALOS(Average Length Of Stay),资料显示,LOS 分布一般具有高变动性,根据概率论的参数理论,我们引进参数 ρ 作为描述分布中离中趋势的参数.并将它定义为标准差 σ 与平均值 μ 的比值:

$$\rho = \frac{\sigma}{\mu}$$

该参数是衡量护理过程的一个非常重要参数,一般来说 $\rho \geqslant 1$,对于指数分布来说,$\rho = 1$.另外,真正的 LOS 时间并不是数据中显示的时间,其中不应该包括医院内部一些因为调整关系带来的耽误,如要转入另外一个手术时没有床位,病人不得不等待,这就造成了 LOS 时间损失,这种因素是客观存在的,一般估计可以达到总 LOS 时间的 20%~30%[6].本文中不讨论这种因素所造成的影响,默认 LOS 时间为全部有效的.

对于各类疾病患者在不同阶段的等待情况作了表 B4.1 的总结:

表 B4.1　各类疾病患者在不同阶段的等待情况

疾病类型	系统时间	u	Median	var	$p = var/u$
白内障	等待住院	12.68	13.00	1.09	0.09
	等待手术	2.38	2.00	1.28	0.54
	术后护理	2.90	3.00	0.70	0.24
白内障(双眼)	等待住院	12.53	13.00	0.84	0.07
	等待手术	3.66	3.00	1.96	0.54
	术后护理	2.95	3.00	0.60	0.20
青光眼	等待住院	12.31	12.00	1.11	0.09
	等待手术	2.42	2.00	0.50	0.21
	术后护理	8.08	8.00	1.58	0.20
视网膜疾病	等待住院	12.56	12.00	1.11	0.09
	等待手术	2.37	2.00	0.49	0.20
	术后护理	10.32	10.00	2.28	0.22
外伤	等待住院	1.00	1.00	0.00	0.00
	等待手术	1.00	1.00	0.00	0.00
	术后护理	6.04	6.00	1.84	0.30

对各类时间的具体描述分析如下:

2.2.4.1 等待住院

在门诊处登记后需要等待住院的通知,由于受到医院的病床数限制,并非当天即可住院的,不同病患的平均等待时间也不尽相同.

除外伤这类急症不需等待外,其余病患均需在登记后 12～13 天内才能入院接受治疗.

2.2.4.2 等待手术

住院期间,所有眼科病人的 ALOS 时间为 9 天,对于不同类别的病人来说,ALOS 时间也不尽相同.

从住院开始到接受手术期间,双眼白内障手术需等待平均时间最长,为 3.63 天,外伤最短,仅需一天,而其余的均在 2.5 天左右.单眼白内障患者比双眼白内障患者等待时间短的主要原因是该类患者的手术可以在周三进行,而双眼的手术只能在周一进行.

2.2.4.3 术后护理

术后护理时间为完成手术直到出院的这段时间,其中双眼白内障患者以第二次手术完成后为准.

整个术后护理期间,白内障患者所需护理时间最短,平均为 2.9 天左右,外伤类急症经过手术后平均需护理 6.04 天即可出院,而其他类疾病虽然手术安排较为简单,但术后护理时间较长,其中青光眼平均需 8.08 天,视网膜疾病平均需 10.17 天.

2.3 系统容量对需求的影响[7]

这部分中我们讨论到病床容量对于到达的眼科病人数和停留时间长短的变化,此部分中将引入排队论,为了论证该理论,我们假设所有患者到达的时间服从 Poisson 分布,服务时间服从负指数分布且病床的数目是无限的,这样在结论中可以得出满足所有需求的病床数目,为医院的病床数目提供一个参考标准.虽然实际中病床数目不一定可以满足需求,且有病人因医院无法提供服务而去另外的医院,这些在本部分中均不考虑.

在数据分析一节中我们已经说明了医院病者到达率是服从 Poisson 分布的,为了处理简单起见,假定在提供服务的时间服从负指数分布,这样可以得出"Kendall 记号"中的 M/M/∞ 形式的排队系统.可使用下述符号来描述该排队系统:

- λ:平均到达率;
- μ:平均等待时间;
- $B(t)$:时间 t 时系统中被占用病床数/病人数.

根据 Little 的理论,上述三个参数间有如下的关系:

$$B(t) = \lambda \cdot \mu$$

由于病人到达数目和服务等待时间的长短变动是超过平均基础的,如整个医院眼科平均每天有 5 个患者,每个患者的服务时间为 6,则可以预测眼科的病人数为 30.在 M/M/∞ 模型中,可以很容易计算被使用的病床数:

$$P_i = \frac{(\mu\lambda)^i}{i!} e^{-\lambda\mu}$$

如 30 张病床被使用的概率为:

$$P(i > 30) = \sum_{i=31}^{\infty} P_i = \sum_{i=31}^{\infty} \frac{30^i}{i!} e^{-30} = 0.45$$

即由于病人数目和就医时间长短的变动,30 张病床有 45% 的概率被使用.在这种情况下,由平均值计算的方法是不可行的,这被称为平均值的瑕疵.Gallivan et al. 提出为避免病人流失,至少 30% 的储备率是必要的.

对于各类病人使用平稳状态分析,即到达率的变化可忽略,在 M/M/∞ 模型中计算可的各类病人需占用的病床数目.白内障病人 10 张,白内障(双眼)21 张,青光眼 16 张,视网膜疾病 36 张,外伤 11 张.被占用的病床概率分布可用指数分布来描述.当然,这些病床数目的总和为 94,已经超过了医院拥有的病床数 79 张,故无法完全满足各类需求,需要对各类病患进行分配处理.

三、基本假设

1. 医院进行手术的条件充足,无客观因素限制.
2. 假设病人到达时间间隔平稳,且符合 Poisson 分布.
3. 等待住院的病人无任何损失.
4. 病人相对于病床数量是无限源.
5. 假设病人住院时间符合一般分布.

四、评价指标体系的确立

4.1 建立评价指标体系

4.1.1 评价指标体系的指标选取原则[1]

(1)科学性原则

(2)系统优化原则

(3)通用可比原则

(4)实用性原则

(5)目标导向原则

评价的目的不是单纯评出名次及优劣的程度,更重要的是引导和鼓励被评价对象向正确的方向和目标发展.绩效考评是管理工作中控制环节的重要工作内容,采用"黑箱"的方法利用实际成果的评价对被评价对象的行为加以控制,引导其向目标靠近,即目标导向的作用.

4.1.2 评价指标体系的指标选取[3]

立足现有统计报表资料,尽量选取操作性强、人为因素小的指标,使选取的指标贡献大、确定性好、敏感度高、代表性强,以涵盖影响病床安排的各方面,我们将分别从平均等待的病人数、排队系统中的平均病人数、正在接受服务的平均病人数、病人平均等待时间、病人在系统中的平均停留时间、病人平均服务时间六个指标进行评价.

2 权重确定

权重大小直接影响评价结果,因此权重确定为重中之重.我们采用层次分析法(Analytic Hierarchy Process,简称 AHP)[4],通过对权重系数的确定,得出各层次的权重及各指标的权重.

4.2.1 层次分析法的基本原理

在进行系统分析时,我们经常会碰到这样一类情况:有些问题难以甚至根本不可能建立数学模型来进行单纯的定量分析;也可能由于时间紧迫,对有些问题来不及进行过细的定量分析,只需做出初步的选择和大致的判断.例如选择一个新厂的厂址;购买一台重要设备;确定到哪里去旅游度假等这些都需要进行定性与定量相结合才能完成整个决策过程.这时,我们若应用层次分析法进行分析,就可以简便而迅速地解决问题.

利用层次分析法分析问题时,首先将所要分析的问题层次化,根据问题的性质和所要达到的总目标,将问题分解为不同的组成因素,并按照这些因素间的相互关联以及隶属关系将因素按不同层次聚集结合,形成一个多层次的分析结构模型.最后将该问题转化为最底层相对最高(总目标)的比较优劣的排序问题.借助这些排序,最终可以对所分析的问题作出评价和决策.

层次分析法简化了系统分析和计算,把一些定性的因素进行定量化,是分析多目标、多准则、多因素的复杂系统的有力工具.它具有思路清晰、方法简便、适用度广、系统性强等特点,便于普及推广,是人们工作和生活中思考问题、解决问题的一种比较好的方法.

4.2.2 层次分析法的优点

第一,实用性.用 AHP 进行决策,输入的信息主要是决策者的选择与判断.决策过程充分反映了决策者对决策问题的认识,加之比较容易掌握这种方法,这就使以往决策者与决策分析难于相互沟通的状况得到改变.在多数情况下,决策者可以直接使用 AHP 进行决策,这就大大增强了决策的实用性.

第二,简洁性.了解 AHP 的基本原理并掌握它的基本步骤,对于具有高中文化程度的人并不困难.用 AHP 进行决策可以不用计算机,一个简单计算器足以完成全部运算,所得的结果简单明确,一目了然.也可以运用 MATLAB 软件来减少计算量使得计算结果更精确.

第三,适用性.AHP 不仅能进行定量分析,还可以进行定性分析.它把决策过程中定性与定量因素有机地结合起来,用同一方式进行处理,AHP 也是一种最优化技术,从科学的隶属关系看,人们往往把 AHP 归为多目标决策的一个分支.但 AHP 改变了最优化技术只能处理定量分析问题的传统观念,使它的应用范围大大扩展.许多决策问题如资源分配、冲突分析、方案评比、计划等均可使用 AHP,对某些预测、系统分析、规划问题,AHP 也不失为一种有效方法.

第四,系统性.AHP 的特点是把问题看成一个系统,在研究系统各组成部分相互关系以及系统所处环境的基础上进行决策.对于复杂问题系统方式是有效的决策思维方式.相当广泛的一类系统具有递阶层次的形式,AHP 恰恰反映了这类系统的决策特点.

4.2.3 层次分析法的步骤

运用层次分析法分析问题时一般需要经历以下五个步骤:

(1)分析系统中各因素间的关系,建立系统的递阶层次结构.

(2)构造两两比较的判断矩阵.判断矩阵元素的值反映了人们对因素关于目标的相对重要性的认识.在相邻的两个层次中,高层次为目标,低层次为因素.

(3)由判断矩阵计算被比较元素对于选定准则的相对权重.

(4)层次单排序及其一致性检验.若 $A\omega = \lambda_{max}\omega A$,将 ω 归一化,即为诸因素对于目标的相对重要性的权重向量,计算出判断矩阵一致性指标 CI(Consistency Index)值.当随机一致性比率 CR(Consistency Ratio)<0.1 时,则认为层次单排序的结果有满意的一致性,否则需要调整判断矩阵的元素取值.

(5)层次总排序及其一致性检验.计算同一层次所有因素对于最高层(总目标)相对重要性的排序权值,称为层次总排序,这一过程是最高层次到最低层次逐层进行的.若上一层次

A 包括 m 个因素 $A_1, A_2, \cdots, A_m$，其层次总排序的权值分别为 $a_1, a_2, \cdots, a_m$；下一层次 B 包含 n 个因素 $B_1, B_2, \cdots, B_m$，它们对于因素 A_j 的层次单排序的权值分别为 $b_{1j}, b_{2j}, \cdots, b_{nj}$（当 B_k 与 A_j 无联系时，$b_{kj} = 0$）.

4.2.4 建立递阶层次结构

建立问题的递阶层次结构模型是 AHP 中最重要的一步．将问题所包含的要素按属性不同而分层，可以划分为目标层、要素层和方案层．同一层次元素作为准则，对下一层次的某些元素起支配作用，同时它又受上一层次元素的支配．这种从上至下的支配关系形成了一个递阶层次．目标层通常只有一个元素，表示解决问题的目的，这里目标层为病床的合理安排（A）．这是个复杂的系统问题，影响病床安排决策的要素层可归结为病人平均等待时间（B1）、病人在系统中的平均停留时间（B2）、病人平均服务时间（B3）．这样就可以建立目标（病床合理安排）层到要素层的层次结构．层次结构如图 B4.5 所示．

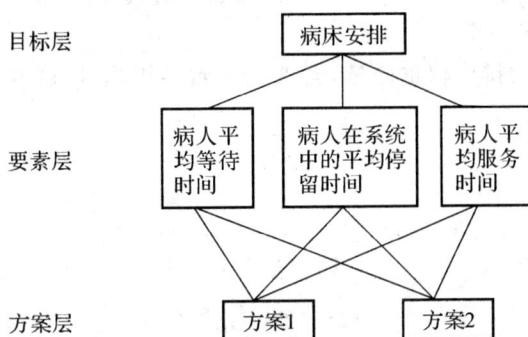

图 B4.5　病床安排层次结构模型

4.2.5 构造判断矩阵

AHP 是通过多层次来分析影响病床安排决策的各种因素，至于这些因素对于病床安排决策的具体影响程度，可以通过构造判断矩阵来判断．AHP 判断矩阵元素的值反映了人们基于客观实际对各因素相对重要性的主观认识与评价，采用基数 $1, 2, \cdots, 9$ 及其倒数的标度方法（见表 B4.2），其具体数据值可以与调查问卷和相关理论相结合分析给出．

表 B4.2　判断矩阵评判标度

标度	定义
1	两个元素同样重要
3	a 元素比 b 元素稍重要
5	a 元素比 b 元素较重要
7	a 元素比 b 明显重要
9	a 元素比 b 极端重要
2,4,6,8	上述两相邻的中间值
倒数	因素交换次序比较的重要性

我们根据提供的 2008 年 7 月 13 日到 2008 年 8 月 11 日的病人信息，及评判标度，统计

分析计算要素层病人平均等待时间、病人在系统中的平均停留时间、病人平均服务时间三个准则对目标层的影响程度,得出要素层对目标层的判断矩阵,如表 B4.3.

表 B4.3　要素层对目标层的判断矩阵

A	B1	B2	B3
B1	1	1/2	6/7
B2	2	1	3/2
B3	7/6	2/3	1

4.2.6 相对权重的计算

在给定准则下,由因素之间两两比较判断矩阵导出相对排序权重的方法有许多种,我们在这先介绍提出最早、应用最广泛、又有重要理论意义的特征根法.

4.2.6.1 特征根方法

设是 n 阶判断矩阵的排序权重向量,当 A 为一致性矩阵时,显然有

$$A = \begin{bmatrix} \dfrac{\omega_1}{\omega_1} & \dfrac{\omega_1}{\omega_2} & \cdots & \dfrac{\omega_1}{\omega_n} \\ \dfrac{\omega_2}{\omega_1} & \dfrac{\omega_2}{\omega_2} & \cdots & \dfrac{\omega_2}{\omega_n} \\ \vdots & \vdots & \ddots & \vdots \\ \dfrac{\omega_n}{\omega_1} & \dfrac{\omega_n}{\omega_2} & \cdots & \dfrac{\omega_n}{\omega_n} \end{bmatrix}$$

因而满足

$$AW = nW$$

这里 n 是 A 的最大特征根,W 是相应的特征向量,对于一般的判断矩阵 A 有

$$AW = \lambda_{max} W$$

这里 λ_{max} 是 A 的最大特征根(也称主特征根),W 是相应的特征向量(也称主特征向量),经归一化后就可近似作为排序权重向量.

最大特征根及其特征向量的精确算法可以用线性代数中求矩阵特征根的方法求出所有的特征根,然后再找一个最大特征根,并找出它对应的特征向量.当判断矩阵的阶数较高时,此方法就要求解 A 的 n 次方程且要把所有的 n 个特征根都找到,才能比较其大小.这给计算带来了一定的困难.鉴于判断矩阵有它的特殊性,我们在这里选用和积法来计算.

4.2.6.2 和积法

和积法的基本过程是把判断矩阵的每一列向量归一化,再对这个新矩阵的每一行向量的元素采用算术平均,最后归一化即得到排序权重向量.

和积算法的具体步骤(这里以要素层相对于总目标层 A 的两两比较判断矩阵为例):

(1)将判断矩阵的每一列元素作归一化处理,其元素的一般向为:

$$\frac{b_{ij}}{\sum\limits_{1}^{n} b_{ij}} = \frac{b_{ij}}{\sum\limits_{1}^{n} b_{ij}} (i, j = 1, 2, \cdots, n)$$

计算结果见表 B4.4.

表 B4.4 要素层对目标层的判断矩阵按列归一

A	B1	B2	B3
B1	0.24	0.2308	0.2533
B2	0.48	0.4615	0.4468
B3	0.28	0.3077	0.2979

(2)将每一列归一化处理后的判断矩阵按行相加为：

$$\overline{W_i} = \sum_1^n \overline{b_{ij}} \quad (i=1,2,\cdots,n)$$

结果见表 B4.5.

表 B4.5 按行求和情况

A	B1	B2	B3	Σ
B1	0.24	0.2308	0.2533	0.726
B2	0.48	0.4615	0.4468	1.3884
B3	0.28	0.3077	0.2979	0.8856

(3)对向量 $W=(\overline{W_1},\overline{W_2},\cdots,\overline{W_n})'$ 归一化处理,见表 B4.6.

$$W_i = \frac{\overline{W_i}}{\sum_1^n \overline{W_j}} \quad (i=1,2,\cdots,n)$$

表 B4.6 归一化处理后的特征向量

A	B1	B2	B3	W
B1	0.24	0.2308	0.2533	0.2420
B2	0.48	0.4615	0.4468	0.4628
B3	0.28	0.3077	0.2979	0.2952

$W=(0.2420,0.4628,0.2952)'$ 即为所求的特征向量的近似解,也是要素层相对于总目标层 A 的两两比较判断矩阵的权重向量.

(4)计算判断矩阵的最大特征根 $\lambda_{\max}$：

$$\lambda_{\max} = \sum_1^n \frac{(BW)_i}{nW_i}$$

$$(BW) = \begin{bmatrix} 1 & 1/2 & 6/7 \\ 2 & 1 & 3/2 \\ 7/6 & 2/3 & 1 \end{bmatrix} \times \begin{bmatrix} 0.2420 \\ 0.4628 \\ 0.2952 \end{bmatrix} = \begin{bmatrix} 0.7264 \\ 1.3896 \\ 0.8860 \end{bmatrix}$$

$$\lambda_{\max} = \sum_1^n \frac{(BW)_i}{nW_i} = \frac{1}{3}\left(\frac{0.7264}{0.2420} + \frac{1.3896}{0.4628} + \frac{0.8860}{0.2952}\right) = 3.0019$$

为了验证计算结果的可靠性,这里我们运用 MATLAB 软件求解判断矩阵的最大特征值(附录二).从中得到判断矩阵的最大特征值 3.0020 与运用和积法得到的最大特征值

3.0019 一致.

4.2.7 层次单排序及其一致性检验

所谓层次单排序,是指根据判断矩阵计算出某层次因素相对于上一层次中某一因素的相对重要性权值. 在 2.3.3 中利用和积法得到矩阵特征向量的近似解 $W = (0.2420, 0.4628, 0.2952)'$. 所以单排序权重由大到小排列依次为:$B2 > B3 > B1$,表明病人在系统中的平均停留时间在三项指标中的重要性最大,也就是对病床安排的影响最大,病人平均等待时间和病人平均服务时间两个指标的重要性相当,对病床安排的影响也是不可小看的.

在判断矩阵的过程中并不要求判断具有传递性和一致性,这是由客观事物的复杂性与人的认识的多样性所决定的. 但要求判断有大体上的一致是应该的,出现甲比乙极端重要,乙比丙极端重要而丙又比甲极端重要的判断,一般是违反常识的. 一个混乱经不起推敲的判断矩阵有可能导致决策的失误. 而且各种计算排序权重的方法当判断矩阵过于偏离一致性时,其可靠程度也就值得怀疑了. 因此需要对判断矩阵的一致性进行检验,其检验步骤如下:

(1)计算一致性指标 CI(Consistency Index)

$$CI = \frac{\lambda - n}{n - 1} = \frac{3.0019 - 3}{3 - 1} = 0.00095$$

(2)查找相应的平均随机一致性指标 RI(Random Index). 平均随机一致性指标可以预先计算制成,其计算过程为:取定阶数 m,随机取 9 标度数构造正互反矩阵求其最大特征值,计算 m 次(m 次足够大). 由这个 m 个最大特征值的平均值可得随机一致性指标

$$RI = \frac{\overline{\lambda_{\max}} - n}{n - 1}$$

Saaty 又引入所谓随机一致性指标 RI,数值如表 B4.7.

表 B4.7 随机一致性指标 RI 的数值

n	1	2	3	4	5	6	7	8	9	10	11
RI	0	0	0.58	0.90	1.12	1.24	1.32	1.41	1.45	1.49	1.51

(3)计算随机一致性比率 CR(Consistency Random)

$$CR = \frac{CI}{RI} = \frac{0.00095}{0.58} = 0.0016378 < 0.01$$

当 CR < 0.010 时,认为判断矩阵的一致性是可以接受的,否则应对判断矩阵作适当修正. 所以该判断矩阵的一致性检验通过,说明不一致性程度在容许范围内,可用其特征向量近似解 $W = (0.2420, 0.4628, 0.2952)'$ 作为权向量.

五、模型的建立及求解

基于上述的分析,可将整个眼科的就医过程划分为三个部分[9]:

(1)登记后等待住院;

(2)住院后等待手术;

(3)手术后等待出院.

在不同的阶段对不同的病人采取不同的措施,以达到合理安排病床的目的. 由于登记后等待入院的时间长短决定于医院病床的使用情况,入院后即等待手术,而手术之后为术后护

理时间,这段时间对于不同类别的病人来说是不同的,但也是相对固定的.由此,整个系统中有两个地方可以进行优化从而到达合理安排住院部病床的目的.第一个为改变登记后的服务策略,并非 FCFS,一切以缩短等待时间为要;第二个为改变手术时间的安排,从而每个病人等待手术的时间得以优化.最重要的还是手术时间的安排,这一步调整好了之后可以将入院之后接受服务的时间调整为最优,即整个服务时间为最优,这和之前的等待入院一起构成一个完整的排队系统.

以下建立不改变医院手术时间安排的条件下病床安排模型.

鉴于外伤病人的特殊性,他们具有最高的优先级,由上述的分析可知外伤病人需 11 张病床即可满足就诊需求,故从医院的病房中划出 11 张来作为急症专用,再对其余三种情况的病人进行处理.

白内障病人和青光眼以及视网膜疾病类的病人具有相同的优先级,对于他们的处理可以采用更为灵活的策略.先对现有的三类病人分类,为白内障(含双眼白内障)和其他类疾病(青光眼和视网膜疾病).由上述可知完全满足两类病人的需要的病床数分别为 31 和 52 张.在剩余的 68 张病床中,将其按比例分配 26 张和 42 张.则最终可将排队系统分为三个部分:

- M/M/1/11:外伤类疾病患者排队模型
- M/M/1/26:视网膜疾病患者排队模型
- M/M/1/42:其他类疾病患者排队模型

将病人分类后再进行处理的根据是不同类别的病人有不同的特点,如果将他们全部安排在一起排队容易造成不必要的混乱,而且原有根据 FCFS 原则设计的排队系统在处理不同病人时不能很好地统筹协调,造成不必要的等待时间和队列的加长.而采用 GD(普通排队)的办法则可以在等级之后进行统筹规划,克服上述的缺点.

5.1 根据模型确定出院人数及入院人数

由术后护理的平均时间我们可以确定出拟出院名单,分别为已经做完手术并在护理期间的患者,其编号以及入院信息如表 B4.8 所示.

表 B4.8　出院患者

序号	类型	门诊时间	入院时间	第一次手术时间	第二次手术时间
1	视网膜疾病	2008-8-15	2008-8-29	2008-8-31	/
2	视网膜疾病	2008-8-16	2008-8-29	2008-8-31	/
4	青光眼	2008-7-19	2008-8-1	2008-8-4	/
13	白内障	2008-7-19	2008-8-4	2008-8-8	/
43	白内障	2008-7-26	2008-8-7	2008-8-8	/
72	外伤	2008-8-4	2008-8-5	2008-8-6	/

同样的,确定了出院患者后可以使用模型确定入院的患者如表 B4.9 所示.

表 B4.9 入院患者

序号	类型	门诊时间	入院时间	第一次手术时间	第二次手术时间	出院时间
2	视网膜疾病	2008－8－30	/	/	/	/
3	青光眼	2008－8－30	/	/	/	/
4	视网膜疾病	2008－8－30	/	/	/	/
97	外伤	2008－8－11	/	/	/	/

5.2 模型的比较

由于医院的原始排队模型为非强占式优先模型中，它不能中断病人的服务. 在完成各项服务后，把优先级赋予编号较低的客户类型（联系在 FCFS 基础上被破坏），在此来选择接受住院安排的下一位病人. 例如，如果 $n=2$，系统中有 3 名 2 类病人和 4 名 1 类病人，接受住院安排的下一位病人将是 1 类病人中第一个到达的客户.

Kendall－Lee 符号表示法将第 4 个符号标记为 NPRP，以此来表示非强占式优先模型. 为了表示多种病人类型，我们把前两个参数标上下标 i. 因此 $M_i/G_i\cdots$ 就表示第 i 类病人的到达时间间隔服从指数分布，服务时间服从一般分布. 然后我们令

W_{qk} 为 k 类病人的预期平稳等待时间

W_k 为 k 类病人在系统中停留的预期平稳时间

L_{qk} 为 k 排队等待的 k 类病人的预期平稳数量

L_k 为 k 类客户在系统中的预期平稳数量

我们的第一个结果是单服务台、非强占式 $M_i/G_i/1\mathrm{NPRP}\infty/\infty$ 系统. 定义 $\rho_i=\dfrac{\lambda_i}{\mu_i}$，$a_0=0$，$a_k=\sum_{i=1}^{i=k}\rho_i$，我们假设（如果该条件不成立，那么对于一种或多种病人类型，将不存在平稳等待时间）

$$\sum_{i=1}^{i=n}\frac{\lambda_i}{\mu_i}<1$$

因此

$$W_{qk}=\frac{\sum_{k=1}^{k=n}\lambda_k E(S_k^2)/2}{(1-a_{k-1})(1-a_k)}$$

$$L_{qk}=\lambda_k W_{qk}$$

$$W_k=W_{qk}+\frac{1}{\mu_k}$$

$$L_k=\lambda_k W_k$$

根据以上公式我们可以算得在优化之前模型的各个参数，计算汇总结果如表 B4.10 所示.

表 B4.10 优化之前模型的各个参数值

	急诊（外伤）	普通疾病
$\rho_i = \dfrac{\lambda_i}{\mu_i}$	0.2273	0.2519
$W_{qk} = \dfrac{\sum\limits_{k=1}^{k=n} \lambda_k E(S_k^2)/2}{(1-a_{k-1})(1-a_k)}$	18.06	34.678
$L_{qk} = \lambda_k W_{qk}$	28.896	81.84
$W_k = W_{qk} + \dfrac{1}{\mu_k}$	18.202	35.7847
$L_k = \lambda_k W_k$	28.1232	84.4519
$a_0 = 0, a_k = \sum\limits_{i=1}^{i=k} \rho_i$		

由事先建立的评价标准体系,计算出优化后模型的各个参数值,结果如表 B4.11 所示,可以比较原始排队模型与改进后的排队模型.

表 B4.11 优化后模型的各个参数值

	白内障（含双眼）	外伤	其他类
$W = \dfrac{1}{\mu - \lambda}$	20.75	18.38	10.37
$W_q = \dfrac{\lambda}{\mu(\mu - \lambda)}$	6.46	4.18	2.019
$W_s = \dfrac{1}{\mu}$	14.29	14.2	8.35

原始模型的评价:

我们建立的评价指标体系,经过统计分析计算,就病人平均等待时间、病人在系统中的

平均停留时间、病人平均服务时间 3 个指标对病床安排的影响的权向量为 $\xi = \begin{bmatrix} 0.2420 \\ 0.4628 \\ 0.2952 \end{bmatrix}$,则

眼科外伤病人在系统中的平均逗留时间:

$0.2420 \times 18.06 + 0.4628 \times 18.202 + 0.2952 \times 0.1420 = 12.8363$(天)

眼科普通病人在系统中的平均逗留时间:

$0.2420 \times 34.678 + 0.4628 \times 35.7847 + 0.2952 \times 1.1067 = 25.2800$(天)

改进模型的评价:

白内障病人在系统中的平均逗留时间:

$0.2420 \times 14.29 + 0.4628 \times 20.75 + 0.2952 \times 6.46 = 14.97$(天)

眼科外伤病人在系统中的平均逗留时间:

$0.2420 \times 14.2 + 0.4628 \times 18.38 + 0.2952 \times 4.18 = 13.1766$(天)

眼科其他类病人在系统中的平均逗留时间:

0.2420×8.35+0.4628×10.37+0.2952×2.02＝7.41624(天)

统计两种模型的结果,见表 B4.12.

表 B4.12　两模型经评价体系评价后的结果

	病人类型	平均逗留时间	平均总逗留时间
非强占性模型 （原模型） 改进后模型	外伤病人	12.8363 天	38.1163 天
	其他普通病人	25.2800 天	
	白内障病人	14.97 天	35.3628 天
	外伤病人	13.1766 天	
	其他类病人	7.41624 天	

原始排队模型中病人的平均逗留时间为 38.1 天,而改进后为 35.4 天,改进后的排队模型较原排队模型更有效率.

5.3 预测病人的入院时间区间

从模型的构建中我们可以很容易得出三类不同病人在医院中接受服务的时间区间,由该区间可以大致预测出他们不同的出院时间,而医院的病床系统一直是满负荷运转,故有出必有进,可以预测出等待中的病人的入院时间区间. 表 B4.13 为白内障患者(含双眼)的入院时间区间预测.

表 B4.13　白内障患者的入住时间区间

序号	类型	门诊时间	最短入院时间	最长入院时间
1	白内障（双眼）	2008－7－30	2008－8－7	2008－8－14
6	白内障（双眼）	2008－7－30	2008－8－7	2008－8－14
7	白内障	2008－7－31	2008－8－7	2008－8－12
9	白内障（双眼）	2008－7－31	2008－8－9	2008－8－16
14	白内障	2008－7－31	2008－8－9	2008－8－16
18	白内障（双眼）	2008－8－1	2008－8－10	2008－8－17
19	白内障（双眼）	2008－8－1	2008－8－10	2008－8－15
20	白内障（双眼）	2008－8－1	2008－8－11	2008－8－18
22	白内障	2008－8－1	2008－8－11	2008－8－18
25	白内障	2008－8－2	2008－8－11	2008－8－18
26	白内障	2008－8－2	2008－8－11	2008－8－16
27	白内障（双眼）	2008－8－2	2008－8－12	2008－8－19
28	白内障	2008－8－2	2008－8－12	2008－8－19
32	白内障（双眼）	2008－8－3	2008－8－12	2008－8.19
33	白内障	2008－8－3	2008－8－12	2008－8－19
35	白内障	2008－8－3	2008－8－12	2008－8－19
38	白内障（双眼）	2008－8－4	2008－8－12	2008－8－17

序号	类型	门诊时间	最短入院时间	最长入院时间
39	白内障	2008-8-4	2008-8-13	2008-8-20
45	白内障（双眼）	2008-8-4	2008-8-13	2008-8-20
46	白内障（双眼）	2008-8-4	2008-8-14	2008-8-19
51	白内障（双眼）	2008-8-5	2008-8-14	2008-8-19
52	白内障（双眼）	2008-8-5	2008-8-14	2008-8-19
53	白内障（双眼）	2008-8-5	2008-8-15	2008-8-22
55	白内障（双眼）	2008-8-5	2008-8-16	2008-8-23
57	白内障（双眼）	2008-8-5	2008-8-16	2008-8-23
58	白内障	2008-8-5	2008-8-16	2008-8-23
59	白内障（双眼）	2008-8-5	2008-8-16	2008-8-23
60	白内障（双眼）	2008-8-5	2008-8-17	2008-8-24
61	白内障（双眼）	2008-8-6	2008-8-17	2008-8-24

表 B4.14 为其他类眼科病症（青光眼和视网膜疾病）患者的入院时间预测

序号	类型	门诊时间	最短入院时间	最长入院时间
2	视网膜疾病	2008-7-30	2008-8-5	2008-8-16
3	青光眼	2008-7-30	2008-8-5	2008-8-16
4	视网膜疾病	2008-7-30	2008-8-7	2008-8-15
5	视网膜疾病	2008-7-30	2008-8-8	2008-8-19
8	青光眼	2008-7-31	2008-8-8	2008-8-19
10	视网膜疾病	2008-7-31	2008-8-9	2008-8-20
11	视网膜疾病	2008-7-31	2008-8-10	2008-8-21
12	视网膜疾病	2008-7-31	2008-8-10	2008-8-21
13	青光眼	2008-7-31	2008-8-11	2008-8-22
15	视网膜疾病	2008-8-1	2008-8-11	2008-8-22
16	视网膜疾病	2008-8-1	2008-8-11	2008-8-22
17	青光眼	2008-8-1	2008-8-11	2008-8-22
21	视网膜疾病	2008-8-1	2008-8-11	2008-8-22
23	视网膜疾病	2008-8-1	2008-8-12	2008-8-23
24	视网膜疾病	2008-8-1	2008-8-12	2008-8-23
29	视网膜疾病	2008-8-2	2008-8-11	2008-8-19
30	视网膜疾病	2008-8-3	2008-8-11	2008-8-19

续表

序号	类型	门诊时间	最短入院时间	最长入院时间
31	视网膜疾病	2008−8−3	2008−8−13	2008−8−24
34	视网膜疾病	2008−8−3	2008−8−12	2008−8−20
36	视网膜疾病	2008−8−3	2008−8−13	2008−8−24
37	视网膜疾病	2008−8−3	2008−8−13	2008−8−24
40	青光眼	2008−8−4	2008−8−13	2008−8−24
41	视网膜疾病	2008−8−4	2008−8−12	2008−8−20
42	视网膜疾病	2008−8−4	2008−8−13	2008−8−24
43	视网膜疾病	2008−8−4	2008−8−13	2008−8−24
44	青光眼	2008−8−4	2008−8−12	2008−8−20
47	青光眼	2008−8−4	2008−8−14	2008−8−25
48	青光眼	2008−8−4	2008−8−14	2008−8−25
49	视网膜疾病	2008−8−4	2008−8−15	2008−8−26
50	视网膜疾病	2008−8−4	2008−8−15	2008−8−26
54	视网膜疾病	2008−8−5	2008−8−15	2008−8−26
56	青光眼	2008−8−5	2008−8−16	2008−8−27
62	视网膜疾病	2008−8−6	2008−8−17	2008−8−28
63	青光眼	2008−8−6	2008−8−17	2008−8−28
65	视网膜疾病	2008−8−7	2008−8−17	2008−8−28
67	视网膜疾病	2008−8−7	2008−8−15	2008−8−23
69	视网膜疾病	2008−8−8	2008−8−16	2008−8−24
70	视网膜疾病	2008−8−8	2008−8−17	2008−8−24
74	视网膜疾病	2008−8−8	2008−8−16	2008−8−24
76	青光眼	2008−8−9	2008−8−17	2008−8−28
77	青光眼	2008−8−9	2008−8−18	2008−8−29

除了上述两种病患外,对于外伤类的病人,由于其属于急症,而且安排的病床数是足够保证该急救系统正常运转的,可直接登记后第二天入住接受治疗.

5.4 手术时间的调整[8]

由现有数据统计来看,周末进行手术的病人共有 74 例,其中青光眼患者 13 例,视网膜疾病患者 43 例,外伤患者 18 例,而白内障手术一般是在周一或周三进行,并没有周末手术.若周末时不安排手术,而病房中依旧有新入住接受治疗和完成治疗出院的病人.由于手术时间较之前减少,占用病床的病人的平均服务时间会变长,为了尽量减少病人排队等待和接受服务的时间,医院的手术时间安排应该作出相应的微调,参考方案如下:

（1）白内障手术在周一、周三以及周五进行,以缩短白内障患者的等待和占用病床时间;

（2）在进行白内障手术的日期里仍然可以进行其他类手术,以便缩短其他类疾病患者的等待和占用病床时间;

（3）对于周五入院的急症病人,一律安排在周一进行手术.

5.5 病床比例分配模型

由上述的分析过程可知最优分配方案为将病人分为三类:白内障,急症和其他眼科疾病.且按照不同的比例对他们分配床位,其中白内障 26 张,急症 11 张,其他眼科疾病 42 张.由于这三类病人来源服从 Poisson 分布,而接受服务的时间服从负指数分布,均为 M/M/c 模型,根据排队论理论,可以计算出系统内平均逗留时间（含等待入院及住院时间）为 35.4 天.

参考文献

[1]张蕊.业战略经营业绩评价指标体系研究.北京:中国财政经济出版社,2002

[2]胡运权,郭耀煌.运筹学教程.北京:清华大学出版社,1998

[3]Wayne L. Winston 著,李乃文等译.运筹学概率模型应用范例与解法.北京:清华大学出版社

[4]姜启源,谢金星等著.数学模型(第三版).北京:高等教育出版社,2007

[5]MARK MACKAY,MICHAEL LEE,Choice of Models for the Analysis and Forecasting of Hospital Beds,Health Care Management Science 8,221 - 230,2005

[6]M. C. Visser,G. M. Koole,Modeling the emergency cardiac in-patient flow:an application of queuing theory,Health Care Manage Science 10:125 - 137,2007

[7]SALLY I. McCLEAN,PETER H. MILLARD,Using a Queueing Model to Help Plan Bed Allocation in a Department of Geriatric Medicine,Health Care Management Science 5,307-312,2002

[8]杨骅,高及仁,程传苗.中国医院管理,19(6):18-18

[9]王雷萍.排队论在体检系统中的应用研究,2008.6

[10]梅长林,范金城.数据分析方法.北京:高等教育出版社,2008